리처
Rich

영국의 진화생물학자. 세계에서 가 ...
트〉지가 전 세계 백여 개국의 독자를 대상으로 실시한 투표에서 '세계 최고의 지성'으로 뽑혔다.

1941년 케냐 나이로비에서 태어나 영국 옥스퍼드 대학을 졸업했다. 1995년 부터 2008년까지 옥스퍼드 대학 '과학의 대중적 이해를 위한 찰스 시모니 석좌교수'를 지냈고, 이후로도 뉴칼리지의 펠로로 있다. 왕립학회 회원이자 왕립문학원 회원이다. '이성과 과학을 위한 리처드 도킨스 재단'을 만들어 대중의 과학적 문해력을 높이기 위한 교육에도 헌신하고 있다. 스리랑카에서 물고기를 연구하던 과학자들은 도킨스가 진화과학의 대중적 이해에 공헌한 바를 기려 새로운 어류 속명을 '도킨시아'라고 짓기도 했다.

1976년 첫 책 《이기적 유전자》로 주목받기 시작했고, 《만들어진 신》(2006)으로 과학계와 종교계에 뜨거운 논쟁을 몰고 왔다. 그 외에도 《확장된 표현형》(1982), 《눈먼 시계공》(1986), 《에덴의 강》(1995), 《리처드 도킨스의 진화론 강의》(1996), 《무지개를 풀며》(1998), 《악마의 사도》(2003), 《조상 이야기》(2004), 《지상 최대의 쇼》(2009), 《현실, 그 가슴 뛰는 마법》(2011), 《신, 만들어진 위험》(2019)과 두 권의 자서전 등을 펴냈다.

왕립문학원상, 왕립학회 마이클 패러데이 상, 인간과학에서의 업적에 수여하는 국제 코스모스 상, 키슬러 상, 셰익스피어 상, 과학에 대한 저술에 수여하는 루이스 토머스 상, 영국 갤럭시 도서상 올해의 작가상, 데슈너 상, 과학의 대중적 이해를 위한 니렌버그 상 등 수많은 상과 명예학위를 받았다.

홈페이지 richarddawkins.net   **트위터** @RichardDawkins

옮긴이 김명주　　　성균관대학교 생물학과, 이화여자대학교 통번역대학원을 졸업했다. 주로 과학과 인문 분야 책들을 우리말로 옮기고 있다. 옮긴 책으로 리처드 도킨스의 《신, 만들어진 위험》《신 없음의 과학》(공저)《왜 종교는 과학이 되려 하는가》(공저)를 비롯해 《호모 데우스》《사피엔스: 그래픽 히스토리》《우리 몸 연대기》《세상을 바꾼 길들임의 역사》《생명, 최초의 30억년》《공룡 오디세이》《다윈 평전》《도덕의 궤적》 등이 있다.

표지 그림 출처 Jean Théodore Descourtilz, 《Ornithologie Brésilienne, ou, Histoire des oiseaux du Brésil: remarquables par leur plumage, leur chant ou leurs habitudes》(Rio de Janeiro: Éditeur, Thomas Reeves, 1854-1856)

리처드 도킨스의
영혼이 숨 쉬는 과학

Science in the Soul: Selected Writings of a Passionate Rationalist
by Richard Dawkins

Korean translation copyright © 2021 by Gimm-Young Publishers, Inc.
This Korean edition was published by arrangement with Richard Dawkins Ltd., c/o
Brockman, Inc.

리처드 도킨스의 영혼이 숨 쉬는 과학

1판 1쇄 발행 2021. 4. 9.
1판 2쇄 발행 2021. 4. 10.

지은이 리처드 도킨스
옮긴이 김명주

발행인 고세규
편집 임솜이 디자인 지은혜 마케팅 신일희 홍보 이혜진
발행처 김영사
등록 1979년 5월 17일 (제406-2003-036호)
주소 경기도 파주시 문발로 197(문발동) 우편번호 10881
전화 마케팅부 031)955-3100, 편집부 031)955-3200 | 팩스 031)955-3111

값은 뒤표지에 있습니다.
ISBN 978-89-349-9026-0 03400

홈페이지 www.gimmyoung.com   블로그 blog.naver.com/gybook
인스타그램 instagram.com/gimmyoung 이메일 bestbook@gimmyoung.com

좋은 독자가 좋은 책을 만듭니다.
김영사는 독자 여러분의 의견에 항상 귀 기울이고 있습니다.

리처드 도킨스의

영혼이
숨 쉬는 과학

열정적인 합리주의자의 이성 예찬

김명주 옮김

김영사

크리스토퍼 히친스를 추모하며

━차례

나는 숨 막힐 듯한('숨 막힐 듯한breathtaking'이 '어마어마한 awesome'이라는 표현처럼 멋있는 말로 가볍게 사용될까 두렵지만 아직은 그렇게 되지 않았다) 애리조나의 그랜드캐니언에 다녀온 지 이틀이 지나 이 글을 쓰고 있다. 많은 아메리카 원주민 부족에게 그랜드캐니언은 성스러운 장소다. 하바수파이족에서 주니족까지 다양한 부족의 기원 신화가 있는 곳이고, 호피족의 망자들에게는 조용한 안식처다. 만일 종교를 선택하도록 강요당한다면 내가 선택하는 것은 이런 종류의 종교일 것이다. 그랜드캐니언은 종교에 위대함을 부여한다. 그에 비하면 아브라함의 종교─역사의 짓궂은 장난으로 여태 세계를 괴롭히고 있는, 쓸데없이 티격태격하는 세 종교─는 옹졸하기 짝이 없다.

어두운 밤, 나는 그랜드캐니언의 남쪽 끝을 따라 산책하다가 낮은 돌담 위에 누워 은하수를 바라보았다. 내가 보고 있는 것은 머나먼 과거였다. 그것은 10만 년 전의 광경이었다. 왜냐하면 내 눈동자로 풍덩 뛰어들어 내 망막을 자극하는 별빛이 오랜 여정을 시작한 시점이 바로 10만 년 전이기 때문이다. 다음 날 아침 동틀 무렵 다시 그 장소로 돌아갔을 때 나는 현기증이 나면서 몸이 덜덜 떨렸다. 그랜드캐니언의 바닥을 내려다보고 어둠 속에서 내가 누워 있던 곳이 어딘지 알았기 때문이다. 그때도 내가 보고 있었던 것은 과거였다. 이번에는 20억 년 전, 은하수 아래 미생물들만이 꾸물거리던 시대다. 호피족의 영혼이 그 웅장한 고요 속에 잠들어 있다면 암석에 갇힌 삼엽충, 바다나리류, 완족동물, 벨렘나이트, 암모나이트, 심지어는 공룡의 영혼과도 함께 있는 것이다.

협곡의 지층을 쌓아올리는 오랜 진화 과정에서 우리가 '영혼 soul'이라 부를 수 있는 것이 전등이 탁 켜지듯 출현한 시점이 있었을까? 아니면 '영혼'은 몰래 세상에 잠입했을까? 팔딱거리는 관벌레에 1,000분의 1의 영혼이 희미하게 생겼고, 실러캔스에는 10분의 1의 영혼, 안경원숭이에는 2분의 1의 영혼이 생겼으며, 그런 다음 평범한 인간의 영혼이 생기고 최종적으로 베토벤 또는 만델라 수준의 영혼이 생겼을까? 아니면 영혼에 대한 이야기는 단지 바보 같은 소리일 뿐일까?

영혼이 주관적이고 개인적인, 매우 강력한 자의식 같은 것을 의미한다면 그것은 바보 같은 소리가 아니다. 우리는 누구나 자신이 그런 감각을 가지고 있음을 안다. 많은 현대 사상가들이 주장하듯 그것이 착각이라 해도 말이다. 다원주의자라면, 특별한 목적의 어떤 일관된 작용이 우리의 생존을 돕기 때문에 이런 착각이 구축되었다고 생각할 것이다.

'네커 입방체'

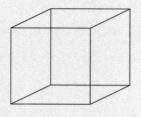

또는 '펜로즈의 불가능한 삼각형'

또는 오목한 곳과 볼록한 곳이 반전되어 보이는 '움푹 들어간 가면' 등의 착시는 우리가 보고 있는 '현실'이 뇌 안에 구축된 제약된 모델에서 생긴다는 것을 실증한다. 종이에 선으로 그려진 네커 입방체의 2차원 패턴은 두 종류의 3차원 입방체 구조에 대응하고, 뇌는 이 두 종류의 모델을 번갈아 보여준다. 이런 교체는 뚜렷이 감지할 수 있으며 빈도를 측정하는 것도 가능하다. 종이에 그려진 펜로즈 삼각형의 선은 현실 세계의 물체와 대응하지 않는다. 이런 착시는 뇌가 가진 모델 구축 소프트웨어를 놀리고, 그럼으로써 그 소프트웨어의 존재를 드러낸다.

마찬가지로 뇌는 소프트웨어에 자의식이라는 유용한 착각을 구축한다. 그것은 눈 바로 뒤에 있는 것처럼 보이는 '나', 자유의지로 결정을 내리는 '주체', 목표를 추구하고 감정을 느끼는 통일된 인격이다. 인격의 구축은 유년기에 점진적으로 일어난다. 그 과정에서 아마 이전까지는 따로따로 있던 단편들이 합쳐질 것이다. 정신장애 중에는 '쪼개진 인격(다중인격)', 즉 단편들이 하나로 합쳐지지 못한 경우로 해석되는 것도 있다. 유아기에 의식이 점진적으로 성장하는 과정에는 진화라는 더 긴 시간의 척도에서 일어나는 비슷한 발전이 반영되어 있다는 생각은 비합리적인 추측이 아니다. 예컨대, 물고기에게 인간 아기 수준의 초보적인 자의식이 있을까?

우리는 영혼의 진화에 대해 추측할 수 있지만 그것은 '영혼'이라는 말을, 뇌에 구축된 '자기self'의 내적 모델 같은 의미로 사용하는 경우에 한에서다. 영혼이 몸이 죽은 뒤에도 살아남는 유령을 의미한다면 이야기는 매우 달라진다. 개인의 자의식은 물질인 뇌가 활동할 때 생기는 창발적 결과이고, 따라서 뇌가 죽으면 해체되어 결국 탄생 이전 무의 상태로 되돌아간다. 하지만 내가 부끄러움 없이 받아들일 수 있는, '영혼'과 그 관련 단어들의 시적 용법이 존재한다. 이전 에세이집《악마의 사도》에 발표한 한 에세이에서 나는, 내가 태어나기 전에 내가 다닌 학교의 교장을 지냈던 위대한 교사 프레더릭 윌리엄 샌더슨을 칭송하기 위해 그런 단어들을 사용했다. 오해를 살 위험이 있음을 알면서도 나는 죽은 샌더슨의 '정신spirit'과 '유령ghost'에 대해 썼다.

> 그의 정신은 온들(온들은 영국 중부 노샘프턴셔에 있는 학교로 1556년에 설립되었다 – 옮긴이)에 계속 살아 있었다. 그의 후임

자 케네스 피셔가 교직원 회의를 주재하고 있을 때 조심스럽게 문 두드리는 소리가 나더니 작은 소년이 들어왔다. "선생님, 강가에 검은제비갈매기들이 왔어요." 피셔는 모여 있는 위원들에게 단호하게 말했다. "잠시만 기다려주세요." 그는 자리에서 일어나 문에 걸린 쌍안경을 집어 들고는 어린 조류학자와 함께 자전거를 타고 달렸다. 그 뒤에서는, 인자하고 혈색 좋은 얼굴을 한 샌더슨의 유령이 우두커니 서서 환하게 웃고 있었을 것이다.

나는 계속해서 샌더슨의 '그림자'를 언급했고, 그전에는, 학창 시절 내게 영감을 준 과학교사 아이언 토머스(그는 너무 어려서 샌더슨을 만나지는 못했지만, 그를 존경했기에 그 학교에 부임했다)가 우리에게 무지를 인정하는 것의 가치를 극적으로 가르쳐준 장면도 묘사했다. 토머스 선생님은 우리들 한 명 한 명에게 어떤 질문을 했고, 그 질문에 대해 우리 모두는 자유롭게 이런저런 답을 추측했다. 마지막으로 호기심이 발동한 우리는 정답을 알려달라고 아우성쳤다. (선생님! 선생님!) 토머스 선생님은 조용해지기를 기다렸다가, 천천히 또박또박, 극적인 효과를 위해 단어를 하나씩 끊어가며 말했다. "나도 몰라! 나도…… 정답을…… 모른단다!"

이번에도 아버지 같은 샌더슨의 그림자가 구석에서 키득거렸다. 그리고 우리 중 누구도 그 수업의 교훈을 잊지 못할 것이다. 중요한 것은 사실이 아니라, 그것을 어떻게 발견하고 그것에 대해 어떻게 생각하는가이다. 이것이 진정한 의미의 교육으로, 평가에 목매는 오늘날의 시험 문화와는 아주 다른 것이다.

내가 과거에 쓴 이 에세이를 읽은 독자들이 혹시 샌더슨의 '정신'이 '계속 살아 있다'고 오해했을까? 인자하고 혈색 좋은 얼굴을 한 그의 유령이 정말 환하게 웃고 있었다든지, 그의 '그림자'가 정말 구석에서 키득거렸다고 오해했을까? 나는 그렇게 생각하지 않는다. 하지만 오해하고 싶어 못 견디는 사람들이 있는지 없는지는 (또다시 거론해서 죄송한데) 신만이 아신다.

이 책의 제목에도 같은 열의에서 비롯되는 같은 위험이 도사리고 있음을 인정하지 않을 수 없다. '영혼이 숨 쉬는 과학.' 그게 무슨 뜻일까?

이 질문에 대한 답은 잠시 미뤄두자. 내 생각에는 지금이야말로 노벨문학상을 과학자에게 수여할 적기다. 유감스럽게도 가장 가까운 선례는 적절치 않은 사례였다. 그건 바로 앙리 베르그송인데, 그는 진정한 과학자라기보다는 신비론자에 더 가까웠다. 앙리 베르그송의 생기론적 '생명의 약동'에 대해, 줄리언 헉슬리는 그렇다면 철도는 '기관차의 약동'으로 움직이는 거냐고 조롱하기도 했다. 하지만 진지하게 묻는데, 왜 진짜 과학자가 문학상을 받으면 안 되는가? 슬프게도 더 이상 우리 곁에 있지 않아 상을 받을 수는 없지만 천국에서 위대한 소설가, 역사가, 시인들과 함께 있을 칼 세이건의 작품이 노벨문학상감임을 누가 부정하겠는가? 로렌 아이슬리는 어떤가? 루이스 토머스는? 피터 메더워는? 스티븐 제이 굴드, 제이콥 브로노우스키, 다아시 톰슨은?

우리가 거명하는 저자 개개인의 재능이 무엇이든, 과학은 위대한 문학 작품에 영감을 주는 것을 넘어, 그 자체로 최고의 작가들에게 가치 있는 주제가 아닐까? 그리고 과학을 그렇게 만드는 성질─위대한 시와 노벨상을 수상한 소설을 만드는 것과 똑같은 성질─이 무엇이든, 그것이야말로 '영혼'의 의미에 가장 근접한 것이 아닐까?

'종교적Spiritual'이라는 것은 세이건풍의 과학 저술을 설명할 수 있는 또 다른 말이다. 흔히 물리학자들이 생물학자보다 종교적임을 자임하는 경향이 더 강하다고 알려져 있다. 여기에 대해서는 런던 왕립학회와 미국 과학아카데미 두 곳의 회원들로부터 나온 통계적 증거도 있다. 하지만 경험상, 그러한 엘리트 과학자들을 더 깊이 조사해보면 일종의 신앙심을 가지고 있다고 인정하는 10퍼센트의 사람들조차 대부분의 경우 초자연적 존재나 신 또는 창조를 믿지 않고 내세에 대한 동경도 없다. 그들이 가지고 있는 것은─그리고 만일 강요하면 그렇다고 털어놓을 텐데─'종교적' 자각이다. 그들은 '외경과 경이'라는 진부한 말을 좋아할지도 모르는데, 그렇다고 해도 누가 그들을 비난할 수 있을까? 그들은 내가 이 책에서 하고 있는 것처럼, 인도 태생 천체물리학자 수브라마니안 찬드라세카르의 "아름다움 앞에서의 전율"이나 미국 물리학자 존 아치볼드 휠러의 다음과 같은 말을 인용할 것이다.

모든 것의 배후에 있는 생각은 너무나도 단순하고 너무나도 아름다워서, 10년 후, 100년 후, 또는 1,000년 후 그것을 이해하게 되면 우리 모두는 서로를 보며 이렇게 말할 것이다. 어떻게 그렇지 않을 수 있었을까? 어째서 우리는 그것을 몰랐을까?

아인슈타인도 자신이 종교적이기는 해도 어떤 종류의 인격신도 믿지 않는다는 사실을 분명히 표명했다.

여러분이 내 종교적 신념에 관해 읽는 내용은 물론 거짓말이다. 고의적으로 반복되고 있는 거짓말이다. 나는 인격신을 믿지 않는다. 나는 이 사실을 부정한 적이 없고 오히려 그것을 분명히 표명했다. 만일 내 안에 종교적이라 부를 수 있는 것이 있다면 그것은 과학이 밝힐 수 있는 한도 내의 세계 구조에 대한 무한한 감탄이다.

그리고 또 다른 자리에서 이렇게도 말했다.

나는 매우 종교적인religious 무신앙인이다. 이것은 새로운 종류의 종교다.

나도, 정확히 같은 표현을 사용하지는 않더라도 이 '매우 종교적인 무신앙인'이라는 의미에서 나 자신이 '종교적'인 사람이라고 생각하고, 바로 이 의미에서 이 책의 제목에도 '영혼'이라는 단어를 떳떳하게 넣었다.

과학은 경이의 원천인 한편, 필수적인 것이기도 하다. 그랜드캐니언 가장자리에서 머나먼 우주와 장구한 시간에 대해 생각하는 영혼에게 과학은 경이로운 것이다. 하지만 과학은 필수적인 것이기도 하다. 사회를 위해, 사람들의 행복을 위해, 단기적·장기적 미래를 위해. 그리고 이 책에는 두 측면이 모두 표현되어 있다.

나는 성인이 된 후로 줄곧 과학 교육자로 살아왔다. 이 책에 묶인 에세이들 대부분은 대중의 과학 이해를 위한 찰스 시모니 교수직 초대 교수를 지낼 때 쓴 것들이다. 나는 오랫동안 과학을 진흥하면서, 나 스스로 칼 세이건 학파라고 부른 것을 공개적으로 지지했다. 칼 세이건 학파는 과학이 가진 공상적이고 시적인 면, 상상력을 자극하는 과학을 뜻하는 말이고, 그 반대쪽에는 '논스틱 프라이팬' 학파가 있다. 논스틱 프라이팬 학파라고 할 때 내가 의미하는 것은, 예컨대 우주탐사의 비용을, 들러붙지 않는 프라이팬 같은 부산물을 언급함으로써 정당화하는 경향이다. 나는 그런 경향을, 바이올리니스트의 오른팔에 좋은 운동이라는 이유로 음악을 정당화하는 시도에 비유한 적이 있다. 이런 경향은 천박하고 굴욕적이다. 누군가는 내 풍자적 표현이 과학의 천박한 면을 과장하는 것이라고 비난할 수도 있다. 하지만 그럼에도 내가 이 말을 사용하는 것은 과학의 공상적인 면을 선호하는 내 입장을 표현하기 위해서다. 나라면 우주탐사를 정당화하기 위해 차라리 아서 C. 클라크가 극찬했고 존 윈덤이 '외부로의 충동'이라고 부른 것, 마젤란, 콜럼버스, 바스쿠 다가마가 미지를 탐험하도록 몰아간 충동의 현대적 버전을 거론했을 것이다. 하지만 '논스틱 프라이팬'은 내가 그렇게 이름 붙인 학파의 입장에서는 분명 부당하게 굴욕적인 호칭이다. 그래서 이제부터는 우리 사회에서 과학이 지니는 중요하고 실용적인 가치로 눈을 돌릴 텐데, 이 책에 실린 다수의 에세이들이 다루는 주제가 바로 그것이기 때문이다. 과학은 삶에 정말로 중요하다. 그런데 내가 '과학'이라고 말할 때 의미하는 것은 과학적 사실만이 아니라 과학적 사고방법이기도 하다.

내가 이 글을 쓰고 있는 2016년 11월은 희망 없는 해의 희망 없는 달로, '야만인이 문 앞에 와 있다'는 표현이 빈정거리는 느낌 없이 주의를 끄는 때다. 더 정확히 말하면 야만인은 문 안에 있다고 말해야겠다. 2016년에 영어권 세계에서 가장 인구가 많은 두 나라에 닥친 참사(브렉시트 결정과 도널드 트럼프 대통령의 당선을 가리킨다—옮긴이)는 자초한 것이기 때문이다. 상처를 초래한 원인은 지진이나 군사 쿠데타가 아니라 민주적 과정 그 자체. 지금은 그 어느 때보다 이성이 중심에 설 필요가 있다.

감정의 가치를 과소평가하는 것이 결코 아니다. 나는 음악, 문학, 시는 물론, 인간 애정의 정신적·육체적 온기를 사랑한다. 하지만 감정은 자신의 자리를 알아야 한다. 정치적 결단, 국가의 결단, 미래를 위한 정책 결정을 내릴 때는 명료한 사고, 모든 선택지에 대한 냉철한 검토, 관련 증거, 그리고 예상되는 모든 결과를 고려하는 것이 필요하다. 본능적 감정은 설령 외국인혐오, 여성혐오, 또는 그 밖의 맹목적인 선입관이 도사리는 어두운 흙탕물에서 생기는 것이 아니라 하더라도 투표소에 들어오면 안 된다. 지금까지는 그런 어두운 감정들이 대체로 수면 아래 머물러왔다. 하지만 2016년 대서양 양쪽에서 일어난 정치운동으로 그 감정들이 수면 위로 올라와, 존중받는다고까지는 말할 수 없지만 적어도 공공연히 표출될 수 있게 되었다. 반세기 동안 사람들이 부끄러이 여겨 눈에 띄지 않게 숨겨왔던 편견을, 선동가들이 앞장서 이제부터 표출해도 된다고 선언한 것이다.

과학자 개인의 내밀한 감정이 무엇이든, 과학 그 자체는 객관적 가치를 엄밀히 고수함으로써 작동한다. 세상에는 객관적 진리가 있고 그것을 찾는 것이 우리 일이다. 과학은 개인적 선입관, 확증 편향, 문제에 대한 예단을 막는 견고한 예방조치를 갖추고 나서야 사실을 받아들인다. 실험은 여러 차례 반복된다. 이중맹검 시험은, 옳다고 증명되기를 바라는 과학자의 용서받을 수 있는 욕구뿐 아니라, 오히려 틀렸다고 증명될 기회를 극대화하려는 반대 방향의 칭찬할 만한 노력도 차단한다. 뉴욕에서 실시된 실험은 뉴델리의 실험실에서 재현될 수 있고, 우리는 그 결론은 지리적 요인이나 과학자의 문화·역사적 선입관과 무관하게 같을 것이라고 예상한다. 신학 같은 다른 학문 분야에 대해서도 과연 같은 말을 할 수 있을까. 철학자들은 '분석철학'과 반대되는 태도로 '대륙철학'을 의기양양하게 거론한다. 미국 또는 영국 대학의 철학 분과들은 '대륙 전통을 다루는' 신임 교수를 구할 것이다. 하지만 과학 분과가 '대륙 화학'을 가르치는 새로운 교수를 구한다고 광고하는 일을 상상할 수 있는가? 아니면 '생물학의 동양 전통'은? 그런 생각

자체가 끔찍한 농담이다. 하지만 이런 상상은 과학의 가치관을 이해하는 데 도움이 된다. 철학의 가치관에는 아무런 도움이 되지 않지만.

나는 과학의 낭만과 '외부로의 충동'에서 시작한 다음, 과학의 가치관과 과학적 사고방법으로 옮겨 왔다. 과학적 지식의 실용적 유용성을 맨 뒤에 놓는 것이 이상하다고 생각하는 사람도 있을지 모르지만, 이 순서는 내 개인적 우선순위를 반영한다. 예방접종, 항생제, 마취제 같은 의학적 이익은 정말 중요하고, 여기서 반복할 필요가 없을 정도로 잘 알려져 있다. 기후변화(경고해봤자 이미 늦었을지도 모르지만)와 항생제 저항성의 다윈주의적 진화에 대해서도 같은 말을 할 수 있다. 하지만 여기서 내가 주목해야 할 일로서 경고하는 또 한 가지 문제는 그다지 긴급하지도 잘 알려져 있지도 않은 것이다. 그것은 외부로의 충동, 과학의 유용성, 과학적 사고방법이라는 세 가지 테마를 깔끔하게 결합한다. 내가 다루고 싶은 것은 바로, 피할 수 없으나 눈앞에 닥친 일은 아닌, 큰 지구 외 물체와의 파멸적 충돌이라는 위험이다. 그 물체는 목성 중력의 영향을 받아 소행성대에서 이탈할 가능성이 높다.

공룡은 조류라는 눈에 띄는 예외를 제외하고는 우주로부터의 대규모 충돌로 전멸했다. 같은 종류의 충돌 물체가 조만간 다시 닥쳐올 것이다. 약 6,600만 년 전에 거대한 운석 또는 혜성이 유카탄 반도에 떨어졌다는 유력한 정황증거가 존재한다. 이 정도의 질량(커다란 산 정도)과 속도(시속 7만 킬로미터 정도)를 가진 물체가 충돌하면서 생산한 에너지는, 타당한 추산에 따르면 히로시

마에 떨어진 원자폭탄 수십억 개가 한꺼번에 폭발하는 것에 필적했을 것이다. 최초 충격으로 기온이 불타듯 치솟고 거대한 돌풍이 밀어닥친 후 아마도 십 년에 걸쳐 장기간의 '핵겨울'이 이어졌을 것이다. 이 모든 사건들로 인해 비조류 공룡의 모든 종뿐 아니라 익룡, 어룡, 수장룡, 암모나이트, 대부분의 어류와 그 밖의 많은 생물들이 죽었다. 우리에게는 다행스럽게도 소수의 포유류가 살아남았는데, 아마 지하 벙커 같은 곳에서 동면하고 있던 덕분에 무사했을 것이다.

같은 규모의 대참사가 다시 닥칠 것이다. 언제가 될지는 아무도 모른다. 그런 물체는 무작위로 부딪치기 때문이다. 그렇기 때문에 이전 사건으로부터 간격이 길어짐에 따라 일어날 가능성이 높아지는 것도 아니다. 우리 살아생전에 닥칠지도 모르지만, 그 정도로 거대한 충돌이 일어나는 간격은 평균 약 1억 년 정도로 길기 때문에 그럴 가능성은 낮다. 더 작지만 그럼에도 여전히 위험한, 히로시마 같은 도시를 파괴할 정도의 소행성은 약 100~200년마다 한 번 정도 지구에 부딪친다. 우리가 그것에 대해 염려하지 않는 이유는 지표면의 대부분이 사람이 살지 않는 땅이기 때문이다. 게다가 앞서 말한 바와 같이, 우리가 달력을 보고 "또 하나가 올 때가 되었군"이라고 말할 수 있을 정도로 정기적으로 부딪히는 것도 아니기 때문이다.

나는 이 문제에 관한 조언과 정보를 얻기 위해 저명한 우주비행사인 러스티 슈웨이카트에게 신세를 졌다. 그는 이 위험을 진지하게 받아들이고 이를 위해 뭔가를 하려는 태도를 보이는 사람으로 특별히 주목받고 있다. 우리는 그 위험에 대해 무엇을 할 수 있을까? 만일 공룡에게 망원경, 공학자, 수학자가 있었다면 무엇을 할 수 있었을까?

첫 번째 과제는 다가오는 충돌체를 탐지하는 것이다. 그런데 여기서 '다가온다'는 표현이 문제의 본질을 오해하게 만들 수 있다. 이 물체는 우리를 향해 직행하다가 가까이 접근하면서 모습을 드러내는 고속 탄알이 아니다. 지구와 충돌체는 둘 다 태양 주위의 타원형 궤도를 돈다. 일단 소행성을 탐지하면, 우리는 그 궤도를 측정할 필요가 있다. 이때 고려하는 값이 많을수록 정확하게 측정할 수 있다. 그리고 대략 몇십 년 후에 소행성 궤도의 미래 주기와 지구 궤도의 미래 주기가 일치할지 계산해야 한다. 소행성을 탐지하고 그 궤도를 정확하게 파악하면 나머지는 수학이 해결해준다.

달의 움푹 파인 표면은 대기가 지구를 보호하는 덕분에 우리가 어떤 참사를 모면하고 있는지 보여주는 가슴 철렁한 이미지다. 직경이 다양한 달 크레이터의 통계적 분포는 우리에게 저 밖에 무엇이 있는지 알려주고, 그것을 기준선으로 삼으면 우리가 충돌체를 사전에 탐지할 확률이 얼마나 낮은지 알 수 있다.

소행성이 클수록 탐지하기 쉽다. 한 도시를 파괴하는 것을 포함해 크기가 작은 것은 애초에 탐지하기 어렵기 때문에, 미리 경고하지 못할 가능성이 높다. 그러므로 우리는 소행성을 탐지하는 능력을 높일 필요가 있다. 즉 지구 대기로 인한 왜곡이 일어나지 않는 궤도상에 적외선 망원경을 설치하는 것을 포함해, 소행성을 찾는 광시야 감시망원경의 수를 늘려야 한다는 뜻이다.

지구와 궤도가 교차할 우려가 있는 위험한 소행성을 찾으면 그 다음에는 무엇을 해야 할까? 소행성의 궤도를 바꿔야 한다. 방법은 두 가지인데, 하나는 소행성의 속도를 높여 그것을 더 큰 궤도로 보내는 것이다. 이렇게 하면 랑데부 지점에 도착하는 시점이 늦어져 충돌을 피할 수 있다. 아니면 속도를 줄여 궤도를 축소함으로써 랑데부 지점에 더 빨리 도착하게 할 수도 있다. 놀랍게도, 어느 쪽으로든 속도를 아주 조금만 변경해도 충분하다. 시속 40미터쯤이면 될 것이다. 이런 궤도 수정은 고성능 폭약에 의지할 것 없이 기존의 기술을 사용해—비록 이것도 값비싼 것이긴 하지만—실현할 수 있다. 이 기술은 2004년에 우주탐사선을 쏘아 올려 12년 후 혜성에 착륙시킨, 유럽우주국의 로제타 미션이 거둔 놀라운 성취와 무관하지 않다. 상상력의 '외부로의 충동'이 과학적 사고 방법의 엄밀함과 결합하고 거기에 다시 냉정한 현실을 다루는 유용한 과학이 더해진다고 말할 때 내가 무엇을 말하려고 했는지 이제 알았을 것이다. 그리고 내가 상세히 설명한 이 예는 과학적 사고방법의 또 다른 면모, 우리가 과학의 영혼이라고 부를 수 있는 것의 또 다른 미덕을 구체적으로 보여준다. 과학자 말고 누가 또 10만 년 후에 일어날 세계적 대참사의 순간을 정확히 예측하고 그것을 막을 정밀한 계획을 세우겠는가?

이 책에 묶인 에세이 각각이 쓰인 시점은 꽤 긴 기간에 걸쳐 있지만 지금에 와서 바꿀 점은 거의 찾지 못했다. 처음 발표한 날짜에 대한 언급을 모두 삭제할 수도 있었지만 그러지 않기로 했다. 에세이들 중에는 전시회 개막 축사나 세상을 떠난 인물에 대한 헌사 등 특정 행사에서 했던 연설이 포함되어 있다. 이런 것은 손대지 않고 처음 말한 그대로 두었다. 거기에는 현장감이 담겨 있어서 당시를 언급하는 표현을 편집해 제거한다면 그러한 직접적인 느낌이 사라질 것이다. 정보의 업데이트는 각주와 후기로 한정했다. 이런 짤막한 보충과 감상을 본문과 함께 읽으면 오늘날의 나와 원래 원고의 저자가 주고받는 대화처럼 느껴질 것이다. 그런 방식의 독해를 돕기 위해, 주석은 학술서의 각주나 미주의 관례보다 큰 문자로 설정했다.

질리언 소머스케일즈와 나는 에세이, 연설, 신문이나 잡지에 실린 기사 41편을 골라 8개의 섹션으로 분류했다. 과학 그 자체의 문제 외에도 과학의 가치관, 과학의 역사, 과학이 사회에서 하는 역할에 대한 내 생각이 포함되었으며, 더불어 몇 개의 논쟁, 대수롭지 않은 미래 예측, 풍자와 유머, 개인적인 슬픔도 담기게 되었는데 그것이 방종까지는 가지 않았기를 바란다. 각 섹션은 질리언 특유의 섬세한 서문으로 시작한다. 내가 거기에 뭔가를 덧붙이는 것은 불필요하다고 생각한다. 하지만 앞에서 설명한 대로 나 자신의 주석과 후기를 덧붙였다.

우리가 이 책의 제목에 대해 토론했을 때는 '영혼 안의 과학 Science in the Soul'이나 '영혼을 위한 과학 Science for the Soul'이 가장 유력한 후보였다. 질리언도 나도, 다양한 경쟁 후보들보다 그쪽으로 끌렸지만 약간의 머뭇거림이 있었다. 나는 전조를 믿는 사람이 아니지만, 2016년 8월에 내 서고 목록을 만들면서 마이클 셔머의 재미있는 작은 책을 발견한 것이 그쪽으로 마음을 굳히는 데 결정적 역할을 했음을 인정하지 않을 수 없다. '과학의 영혼The Soul of Science'이라는 제목이 붙은 그 책에는 "과학에 영혼을 불어넣는 리처드 도킨스에게" 바친다는 헌사가 담겨 있었다. 이 발견은 기쁜 것만큼이나 큰 행운이었고, 질리언도 나도 이 책의 제목에 대해 더 이상 의문을 갖지 않았다.

내가 질리언에게 느끼는 고마움은 말로 다 표현할 수 없을 정도다. 더불어 트랜스월드의 수재나 웨이드슨과 펭귄 랜덤 하우스 USA의 힐러리 레먼에게도, 이 프로젝트에 열정적인 신뢰를 보내주고 유익한 제안을 해준 것에 감사하고 싶다. 미란다 헤일의 인터넷 전문 지식 덕분에 질리언은 잊힌 에세이를 찾아낼 수 있었다. 여러 해에 걸친 저작을 모은 앤솔러지의 특성상 감사할 사람의 범위도 그만큼 넓다. 감사의 말은 애초의 에세이에 담겨 있다. 여기서 그 모두를 반복할 수 없는 점을 이해해주길 바란다. 참고 문헌 인용에 대해서도 마찬가지다. 관심 있는 독자가 애초의 에세이를 찾아볼 수 있도록 세부 사항을 책 끝에 정리해두었다.

━편집자 서문

리처드 도킨스는 언제나 무엇으로 분류되기를 거부했다. 수학적 성향을 지닌 한 저명한 생물학자는 《이기적 유전자》와 《확장된 표현형》의 서평을 쓰면서, 논리적 오류가 없으면서도 수학이 단 한 줄도 포함되어 있지 않은 과학적 서술을 보고 깜짝 놀랐다. 그러고는 도무지 이해할 수 없는 결론에 도달하지 않을 수 없었다. "도킨스는…… 아무래도 산문으로 생각하는 듯하다."

그가 그렇게 해서 정말 다행이다. 만일 그가 산문으로 생각하지 않았다면—산문으로 배우고, 산문으로 숙고하고, 산문으로 의문을 품고, 산문으로 주장하지 않았다면—세계에서 가장 다재다능한 이 과학 커뮤니케이터가 생산한, 짜릿할 정도로 광범위한 작품을 읽지 못했을 테니까. 그와 나는 이 책에 실을 글을 추리기 위해 13권의 저서들뿐만 아니라(그 저서들의 탁월함에 대해서는 여기서 새삼 되풀이할 필요가 없을 것이다) 다양한 플랫폼—일간지와 과학잡지, 강연회와 인터넷, 정기간행물과 논쟁, 평론과 회상록―에 실린 어마어마한 분량의 더 짧은 글들을 검토했다. 첫 에세이집인《악마의 사도》가 출간되기 전부터, 그리고 그 후에도 계속 쌓인 풍부한 저작물의 광층을 발굴한 결과, 이 책에는 최근 작품과 더불어 오래된 걸작도 몇 편 포함되었다.

리처드 도킨스의 논객으로서의 평판을 고려할 때, 그의 저작이 과학 논문과 광범위한 일반 논의 사이의 간극을 참을성 있게 메우는 '말의 다리' 역할을 한다는 점에 마땅한 주의를 기울이는 것이 무엇보다 중요해 보인다. 나는 그를, 사람들이 난해한 과학에 접근할 수 있게 할 뿐 아니라 그 내용을 **알아들을 수 있게** 만드는 데 헌신하는 평등주의 엘리트로 본다. 그러면서도 그는 언어를 정밀 도구, 수술 도구로 쓰면서 정확함과 명쾌함에 부단하고 집요하게 매달리고, '수준을 떨어뜨리는' 일은 하지 않는다.

그가 언어를 검으로, 그리고 때때로 곤봉으로 사용한다면, 그것은 애매모호함과 가식에 구멍을 내고 산란하게 하는 것과 혼란스럽게 만드는 것을 일소하기 위해서다. 신념이든, 과학이든, 정치든, 감정이든 그는 가짜라면 질색한다. 이 책에 포함시킬 후보작을 읽고 또 읽으면서 나는 '다트'라고 부르고 싶은 글들을 추려 하나로 묶어봐야겠다고 생각했다. 때로는 웃기고, 때로는 격렬한 분노에 타오르고, 때로는 가슴 아플 만큼 통렬하고, 때로는 숨이 멎을 정도로 무례한 짧고 신랄한 작품들. 처음에는 이런 작품들을 하나의 섹션으로 제시하고 싶었지만, 생각을 바꾸어 더 길고 사색적이고 냉정한 에세이들 사이에 배치하기로 했다. 저작의 폭넓음을 느낄 수 있게 하기에도 도킨스를 읽는 묘미인 논조와 어조의 변화를 독자에게 직접 체험하게 하는 데도 이쪽이 좋기 때문이다.

이 책에는 기쁨의 극단과 조롱의 극단이 있다. 그리고 분노의 극단도 있다. 하지만 그것은 저자 자신에게 제기된 반론에 대한 분노가 아니라 항상 타인에게 끼쳐지는 해악에 대한 분노다. 특히 어린이, 인간이 아닌 동물들, 권력자의 명령을 어겼다는 이유로 억압받는 사람들에게 가해지는 해악에 대한 분노다. 그런 분노와 그 뒤에 감도는, 상처 받고 상실된 모든 것에 대한 슬픔은 나로 하여금《이기적 유전자》이래 그의 집필과 강연 생활에 드리워진 비극적 측면을 떠올리게 한다(이것은 리처드의 생각이 아니라 나의 인식임을 강조하고 싶다). '비극적'이 너무 강한 단어처럼 들린다면, 이것을 한번 생각해보라. 폭발적인 반향을 불러일으킨 그 첫 번째 저서에서 그는 자연선택에 의한 진화가 어떻게 진행되는지를, '생명체를 구성하는 아주 작은 자기복제자의 집요하게 이기적인 행동'으로 요약할 수 있는 논리로 설명했다. 그런 다음 그는 오직 인간만이 이기적인 자기 복제 분자의 명령을 극복하고, 자기 자신과 세계를 통제하고, 미래를 상상해 그것에 영향을 미칠 수 있는 힘을 가지고 있다고 지적했다. 우리는 이기적이지 **않을** 수 있는 최초의 종이라는 얘기다. 그건 명쾌한 호소였다. 그리고 비극은 이것이다. 그 후 그는 의식이라는 귀중한 특성과 점점 늘어나는 과학과 이성의 통찰을 이용해 인류가 진화 프로그램의 이기적 행동을 극복하게 하는 데 자신의 다재다능함을 사용할 수 있었지만 그렇게 하지 못하고, 그 대신 진화 그 자체가 진실임을 받아들이도록 사람들을 설득하는 데 그 에너지와 능력 대부분을 써야 했다. 그것은 싫은 일이지만 누군가는 해야 하는 일이다. 왜냐하면 그가 말하듯 "자연은 소송을 걸 수 없기" 때문이다. 그리고 이 책 8장의 '마에스트로에 대한 추억'에서 말하듯 "엄밀한 상식은 세계 대부분의 사람들에게 결코 당연하지 않고 …… 실제로 상식을 변호하기 위해서는 부단한 경계가 필요한 경우도 있기" 때문이다. 리처드 도킨스는 이성의 예언자일 뿐 아니라 불철주야 우리를 지키는 야경꾼이다.

리처드의 신념에는 연민, 관용, 친절함이 속속들이 배어 있는데 그의 엄밀함과 명쾌함 앞에 붙는 형용사들—인정머리 없는, 무정한, 무자비한—이 대체로 너무 잔인해서 안타깝다. 오히려 그의 비판은 엄격한 평가를 내리는 와중에도 신랄한 위트가 있다. 예컨대, 총리에게 보내는 편지에서 "무임소無任所 (그리고 무선거) 장관 바르시 남작"이라고 말할 때도 그렇고, 블레어 전 총리의 비서가 되어 종교의 다양성을 도모하는 상사의 활동을 선전할 때도 그렇다. "우리는 이슬람법 재판의 도입을 지지하지만, 어디까지나 자발적 의사에 따를 것입니다. 즉 남편과 부친이 자유의사로 선택하는 경우에만 거기서 재판받게 될 것입니다."

그래서 나는 명쾌함을 은유적으로 표현해보고 싶다. 예리함, 논리와 세부를 법의학자처럼 파고들기, 꿰뚫어 보는 듯한 통찰이라고. 그리고 그의 글쓰기는 근육질이라기보다는 운동신경이 뛰어난 쪽이라고 말하고 싶다. 힘과 강함만이 아니라 유연성도 있어서 어떤 청중, 독자, 화제에도 자유자재로 맞출 수 있다. 실제로 힘과 섬세함, 충격과 정확함을 이 정도의 우아함, 이만한 유머와 결합할 수 있는 작가는 흔치 않다.

나는 10여 년 전《만들어진 신》에서 처음 리처드 도킨스와 작업했다. 이 책의 독자들이 저자가 보여주는 사고의 명쾌함과 표현의 유려함, 모두가 알면서도 외면하는 중요한 문제에 정면으로 맞서는 대담함, 과학의 복잡함과 아름다움을 해명하는 데 몰두할 때의 에너지에 더하여, 첫 번째 공동작업 이래로 내가 오랫동안 리처드와 작업을 해오면서 느낀 관용, 친절, 예의도 알아보게 된다면, 이 책의 목표 중 하나는 달성하는 셈이다.

이 책에 실린 어느 에세이에 "조화를 이루는 부분들은 서로가 존재할 때 번성하고, 여기서 조화로운 전체라는 환상이 생겨난다"라고 절묘하게 표현되어 있는 상태를 이 책이 구현한다면, 이 책의 또 한 가지 목표를 달성하는 것이다. 그런데 사실 이 에세이집에서 울려 퍼지는 조화는 환상이 아니라 우리 시대의 가장 활기차고 생기 넘치는 목소리의 메아리라는 것이 내 믿음이다.

G. S.

일러두기

– 단행본은 《 》, 정기간행물이나 영상물은 〈 〉, 글 제목은 ' ' 안에 표시하였다.
– 단행본 제목의 경우, 문맥에 따라 한국어판 제목이 아니라 영어판 제목을 직역하여 적기도 했다.
– 도서 인용문은 해당 도서의 한국어판과 관계없이 새로 번역하였다.
– 성서 인용의 경우 문맥에 따라 다른 번역판을 사용하였고, 필요한 경우 일부 수정하였다.

1부

과학의 가치관(들)

문제의 핵심에서 시작해보자. 과학이란 무엇이고, 무엇을 하며, 어떻게 하는 것인가? (또 어떻게 하는 것이 최선인가?) 리처드가 1997년에 한 국제앰네스티 강연인 '과학의 가치관과 가치관의 과학'은 여러 가지 내용이 담긴 훌륭한 연설로, 매우 넓은 영역을 다루고 있으며 이 책의 다른 곳에서 전개되는 여러 가지 주제들을 논한다. 즉 과학은 객관적 진실을 다른 무엇보다 존중한다는 점, 고통을 느끼는 능력에 딸려 오는 도덕적 무게와 '종차별주의'의 위험, 실제로 있다고 믿는 것을 밝히기 위해 수사법을 사용하는 것과 실제로 있는 것을 의도적으로 감추기 위해 수사법을 사용하는 것 사이의 중요한 차이 등을 다룬다. 이것은 과학 커뮤니케이터의 발언이다. 인위적 '진실'을 창조하기 위해서가 아니라 진실을 **전하기** 위해 언어를 동원하는 일의 정당성을 확고하게 믿는 사람의 발언이다. 이 강연문의 첫 문단은 한 가지 신중한 구별을 시도한다. 과학을 떠받치는 가치 기준들은 우리 문명의 영속이 거기에 달려 있기 때문에 우리가 지켜야 하는 자랑스럽고 귀중한 원리들인 반면, 과학 지식**에서** 가치관을 이끌어내려는 시도는 앞의 것과는 완전히 다른, 어쩐지 수상쩍은 기획이라는 점이다. 우리는 윤리적 가치는 어디선가 오는 것이 아니라 윤리적 공백에서부터 우리 스스로가 만드는 것이라는 사실을 인정할 용기를 내야 한다.

이 강연문을 쓴 사람은 사실에만 집착하는 정 없는 사람도, 감정이 메마른 회계사도 아니다. 과학의 미적 가치, 칼 세이건의 시적 상상력, 수브라마니안 찬드라세카르의 "아름다운 것 앞에서의 전율"을 논하는 문단들에는, 우리 인생에 기쁨을 가져다주고 우리 미래에 희망을 가져다주는 과학의 영광, 아름다움, 가능성에 대한 열정적인 찬미가 응축되어 있다.

그런 다음 템포와 무대가 바뀌면서 논조가 광범위하고 사색적인 분위기에서 짤막하고 신랄한 색채로 변한다. 여기가 바로 내가 '도킨스의 다트'로 간주하고 싶은 부분이다. 여기서 리처드는 앰네스티 강연에서 주장한 여러 가지 포인트를 계속 추구하는 가운데, 영국의 차기 왕에게 증거에 기반을 둔 과학을 따르지 않고 '내면의 지혜'가 인도하는 대로 따르는 것의 위험을 냉정하고 정중하게 경고한다. 과연 도킨스답게, 과학과 기술이 제공하는 가능성을 따지는 데에 인간의 판단력을 사용할 것을 요구한다. "유전자 변형 작물의 **있을 수 있는** 위험에 대한 히스테릭한 저항에는 한 가지 걱정되는 측면이 있습니다. 그것은 이미 잘 이해되어 있으나 대체로 도외시되는 **결정적** 위험으로 향해야 할 주의를 다른 곳으로 돌린다는 것입니다."

1부의 세 번째 에세이 '과학과 감수성'은 또 하나의 광범위한 강연으로, 묵직함과 활기가 어우러지는 도킨스 특유의 화법을 만날 수 있다. 이 에세이에서도 우리는 과학을 구원하려는 구세주적 열정이—우리가 세기 말까지 무엇을 해낼 수 있으며 끝내 해내지 못할 일은 무엇일지에 대한—냉정한 고찰로 절제되는 것을 볼 수 있다. 전형적인 도킨스 스타일인데, 물론 그의 의도는 낙담하게 만드는 것이 아니라 배가된 노력을 하게 만드는 것이다.

그런데 이 억제할 수 없는 호기심, 이 지식에 대한 허기, 이 행동하는 연민은 어디서 오는 것일까? 1부를 마무리하는 에세이 '두리틀과 다윈'은 어린 시절 그에게 과학의 가치관을—핵심적인 가치관과 일시적인 역사·문화적 맥락을 구별해야 한다는 교훈을 포함해—가르쳐준 존재를 애정 어린 시선으로 돌아본다.

각 글은 별개의 작품이지만 그 속에는 전체를 관통하는 중요한 메시지가 분명하게 울려 퍼지고 있다. 비보를 가져오는 자를 책망해봐야 소용없고, 환상의 위안에 의지해봐야 소용없고, '그렇다'를 '그래야 한다'나 '그렇게 되었으면 한다'와 혼동해봐야 소용없다는 것이다. 이것은 결국에는 긍정적인 메시지다. 만물이 어떻게 작동하는가에 모아지는 분명하고 지속적인 초점은, 만족할 줄 모르는 호기심을 가진 자의 지적인 상상과 어울려 통찰을 낳고, 이러한 통찰이 정보를 생산하고 이의를 제기하고 자극을 줄 것이기 때문이다. 그리하여 과학은 계속 발전하고, 이해는 높아지고, 지식은 확장된다. 1부에 묶인 글들을 한마디로 요약하면, 이것은 과학을 위한 선언문이자 그 대의명분을 위해 무장하라는 명령이다.

G. S.

과학의 가치관과
가치관의 과학[1]

∧
∧

'과학의 가치관.' 이것은 뭘 의미할까요? 약한 의미로는 과학자들이 가지고 있어야 할 가치관이라고 볼 수 있습니다. 저는 그런 의미의 가치관에는 공감하는 입장입니다. 가치관은 아무래

---

1 옥스퍼드 앰네스티 강연은 매년 하는 시리즈 강연으로, 국제엠네스티를 지원하기 위해 셸도니언 극장에서 열린다. 해마다 강연 내용을 옥스퍼드의 연구자가 편집하여 책으로 묶는다. 1997년의 주최자 겸 편집자는 웨스 윌리엄스Wes Williams였고, 선택된 주제는 '과학의 가치관'이었다. 강연자로는 대니얼 데닛, 니콜라스 험프리, 조지 멤비오, 조너선 리 등이 참가했다. 내 강연은 일곱 번의 시리즈 강연 중 두 번째였고, 그 원고를 여기에 다시 싣는다.

도 직업의 영향을 받게 마련이니까요. 한편 그것은 강한 의미도 있는데, 그것은 과학 지식이 마치 성서라도 되는 양 거기서 직접적으로 어떤 가치관을 유도한다는 뜻입니다. 이런 의미의 가치관을 저는 강하게[2] 부정합니다. 자연이라는 책은 삶의 지침으로 삼을 가치관의 원천으로 전통적인 성서보다 나쁘지는 않지만, 그리 대단한 것을 말하고 있는 것도 아니기 때문입니다.

　가치관의 과학―글 제목의 나머지 절반―은 우리의 가치관이 어디서 오는가에 대한 과학적 연구를 의미합니다. 이 자체는 가치 판단에 영향을 받지 않는 순수하게 학술적인 질문으로, 우리의 뼈가 어디서 오는가라는 질문만큼이나 이론이 없습니다. 우리의 가치관이 진화의 역사에 아무것도 빚지고 있지 않다는 결론도 있을 수 있지만 그것은 제가 도달할 결론은 아닙니다.

2　많은 것을 시사하는 샘 해리스의 저서 《도덕의 풍경The Moral Landscape》(우리말 번역본 제목은 '신이 절대로 답할 수 없는 몇 가지'이다―옮긴이)이 강연 당시에 출판되어 있었다면, '강하게'는 삭제했을 것이다. 해리스는 '극심한 고통을 가하는 것'처럼 어떻게 생각해도 부도덕한 행동들이 존재하며, 과학은 그런 행동을 특정하는 데 중요한 역할을 할 수 있다고 설득력 있게 주장했다. '사실과 가치관을 분리하여 생각해야 한다는 것은 지나친 말이었다'는 주장은 훌륭하게 성립할 수 있다. (본문과 주석에 언급된 책들의 자세한 출판 정보에 대해서는, 맨 뒤에 수록된 참고문헌을 참조하라.)

약한 의미의 과학의 가치관

사적인 자리에서 과학자가 배우자나 세무조사관을 속일 가능성이 누구보다 낮다고는 (또는 높다고는) 생각하지 않습니다. 하지만 과학자는 일에서만큼은 확실히, 단순한 진실을 존중해야 할 특별한 이유가 있습니다. 과학자라는 직업을 떠받치는 것이 바로 문화적 다양성을 초월하는 객관적 진실 같은 것이 존재한다는 믿음, 그래서 두 과학자가 같은 질문을 한다면 각자가 지금까지 가지고 있던 믿음이나 문화적 배경, 또는 일정한 범위 내라면 능력과도 관계없이, 같은 사실로 수렴할 것이라는 믿음이기 때문입니다. 이런 믿음은, 과학자는 진실을 증명한다기보다는 **반증**하는 데 실패한 가설을 내놓는 것이라는, 계속 되풀이되는 철학자의 견해와 모순되지 않습니다. 그 철학자는 우리가 사실이라고 생각하는 것은 단지 반증되지 않은 가설일 뿐임을 우리에게 납득시키려고 할지 모릅니다. 하지만 우리가 절대 반증되지 않을 것이라고 확신하는 가설들이 있고, 그것을 우리는 보통 진실이라고 부릅니다.[3] 과학

---

3 나는 스티븐 제이 굴드가 말한 방식이 마음에 든다. "과학에서 '사실'이란 '일단 그렇다고 단언해도 문제가 없을 정도로 확인되었음'을 의미한다. 사과가 내일부터는 땅에 떨어지지 않고 하늘로 솟아오를지도 모른다고 생각하는 것은 자유지만, 그 가능성을 물리 수업 시간에 검토할 가치는 없다"(《닭의 이빨과 말의 발톱Hen's Teeth and Horse's Toes》에 실린 '사실과 가설로서의 진화'에서).

자들은 지리적·문화적으로 매우 다른 곳에 있어도, 반증되지 않은 똑같은 가설로 수렴할 것입니다.

이 세계관은 다음과 같은 유행하는 잡소리와는 완전히 상반된 것입니다.

> 객관적 진실 같은 것은 존재하지 않는다. 우리는 자기만의 진실을 만든다. 객관적 현실이라는 것은 없다. 우리는 자기만의 현실을 만든다. 하지만 사물을 아는 보통의 방법보다 뛰어난, 영적이고 신비적이고 내적인 방법이 존재한다.[4] 어떤 경험이 진짜처럼 보이면 그것은 진짜인 것이다. 어떤 생각이 당신에게 옳다고 느껴지면 그것은 옳은 것이다. 실재의 진정한 본성에 대해 어차피 우리는 알 방법이 없다. 과학조차도 비합리적이거나 신비적인 것이다. 과학 또한 신앙이나 신념체계, 또는 신화의 하나일 뿐이고, 그 밖의 어떤 것과 비교해 특별히 정당성을 인정할 만한 근거가 없다. 어떤 신념이 당신에게 의미가 있다면 그것이 참인지 거짓인지는 중요하지 않다.[5]

---

4 '여성학' 교수들은 때때로 '여성의 앎의 방법'이 마치 논리적 또는 과학적인 방법과는 다른 것처럼, 심지어는 뛰어난 것처럼 칭찬하는 경향이 있다. 스티븐 핑커가 올바르게 지적했듯이 이런 식의 말은 여성에 대한 모욕이다.

리어왕이 말했듯이, 이런 생각에 사로잡히면 결국 미치고 맙니다. 과학자의 가치관을 한마디로 표현한다면 이렇게 말할 수 있을 듯합니다. "모든 사람이 저렇게 생각하는 때가 온다면 나는 더 이상 살고 싶지 않을 것이다." 그때가 되면 이미 우리는 새로운 암흑시대에 들어서 있을 것입니다. 하지만 그 시대가 "뒤틀린 과학으로 인해 더 비참해지고 길어질" 것 같지는 않습니다.[6] 뒤틀 과학자체가 없기 때문입니다.

물론 뉴턴의 중력 법칙은 근사 이론일 뿐이고, 아마 아인슈타인의 일반상대성 이론도 때가 오면 대체될 겁니다. 하지만 그렇다고 해서 이런 법칙과 이론이 중세 마법이나 부족의 미신과 같은 수준으로 추락하는 것은 아닙니다. 뉴턴의 법칙은 여러분이 목숨을 맡길 수 있는 근사 이론이고, 우리는 보통 그렇게 합니다. 하늘을 날 때 문화상대주의자는 자신의 목숨을 어디에 맡길까요? 공중 부양

---

5 칼 세이건의 《악령 들린 세계The Demon-Haunted World》(우리말 번역본 제목은 '악령이 출몰하는 세상'이다 – 옮긴이)에 인용되어 있다. '문화구성주의', '아프리카 중심적 과학', '페미니즘 대수', '과학학' 등과 같은 헛소리를 싸늘하게 열거하고 정당하게 맹비난하는 폴 그로스Paul R. Gross와 노먼 레빗Norman Levitt의 《고차원 미신Higher Superstition》도 참조하라. 같은 책은 샌드라 하딩의 공격적인 주장도 잊지 않고 거론한다. 하딩은 "뉴턴의 《자연철학의 수학적 원리Principia Mathematica Philosophae Naturalis》는 '강간 매뉴얼'"이라고 주장했다.

6 물론 윈스턴 처칠의 말이다.

일까요, 물리학일까요? 마법의 양탄자일까요, 아니면 맥도널 더글러스사社일까요? 여러분이 어떤 문화에서 성장했든 '서양'이 아닌 영공에 들어가자마자 베르누이의 법칙이 갑자기 작동을 멈추지 않습니다. 또 다른 예로, 어떤 관측 결과를 예측할 때 여러분은 어디에 돈을 걸까요? 여러분은 마치 라이더 해거드의 모험소설 속 주인공처럼 1,000년 앞의 개기일식을 정확히 예측함으로써 상대주의와 뉴 에이지 운동을 신봉하는 미개인들을 당황시킬 수 있습니다. 개기일식 이야기는 칼 세이건이 한 것입니다.

칼 세이건은 한 달 전 세상을 떠났습니다. 저는 그를 딱 한 번 만났지만, 그가 쓴 책들을 아주 좋아했고 '어둠을 밝히는 초'였던 그가 그리울 것입니다.[7] 저는 이 강연을 그와 관련된 추억에 바치며 그의 저작을 인용하려고 합니다. 일식 예측에 관한 이야기는 그가 죽기 전 마지막으로 출판한 책《악령 들린 세계》에 나오는 말인데, 그는 계속해서 이렇게 말합니다.

지독한 빈혈에 시달린다면 그 주문을 풀기 위해 마법사를 찾아갈 수도 있지만, 그 대신 비타민 B12를 복용할 수도 있다.

---

7 나는 그의 구절을 셰익스피어의《맥베스》에 나오는 유명한 구절과 합쳐 내 자서전 제2권《어둠을 밝히는 미약한 촛불Brief Candle in the Dark》의 제목으로 썼다(한국어판은《리처드 도킨스 자서전 2》로 출간되었다-옮긴이).

자식을 소아마비로부터 구하고 싶다면, 기도할 수도 있지만 예방접종을 시킬 수도 있다. 태어나지 않은 아이의 성별을 알고 싶다면, 점쟁이에게 원하는 모든 것을 물어봐도 되지만 …… 그들은 평균적으로 50퍼센트만 맞춘다. 더 정확한 결과를 원한다면 양수진단과 소노그램(음파기록장치)을 시도해보라. 과학을 시도해보라.

물론 과학자들은 자주 의견이 엇갈립니다. 하지만 생각을 바꾸기 위해 어떤 새로운 증거가 필요한지에는 의견이 일치하고 그 점을 자랑스럽게 여깁니다. 어떤 발견이든 발견에 이른 경로는 공개되고, 누구든 같은 경로를 따르면 같은 결론에 도달하게 됩니다. 만일 여러분이 거짓말을 한다면—즉 숫자를 조작하고, 자신이 원하는 결론을 뒷받침하는 증거만을 발표한다면—아마 발각될 것입니다. 어쨌든 과학을 해서 부자가 될 일은 없는데, 거짓말로 그 일의 유일한 취지를 훼손하면서까지 과학을 해야 할 이유가 있을까요? 과학자는 과학학술지에서보다는 배우자나 세금조사원에게 거짓말을 할 가능성이 훨씬 높습니다.

솔직히 말해 과학계에는 부정행위가 일어나고, 그런 일은 아마 실제로 밝혀지는 것보다 많을 것입니다. 제가 말하고 싶은 것은, 과학의 세계에서 데이터 조작은 해서는 안 되는 짓이라는 겁니다. 그것은 다른 직종에서 비슷한 예를 찾기 어려울 정도로 가혹하게 처벌받는 중죄입니다. 이런 극단적인 가치 판단이 초래하는 불행한 결과가 있습니다. 과학자들은 숫자를 조작한다고 의심할 만한 근거가 있는 동료를 내부 고발하는 일을 특별히 꺼리게 됩니다. 그런 일을 하려고 할 때면 마치 누군가를 식인이나 소아성애로 비난하는 것처럼 저항감이 듭니다. 그래서 어두운 의심은 증거가 무시할 수 없을 만큼 쌓일 때까지 억제되고, 발각될 때쯤에는 이미 너무 많은 피해가 일어나 있을지도 모릅니다. 여러분이 경비 지출 내역을 조작한다면 동료들은 아마 눈감아 줄 것입니다. 여러분이 정원사에게 현금을 지불하여 세금을 피하는 암시장을 부추긴다 해도, 그 일로 인해 사회적 추방자가 되지는 않을 겁니다. 하지만 연구 데이터를 조작하다가 걸린 과학자는 사회적 추방자가 됩니다. 그는 동료들에게 외면당하고, 인정사정없이 그 직종에서 영구히 추방당합니다.

웅변술을 사용해 최선의 변론을 펼치는 변호사는 설령 본인 스스로는 그것을 믿지 않더라도, 설령 유리한 사실만을 선택해 증거를 왜곡하더라도, 승소만 하면 높은 평가와 보상이 따릅니다.[8] 반

---

8 다음과 같은 경험은 흔히 겪는 것이다. 나는 예전에 어떤 변호사와 이야기한 적이 있는데, 형사사건의 변호를 전문으로 하는 높은 이상을 가진 젊은 여성이었다. 그녀는 자신이 고용한 사립탐정이 살인죄로 기소된 의뢰인의 혐의를 벗길 수 있는 증거를 발견했다는 사실에 만족감을 표했다. 나는 축하한다고 말하며 당연히 할 수 있는 질문을 했다. 만일 그 사립탐정이 의뢰인의 유죄를 결정적으로 입증하는 증거를 발견했다면 어떻게 했겠는가? 그녀는 조금의 망설임도 없이, 그 증거를 조용히 덮었을 것이라고 말했다. 검사가 스스로 증거를 찾게 하라. 검사가

면 같은 일을 하는 과학자, 즉 모든 수사법을 총동원하고, 자신의 가설에 대한 지지를 얻기 위해 수단과 방법을 가리지 않는 과학자는 최소한 가벼운 의심을 받습니다.

보통은 무언가를 변호한—더 나쁘게는 **교묘하게** 변호한—혐의를 받으면 그 혐의를 반드시 해명해야 한다는 것이 과학자의 가치관입니다.[9] 하지만 실제로 있다고 믿는 것을 밝히기 위해 수사법을 사용하는 것과 실제로 있는 것을 의도적으로 감추기 위해 수사법을 사용하는 것 사이에는 중요한 차이가 있습니다. 예전에 어느 대학에서 진화에 관한 토론에 참가한 적이 있습니다. 가장 감명깊은 창조론 변호를 펼친 젊은 여성이 토론 후 이어진 저녁 식사 자리에서 우연히 제 옆 자리에 앉았습니다. 그녀의 변호를 칭

증거를 찾지 못하면 굳이 알려줄 필요가 없다. 나는 이 이야기를 듣고 흥분했지만, 그녀는 변호사가 아닌 사람과 말할 때 여러 번 이런 반응을 겪었음이 분명했다. 그녀의 입장에서 생각하면, 논쟁을 계속 이어가기보다 지겹다는 듯 화제를 바꾼 것도 무리는 아니었다.

9 나는 《확장된 표현형The extended phenotype》을 쓸 때 이 책은 '후안무치한 변호'임을 인정하는 것으로 시작할 필요가 있다고 느꼈다. 내가 '후안무치'라는 단어를 사용할 필요를 느꼈다는 사실은 과학의 가치관에 대한 내 생각을 잘 말해준다. 어떤 변호사가 자신의 '후안무치한 변호'에 대해 배심원단에게 사과하는가? 변호사는 편향된 변호를 하도록 훈련받는다. 정치인도 마찬가지고, 광고업자나 마케팅 전문가도 마찬가지다. 과학은 아마 모든 직종 가운데 가장 엄격하게 정직한 직종일 것이다.

찬하자 그 여성은 곧바로 자신은 토론에서 펼친 주장을 한마디도 믿지 않는다고 말했습니다. 그녀는 단지 자신이 진실이라고 간주하는 것의 정반대를 열심히 변호함으로써 논쟁 기술을 연습하고 있었을 뿐입니다. 그녀는 틀림없이 훌륭한 변호사가 될 것입니다. 이때부터 저는 저녁 식사 동석자에게 예의를 지키는 것밖에는 할 수 있는 것이 없었지만, 이 사실은 과학자로서 제가 습득한 가치관에 대해 무언가를 말해줄지도 모릅니다.

제가 말하고 싶은 것은, 과학자가 가지고 있는 가치 척도에 비추어 보면 자연의 진실에는 거의 신성하다고까지 말할 수 있는 것이 있다는 겁니다. 그렇기 때문에 점성술사나 숟가락을 구부리는 사람이나 돌팔이가 하는 일을 일반 사람들은 무해한 오락으로 관대하게 용인하는데도 과학자들은 저건 사기라며 몹시 화내는 게 아닐까요. 명예훼손법은 개인에 대해 고의로 거짓말을 하는 사람들을 처벌합니다. 하지만 자연에 대해서는 그런 거짓말로 돈을 벌어도 벌을 받지 않습니다. 자연은 소송을 제기할 수 없기 때문이지요. 제 가치관이 상궤를 벗어난 것일지도 모르지만, 자연도 학대당한 어린이와 마찬가지로 법정에서 대리인을 세울 수 있으면 좋겠습니다.[10]

---

10 지역 내 대학이 점성술 과목을 광고하는 한은 그 지방정부에 세금을 내지 않겠다고까지 선언한 물리학자가 런던에 있었다는 이야기를 들었다. 오스트레일리아의 한 지질학 교수는, 노아의 홍수를 발견했다

진실에 대한 사랑에 단점이 있다면 과학자는 그로 말미암아 불행한 결과에 이른다 해도 진실을 추구하게 된다는 겁니다.[11] 과학자는 실제로 그런 결과를 사회에 경고할 무거운 책임을 지고 있습니다. 그 위험을 깨달은 아인슈타인은 이렇게 말했습니다. "그것을 알았다면 나는 자물쇠 장수가 되었을 것이다." 하지만 물론 자물쇠 장수가 되지 않았죠. 그리고 기회가 왔을 때 그는 원자폭탄의 가능성과 위험을 루스벨트 대통령에게 경고하는 그 유명한 편지에 서명했습니다. 과학자에게 향하는 어떤 종류의 적의는 비보를 가져오는 전령을 책망하는 것과 같습니다. 지구와 충돌하는 경

고 주장하며 사기로 돈을 버는 창조론자를 고소해 재판을 진행 중이다. 1997년 4월 23일자 〈데일리 텔레그래프〉에 실린 피터 파클리의 논평을 보라.

11 인종과 아이큐 사이에 상관성이 있다는 주장이 있는데, 이런 주제를 연구하는 데 기금을 제공하는 것을 정당화하기는 어렵다고 생각한다. 나는 지능이 측정 불가능한 것이라든지, 인종은 '생물학적 실체'가 아니라 '사회적 구성물'이라고 생각하는 부류가 아니다(이런 주장을 멋지게 쓰러뜨린, 뛰어난 유전학자 A. W. F. 에드워드의 '인간의 유전적 다양성: 르윈틴의 오류'를 보라). 그런데 이른바 '지능과 인종의 상관성'을 조사하는 목적이 무엇일까? 그런 연구를 근거로 정책 결정이 내려져서는 안 되는 것은 확실하다. 그것은 르윈틴이 실제로 지적하려고 했던 점이었고 나는 그 점에 전적으로 동의한다. 하지만 이념적 동기를 가진 과학자들이 흔히 그렇게 하듯, 그는 자신의 목적이 (훌륭한) 정치적인 것이 아니라 (잘못된) 과학적인 것인 양 속였다.

로에 있는 큰 소행성에 대해 천문학자가 주의를 환기시키면, 충돌 전 많은 사람들이 마지막으로 하는 생각은 '그 과학자'에 대한 비난일 겁니다. BSE에 대한 우리의 반응에도 전령을 책망하는 요소가 있습니다.[12] 이 경우에는 소행성의 경우와 달리, 인류가 비난을 받아야 하지만 말입니다. 농업식품산업의 경제적 탐욕과 함께 과학자도 그 책임을 일부 져야 합니다.

칼 세이건은 '지구 밖에 지적 생명체가 있다고 생각하는가'라는 질문을 자주 받는다고 말합니다. 그의 마음은 신중한 '예스'로 기울지만, 그의 말에는 겸손함과 망설임이 담겨 있습니다.

> 내 말을 들은 사람들은 흔히 이렇게 묻는다. "진심으로 그렇게 생각하십니까?"
> 나는 말한다. "지금 말한 것이 제 진심입니다."
> "그건 그렇다 치고, 직감으로는 어떻습니까?"
> 하지만 나는 직감으로 생각하지 않으려고 노력한다. 내가 세계를 이해하는 일에 진지하게 임한다면, 뇌가 아닌 어떤 것으로도 생각하지 않는 편이 좋다. 아무리 그렇게 하고 싶

---

12 흔히 '광우병'으로 알려져 있는 소해면상뇌증. 1986년에 영국에서 시작된 전염병이 광범위한 불안을 야기했는데, 이유 중 하나는 인간이 걸리는 위험한 질환인 CJD, 즉 크로이펠트-야콥 질환과의 유사성 때문이었다.

어도 그렇게 하면 곤란에 빠질 가능성이 높다. 사실상 제대로 된 증거를 손에 넣을 때까지는 판단을 유보하는 게 좋다.

개인적인 내면의 계시를 불신하는 것은 그가 과학을 하면서 경험으로 익힌 또 하나의 가치관일 것입니다. 개인적인 계시는 증명 가능성, 증거에 의한 뒷받침, 정밀함, 정량화 가능성, 일관성, 상호주관성, 재현성, 보편성, 문화적 환경으로부터의 독립 같은 과학적 방법의 전형적 이상과 어울리지 않습니다.

과학의 가치관 중에는 미의식과 비슷한 것으로 취급하는 것이 가장 적절해 보이는 것도 있습니다. 이 주제와 관련해 아인슈타인은 너무 자주 인용되므로, 여기서는 그 대신 인도 태생의 위대한 천체물리학자 수브라마니안 찬드라세카르가 65세였던 1975년에 어느 강연에서 했던 말을 인용해보겠습니다.

과학자로서의 내 인생을 통틀어 …… 가장 강렬한 경험은, 뉴질랜드 출신의 수학자 로이 커Roy Kerr가 발견한 일반상대성이론의 아인슈타인 방정식의 정확한 해가 우주에 있는 무수한 거대한 블랙홀을 아주 정확하게 설명한다는 사실을 깨달았던 것입니다. 이 '아름다운 것 앞에서의 전율', 수학상의 아름다움을 추구하다가 발견한 것과 정확히 똑같은 것이 자연계에 있다는 이 믿기 어려운 사실 덕분에 나는 확신을 가지고 이렇게 말할 수 있습니다. 바로, 인간의 마음이 가장 깊고 심오한 곳에서 반응하는 대상은 아름다움이라고.

이 말에서 저는 키츠의 유명한 시가 보여주는 경박한 딜레탕티즘에서는 얻을 수 없는 감동을 느꼈습니다.

'아름다움은 진실, 진실은 아름다움' – 이것이
그대들이 지상에서 아는 전부요, 알아야 할 전부.

하지만 미의식의 범주에서 한 발짝을 더 내디딘 과학자들은 장기적인 관점을 위해 단기적인 관점을 희생시키는 경향이 있습니다. 그들은 인간의 편협한 관심사보다는 우주의 광대한 공간과 지루할 정도로 느린 지질학적 시간에서 영감을 얻습니다. 어둡고 냉담하고 동정심이 없는 인간관을 가졌다고 비난받을 위험이 있다 해도, 사물을 '영원의 상 아래에서sub specie aeternitatis'('영원의 상 아래에서'는 스피노자가 한 말로, 인간을 미혹하는 현상이 아니라 '신 또는 자연'이라는 유일하고 영원한 본질, 가치를 지향하는 철학의 올바른 관점을 표현한 것이다. 스피노자는 《윤리학》에서, 우리가 사물이나 생각을 '영원의 상 아래에서' 바라보는 한, 자신을 불멸의 존재로 느낄 수 있다고 말했다 – 옮긴이) 보는 경향이 유독 강합니다.

칼 세이건이 말년에 쓴 저서 《창백한 푸른 점Pale Blue Dot》은 먼 우주에서 보는 우리 세계의 시적 이미지를 중심으로 구성되어 있습니다.

다시 한 번 저 점을 보라. 저것이 이곳, 우리의 고향이다.
…… 지구는 광대한 우주 속 아주 작은 장소에 지나지 않는

다. 생각해보라. 수많은 장군들과 황제들이 환희와 승리의 절정에서 이 점의 한 부분을 아주 잠시 지배하기 위해 흘린 피의 강물을. 또한 이 점의 한 구석에 사는 사람들이, 그곳과 거의 분간이 되지 않는 다른 구석에 사는 사람들에게 저지른 끝없는 잔악행위를. 그리고 얼마나 자주 오해가 반복되는지, 서로를 죽이기 위해 얼마나 열심인지, 얼마나 열렬하게 증오를 불태우는지를. 이 창백한 점은 우리의 마음가짐, 우리 자신이 중요하다는 확신, 그리고 우주에서 우리는 특별한 존재라는 착각에 도전한다. 우리 행성은 끝이 없는 우주의 암흑 속에 있는 고독한 점일 뿐이다. 우리 존재의 미미함과 우주의 광대함을 생각하면, 다른 곳에서 도움의 손길이 와서 우리를 우리 자신으로부터 구하기를 바랄 수 없다.

방금 읽은 구절에 암울한 면이 있다면 이 글의 저자가 지금은 목소리를 낼 수 없게 되었다는 인간적 슬픔뿐입니다. 과학이 인류의 주제넘음을 바로잡는 것을 암울하게 볼 것인가 아닌가는 마음가짐의 문제입니다. 이런 큰 비전을 접할 때 많은 사람들은 차갑고 공허하다고 느끼기보다는 오히려 기분이 고양되고 기운이 나는데, 이것 역시 과학적 가치관의 한 측면일지도 모릅니다. 게다가 우리는 법칙을 지키고 변덕을 부리지 않는 자연에 마음이 끌립니다. 수수께끼는 있지만 마법은 없고, 수수께끼는 결국 설명되기에 더욱 아름답습니다. 모든 것은 설명 가능하고, 그것을 설명하는 것은 우리 과학자의 특권입니다. 여기서 작동하는 원리는 거기에서도 작용할 것입니다. '거기'란 물론 먼 은하까지를 의미합니다. 찰스 다윈은《종의 기원Origin of Species》을 마무리하는 유명한 '뒤엉킨 강둑' 구절에서, 생명의 복잡성은 전부 '우리 주변에서 작용하는 법칙에 의해 만들어졌다'고 지적하고, 이어서 이렇게 말합니다.

즉 자연의 투쟁으로부터, 기근과 죽음으로부터, 우리가 생각할 수 있는 가장 고귀한 목적인 고등 동물의 탄생이 그 직접적인 결과로서 초래된다. 생명은 여러 가지 힘과 함께 애초에 몇 가지 종류 또는 한 종류의 형태에 숨이 불어넣어졌고, 중력의 불변하는 법칙에 따라 지구가 순환하는 동안 그렇게 단순한 시작으로부터 지극히 아름답고 지극히 경이로운 생물종이 무수히 많이 발전했고 지금도 계속 발전하고 있다는 이러한 생명관에는 장엄함이 있다.

종이 진화하는 데 걸린 순전한 시간만으로도 그러한 종을 보존해야 한다는 주장을 펼칠 충분한 이유가 됩니다. 이 자체가 어떤 가치 판단을 수반하는데, 그것은 지질학적 시간의 깊이에 푹 잠겨 하루하루를 살아가는 사람들의 마음에 꼭 들 만한 것입니다. 저는 이전 저서에서, 짐바브웨의 코끼리 살처분에 관한 오리아 더글러스 해밀턴Oria Douglas-Hamilton의 참혹한 이야기를 인용한 적이 있습니다.

나는 버려진 코끼리 코를 보면서, 그런 진화의 기적을 일으키기 위해 몇백만 년이 걸렸을지 궁금했다. 5만 개의 근육을 완비하고 있고 그런 복잡함에 상응하는 뇌로 제어되는 그 코는 엄청난 힘으로 비틀고 밀 수 있다. …… 동시에 그것은 지극히 섬세한 작업을 할 수 있다. …… 그럼에도 그것은 내가 아프리카 전역에서 보았던 수많은 코끼리 코와 마찬가지로 절단되어 가로놓여 있었다.

안타까운 이야기지만 제가 이 구절을 여기서 인용한 이유가 있습니다. 더글러스-해밀턴 부인이 코끼리의 권리와 고통을 느끼는 능력, 또는 우리 인간의 경험이나 국가의 관광 자원을 풍부하게 하는 야생동물의 가치 같은 것에 주목하기보다, 코끼리 코라는 복잡한 구조를 진화시키는 데 걸린 수백만 년의 시간을 강조한 근저에는 과학적 가치관이 있음을 보여주기 위해서입니다.

이처럼 진화에 대한 이해는 권리와 고통의 문제와 무관하지 않습니다. 하지만 잠시 후 보여드릴 생각인데, 과학 지식에서 근본적인 도덕 가치를 이끌어낼 수는 없습니다. 공리주의 철학자들은 자신들이 비록 절대적인 도덕 가치가 **있다**고는 생각하지 않지만 그럼에도 자신들에게는 특정 가치 체계의 모순과 불일치를 폭로할 정당한 권리가 있다고 주장합니다.[13] 하지만 진화론자들이야말

---

13 내가 좋아하는 도덕철학자인 조너선 글로버는 가식되고 과장된 표현을 쓰지 않고 명쾌함을 지향할 때 윤리학자가 얼마나 귀중한 존재일

로 인간의 권리를 다른 모든 종의 권리 위에 놓는 절대론자의 모순을 알아차리기에 가장 좋은 입장에 있습니다.

'낙태반대론자'는 생명은 한없이 소중하다고 어떤 의문도 없이 주장하지만 뒤돌아서서는 커다란 스테이크를 기분 좋게 덥석 뭅니다. 그런 사람들이 소중히 여기는 '생명'은 명백히 인간의 생명입니다. 이것이 꼭 잘못은 아니지만, 진화학자라면 적어도 그건 모순이라고 지적할 것입니다. 임신 한 달째의 인간 태아를 낙태시키는 것은 살생이지만 충분한 감각이 있는 성체 코끼리나 산고릴라를 총으로 쏘는 것은 살생이 아닌가요? 그것은 자명하지 않습니다.

약 600만 년 전 또는 700만 년 전, 모든 현생인류와 모든 현생 고릴라의 공통조상인 아프리카 유인원이 살았습니다. 하지만 이 조상과 우리를 연결하는 중간 형태들—호모 에렉투스, 호모 하빌리스, 그리고 오스트랄로피테쿠스속屬 구성원들—은 우연히 절멸합니다. 우리와의 공통 조상과 현생 고릴라를 연결하는 중간 형

수 있는지를 보여주는 훌륭한 예다. 예컨대 그의 저서 《죽음을 초래하고 생명을 구하다Causing Death and Saving Lives》는 그 안에 담긴 비전이 지나치게 앞섰던 탓에 과학 진보가 시작되어 화제가 되기도 전에 절판되었다. 《휴머니티Humanity》는 인간성을 거스르는 일을 격렬하게 규탄하는 책이다. 우생학이라는 금기에 가까운 주제에 과감히 발을 들여놓은 《아이들의 선택Choosing Children》에서는, 정직한 도덕철학의 영역과 어울리는 지식인의 용기를 분명하게 보여준다.

태도 절멸합니다. 만일 중간 형태가 절멸하지 않았다면, 만일 잔존 집단이 아프리카의 밀림과 사바나에 나타난다면, 놀라운 일이 일어날 것입니다. 여러분이 짝짓기하여 자식을 낳을 수 있는 누군가는 다른 누군가와 짝짓기하여 자식을 낳을 수 있을 것이고……. 이런 식으로 사슬에 연결된 연결고리를 몇 개만 거치면, 누군가는 고릴라와 짝짓기하여 아이를 낳을 수 있을 것입니다. 이 이종교배의 사슬에 연결된 중요한 중간 형태들이 죽어 사라진 것은 순전히 운이 없었기 때문입니다.

이것은 그저 재미로 해보는 사고 실험이 아닙니다. 논쟁의 여지가 있는 부분이 있다면, 그 사슬에 중간 단계를 몇 개나 상정할 필요가 있는가 정도뿐입니다. 그리고 그 중간 단계가 몇 개인지와 관계없이, 논의를 전개해나가면 다음과 같은 결론에 이를 수 있습니다. 호모 사피엔스를 그 밖의 모든 종 위에 위치시키는 절대주의도, 힘이 최고조에 달한 성체 침팬지보다 인간 태아나 뇌사 상태의 식물인간에게 아무런 의문 없이 우선권을 주는 경향도, 종 수준에서 이루어지는 아파르트헤이트도, 사상누각처럼 무너지리라는 것입니다. 설령 무너지지 않는다 해도 아파르트헤이트와의 비교가 근거 없는 것은 아님이 밝혀질 것입니다. 왜냐하면, 여러분이 살아남은 일련의 중간 형태들을 보며 인간과 인간이 아닌 것을 분리할 것을 강력히 요구한다면, 아파르트헤이트와 비슷한 성격의 법정에 가서 특정 중간종의 개체가 '인간으로 통하는지' 아닌지 판정받지 않는 한 그런 분리를 유지할 수 없기 때문입니다.

그런 진화 논리가 인권과 관련된 교의를 모조리 무효화하는 것은 아닙니다. 하지만 인류와 그 밖의 종의 구분이 절멸이라는 우연한 사건에 따라 결정된다는 사실이 밝혀진 이상, 절대주의적 버전은 무효화되는 것이 확실합니다. 만일 도덕과 권리가 원리상으로 절대적인 것이라면, 부동고 숲에서의 새로운 동물학적 발견 때문에 위협받지는 않을 것입니다.

강한 의미의 과학의 가치관

이제 약한 의미의 과학의 가치관에서 강한 의미의 과학의 가치관으로, 즉 과학적 발견이 가치 체계의 직접적인 원천이 될 수 있는가의 문제로 화제를 돌려보겠습니다. 다재다능한 영국 생물학자였고, 옥스퍼드 대학 뉴 칼리지의 동물학 교수로서 제 대선배인 줄리언 헉슬리 경은 진화를 윤리의 기반으로, 나아가 거의 종교의 기반으로 만들려고 했습니다. 그에게는 진화 과정을 촉진하는 것이 선善이었습니다. 더 유명하지만 기사 작위는 받지 않은 그의 조부 토머스 헨리 헉슬리는 거의 반대되는 견해를 취했습니다. 저는 토머스 헉슬리에게 더 공감하는 입장입니다.[14]

줄리언 헉슬리의 진화에 대한 이념적 심취는 진화는 곧 **진보**라

----

14 줄리언 헉슬리는 그 주제에 대한 자신의 견해와 조부의 견해를 모아《윤리체계의 시금석Touchstone for ethics》이라는 책으로 엮었다.

는 그의 낙관적 견해에서 비롯되었습니다.[15] 요즘에는 진화가 실제로 진보인지 의심하는 것이 유행입니다. 이것은 흥미로운 논쟁이고 제게도 의견이 있지만,[16] 그보다 선행하는 질문이 있습니다.

---

15 줄리언 헉슬리의 저서 《생물학자의 평론Essays of a Biologist》의 첫 번째 에세이 '진보, 생물학적 진보와 그 밖의 진보'에는, 진화의 깃발을 들고 싸우자고 호소하는 것처럼 읽히는 문단들이 포함되어 있다. "[인간의] 얼굴은 진화하는 생명이라는 큰 조류와 같은 방향으로 설정되어 있고, 인간의 가장 중대한 운명, 즉 인간이 오래 전부터 달성해야 한다고 인식한 목적은, 자연이 이미 수백만 년 동안 부지런히 임해온 과정을 새로운 가능성으로 확대하고, 최대한 낭비 없는 방법을 도입하고, 과거에는 무계획이고 무의식적인 힘의 작용이었던 것을 의식적으로 가속하는 것이다." 이 문단은 내가 233쪽에서 '시적 과학'—이 책 《영혼이 숨 쉬는 과학》의 제목이 암시하는 좋은 의미가 아니라 나쁜 의미의 '시적'—으로 폄훼한 것의 사례다. 나는 학부생일 때 헉슬리의 이 평론집을 읽고 깊은 영향을 받았다. 지금은 그 정도로 감흥을 느끼지 않고, 오히려 전에 피터 메더워가 대담하게도 무심결에 내뱉은 견해에 찬성한다. 그는 "줄리언의 문제는 단순히 진화를 이해하지 못하는 것이다!"라고 말했다.

16 스티븐 제이 굴드는 《풀하우스Full House》에서, 인류를 진화의 고귀한 정점을 향하는 경향으로 여기는 '진보'를 공격했고, 그것은 옳다. 하지만 나는 1997년에 학술지 〈진화Evolution〉에 발표한 《풀하우스》에 대한 비판적 서평에서 적응을 위한 복잡성 구축이라는, 진보가 일관되게 같은 방향으로 향하는 진화의 움직임을 의미하는 경우는 '진보'라는 말을 받아들인다고 말했다. 그 움직임의 원동력은 대개 '진화적 군비 경쟁'이다.

바로 '우리의 가치관이 자연에 관한 이런저런 결론에 근거를 두어야 하는가'입니다.

마르크스주의에 대해서도 같은 논점이 생길 수 있습니다. 여러분은 프롤레타리아 독재를 예측하는 역사학 학설을 지지할 수 있습니다. 동시에 여러분은 프롤레타리아 독재를 장려해야 할 좋은 것으로 평가하는 정치 신조를 따를 수 있습니다. 많은 마르크스주의자는 사실상 양쪽을 모두 하지만, 마르크스 자신도 포함해 걱정스러울 정도로 많은 사람들이 둘의 차이를 구별하지 못합니다. 하지만 논리적으로, 역사학 학설은 무엇이 바람직한가에 대한 정치 신조와는 관계가 없습니다. 여러분은 역사의 힘이 노동자 혁명으로 가차 없이 나아간다고 믿는 마르크스주의 학자이면서, 동시에 보수 우파에 투표하고 언젠가 닥칠 일을 미루기 위해 할 수 있는 모든 노력을 기울일 수 있습니다. 또는 정치적으로는 열성적인 마르크스주의자로서 혁명을 위해 온갖 노력을 기울이지만, 그렇게 열심히 노력하는 이유는 마르크스주의 역사 이론을 의심하기 때문에 원하는 혁명을 이루기 위해서는 얻을 수 있는 모든 도움이 필요하다고 느껴서일 수도 있습니다.

마찬가지로, 진화에는 줄리언 헉슬리가 이론생물학자로서 생각한 진보성이 있을지도 모르고 없을지도 모릅니다. 하지만 그의 생물학적 견해가 옳았든 틀렸든, 분명한 것은 우리가 자신의 가치체계를 만들 때 이런 진보성을 본보기로 삼을 필요는 없다는 것입니다.

진화 그 자체가 진보하는 경향이 있는가의 문제에서 다윈의 진화 메커니즘인 **최적자** 생존으로 초점을 옮기면 문제가 훨씬 더 극명해집니다. T. H. 헉슬리는 1893년의 로마네스 강연 '진화와 윤리evolution and ethics'에서 어떤 환상도 갖고 있지 않았고, 그것은 옳았습니다. 만일 다윈주의를 교훈극으로 사용한다면 그것은 끔찍한 경고로 읽힐 것입니다. 자연의 이빨과 발톱은 실제로 피투성이입니다. 가장 약한 개체는 정말로 실패하고, 자연선택은 실제로 이기적인 유전자를 선호합니다. 치타와 가젤의 뛰어난 달리기 능력은 양측의 수많은 조상들의 피와 고통이라는 큰 대가를 지불하고 얻은 것입니다. 달리기에 최적화된 현대의 치타와 가젤이 만들어지기까지 수많은 가젤이 도살되고 수많은 치타가 굶어죽었습니다. 자연선택의 산물, 즉 모든 형태의 생명은 아름답고 다양합니다. 하지만 그 과정은 포악하고, 잔인하고, 근시안적입니다.

우리는 진화하는 생물이고, 우리의 몸과 뇌는 자연선택이라는, 무관심하고 냉혹한 눈먼 시계공에 의해 빚어졌다는 것은 학술적 사실입니다. 하지만 그렇다고 해서 우리가 그 사실을 마음에 들어 해야 하는 것은 아닙니다. 오히려 다윈주의 사회는 내 친구들 중 누구도 살고 싶어하지 않을 종류의 사회입니다. 100킬로미터 밖으로 도망쳐서라도 그 지배에서 벗어나고 싶은 종류의 정치, 정도를 벗어난 대처리즘이 상식이 되어버린 정치에 대한 정의로 나쁘지 않은 것이 '다윈주의'입니다.

여기서 개인적인 일을 좀 거론하겠습니다. 왜냐하면 저를 비정한 경쟁을 추구하는 잔인한 정치를 지지하는 사람, 이기주의를 삶의 방식으로 주창하는 사람이라고 비난하는 것에 지쳤기 때문입니다. 1979년에 대처가 선거에서 승리한 직후, 스티븐 로즈Steven Rose 교수는 〈뉴 사이언티스트〉에 다음과 같이 썼습니다.

> 나는 사치&사치사社가 사회생물학자 팀을 고용해 대처의 원고를 쓰게 했다고 말하는 것도, 옥스퍼드와 서식스의 어떤 교수들이 자신들이 그동안 전하려고 애썼던 이기적 유전자의 단순한 진실이 이렇게 실제로 표출된 것에 기뻐하고 있다고 말하는 것도 아니다. 유행하는 이론과 정치적 사건이 일치를 보이는 것은 그렇게 단순한 일이 아니다. 그럼에도 내 생각은 이렇다. 언젠가 치안에서부터 통화주의, 그리고 (게다가 모순되는) 국가통제주의에 대한 공격에 이르는 1970년대 말 보수화 움직임의 역사가 책으로 쓰이는 때가 오면, 설령 진화론의 유행이 집단선택설에서 혈연선택설로 바뀌었을 뿐이라 해도 지금 일어나고 있는 과학적 유행의 변화가 대처의 지지자들을—그리고 '인간은 본질적으로 경쟁을 좋아하고 외래인을 혐오한다'는 그들의 19세기적 사고방식을—권력의 자리로 올려 보낸 조류의 일부로 보일 것이다.

'서식스의 교수'는 존 메이너드 스미스였고, 그는 〈뉴 사이언티스트〉의 다음 호에 적절한 답장을 보냈습니다. "우리가 어떻게 했어야 했나? 방정식을 조작했어야 하나?"라고.

당시 마르크스주의적 관점에서 사회생물학을 공격하는 움직임이 있었고 로즈 교수는 그것을 주도했습니다. 이런 마르크스주의자들은 자신들이 사실의 기술로서의 역사학 학설과 규범으로서의 정치 신조를 분리하지 못하듯 우리 진화생물학자들도 생물학적 사실과 정치적 신념을 분리할 수 없다고 추정했는데, 이것은 자못 상징적입니다. 자연계에서 진화가 일어나는 방식에 대해 학술적 의견을 가진 사람이 이 학술적 의견을 정치적 신조로 바꾸는 것은 바람직하지 않다고 생각할 수 있음을 그들은 이해하지 못했던 것입니다. 그런 탓에 인간에게 적용되면 바람직하지 못한 정치적 함의를 띠기 때문에 유전적 다윈주의가 과학적으로 옳은 것이 되도록 **허용**해서는 안 된다는, 지지받을 수 없는 결론에 도달했습니다.[17]

그들과 그 밖의 많은 사람들은 적극적 우생학에 대해서도 똑같은 종류의 실수를 합니다. 달리기 속도, 음악적 재능, 수학적 재주 같은 능력을 갖춘 사람들을 선택적으로 육종하는 것은 정치적으로도 도덕적으로도 변호할 수 없는 일이므로, '그런 일은 가능하지 않고(가능하지 않아야 하고), 과학에서 배제된다'는 것입니다. 이것이 불합리한 추론임은 누구나 알 수 있습니다. 이렇게 말해서 유감이지만, 적극적 우생학은 과학에서 배제되지 않습니다. 인간이 소, 개, 곡물, 닭만큼이나 선택 육종에 잘 반응한다는 것을 의심할 하등의 이유가 없습니다. 구태여 말할 필요도 없겠지만, 이것

---

17 로스의 공저자인 마르크스주의자 리처드 르원틴과 관련해, 이 에세이의 앞쪽 주석에서도 같은 점을 지적했다(47쪽을 보라).

이 제가 적극적 우생학을 찬성한다는 의미는 아닙니다.

신체적 우생학의 실현 가능성은 받아들이면서도 정신적 우생학에는 선을 긋는 사람들도 있습니다. 그들은 올림픽 수영 챔피언의 혈통을 길러내는 것은 가능하다고 인정하면서도 지능이 높은 혈통을 길러낼 수는 없을 것이라고 말합니다. 왜 그러냐고 물으면, 지능을 측정하는 합의된 방법이 없어서, 지능은 일차원적으로 변화하는 단일 수량이 아니라서, 지능의 차이는 유전적인 것이 아니라서, 또는 이 세 가지 이유를 이렇게 저렇게 조합한 이유 때문이라고 말합니다.

만일 여러분이 이런 종류의 사고방식에서 위안을 구한다면, 이번에도 내키지는 않지만 여러분의 환상을 깨뜨리는 것이 제 의무입니다. 지능 측정 방법에 동의하지 않아도 상관없습니다. 논란이 있는 여러 방법들 중 어느 하나로 측정하든, 이런저런 방법의 조합으로 측정하든, 높은 지능을 육종으로 길러내는 것은 가능합니다. 개의 순종성이 무엇을 말하는 것인가에 동의하는 것은 어려울지도 모르지만, 그렇다고 개의 순종성을 육종으로 길러낼 수 없는 것은 아닙니다. 지능이 단일 변수인가 아닌가는 중요하지 않습니다. 소의 젖 생산 능력과 말의 경주 능력도 마찬가지입니다. 그런 능력들이 어떻게 측정되어야 하는지, 또는 그 능력 각각이 변화의 단일 차원을 구성하는지 아닌지에 대해 논쟁하는 와중에도, 우리는 그런 능력을 육종으로 길러낼 수 있습니다.

어떤 방법, 또는 방법들의 어떤 조합으로 측정되든 지능의 차이는 유전적이지 않다는 주장에 관해 말하자면, 그것은 대체로 사실일 수 없습니다. 다음과 같은 이유 때문인데, 그 논리에 필요한 것은―지능에 대한 어떤 정의를 선택하든―우리가 침팬지, 또는 그 밖의 모든 유인원보다 지능이 높다는 전제뿐입니다. 침팬지와 우리의 공통조상이었던 600만 년 전의 유인원보다 우리가 지능이 높다면, 인류 계통에는 높은 지능을 향한 진화적 추세가 있었던 것입니다. 큰 뇌를 향한 진화적 추세는 틀림없이 있었습니다. 그것은 척추동물의 화석 기록에 나타나는 극적인 진화적 추세들 중 하나입니다. 진화적 추세는 관련 형질―이 경우에는 뇌 크기와 아마도 지능―에 유전적 변이가 없으면 일어날 수 없습니다. 따라서 우리 조상들의 지능에는 유전적 변이가 있었습니다. 지금은 더 이상 변이가 없을 가능성도 충분히 있지만, 그런 예외적 상황은 특이한 경우로 간주될 것입니다. 설령 쌍둥이 연구[18]에서 얻은 증거가 지능의 유전을 뒷받침하지 않는다 해도―실제로는 뒷

---

18 쌍둥이 연구는 변이에 유전자가 기여하는 바를 추정하는 강력하고 이해하기 쉬운 기법이다. (유전적으로 동일하다고 알려져 있는) 일란성 쌍둥이 쌍에서 어떤 형질(당신이 원하는 것)을 측정한다. 그들의 (서로와의) 유사성을 (보통의 형제자매보다 더 많은 유전자를 공유하지 않는) 이란성 쌍둥이의 (서로와의) 유사성과 비교한다. 만일 지능 같은 형질에서 일란성 쌍둥이 쌍들이 서로와 비슷한 정도가 이란성 쌍둥이 쌍들보다 유의미할 정도로 크다면, 유전자가 그 특징에 관여한다고 결론내릴 수 있다. 쌍둥이 연구 기법은 특히 일란성 쌍둥이가 출생 시점에 분리되어 따로 양육되는 드문―그리고 더 많이 연구되는―사례에서 설득력이 있다.

받침합니다—우리는 진화 논리만으로 '그게 뭐든 유인원 조상들과 우리를 구별 짓는 것'이라는 의미로 정의되는 지능에는 유전적 변이가 있다는 결론을 순조롭게 이끌어낼 수 있습니다. 우리는 같은 정의를 사용해, 원한다면 같은 진화적 추세가 지속되도록 인위적인 선택 육종을 할 수 있습니다.

이런 우생학 정책이 정치적으로도 도덕적으로도 잘못되었음은 굳이 제가 나서서 설득할 필요조차 없는 사실이고[19], 이런 **가치 판**

---

19 정부가 추진하는 우생학 정책, 즉 달리기 속도나 지능처럼 국가가 추구하는 능력을 갖춘 사람을 적극적으로 늘리는 시도는 자발적인 시도보다 훨씬 더 정당화하기 어렵다. 시험관 수정IVF 기법은 호르몬으로 여성의 과배란을 유도하여 약 12개의 난자를 생산한다. 배양접시에서 수정에 성공한 것 가운데 두세 개만을, 그중 하나가 '착상'되기를 기대하며 여성의 체내에 다시 삽입한다. 이 선택은 보통 무작위로 이루어진다. 하지만 8세포기 수정란에서 1개의 세포를 상처를 입히지 않고 뽑아낸 후 그 세포의 유전자를 검사하는 것은 가능하다. 즉, 어떤 수정란을 다시 집어넣고 무엇을 버릴지 선택하는 일이 유전적으로 무작위적이지 않게 이루어질 가능성이 있다는 얘기다. 이 기술이 혈우병이나 헌팅턴병 같은 질환을 피하기 위해 사용되는 것에 반대하는 사람은 거의 없다. 그것이 '소극적 우생학'이다. 하지만 같은 기술을 '적극적 우생학'에 사용하는 것, 즉 (언젠가 기술적으로 가능해지는 날이 왔을 때) 배양 접시에서 음악 능력을 가진 수정란을 선택하기 위해 그 기술을 사용하는 것은 많은 사람들이 꺼린다. 물론 이런 사람들이 음악 레슨이나 피아노 연습을 자식에게 강제하는 열성적인 부모를 트집 잡지는 않는다. 이런 이중 잣대에는 정당한 이유가 있을지도 모르는데, 토론이 필요한 문제

단이 우생학을 그만둘 정당한 이유가 된다는 점에는 왈가왈부할 게 전혀 없습니다. 그렇지만 이런 가치 판단이 인간의 우생학은 불가능하다는 과학적으로 잘못된 믿음으로 바뀌어서는 안 됩니다. 다행이든 불행이든 자연은 인간의 가치처럼 편협한 것에는 관심이 없습니다.

나중에 로즈는, 미국에서 아이큐 측정에 반대하는 운동을 주도한 레온 카민 그리고 저명한 마르스크주의 유전학자인 리처드 르원틴과 의기투합해 이 오류와 그 밖의 많은 오류를 반복하는 책을 썼습니다.[20] 게다가 그들은 사회생물학자들은 과학이 종용하는(로즈는 과학이 그렇게 종용한다고 잘못 생각했습니다) 정도까지 파시스트가 되고 싶은 생각은 없을 것이라고 인정하면서도 우리 사회생물학자들을 우리가—아마 그들도—추구하는 마음에 대한 기계적 해석과 모순되는 입장에 놓으려고 (잘못) 시도했습니다.

다. 적어도 개별 부모가 시행하는 자발적 우생학과, 나치가 잔인하게 실행한 것 같은 국가의 강제적 우생학을 구별하는 것은 중요하다.

20 S. Rose, L. J. Kamin and R. C. Lewontin, 《우리 유전자에 없는 Not in Our genes》. 저자의 순서가 이상하게도 미국판의 순서와 다르다. 미국판에서는 로즈와 르원틴의 순서가 바뀌었다. 나는 1985년의 〈뉴 사이언티스트〉 105호 59~60쪽에 그 책을 자세하게 비판하는 서평을 실었는데, 그 일로 인해 나와 〈뉴 사이언티스트〉는 고소를 당할 뻔했다. 나는 한마디도 철회할 생각이 없다.

그런 입장(로즈와 그의 동료들은 윌슨과 도킨스를 '유전자 결정론자'로 보았다 – 옮긴이)은 윌슨[21]과 도킨스가 제창하는 사회생물학 원리와 완전히 일치한다. 또는 일치해야 한다. 하지만 그 입장을 채택하면 그들은 딜레마에 빠지게 된다. 진보적인 사람들인 그들에게는 매력적이지 않은 것이 분명한 많은 인간 행동(양심이나 세뇌 등)이 타고나는 것이라는 주장을 하는 것이기 때문이다. …… 윌슨과 도킨스는 이 문제를 피하기 위해, 우리가 원할 경우 유전자의 명령을 거역할 수 있는 자유의지를 끌어들인다.

그들은 이것이 후안무치한 데카르트적 이원론으로의 회귀라고 비판합니다. 로즈와 그의 동료들은 우리가 유전자의 지시로 움직이는 생존 기계이면서 동시에 유전자의 명령을 거역한다는 것은 말도 안 된다고 생각합니다.

뭐가 문제일까요? 결정론과 자유의지에 관한 난해한 철학 속으로 들어가지 않아도,[22] 실제로 우리가 유전자의 명령을 거역한다

---

21 에드워드 O. 윌슨, 《사회생물학》의 저자.

22 많은 과학자들이 관심을 가질 만한 이 화제에 대한 견해로는 대니얼 C. 데닛의 《재량의 여지Elbow Room》를 참조하라. 데닛은 《자유는 진화한다Freedom Evolves》와 《세균에서 바흐로From Bacteria to Bach and Back》 같은 최근 저서들에서 이 문제로 돌아갔다. 하지만 데닛 버전의

는 것은 쉽게 알 수 있는 사실입니다. 아이를 기를 경제력이 있는데도 피임을 할 때 우리는 유전자의 명령을 거역하는 것입니다. 오직 유전자를 퍼뜨리는 데에만 시간과 에너지를 쏟지 않고 강연을 하고 책을 쓰고 소나타를 작곡할 때 우리는 유전자의 명령을 거역하는 것입니다.

간단합니다. 철학적 난해함은 조금도 없습니다. 이기적 유전자의 자연선택은 우리에게 큰 뇌를 제공했는데 그 뇌는 처음에는 순수하게 실용적인 의미에서 생존에 유용했습니다. 하지만 언어 능력과 그 밖의 능력들을 갖춘 큰 뇌가 생겼을 때 그 뇌는 이기적 유전자의 이익에 반하는 방향을 포함해 완전히 새로운 '창발적' 방향으로 날아올랐다고 말해도 아무런 모순이 없습니다.

창발적 속성에는 자기모순이 전혀 없습니다. 처음에는 계산 기계로 고안된 전자 컴퓨터가 워드 프로세서, 체스 플레이어, 백과사전, 전화기 교환기, 심지어는—제 입장에서는 유감스럽게도—

'양립론'에 모든 과학자와 철학자가 동의하는 것은 아니다. 제리 코인과 샘 해리스는 동의하지 않는 쪽이다. 나는 대중 강연 후 거의 피할 수 없는 질문인 "당신은 자유의지가 있다고 생각합니까"가 두려워지게 되었고, 때때로 크리스토퍼 히친스가 했던 특유의 재치 있는 답변 "내게는 선택권이 없습니다"를 인용하는 것에 의지한다. 로즈와 르원틴에 대한 대답으로 내가 더 자신 있게 말할 수 있는 것은, '결정론' 앞에 '유전자'라는 단어를 붙인다고 해서 결정론이 더 결정론적이 되지는 않는다는 것이다.

전자 점성술사가 되었습니다. 거기에는 철학적 경종을 울리는 근본적인 모순이 전혀 없습니다. 우리 뇌가 진화론적 기원을 따라잡았고 심지어 초월했다는 말에도 모순이 없습니다. 우리가 방자하게도 섹스의 즐거움을 섹스의 다윈주의적 기능에서 분리하여 이기적 유전자의 명령을 거역하는 것과 마찬가지로, 우리는 함께 머리를 맞대고 언어를 사용해 다윈주의 진화론에 단호하게 반하는 취지의 정치, 윤리, 가치관을 고안할 수 있습니다. 결론에서 이 문제를 다시 한 번 다루겠습니다.

히틀러의 뒤틀린 과학 중 하나가 왜곡된 다윈주의와 모두가 아는 우생학입니다. 그런데 이 사실을 인정하는 것이 불편하지만, 히틀러의 사고방식은 20세기 전반에는 특별한 것이 아니었습니다. 1902년에 쓰인, 이른바 다윈주의 유토피아인 '신공화국'에 관한 한 문단을 인용해보겠습니다.

> 새로운 공화국은 열등한 인종을 어떻게 다룰까? 흑인을 어떻게 다룰까? 황인종을 어떻게 다룰까? …… 효율이라는 새로운 필요에 부합하지 않는 흑색, 갈색, 더러운 흰색, 그리고 황색 인종의 무리를? 글쎄, 세계는 세계이지 자선 기관이 아니므로 나는 그들이 사라져야 한다고 생각한다. …… 그리고 이런 신공화국 사람들을 위한 윤리 체계, 세계 국가를 지배할 윤리 체계는 주로 인류 안의 우수하고 유능하고 아름다운 것—아름답고 강한 몸, 명석하고 능력 있는 두뇌—을 이끌어낼 수 있는 방향으로 만들어질 것이다.

이 글을 쓴 사람은 아돌프 히틀러가 아니라 사회주의자임을 자임한 H. G. 웰스입니다.[23] 다윈주의의 평판을 더럽힌 것은 사회과학의 이런 말입니다(하지만 사회다윈주의자들이 한 말이 훨씬 더 많습니다). 왜 아니겠습니까! 하지만 다시 말하지만 우리는 자연의 사실을 이용해 어떤 정치나 도덕을 이끌어내려고 시도해서는 안 됩니다. 두 명의 헉슬리는 모두 데이비드 흄의 견해가 마음에 들었을 것입니다. 흄은 기술적記述的 전제에서 도덕적 명령을 이끌어낼 수 없다고 말했습니다. 더 일상적인 말로 바꾸면, '그렇다'에서 '그래야 한다'를 이끌어낼 수 없습니다. 그러면 진화의 관점에서 볼 때 '그래야 한다'는 어디서 올까요? 우리는 도덕적, 미적, 윤리적, 정치적 가치관을 어디서 얻을까요? 이제 과학의 가치관에서 가치관의 과학으로 화제를 옮겨봅시다.

가치관의 과학

우리는 먼 과거의 조상들에게 가치관을 물려받았을까요? 입증 책

---

23 《기계적, 과학적 진보가 인간의 삶과 사고에 미치는 반작용에 대한 예측Anticipation of the Reaction of Mechanical and Scientific Progress upon Human Life and Thought》에서 인용. 강연에서는 웰스의 책을 더 길게 인용했다.

임은 그것을 부정하는 사람들에게 있습니다. 생명의 나무, 다윈의 나무는 3,000만 개의 잔가지로 이루어진 거대한 관목입니다.[24] 표층 어딘가에 파묻혀 있는 잔가지 하나가 우리 인간입니다. 우리가 있는 잔가지는 우리의 유인원 사촌들과 함께 큰 가지에서 뻗어 나오고, 그리 멀지 않은 더 큰 가지에 원숭이 사촌들이 있습니다. 더 먼 사촌들인 캥거루, 문어, 포도상구균도 보입니다. 3,000만 개 잔가지의 나머지 전부가 그 속성을 조상들에게서 물려받았다는 것을 의심하는 사람은 아무도 없고, 우리 인간은 어떤 기준으로 봐도 지금의 상태와 모습 대부분을 조상에게 빚지고 있습니다. 우리는 조상들로부터—약간 변형된—뼈와 눈, 귀와 넓적다리를 물려

---

24 이것은 살아 있는 종수에 대한 추산으로 내가 본 최댓값이다. 실제 종수는 모르고 훨씬 더 적을지도 모르지만, 멸종한 종까지 포함시키면 더 많은 것이 확실하다. 모든 생물을 망라한 완전한 계통수를 그리기 위해서는, 맨해튼 섬의 여섯 배가 넘는 크기의 큰 종이가 필요하다. 그래서 제임스 로신델James Rosindell은 생명의 나무 전체를 프랙탈로 표현하는 훌륭한 소프트웨어 '원줌OneZoom'을 만들게 되었다. 분류학의 구글 어스 같은 느낌으로 컴퓨터 화면 위를 날아다니면서, 당신이 좋아하는 종을 '드릴다운'(더 많은 정보를 찾기 위해 관련 텍스트나 아이콘 등을 클릭하여 마치 뚫고 들어가듯이 검색하는 것 – 옮긴이) 할 수 있다. 현재 원줌은 《조상 이야기》의 공저자인 옌 웡과의 협업으로 구체화되고 있으며, 그 책의 제2판은 원줌을 광범위하게 이용하고 있다. 로신델과 옌은 팬들(나도 그중 하나다)에게 마음에 드는 종을 후원하게 함으로써 나무에 디테일을 추가하는 비용을 부담하고 있다.

받았고, 심지어 욕정과 두려움도 물려받은 것이 분명합니다. 추측 건대, 같은 사실이 우리의 고차원적 정신 능력, 예술과 도덕, 자연적 정의감, 가치에는 해당되지 않아야 할 명백한 이유는 없어 보입니다. 이런 높은 인간성의 표현을, 다윈이 "지울 수 없는 하등한 기원의 흔적"이라고 부른 것에서 제외할 수 있을까요? 아니면, "비비를 이해하는 사람이 로크보다 형이상학에 더 이바지할 것이다"라고 공책에 몰래 독백하듯이 쓴 다윈이 옳았을까요? 여기서 그 문헌을 재검토할 생각은 없지만, 가치와 도덕의 다윈주의적 진화라는 문제는 자주 그리고 광범위하게 논의되어 왔습니다.

다윈주의의 기본 논리는 이렇습니다. 누구나 조상이 있지만 누구나 자손이 있는 것은 아니다. 우리는 모두 조상이 되는 데 실패한 유전자를 희생시키고 조상이 되는 데 성공한 유전자를 물려받았습니다. 조상은 다윈주의의 궁극적인 가치입니다. 순수한 다윈주의 세계에서 다른 가치는 모두 부차적입니다. 다른 표현으로, 유전자의 존속은 다윈주의의 궁극적 가치라고도 말할 수 있습니다. 여기서 가장 먼저 예상할 수 있는 사실은, 모든 동식물은 그들 안에 실려 있는 유전자의 장기적 존속을 위해 쉼 없이 일할 것이라는 점입니다.

이 세상에는 두 부류의 사람이 있습니다. 이 단순한 논리가 불보듯 뻔한 것이라고 생각하는 사람들과, 몇 번이나 설명해줘도 이해하지 못하는 사람들입니다. 앨프리드 월리스는 자연선택의 공통 발견자에게 보내는 편지에서 이 문제를 언급했습니다.[25] "친애하는 다윈, 자연선택에 따라 자동으로 생기는 필연적인 효과를 분명하게 알지 못하거나 전혀 모르는 지식인이 많다는 사실에 몇 번이나 놀랐습니다…….”

이해하지 못하는 사람들을 보면 자연선택의 배경에는 선택을 행하는 어떤 종류의 주체가 있는 것이 틀림없다고 생각하거나, 왜 개체가 종의 존속이나 자신이 속한 생태계의 존속보다 자기 유전자의 존속을 중시해야 하는지 모르거나 두 경우 중 하나입니다. 두 번째 집단의 사람들은, 결국 종과 생태계가 존속하지 못하면 개체도 존속하지 못하므로 종과 생태계를 중시하는 것이 개체에게 이익이라고 말합니다. 그들은 유전자의 존속이 궁극적 가치라는 것을 누가 정하느냐고 묻습니다.

누구도 정하지 않습니다. 유전자는 자신이 만드는 몸 안에 있고 한 세대의 몸에서 다음 세대의 몸으로 (코드화된 사본의 형태로) 계속 이어질 수 있는 유일한 것이라는 사실에 따라 저절로 그렇게 되는 것입니다. 이것은 월리스가 ‘자동적으로 생기는self-acting’이라는 적절한 표현으로 지적한 점을 현대 버전으로 바꾼 것입니다. 개체를 유전자 존속의 길로 안내하는 가치관이나 목표가 기적이나 인식을 통해 개체에게 불어넣어지는 것이 아닙니다. 과거만이 영향을 미칠 수 있고, 미래는 영향을 미칠 수 없습니다. 동물들이 **마치** 이기적 유전자의 미래 가치를 위해 노력하는 **것처럼** 행동하는 것은 단순히, 과거에 수세대의 조상들을 거치며 살아남은 유전

---

25 물론 유전자에 대한 언급 없이 19세기 용어로.

자들을 가지고 있으며 그 유전자들의 영향을 받고 있기 때문입니다. 조상들도 자신들의 시대에 마치 유전자의 미래 존속에 도움이 되는 일은 뭐든 하려는 것처럼 행동했고, 그렇게 함으로써 그 유전자를 자손에게 전달했습니다. 그래서 지금은 그 자손들이 자기 유전자의 미래 존속을 중시하는 것처럼 행동하는 것입니다.

이것은 완전히 자연발생적인 자동 과정으로, 미래의 조건이 그럭저럭 과거와 비슷한 한은 작동합니다. 그렇지 않은 경우에는 작동하지 않고, 그 결과는 대개 멸종입니다. 이 사실을 이해하는 사람은 다윈주의를 이해하는 것입니다. 그런데 다윈주의라는 말은 한없이 너그러운 윌리스가 고안했습니다. 이제부터 가치관을, 뼈를 예로 들어 다윈주의적으로 분석해볼 생각입니다. 뼈는 사람들의 화를 돋우어 주의를 딴 데로 돌릴 가능성이 비교적 낮기 때문입니다.

뼈는 완벽하지 않습니다. 때때로 그것은 부러지기도 합니다. 다리가 부러진 야생동물은 자연의 가혹하고 경쟁적인 세계에서 살아남을 가능성이 낮습니다. 무엇보다 포식자에게 잡아먹히기 쉽고, 먹이를 잡을 수도 없을 것입니다. 그러면 왜 자연선택은 절대 부러지지 않을 정도로 뼈를 두껍게 만들지 않을까요? 우리 인간은 인위선택을 통해 다리뼈가 절대 부러지지 않을 정도로 튼튼한 개 품종을 만들 수 있습니다. 자연은 왜 이와 같은 일을 하지 않을까요? 그것은 비용 때문인데, 이것은 가치 체계를 암시합니다.

우리는 공학자와 건축가에게 부술 수 없는 구조, 뚫을 수 없는 벽을 만들어 달라고 요구하지 않습니다. 그 대신 예산을 주고, 특정한 제약 안에서 기준에 맞추어 할 수 있는 최선을 다할 것을 요구합니다. 혹은 이렇게 말할 수도 있습니다. 다리는 10톤의 하중을 견뎌야 하고, 이 협곡에서 기록된 최악보다 세 배 강한 강풍을 견뎌야 한다. 그러면 공학자와 건축가는 이러한 사양을 충족시키는 최대한 경제적인 다리를 설계합니다. 공학에서 안전율은 인간 생명에 얼마나 많은 금전 가치를 부여할 것인지를 내포하고 있습니다. 민간 항공기 설계자는 군용기 설계자보다 위험을 더 피하려고 합니다. 모든 항공기와 지상 관제 시설은 돈을 더 쓰면 더 안전해질 수 있습니다. 관제 시스템을 다중화(같은 시스템을 복수로 준비해 장애가 발생하면 보조 시스템으로 전환한다 – 옮긴이)하고 여객기 조종을 맡기기 전에 조종사에게 요구하는 비행시간을 늘리면 됩니다. 수화물 검사를 더 많은 시간을 들여 더 엄격하게 하면 됩니다.

생명을 더 안전하게 지키기 위한 이런 조치들을 취하지 않는 이유는 대개 비용 때문입니다. 우리는 인간의 안전을 위해 돈, 시간, 수고를 들일 준비가 되어 있지만 그렇다고 그것을 무한정 들일 수는 없습니다. 좋든 싫든 우리는 인간의 생명에 금전적인 가치를 부여해야 합니다. 대부분의 사람들이 가지고 있는 가치 척도에 따르면, 인간의 생명은 인간이 아닌 동물의 생명보다 더 높이 평가되지만, 동물의 생명의 가치가 0은 아닙니다. 또 뉴스 보도를 통해 잘 알려져 있듯이, 사람들은 일반적인 인간 생명보다 자기 인종에 속한 생명의 가치를 더 높이 평가합니다. 전시 상황에는 인간 생명의 절대적 가치와 상대적 가치 모두가 극적으로 변하기도 합니다. 인간 생명의 금전적 가치에 대해 이야기하는 것을 악마시하는 사람들, 한 사람의 생명이 무한한 가치를 지닌다고 감정적으로 선언하는 사람들은 이상향에서 살고 있는 것입니다.

다윈주의적 선택도 경제적 한계 내에서 최적을 추구하고, 그런 의미에서 가치관을 가지고 있다고 말할 수 있습니다. 존 메이너드 스미스는 이렇게 말했습니다. "만일 무엇이 가능한지에 제약이 없다면, 최선의 표현형은 영원히 살고, 포식자에게 절대 잡아먹히지 않고, 무한히 알을 낳을 것이다."

니콜라스 험프리는 또 다른 공학적 비유를 들어 이 논증을 계속 이어갑니다.

전해지는 말에 따르면[26] 헨리 포드는 미국의 자동차 야적장에서 포드 모델 T의 파손되지 않은 부품이 있는지 알아보라는 조사를 의뢰했다. 조사자는 거의 모든 종류의 고장에 대한 보고서를 가지고 돌아왔다. 차축, 브레이크, 피스톤. 이 모

---

26 누구의 말일까? 아무도 모르는 것 같다. 니콜라스 험프리 본인일 거라는 심증이 있지만, 그렇다고 해서 그가 든 비유의 적절성이 훼손되지는 않는다. 포드도 개의치 않을 것이다. 내가 험프리의 이야기를 너무 자주 인용하니까, 내 친구이자 불가사의할 정도로 유머러스한 어류학자 데이비드 녹스David Noakes는 모델 T의 킹핀을 입수하여 뜬금없이 내게 보내기도 했다. 확실히 그것은 완전히 새것 같았고, 필요 이상으로 튼튼한 것처럼 보였다.

두가 고장 나기 쉬웠다. 하지만 눈에 띄는 예외가 한 가지 있었다. 폐차된 자동차의 킹핀은 항상 수명이 수년씩 남아 있었던 것이다. 포드는 냉정한 논리로 모델 T의 킹핀은 역할에 비해 품질이 너무 훌륭하다고 결론 내리고, 앞으로는 낮은 사양에 맞추어 만들도록 명령했다. …… 자연은 적어도 헨리 포드만큼 주의 깊은 경제학자임이 분명하다.

험프리는 이 사례에서 얻은 교훈을 지능의 진화에 적용했지만, 사실 같은 교훈을 뼈 또는 그 밖의 모든 것에도 똑같이 적용할 수 있습니다. 절대 부러지지 않는 뼈가 있는지 알아보기 위해 긴팔원숭이 사체에 대한 검사를 의뢰한다고 생각해봅시다. 검사 결과 몸 안의 모든 뼈가 한 번쯤은 부러지지만 눈에 띄는 예외가 딱 하나 있습니다. (그럴 것 같지는 않지만) 예컨대 그 예외가 대퇴골이라고 칩시다. 헨리 포드라면 분명 이렇게 생각할 것입니다. 미래에는 그 대퇴골이 하급 사양으로 만들어져야 한다고 말입니다.

자연선택도 동의할 것입니다. 대퇴골 두께를 약간 줄이고 여기서 절약한 물질을 다른 목적, 예컨대 다른 뼈를 만들고 그 뼈를 쉽게 부러지지 않게 만드는 데 쓰는 개체가 생존에 더 유리할 것입니다. 만일 암컷이라면 두꺼운 대퇴골에서 칼슘을 빼내 그것을 젖을 생산하는 데 쓸지도 모릅니다. 그렇게 함으로써 자식의 생존율을 높이고, 이와 함께 경제성을 추구하는 유전자의 생존율도 높일 수 있습니다.

기계나 동물에서 이상적인 상태는, (단순하게 생각하면) 모든 부위가 동시에 닳는 것입니다. 다른 부분이 모두 닳은 뒤에도 일관되게 수년씩 수명이 남는 부위가 있다면, 이 부분은 쓸데없이 튼튼한 것입니다. 따라서 그 부분을 강하게 만드는 데 사용된 재료를 다른 부분에 써야 합니다. 나머지 부분보다 일관되게 빨리 닳는 부분이 있다면, 그 부분은 튼튼함이 부족한 것입니다. 따라서 다른 부분에서 빼낸 재료를 사용해 그 부분을 강화해야 합니다. 자연선택은 평형 법칙을 지지하는 경향이 있습니다. "모든 부분의 힘이 똑같아질 때까지, 강한 뼈에서 빼앗아 약한 뼈에 주라."

이것은 지나치게 단순화한 이야기인데, 왜냐하면 실제로는 동물이나 기계의 모든 부분이 똑같이 중요하지는 않기 때문입니다. 기내 오락 시스템이 다행스럽게도 방향타나 제트 엔진보다 자주 고장 나는 이유가 여기에 있습니다. 긴팔원숭이의 경우에도 상완골(위팔뼈)보다는 대퇴골이 부러지는 편이 나을 것입니다. 긴팔원숭이는 '양손을 번갈아 매달리며 건너가기'에 의존하여 살아가기 때문입니다. 다리뼈가 부러진 긴팔원숭이는 살아남아 또 다른 새끼를 낳을 수 있습니다. 하지만 팔이 부러진 긴팔원숭이는 그러지 못할 것입니다. 그래서 앞에서 말한 평형 법칙을 이렇게 수정할 필요가 있습니다. "파손에서 생기는 생존 리스크가 골격의 모든 부위에서 같아질 때까지, 강한 뼈에서 재료를 빼내 약한 뼈에 주라."

하지만 평형 법칙에 따라 경고를 받는 '당신'은 누구일까요? 긴팔원숭이 개체는 확실히 아닙니다. 긴팔원숭이는 자신의 뼈를 보정할 수 없기 때문입니다. '당신'은 추상적인 개념입니다. 서로 조상과 자손 관계로 이어져 있고 유전자를 공유하는 긴팔원숭이 계통이라고 볼 수 있습니다. 계통이 계승되는 동안, 평형을 제대로 맞추는 유전자를 가진 조상들은 살아남아 자손을 남기고, 그 자손은 평형을 제대로 맞추는 유전자를 물려받습니다. 살아남아 세상에 존재하는 유전자는 평형을 제대로 맞추는 경향이 있습니다. 왜냐하면 그 유전자는 튼튼함이 부족한 뼈의 파손도, 지나치게 튼튼한 뼈의 낭비도 겪지 않은 성공한 조상들을 거치며 살아남았기 때문입니다.

뼈 이야기는 이 정도로 하고, 이제 **가치관**이 동식물을 위해 무엇을 하는지 다윈주의적 관점에서 확인해볼 필요가 있습니다. 뼈가 팔다리를 강하게 할 때, 가치관은 그 동물을 위해 무엇을 할까요? 이제부터 저는 가치관이라는 말을, 동물이 행동 방식을 선택할 때 사용하는 뇌 안의 기준이라는 뜻으로 사용하도록 하겠습니다.

우주의 사물 대다수는 뭔가를 하려고 적극적으로 애쓰지 않습니다. 그들은 단지 존재할 뿐입니다. 저는 무언가를 위해 애쓰는 소수, 즉 어떤 목적을 달성하기 위해 노력한 다음 그것을 달성하면 멈추는 것처럼 보이는 존재들에 관심이 있습니다. 저는 이 소수를 '가치 주도적'이라고 하는데, 그중 일부는 동물과 식물이고, 또 다른 일부는 인간이 만든 기계입니다.

온도조절장치, 열 추적식 미사일, 동식물에 있는 수많은 생리 시스템은 음의 피드백으로 제어됩니다. 시스템 내에 표적값이 설정되어 있습니다. 그 표적값과 차이가 생기면 시스템으로 피드백이

가서 차이를 줄이는 쪽으로 시스템의 상태가 바뀝니다.

경험을 통해 개선되는 가치 주도적 시스템도 있습니다. 학습 시스템에서 가치를 정의할 때 중요한 것은 '강화'라는 개념입니다. 강화는 양('보상') 또는 음('벌')의 요소로 이루어집니다. 보상이란, 동물이 최근에 한 일을 반복하게 만드는 상황입니다. 벌이란, 동물이 최근에 한 일을 반복하지 않게 만드는 상황입니다.

동물이 보상과 벌로 취급하는 자극을 우리는 가치로 볼 수 있습니다. 심리학자들은 여기서 더 나아가 1차 강화와 2차 강화(각각에서 보상과 벌이 있습니다)를 구별합니다. 침팬지는 1차 보상인 먹이를 얻기 위해 노력하도록 학습하지만, 슬롯머신에 넣으면 먹을 것이 나온다고 학습한 적이 있는, 돈에 해당하는 플라스틱 토큰을 얻기 위해 노력하는 것도 배우는데, 이 토큰이 2차 보상입니다.

애초에 내장된 일차 보상은 하나뿐('동인 감소' 또는 '욕구 감소')이고, 그 밖의 모든 것은 그 위에 구축된다고 주장하는 심리학 이론가들도 있습니다. 한편 동물행동학의 원로인 콘라트 로렌츠[27] 같은 사람들은 다윈주의적 자연선택이 종마다 고유의 생활 방식에 맞추어 서로 다른 내용으로 정밀하게 지정된 복잡한 보상 메커

---

[27] 보기 좋게 귀족적인, 숱 많은 머리와 그에 걸맞은 흰 수염 덕분에, 그가 부유한 노부인들에게 자선 기부를 부탁할 때 신과 닮은 외모를 이용했다는 말이 있다.

니즘을 마련해두었다고 주장합니다.

가장 정밀하게 마련되어 있는 1차 가치의 예는 아마 새의 노래에서 찾을 수 있을 것입니다. 서로 다른 종들은 노래를 발달시키는 방법이 다릅니다. 미국의 멧종다리는 여러 방법을 섞는 매력적인 새입니다. 완벽하게 홀로 자란 어린 새는 보통의 멧종다리처럼 노래하게 됩니다. 따라서 멋쟁이새bullfinch와 달리, 멧종다리는 모방을 통해 학습하지 않습니다. 하지만 학습도 합니다. 어린 멧종다리는 아무렇게나 나오는 대로 소리 내고, 태어날 때부터 가지고 있는 주형과 일치하는 소리 단편을 반복함으로써 노래하는 방법을 스스로 터득합니다. 주형은 멧종다리가 어떤 소리를 내야 하는지에 관해 유전적으로 지정된 생래적 감각입니다. 유전자가 그 정보를 심어놓았지만 그것은 뇌의 감각 영역에 심어져 있습니다. 따라서 학습을 통해 운동 영역으로 옮겨야 합니다. 주형이 지정하는 감각은 본질적으로 보상입니다. 새는 그 감각을 일으키는 행동을 반복합니다. 하지만 보상이 계속될수록 소리는 아주 복잡해지고 정밀해집니다.

이 같은 사례들에 자극을 받아, 로렌츠는 생득론 대 환경결정론이라는 해묵은 논쟁을 해결하기 위해 오랜 시간 노력하면서 '생득적 선생'(또는 '생득적 교육 메커니즘')이라는 화려한 표현을 사용하게 되었습니다. 그의 주장은, 학습이 아무리 중요해도 우리가 무엇을 배울 것인지를 안내하는 생득적 가이드가 있어야 한다는 것입니다. 특히 각 종은 무엇을 보상으로 취급하고 무엇을 벌로 취급할지에 관해 그 종만의 독자적인 상세 내역을 제공받을 필요가 있습니다. 1차 가치는 다윈주의적 자연선택에서 생겨야 한다고 로렌츠는 말합니다.

충분한 시간이 주어진다면 우리는 인위선택을 통해 고통을 즐기고 쾌락을 싫어하는 동물종을 길러낼 수도 있을 것입니다. 물론 그 동물의 새로 진화한 정의에 따르면 이 진술은 모순어법이 됩니다. 따라서 정정하겠습니다. 인위선택에 의해 우리는 쾌락과 고통의 기존 정의를 역전시킬 수 있습니다.[28]

---

28 나는 《동물의 고통Animal Suffering》의 저자이자 이 주제를 연구하는 뛰어난 학자인 매리언 스탬프 도킨스Marian Stamp Dawkins와 함께, 이런 종류의 선택 육종(품종 개량)이 이론적으로 집약 축산의 윤리적 문제 일부에 해법을 제공할 수 있을 가능성에 대해 이야기를 나누었다. 예컨대 현재의 닭이 양계장의 닭장에 갇혀 있는 상태에 불행함을 느낀다면, 그런 상태를 적극적으로 즐기는 닭 품종을 육종하면 좋지 않을까? 그녀의 지적에 따르면, 사람들은 그런 제안에 혐오감을 보이는 경향이 있다고 한다(더글러스 애덤스의 멋진 작품 《우주 끝에 있는 레스토랑The Restaurant at the End of the Universe》에서는 이에 유머로 응답한다. 커다란 소 같은 네발 동물이 식탁으로 다가와 자신이 '오늘의 요리'라고 소개하면서, 자신은 먹히기를 원하도록 품종개량된 종류라고 설명한다). 어쩌면 그런 조작이 인간의 뿌리 깊은 곳에 심어져 있는 가치관과 충돌하여 '생리적 혐오 인자'라는 것을 어떤 형태로든 불러일으키는 것일지도 모른다. 품종개량이 (섬뜩한 생각이지만) 고통의 지각은 그대로 둔채 고통의 반응을 바꾸는 것이 아니라 실제로 동물의 고통 지각을 바꾸는 것이라고 확신할 수 있다면, 이것이 냉철한 공리주의 논리와 충돌할 이유가 없다.

이런 식으로 변형된 동물들은 야생의 조상들에 비해 생존하기 위한 준비가 잘 되어 있지 않을 것입니다. 야생의 조상들은 생존율을 끌어올릴 가능성이 높은 자극을 즐기고, 자신들을 죽일 확률이 통계적으로 높은 자극을 불쾌함으로 여기도록 자연선택 됩니다. 몸의 상처, 피부의 구멍, 골절이 모두 고통으로 지각되는 데에는 다윈주의에 근거한 정당한 이유가 있습니다. 인위선택된 동물들은 피부에 구멍이 나는 것을 즐기고, 골절을 적극적으로 원하고, 생존이 위태로울 정도로 덥거나 추운 온도에서 가만히 있을 것입니다.

　인간에게도 비슷한 인위선택이 작동할 것입니다. 우리는 단지 기호만이 아니라 냉담함, 공감, 충성심, 게으름, 경외심, 야비함, 또는 프로테스탄트 노동 윤리를 갖춘 자손을 만들 수 있을 것입니다. 이것은 들리는 것처럼 과격한 주장은 아닙니다. 왜냐하면 유전자는 행동을 결정론적으로 정하는 게 아니라, 통계적 경향에 양적으로 기여할 뿐이기 때문입니다. 과학의 가치관을 논할 때 보았듯이, 이런 복잡한 일 각각에 관여하는 단일 유전자가 있다는 뜻도 아닙니다. 경주마 품종 개량이 가능하다고 해서 속도에 관여하는 유전자가 있는 것은 아니라는 말과 같습니다. 인위적 육종이 없었으므로, 지금 우리의 가치관은 아마 플라이스토세에 아프리카를 지배했던 조건 아래 작동했던 자연선택의 영향을 받고 있을 것입니다.

　인간은 여러 가지 의미에서 독특합니다. 가장 명백한 인간만의 독특한 특징은 언어일 것입니다. 눈은 동물계에서 40 내지 60번

진화한 반면[29] 언어는 딱 한 번 진화했습니다.[30] 언어는 학습되는 것처럼 보이지만, 학습 과정은 유전자의 강력한 감독을 받습니다.

---

29 내가 《불가능의 산 오르기Climbing Mount Improbable》에 포함된 눈의 진화에 관한 장의 제목으로 '계몽으로 가는 40가지 길'을 고른 것은 이런 맥락에서다. 하나의 장이 통째로 필요했던 것은, 윌리엄 페일리 때부터 줄곧 눈은 내가 '개인적 회의에 의거한 논증'이라고 부른 것을 적용하려고 시도하는 창조론자들이 애용하는 사례였기 때문이다. 다윈조차 눈의 진화는 언뜻 보면 믿기 어렵다고 고백했다. 하지만 그의 고백은 일시적인 수사적 책략이었다. 왜냐하면 그는 이어서 눈의 점진적 진화를 설명하는 것이 얼마나 쉬운지 보여주기 때문이다. 생명은 다양한 광학적 원리를 토대로 적극적으로 눈을 진화시키려고 하는 듯 보인다. 언어는 그렇지 않다는 것이 이 에세이에서 내가 주장하려는 바다.

30 이 진술은 논쟁자가 언어의 정의를 무엇으로 보느냐에 따라 논쟁의 여지가 있을 수 있다. 꿀벌은 먹이가 얼마나 멀리 있는지를 태양을 기준으로 어느 방향에 있는지를 양적으로 정확하게 가르쳐준다. 버빗원숭이는 위협을 하는 포식자가 뱀인지, 새인지, 아니면 표범인지에 따라 위험을 세 가지 '언어'로 표현한다. 내가 이것을 언어라고 부르지는 않는 이유는, 인간 언어에 무한한 유연성을 부여하는 재귀적, 위계적 끼워 넣기(삽입)가 버빗원숭이의 그것에는 없기 때문이다. "평상시 새끼들과 함께 강 옆 나무에 산을 바라보고 앉아 있는 어미 표범이 지금은 족장의 아버지가 소유한 오두막 위로 훌쩍 자란 키 큰 풀 속에 웅크리고 있다"와 같은 말은 인간만이 할 수 있다. 여러 개의 깊숙한 삽입을 이해하는 일은 뇌의 계산 기계에 부담을 주지만, 관계사절이나 전치사절의 깊은 삽입에는 이론상 제한이 없다. 스티븐 핑커의 《언어 본능The Language Instinct》은 이런 문제를 진화적 측면에서 멋지게 소개한다.

우리가 사용하는 특정 언어는 학습되지만, 아무거나가 아니라 **언어**를 학습하는 경향은 우리 인간 계통에서만 유전되고 진화합니다. 우리는 진화한 문법 규칙도 물려받습니다. 이 규칙의 정확한 내용은 언어마다 다르지만 그 심층 구조는 유전자에 의해 정해지며, 우리의 욕구와 뼈만큼이나 확실하게 자연선택에 의해 진화한 것으로 보입니다. 유력한 증거에 의하면 뇌에는 언어 '모듈', 즉 언어를 적극적으로 학습하고 언어를 조립하기 위해 문법 규칙을 적극적으로 사용하는 계산 메커니즘이 있습니다.

진화심리학이라는 신생 학문에 따르면, 언어 학습 모듈은 특수 용도를 지닌 일군의 유전되는 계산 모듈의 대표적인 예입니다. 섹스와 생식 모듈, (이타심을 베풀고 역선택적 근친상간을 피하는 데 중요한) 그 밖에 친족관계 분석 모듈, 빚을 계산하고 의무를 게을리하지 않으려는 모듈, 공평함과 자연적 정의(태어날 때부터 가지고 있는, 타고난 감각에 따라 판단되는 공정성 – 옮긴이)를 판단하는 모듈, (어쩌면) 먼 표적을 향해 발사체를 정확하게 던지는 모듈, 그리고 유용한 동물과 식물을 분류하는 모듈이 있을 것으로 예상됩니다. 이런 모듈들은 추측건대 특정한 생득적 가치관의 조정을 받을 것입니다.[31]

---

31 진화심리학에 관한 중요한 책으로, 여러 명의 뛰어난 전문가들이 각 장을 쓰고 J. H. 바코우J. H. Barkow, 레다 코스미디스L. Cosmides, 존 투비J. Tooby가 편집한 《적응된 마음The Adapted Mind》이 있다. 이 강연을

현대의 문명화된 우리와 우리의 기호—미적 가치관, 기쁨을 느끼는 능력—를 다윈주의의 눈으로 볼 때는 정교한 안경을 쓰는 것이 중요합니다. 더 큰 책상과 더 부드러운 카펫을 갖고자 하는 중간관리자의 야심이 그 사람의 이기적 유전자에 어떤 이익이 되는지 물으면 안 됩니다. 그 대신 이런 도회적 기호가 다른 장소와 시간에 다른 무언가를 하기 위해 자연선택된 마음의 모듈에서 어떻게 생길 수 있었는지 물어야 합니다. 사무실 카펫의 경우는, 아마(여기서는 정말로 문자 그대로 '아마'라는 뜻입니다) 그 소유자가 사냥에 성공했음을 나타내는 부드럽고 따뜻한 동물 가죽으로 바꿔 읽어야 할 것입니다. 다윈주의적 사고를 현대의 길들여진 인류에 적용하는 요령은 올바른 고쳐 쓰기 규칙을 찾는 것입니다. 문명화된 도시 인류의 사소한 약점에 관한 의문을, 50만 년 전의 아프리카 평원에 적용하여 고쳐 써야 합니다.

진화심리학자들은 야생에서 우리 조상들이 진화해온 일군

하고 나서 얼마 지나지 않아 스티븐 핑커의 명저 《마음은 어떻게 작동하는가How the Mind Works》가 나왔다. 이유를 모르겠지만, 진화심리학은 예상치 못한 부분에서 격렬한 적의를 불러일으키고 있다. 서투르게 구상되거나 실행된 특정 연구에 불만이 집중되는 듯하다. 하지만 특정한 나쁜 사례가 존재한다는 것이 한 과학 분야 전체를 고려할 가치가 없는 것으로 치부할 이유는 되지 않는다. 최고의 진화생물학 전문가라 할 수 있는 레다 코스미디스, 존 투비, 스티븐 핑커, 데이비드 버스, 마틴 데일리, 고 마고 윌슨 등은 어느 기준으로 보나 훌륭한 과학자들이다.

의 환경 조건들을 표현하기 위해 진화적 적응 환경environment of evolutionary adaptedness, EEA이라는 용어를 만들어냈습니다. EEA에 대해서는 우리가 모르는 것이 많습니다. 화석 기록에는 한계가 있습니다. EEA에 대한 추측들 가운데 일부는, 우리 자신을 조사하여 우리의 특성들이 어떤 종류의 환경에 훌륭한 적응인지 알아내는 일인 일종의 역행분석을 통해 얻어집니다.

우리가 알기로 EEA는 아프리카에 있었습니다. 확실치는 않지만 아마 관목이 자라는 사바나였을 것입니다. 우리 조상들은 그런 환경에서 수렵채집인으로 살았던 것 같습니다. 아마 칼라하리 사막에 사는 현대 수렵채집인과 비슷한 방식으로 살았을 테지만, 적어도 초기에는 기술이 그 정도로 발달하지는 않았을 겁니다. 불을 길들인 것은 100만 년 전보다 더 전의, 진화상으로 우리의 직접적인 조상으로 추정되는 종인 호모 에렉투스였다고 알려져 있습니다. 우리 조상들이 언제 아프리카 밖으로 확산했는가에 대해서는 논쟁의 여지가 있습니다. 우리가 알기로는 100만 년 전 아시아에 호모 에렉투스가 있었지만, 어떤 현대인도 그 초기 이주자의 자손이 아니고, 현존하는 모든 사람은 그 뒤에 두 번째로 아프리카를 나온 호모 사피엔스의 자손이라는 것이 많은 사람들의 견해입니다.[32]

---

32 최근의 의견은 호모 사피엔스가 아프리카에서 여러 번 나왔다는 쪽으로 기울었고, 유전학적 증거는 10만 년 전쯤의 어느 시점에 병목 사건이 있었음을 암시한다. 즉, 모든 비아프리카인이 유래한 집단이 일시

아프리카에서 언제 나왔든, 인류에게는 아프리카가 아닌 환경에 적응할 시간이 있었음이 분명합니다. 북극 지방의 인류는 열대 지방의 인류와 다릅니다. 북쪽에 사는 사람들은 우리의 아프리카 조상들이 가지고 있었을 검은 색소를 잃었습니다. 체내 생화학적 과정들이 식생활에 대응해 분기할 시간도 있었습니다. 우유를 소화하는 능력을 성인이 되어서도 그대로 보유하는 사람들이 있는데, 아마 목축 전통을 가진 민족이 그럴 것입니다. 그 밖의 민족은 아이들만 우유를 소화할 수 있고, 성인은 유당 불내증이라 불리는 증상을 겪습니다. 이 차이는 문화적으로 결정된 서로 다른 환경 속에서 자연선택에 의해 진화한 것입니다. 일부 사람들이 아프리카를 떠난 이래 자연선택이 우리의 몸과 생화학적 과정들을 형성할 시간이 있었다면, 뇌와 가치관을 형성할 시간도 있었을 것입니다. 따라서 EEA 중에서도 특히 아프리카에 있는 요소에만 주의를

적으로 대폭 감소한 것이다. 옌 윙은 나와 공저로 쓴 《조상 이야기》 제2판에서 내 유전체를 이용해 과거 다양한 시점의 집단 크기를 추정할 수 있었다(내 유전체 서열은 텔레비전 다큐멘터리와 관련된 다른 목적으로 완전히 해독되었다). 그렇게 하기 위해 그는 나의 모계 유전자와 부계 유전자를 비교해, 각 쌍이 '합체한' 때로부터, 즉 그들이 공통조상 유전자에서 분기한 시점으로부터 경과한 시간을 추정했다. 내 유전자 쌍의 대다수는 약 6만 년 전에 합체했다. 이는 약 6만 년 전에 집단의 크기가 잠시 매우 작아졌다는 사실, 즉 '병목'이 있었음을 암시한다. 이 병목은 '아프리카 밖으로' 이주한 특정 사건을 나타낼 가능성이 있다.

기울일 필요는 없습니다. 그럼에도 호모 속은 존속한 시간의 적어도 90퍼센트를 아프리카에서 보냈고, 호미닌은 99퍼센트를 아프리카에서 보냈으므로, 우리의 가치관이 조상들에게 물려받은 것인 한 아프리카의 영향은 여전히 상당할 것이라고 생각해도 좋습니다.

워싱턴 대학교의 고든 오리언즈를 비롯한 여러 연구자들이 다종다양한 풍경에 대한 미적 선호를 조사했습니다. 사람들은 자신의 정원에 어떤 종류의 환경을 재현하려고 할까요? 연구자들은 우리가 매력적이라고 여기는 장소들을, 야생에서 우리 조상들이 유목민으로 EEA의 야영지들을 떠돌아다닐 때 만났을 법한 장소들과 결부시키려고 시도했습니다. 예컨대 우리는 아카시아속의 나무 또는 그것과 닮은 나무를 좋아할 것으로 예상됩니다. 깊은 숲속이나 사막은 우리에게 위협적인 메시지를 전달하므로, 우리는 그런 풍경보다는 키 작은 나무들이 점점이 흩어져 있는 풍경을 좋아할 것입니다.

이런 종류의 연구는 몇 가지 근거로 의심을 사는 듯합니다. 풍경에 대한 선호처럼 복잡하고 공상적인 것이 유전자에 프로그램되어 있을 수 있는가라는 일반적 의심에는 정당한 이유가 없습니다. 오히려 그런 가치관이 유전된다는 생각에는 본질적으로 믿기 어려운 점이 없습니다. 이 경우도 섹스와 비슷한 점이 있습니다. 성행위는 냉정하게 생각하면 참으로 기이합니다. 율동적으로 삽입하고 빼는 도저히 있을 법하지 않은 행위를 즐기기 '위한' 유전자가 있을 수 있다는 생각은 도무지 믿기 어렵다는 인상을 줄지도 모릅니다. 하지만 성욕이 다윈주의적 선택으로 진화했음을 받아들이면 다른 방식으로는 생각할 수 없습니다. 다윈주의적 선택은 선택할 유전자가 없으면 작동할 수 없습니다. 그리고 만일 우리가 음경 삽입을 즐기는 유전자를 물려받을 수 있다면, 특정 풍경을 좋아하는 유전자, 특정 종류의 음악을 즐기는 유전자, 망고 맛이나 다른 어떤 맛을 싫어하는 유전자를 물려받을 수 있다는 생각에도 본질적으로 믿기 어려운 점이 없습니다.

현기증이라든지 사람들이 자주 꾸는 추락하는 꿈으로 나타나는 고소공포증은 우리 조상들이 그랬던 것처럼 나무 위에서 많은 시간을 보내는 종에게는 자연스러운 것입니다. 거미, 뱀, 전갈에 대한 공포는 아프리카 종에게 있으면 도움이 됩니다. 만일 여러분이 뱀이 나오는 악몽을 꾼다면, 그것은 상징적인 남근상에 대한 꿈이 아니라 실제로 **뱀에** 대한 꿈일 가능성이 높습니다. 생물학자들은 병적인 공포 반응을 일으키는 대상은 일반적으로 거미와 뱀이지, 전구 소켓이나 자동차인 경우는 거의 없다고 강조합니다. 그렇지만 우리가 사는 온난한 도시 환경에서 뱀과 거미는 더 이상 위험을 초래하지 않는 반면 전구 소켓과 자동차는 치명적일 수 있습니다.

안개 속에서 운전할 때는 속도를 줄이고 고속으로 주행할 때는 차간 거리를 충분히 확보하도록 운전자들을 설득하는 일은 어렵기로 악명 높습니다. 경제학자 아멘 알키언Armen Alchian은 안전벨트를 없애고 그 대신, 모든 자동차에 강제적으로 핸들 중심에서 운전자의 심장으로 향하는 날카로운 창을 박자는 독창적인 제안을 했습니다. 이유를 조상에서 찾을 수 있는지 없는지는 모르겠지만, 저는 이 제안에 설득력이 있다고 생각합니다. 다음과 같은 계산도 설득력이 있다고 생각합니다. 시속 130킬로미터로 달리는 자동차가 급정지하는 것은 고층 건물에서 추락해 지면에 충돌하는 경우와 같습니다. 즉, 고속으로 차를 몰 때 그것은 얇은 밧줄을 잡고 고층 건물 꼭대기에 매달려 있는 것과 같습니다. 이때 여러분의 앞 차량 운전자가 뭔가 어리석은 짓을 할 가능성은 잡고 있는 밧줄이 툭 끊어질 가능성만큼 높습니다. 우리 중 고층 건물 창턱에 태연하게 앉아 있을 수 있는 사람은 거의 없고, 조금의 망설임도 없이 번지 점프를 즐기는 사람도 없습니다. 하지만 거의 모든 사람이 차도에서 신나게 고속으로 달립니다. 설령 그 위험을 머리로는 분명하게 이해한다 해도 말입니다. 우리는 높은 곳과 날카로운 것에 대한 두려움은 유전적으로 프로그램되어 있지만 고속으로 차를 모는 것에 대한 두려움은 학습할 필요가 있다(하지만 학습이 어렵다)는 생각에는 상당히 설득력이 있습니다.

웃기, 미소 짓기, 울기, 종교, 근친상간을 피하는 통계적 경향처럼 모든 사람에게 있는 보편적인 사회적 습관도 우리의 공통 조상에게 있었을 가능성이 높습니다. 세계를 돌아다니며 사람들의 표정을 몰래 촬영한 한스 하스Hans Hass와 이레네우스 아이블-아이베스펠드Irenäus Eible-Eibesfeldt는 장난치거나 위협하는 방식과 얼굴 표정의 상당히 복잡한 레퍼토리에는 문화를 초월하는 보편성이 있다고 결론 내렸습니다. 그들이 촬영한 한 아이는 태어날 때부터 눈이 보이지 않아서 다른 얼굴을 한 번도 본 적이 없는데도 미소와 그 밖의 감정 표현이 정상적이었습니다.

아이들이 고도로 발달한 자연적 정의 감각을 가지고 있다는 사실은 잘 알려져 있고, '공평하지 않아'라는 말은 불만을 품은 아이의 입에서 가장 먼저 튀어나오는 표현들 중 하납니다. 물론 공정 감각이 유전자에 의해 보편적으로 구축되어 있다는 사실이 이 한 가지 사례로 증명되는 것은 아니지만, 이것이 눈이 보이지 않게 태어난 아이의 미소와 같은 맥락에서 시사하는 바가 있다고 생각하는 사람들도 있을 것입니다. 세계의 다양한 문화가 동일한 자연적 정의 관념을 공유하고 있다면 깔끔할 것입니다. 하지만 우리를 당황스럽게 만드는 차이가 있습니다. 이 강연을 듣고 있는 여러분 대부분은 누군가의 할아버지가 지은 죄로 그 사람을 처벌하는 것은 부당하다고 생각할 것입니다. 하지만 세대를 건너 원수를 갚는 것이 당연시되고 나아가 그것이 자연적 정의로 간주되는 문화도 있습니다.[33] 이것은 인간의 자연적 정의감이 적어도 세부적인 면에서는 아주 유연하고 변화무쌍하다는 것을 뜻할지도 모릅니다.

우리 조상들이 살았던 세계, 즉 EEA에 대한 추측을 계속 이어가 보겠습니다. 오늘날의 긴팔원숭이처럼 돌아다니며 먹이를 채집

---

[33] 그리고 그것은 신이라는 궁극의 역할 모델에 의해 인가를 받는다. "…… 나, 주 너희의 하나님은 질투하는 하나님이다. 나를 미워하는 사람에게는, 그 죗값으로, 본인뿐만 아니라 삼사 대 자손에게까지 벌을 내린다"(출애굽기 20장 5절).

했든, 아니면 아마존 밀림의 야노마뫼족 같은 현대 수렵채집인들처럼 마을에 정착해 살았든, 우리 조상들이 안정된 집단을 이루어 살았다고 생각할 수밖에 없는 이유가 있습니다. 어느 경우든 집단 구성원이 안정되어 변하지 않는다는 것은 개인들이 사는 동안 같은 사람과 반복적으로 마주치기 쉽다는 뜻입니다. 다윈주의의 눈으로 보면, 이런 상황은 가치관의 진화에 중요한 영향을 미쳤을 가능성이 있습니다. 특히, 이기적 유전자의 입장에서 보면 어이가 없을 정도로 우리가 서로에게 친절한 이유를 이해하는 데 도움이 됩니다.

그것은 보이는 것만큼 어이없는 행동이 아닙니다. 유전자가 이기적이라고 해서 개별 생물이 무자비하고 이기적인 것은 아닙니다. 이기적 유전자 이론의 큰 목적은, 유전자 수준의 이기주의가 어떻게 개체 수준에서 이타적 행동을 초래할 수 있는지 설명하는 것입니다. 하지만 그렇게 설명할 수 있는 것은 이타주의의 탈을 쓴 이기주의로 한정됩니다. 그런 이타주의의 첫 번째 형태는 친족에 대한 이타적 행동(족벌주의)이고, 두 번째는 답례를 계산적으로 기대하고 제공하는 은혜(당신이 나를 도와주면 내가 나중에 갚겠다), 즉 호혜주의입니다.

바로 여기서 조상들이 마을이나 부족 집단을 이루어 살았다는 전제가 두 가지 의미에서 도움이 됩니다. 첫째로, 제 동료 W. D. 해밀턴이 주장했듯이 어느 정도의 근친교배가 있었을 것입니다. 다른 많은 포유류와 마찬가지로 인간도 극단적인 근친교배를 막기 위해 모든 노력을 기울이지만, 그렇다 해도 이웃 부족끼리는 서로 알아들을 수 없는 언어를 사용하고 양립할 수 없는 종교를 가지고 있는 경우가 많아서 근친교배를 막는 데는 한계가 있을 수밖에 없습니다. 해밀턴은 부족 간 이주율이 낮다고 가정하고 부족 내 유전적 유사성의 기대 수준을 계산하고, 그 값을 부족 간의 유전적 유사성과 비교했습니다. 그의 결론에 따르면, 타당한 가정하에서 같은 마을 주민들은 다른 마을에서 온 외부인들에 비하면 형제지간이나 마찬가지였습니다.

EEA의 이런 조건은 외래인 혐오를 촉진하는 경향이 있습니다. "우리 마을 사람이 아닌 낯선 사람에게는 기분 나쁘게 대해라. 왜냐하면 그 사람은 통계적으로 같은 유전자를 공유하고 있을 확률이 낮기 때문이다." 반대로, 부족 마을 안에서는 자연선택이 필연적으로 일반적인 이타주의를 선호할 수밖에 없다는 결론—즉 "만나는 모든 사람에게 친절하게 대해라. 왜냐하면 만나는 사람이 누구든 통계적으로 일반적인 이타주의 유전자를 공유할 확률이 높기 때문이다"—은 지나치게 단순한 생각입니다.[34] 하지만 실제로

---

34 강연 중에는 왜 이것이 너무 단순한 논리인지 자세히 설명할 시간이 없었다. 이유를 설명하자면, 같은 마을 사람들은 가장 가까운 친척일 가능성이 높을 뿐 아니라, 식량, 배우자, 여타 자원을 놓고 겨루는 가장 가까운 경쟁자이기도 하기 때문이다. 혈연선택 계산에서 혈연도는 절대치가 아니라, 모집단의 무작위 구성원과의 혈연도를 기준선으로 놓고 그 선을 상회하는 증가분으로 계산된다. 결속이 강한 근친 마을에서는 만나는 모든 사람이 사촌일 가능성이 높다. 혈연선택설은, 구성원이

그렇게 되는 추가 조건이 있을 수 있고, 그것이 해밀턴의 결론이었습니다.

마을을 이루어 살아가는 방식의 다른 영향은 호혜적 이타주의 이론에서 나옵니다. 이 이론은 1984년 로버트 액설로드의 저서 《협력의 진화》가 출판되면서 탄력을 받았습니다. 액설로드는 해밀턴의 부추김으로 게임 이론, 구체적으로 죄수의 딜레마 게임을,[35] 간단하지만 독창적인 컴퓨터 모델을 사용하여 진화론적으

평균적으로 이미 상당히 가까울 때도 그러한 평균보다 더 가까운 개체들에게 이타적 행동이 일어날 것이라고 예측한다. 한 마을이 사촌지간으로 구성된 이런 상황에서, 혈연선택설은 마을 밖에서 온 사람에 대한 외래인혐오가 일어날 것이라고 예측한다. 내 동료 앨런 그라펜은 1985년 학술지 〈옥스퍼드 진화생물학 연구Oxford Surveys in Evolutionary Biology〉에 아름다운 기하학 모델을 소개했는데, 나는 이것이 혈연선택설의 핵심인 혈연도 계수 r의 진정한 의미를 설명하는 최고의 방법이라고 생각한다. 해밀턴 이론의 일반적인 설명에 의존하는 많은 사람들은 r값(자매지간은 0.5, 사촌끼리는 0.125)과, 모든 사람은 유전자의 90퍼센트 이상을 공유한다는 사실 사이의 불일치에 혼란을 느낀다. 이를 보여주는 예가 '혈연선택에 관한 12가지 오해'라는 에세이(253쪽)에 소개되어 있다. 그라펜의 기하학 모델은 r값이 집단 전체가 공유하는 기준선에 얼마나 더 가까운지 나타내는 값임을 직관적으로 와닿도록 깔끔하게 보여준다.

35 《협력의 진화The Evolution of Cooperation》의 2006년 펭귄판 서문에서 나는 내가 액설로드를 해밀턴에게 어떻게 소개했는지 설명했다. 나는 진화론과 사회과학 이론을 결합하는 그들의 생산적인 협업을 이끌어낸

로 고찰했습니다. 그의 연구는 유명하므로 여기서 자세하게 설명하지는 않겠습니다. 대신 지금 이야기하고 있는 내용과 관련 있는 몇 가지 결론을 요약하겠습니다.

근본적으로 이기적인 존재들로 구성된 진화의 세계에서는 협력하는 개체들이 결국은 놀라울 정도로 번성하게 됩니다. 협력의 토대는 무차별적 믿음이 아니라, 신속한 개인식별과 배신에 대한 처벌입니다. 액설로드는 어떤 개체가 다른 개체를 평균적으로 언제까지 계속 만날 것으로 기대할 수 있는지를 나타내는 척도인 '미래의 그림자'를 생각해냈습니다. 미래의 그림자가 짧으면, 즉 개인식별 또는 비슷한 것이 어려우면, 상호 신뢰가 생길 가능성이 낮고 따라서 너나할 것 없는 배신이 관례가 됩니다. 반대로 미래의 그림자가 길면, 초기의 신뢰 관계가 배신에 대한 의심을 통해 단련되면서 점차 발전할 가망이 있습니다. 조상들이 부족 마을에서 살았거나 무리지어 떠돌아다녔다는 우리의 추측이 옳다면, EEA에서의 상황은 바로 이러했을 것입니다. 그러므로 우리 안에서 '의심을 동반한 신뢰'라고 부를 수 있는 것을 추구하는 뿌리 깊은 경향이 발견될 것이라고 예상할 수 있습니다.

또한 빚과 보답을 계산하고, 누가 누구에게 빚을 얼마 졌는지 결산하고, 이익이 생기면 기뻐하고(손실이 생기면 그 이상으로 기분 나빠하며), 앞에서 언급한 자연적 정의 감각을 중재하는 특수 용

장본인인 것이 매우 자랑스럽다.

도의 뇌 모듈들도 우리 안에서 발견될 것이라고 예상해야 합니다.

액설로드는 더 나아가 자신의 게임 이론을, 개인이 눈에 띄는 라벨을 붙이고 있는 특수 사례에 적용했습니다. 집단 내에 두 유형의 사람이 있고 각각을 빨강이와 초록이로 부른다고 해봅시다. 액설로드의 결론에 따르면, 타당한 조건 아래서는 항상 다음과 같은 전략이 진화적으로 안정적입니다. "당신이 빨강이라면 빨강이들에게는 친절하게 대하고 초록이들에게는 고약하게 굴어라. 당신이 초록이라면 초록이들에게는 친절하게 대하고 빨강이들에게는 심술궂게 대하라." 빨강과 초록의 실제 본성과 관계없이, 그리고 두 유형이 그 밖의 측면에서 차이가 있든 없든 관계없이, 그렇게 됩니다. 이를 앞에서 언급한 '의심을 동반한 신뢰'에 얹어서 보면, 이런 종류의 차별이 뜻밖의 일은 아닙니다.

'빨강' 대 '초록'이 실생활에서는 무엇에 해당할까요? 가장 타당한 답은 '우리 부족' 대 '다른 부족'입니다. 우리는 다른 이론에서 시작해 해밀턴의 근친교배 계산과 같은 결론에 도달했습니다. 따라서 '마을 모델'로부터, 두 종류의 아주 다른 이론을 통해 외래인 혐오 경향을 동반하는 내집단 이타주의를 예측할 수 있습니다.

그런데 이기적 유전자는 자신의 미래 이익을 위해 결정을 내리는, 의식을 가진 작은 행위자가 아닙니다. 살아남은 유전자는 적절한 경험법칙에 따라, 즉 조상의 환경에서 결과적으로 생존과 번식을 도운 행동을 계속하도록 조상의 뇌 배선을 만든 유전자들입니다. 현대의 도시 환경은 매우 다른데, 유전자가 여기에 벌써 적응했을 리 없습니다. 자연선택의 느린 과정이 도시화를 따라잡을 시간이 없었습니다. 따라서 마치 아무 일도 없었던 양 똑같은 경험법칙이 실행됩니다. 이기적 유전자의 관점에서 보면 이건 실수입니다. 설탕이 드물지 않은 현대 세계에서 설탕을 좋아하는 우리 입맛이 이를 썩게 하는 것이 좋은 예입니다. 이런 실수가 있으리란 건 완벽하게 예상할 수 있는 일입니다. 여러분이 거리에서 거지를 동정해 도울 때, 여러분은 상황이 매우 달랐던 과거 부족 시절에 설정된 다윈주의적 경험법칙이 불발되게 만들고 있는 것입니다. 서둘러 한마디 덧붙이자면 '불발되다'라는 말은 엄밀한 다윈주의적 의미에서 그렇다는 것이지, 제 자신의 가치관을 표현한 것이 아닙니다.

여기까지는 좋습니다. 하지만 아마 선량함에는 그 이상의 의미가 있을 것입니다. 우리가 과거에 아무리 일생에 걸쳐 상호 보답의 기회를 기대할 수 있는 근친 무리에서 살았다 해도, 많은 사람들이 '이타주의의 탈을 쓴 이기주의'로는 설명되지 않을 정도로 관대해 보입니다. 제가 만일 상호 보답의 기회를 기대할 수 있는 세계에서 산다면, 신뢰할 만한 사람, 배신당할 두려움 없이 계약을 맺을 수 있는 사람이라는 평판을 쌓는 것이 결국에는 제게 이익일 것입니다. 제 동료 매트 리들리가 훌륭한 저서 《도덕의 기원 The Origins of Virtue》에서 말하듯이, "갑자기, 친절하게 행동할 새롭고 강력한 이유, 나와 사이좋게 지내자고 사람들을 설득할 이유가 생기는 것"이지요. 그는 경제학자 로버트 프랭크의 실험 증거를 인용합니다. 그 실험에 따르면, 사람들은 낯선 사람들로 가득한 방 안에서 누가 신뢰할 수 있는 사람이고 누가 배신할 사람인지 금방 판단할 수 있었습니다. 하지만 그것 역시 어떤 의미에서는 이타주의의 탈을 쓴 이기주의입니다. 그런데 다음 이야기는 그렇지 않을지도 모릅니다.

인간은 동물계에서 유일하게 앞을 내다보는 귀중한 능력을 잘 활용한다고 생각합니다. 일반적인 오해와 달리 자연선택은 앞을 내다보지 않습니다. 그럴 수가 없는데, DNA는 분자일 뿐이고 분자는 생각할 수 없기 때문입니다. 분자가 생각할 수 있었다면, 피임의 위험을 알고 오래 전에 그 가능성을 없애버렸을 겁니다. 하지만 뇌는 문제가 다릅니다. 뇌는 충분한 크기에 이른다면 가설상의 모든 시나리오를 상상해보고 여러 가지 행동 경로의 결과도 계산해볼 수 있습니다. '이렇게 하면 단기적으로는 이익이다', '저렇게 하면 보상을 받기까지 기다려야 하지만 더 큰 보상이 주어진다'와 같이 말입니다. 일반적으로 자연선택에 의한 진화는 기술적 개선을 이끌어내는 매우 강력한 힘임에도 이런 식으로 앞을 내다볼 수 없습니다.[36]

우리 뇌는 목표와 목적을 설정하는 능력을 가지고 있습니다. 처

---

36 이 점에 대해, 나는 저명한 분자유전학자 시드니 브레너Sydney Brenner를 인용하고 싶다. 그는 풍자적으로, 캄브리아 시대에 특정 유전자가 선택된 이유를 "혹시 백악기에 쓸모 있을지도 몰라서"라고 추측하는 순진한 생물학자를 상상한다(그가 빈정거리는 어조와 기지 넘치는 남아프리카 악센트로 장난스럽게 눈을 빛내며 말하는 것이 들리는 듯하다).

음에 이 목표는 엄밀하게 유전자의 존속을 위한 것이었습니다. 들소를 죽이고, 새로운 물웅덩이를 찾고, 불을 붙이는 것과 같은 일이 당장의 목표였습니다. 그렇더라도 유전자의 존속을 위해서는 이런 목표를 가능한 한 유연하게 설정하는 것이 유리했습니다. 그래서 목표 내에서 다시 프로그램할 수 있는 하위 목표들의 위계를 세울 수 있는 새로운 뇌 기제가 진화하기 시작했습니다.

이런 종류의 상상력 풍부한 선견지명은 처음에는 유용했지만 (유전자 시점에서 보면) 도를 넘었습니다. 우리 뇌처럼 큰 뇌는 앞에서 말했듯이, 자신을 만든 자연선택된 유전자의 명령에 적극적으로 저항할 수 있습니다. 점점 커진 인간 뇌의 또 다른 독특한 재능인 언어를 사용해 우리는 정치 조직, 법과 정의, 과세, 치안 유지, 복지, 자선, 빈자 돌봄 등의 제도를 계획하고 고안할 수 있습니다. 우리는 우리만의 독자적인 가치관을 생각해낼 수 있습니다. 자연선택이 뇌를 그 정도로 크게 키움으로써 그런 것들을 생겨나게 했다손 치더라도, 그것은 간접적인 관여에 지나지 않습니다. 이기적 유전자의 관점에서 보면 우리 뇌는 창발적 속성에 의해 다른 방향으로 질주해 달아났고, 저의 개인적 가치 체계에 비추어 보면 이것은 아주 긍정적인 조짐입니다.

텍스트의 횡포

저는 이미, 이기적 유전자의 명령을 거스를 수 있다는 제 생각을 의심하는 목소리를 하나 처리했습니다. 앞서 보았듯이, 과격한 좌파 과학자들이 이기적 유전자에서 있지도 않은 데카르트적 이원론의 냄새를 맡았습니다. 다른 종류의 의심은 종교에 뿌리를 두고 있습니다. 저는 종교 평론가들에게 몇 번이나 다음과 같은 말을 들었습니다. 이기적 유전자의 횡포에 대항하자고 호소하는 것은 좋지만, 그 자리를 무엇으로 대신할지 어떻게 결정할 것인가? 큰 뇌와 선견지명을 가지고 토론하는 것은 좋지만, 하나의 가치체계에 어떻게 합의할 것인가? 무엇이 좋고 무엇이 나쁜지 어떻게 결정할 것인가? 토론에 참가한 누군가가 세계의 단백질 부족에 대한 해결책으로 식인을 지지한다면 어떻게 할 것인가? 그런 의견을 단념시키기 위해 어떤 최종 권위에 호소할 것인가? 성서를 기반으로 하는 강력한 권위가 없다면 우리는 무슨 일이든 허용되는 윤리적 공백 속에 있는 것이 아닌가? 종교의 초자연적 존재에 관한 주장은 믿지 않는다 해도 궁극적 가치관의 원천으로서의 종교는 필요하지 않을까?

이것은 진정으로 어려운 문제입니다. 우리는 실제로 윤리적 공백 속에 있다고 생각하고, 정말 우리 모두가 그렇다고 생각합니다. 앞서 말한 가설상의 사례에서 식인 지지자가 차에 치어 이미 죽은 사람의 경우로 특정할 만큼 신중하다면, 그는 먹기 위해 동물을 죽이는 사람들보다 자신이 윤리적으로 우위에 있다는 주장까지 할지도 모릅니다. 물론 그럼에도 반론의 여지는 충분히 있습니다. 예컨대 '가족친지의 고통' 논리는 다른 종보다 인간에게 더 강력하게 적용됩니다. 또는 '미끄러운 비탈' 논법도 있습니다('만일 도로에서 차에 치어 죽은 사람을 먹는 것에 익숙해진다면 조만간 이런 일도 일어날 것이다.……'라는 논리입니다).

저는 이 어려움을 얕잡아볼 생각은 없습니다. 다만 여기서 말하고 싶은 것은—부드럽게 표현하겠습니다—고대 문헌에 의존할 때보다 지금이 딱히 더 **나쁘지** 않다는 점입니다. 지금 우리가 처해 있다고 느끼는 윤리적 공백은 설령 우리가 알아채지 못했다 해도 항상 있던 것입니다. 종교인들은 이미 성서의 **어떤** 부분을 따르고 어떤 부분을 거부할지 선별하는 일에 익숙합니다. 유대교와 기독교의 성서에는 현대 기독교도 또는 유대교도가 따르고 싶지 않은 구절들이 있습니다. 이삭이 아버지 아브라함에게 희생될 뻔한 이야기는 문자 그대로 읽든 상징적 의미로 받아들이든, 우리 현대인에게는 충격적인 아동학대로 읽힙니다.

고기 타는 냄새라면 사족을 못 쓰는 여호와의 기호는 현대인에게 호소력이 없습니다. 사사기 11장에서 입다는 신이 암몬 사람들에 대한 승리를 보증한다면 반드시 "돌아올 때 그게 누구든 내 집 문에서 나와 나를 처음 맞이하는 자를 신께 드리고, 그것을 번제로 올리겠습니다"라고 맹세합니다. 공교롭게도 입다를 맞이한 자는 입다의 딸, 그의 유일한 자식이었습니다. 당연히 그는 옷을 찢으며 괴로워했지만, 그가 할 수 있는 일은 아무것도 없었고, 딸도 자신이 희생되어야 한다는 사실을 담담하게 받아들였습니다. 그녀는 아직 처녀인 것을 한탄하기 위해 두 달 동안 산으로 들어가게 해달라고 부탁했을 뿐입니다. 그 기간이 끝났을 때 입다는, 아브라함이 자신의 아들에게 그렇게 할 뻔했듯이 자신의 딸을 죽여

번제로 바칩니다. 이때 신이 마음을 돌려 개입하는 일은 일어나지 않았습니다.

여호와에 대해 읽다 보면 실제 인물로든 허구적 인물로든 그를 좋은 롤 모델로 보기는 어렵습니다. 성서가 보여주는 그는 질투심이 많고, 원한이 깊고, 악의로 가득하고, 변덕스럽고, 유머가 없고, 잔인합니다.[37] 현대 언어로 말하면 그는 성차별주의자이고, 인종 간 폭력을 부추깁니다. 여호수아가 "그 도시에 있는 것은 남자든 여자든, 젊은이든 늙은이든, 소든 양이든 당나귀든 모조리 검으로 쳐서 멸했을" 때, 여러분은 여리고 시민들이 대체 무슨 짓을 했기에 그렇게 참혹한 운명을 맞아야 했는지 의문이 들지도 모릅니다. 대답은 당혹스러울 정도로 간단합니다. 그들이 잘못된 부족에 속했기 때문입니다. 신은 이스라엘 민족에게 생활권Lebensraum을 약속했는데, 토착민 집단이 그것을 실현하는 데에 방해가 되었던 것입니다.

---

37 이 불쾌한 형용사 리스트의 확장판이《만들어진 신》제2장의 첫 문단에 제시되어 있는데, 그것은 어찌된 일인지 '모욕'으로 악명을 떨치게 되었다. 이 형용사들 각각을 정당화하는 근거를 성서에서 찾을 수 있고, 내 동료 댄 바커가 바로 그 일을 했다. 그의 훌륭한 저서《신: 모든 소설을 통틀어 가장 불쾌한 등장인물God: the Most Unpleasant Character in All Fiction》은 내가 제시한 불쾌한 형용사를 순서대로 하나씩 나열하고, 성서에 나오는 문장을 가지고 꼼꼼하게 입증한다. 그는 진리를 알게 된 목사로서 성서를 아주 잘 안다.

그러나 너희 주 하나님이 너희에게 유산으로 준 이 민족들의 도시에서는 숨 쉬는 것은 아무것도 살려두지 말라. 그러니 아모리족, 가나안족, 히타이트족, 브리즈족, 히위족, 여부스족은 너희 주 하나님께서 명령하신 대로 전멸시켜야 한다.[38]

물론 제 평가는 매우 부당합니다. 역사가가 절대 하지 않는 일 중 하나가 한 시대를 후대의 척도로 판단하는 것입니다. 그런데 그것이 바로 제가 **하고 싶은 말**입니다. 좋은 것만 취할 수는 없습니다. 성서에서 좋은 부분을 선별하고 싫은 부분을 숨길 권리를 주장한다면, 주의를 배반하는 것입니다. 그건 사실상 고대의 권위 있는 성서에서 가치관을 얻지 않는다는 것을 인정하는 것과 같습니다. 여러분은 명백히 어떤 현대의 원천, 어떤 현대의 자유주의적 합의에서 가치관을 얻고 있는 것입니다. 그렇지 않다면 어떤 기준으로 성서의 좋은 부분을 골라내는 한편, 예컨대 신명기의 처녀가 아닌 신부를 돌로 쳐 죽이라는 명령을 거부합니까?

이 현대의 자유주의적 합의가 어디서 오든, 제가 DNA라는 오래된 텍스트의 권위를 단호히 거부할 때 저는 그 합의에 호소할 권

---

38 신명기 20장 16~17절. 이 상황에서 내가 나치의 이념이었던 독일어 레벤스라움Lebensraum을 사용하는 것은 모욕적이고, 또한 (점잖 빼는 단어를 사용하자면) '부적절'하다는 의견이 있었다. 하지만 이 정도로 딱 들어맞고 정곡을 찌르는 말이 달리 생각나지 않는다.

리가 있습니다. 마찬가지로, DNA에 비하면 오래된 것도 아닌 성서의 텍스트를 여러분이 암암리에 거부할 때 여러분도 그렇게 할 권리가 있습니다. 우리는 함께 머리를 맞대고 우리가 따르고 싶은 가치관을 생각해낼 수 있습니다. 우리가 말하고 있는 것이 4천 년 전에 생긴 양피지 두루마리든, 40억 년 전에 생긴 DNA든, 우리 모두는 텍스트의 횡포를 뿌리칠 권리가 있습니다.

후기

종교인들이 성서에서 좋은 부분은 어디이고 불쾌한 부분은 어디
인지 결정하는 기준이 되는 현대의 합의를 어디서 발견하는지
설명하는 것은 내 책임이 아니지만, 그럼에도 순수한 호기심에
서 한 가지 의문이 드는 것은 어쩔 수 없다. 상대적으로 불쾌한
과거의 가치관들과 대립하는 우리의 21세기 가치관은 어디서
올까? 무엇이 바뀌었기에 1920년대의 '여성 참정권'은 대담하고
과격한 제안으로 여겨져 거리의 폭동으로 이어진 반면, 지금은
여성의 참정권을 인정하지 않는 것이 명백한 위반으로 간주될
까? 스티븐 핑커가 쓴《우리 본성의 선한 천사The Better Angels of
our Nature》와 마이클 셔머가 쓴《도덕의 궤적The Moral Arc》은 과
거를 돌아보면서 우리의 가치관이 한결같이 개선되어왔다는 증
거를 제시한다. 어떤 기준에 비추어 개선되었다는 것인가? 당연
히 현대의 기준이다. 이렇게 말하는 것은 순환 논리이기는 하지
만 악순환은 아니다.

　노예무역을 생각해보라. 고대 로마의 콜로세움에서 관람 스포
츠로 행해진 살인을 생각해보라. 곰 골리기(쇠사슬로 묶인 곰에게
개를 덤비게 하는 옛 놀이 – 옮긴이), 화형, 제네바 조약 이전의 전
쟁포로를 포함한 죄인들의 처우에 대해 생각해보라. 전쟁 그 자
체에 대해 생각하고, 그런 다음 1940년대에 행해진 여러 도시에
대한 대규모의 계획적인 폭격을, 현대의 공군은 민간인이 오폭
당하면 사죄할 필요를 느낀다는 사실과 비교해 고찰해보라. 도

덕의 궤적은 불안정한 지그재그 선을 그리지만, 대세는 틀림없이 한 방향으로 나아가고 있다. 변화를 일으킨 것이 무엇이었든 간에 그것이 종교는 아니었다. 그러면 무엇이었을까?

"감도는 기운?" 이렇게 말하면 신비적으로 들리지만, 실체가 있는 말로 바꾸어 말할 수 있다. 나는 이 과정을 무어의 법칙에 비유하고 싶다. 이 법칙은 아무도 그 이유를 모르지만, 컴퓨터 성능이 수십 년에 걸쳐 일정한 비율로 증가해왔다고 말한다. 우리는 그 사실을 일반적으로는 이해하고 있지만, 왜 그렇게 아름답게 규칙적인지(대수 척도로 표시하면 직선이 된다) 알지 못한다. 어떤 이유에서, 그 자체가 각기 다른 수많은 세부적 개선들을 합친 결과인, 전 세계 여러 회사들의 하드웨어와 소프트웨어의 개선이 하나로 모여 무어의 법칙을 만들어낸다. 이와 마찬가지로, 하나로 모이면 전반적으로(약간은 불안정하다 해도) 한 방향으로 나아가는 직선을 그리는, 도덕적 시대정신의 변화를 만드는 것은 어떤 추세들일까? 이번에도 그것을 명명하는 것은 내 책임이 아니지만, 나는 다음의 것들을 조합한 것이라고 추측한다.

- 사법재판소의 법적 판단
- 국회의 연설과 의결
- 도덕과 법 철학자들의 강연, 논문, 저서
- 보도 기사와 신문 사설
- 저녁 만찬 또는 술집, 라디오와 텔레비전에서 이루어지

는 일상적 대화

　여기서 다음과 같은 질문이 떠오른다. 앞으로 수십 년, 그리고 수백 년 동안 도덕의 궤적은 어디로 향할까? 지금은 침착하게 받아들이고 있지만 수백 년 뒤에는 오늘날 우리가 노예무역, 또는 벨젠과 부헨발트 강제수용소행 철도를 생각할 때와 같이 강한 혐오감을 가지고 보게 될 어떤 것을 생각할 수 있는가? 적어도 한 가지 후보를 떠올리는 데는 큰 상상력이 필요치 않으리라 생각한다. 당신이 가축을 실은 유개 트럭 뒤를 따라 차를 운전하면서 어찌할 바를 모른 채 두려운 눈으로 트럭의 통풍용 판 틈새를 통해 그 동물들을 들여다볼 때, 떠올리고 싶지도 않은 벨젠행 철도의 화차가 머릿속에 떠오르지 않을까?

과학을 변호하며:
찰스 왕세자께 보내는
공개서한

^
^

폐하

당신의 리스 강의Reith Lecture[1]는 저를 슬프게 했습니다. 저

1　매년 한 번씩 개최되는 리스 강의는 원래 라디오 방송이었지만 지금은 텔레비전에서도 방영된다. BBC가 초대 국장인 리스 경을 기리기 위해 강의를 후원하고 있다. 하지만 BBC는 엄격한 스코틀랜드인이었던 리스 경의 높은 이상을 거의 저버렸다. 그렇다 해도 리스 강의의 연사로 초대받는 것은 지금도 영국에서 큰 영광으로 여겨진다. 이례적으로 '지구에 대한 경의'를 주제로 한 2000년 시리즈는 5회의 강의로 나누어져 그중 1회를 찰스 왕자가 했다. 그 강의에 대한 답변인 이 공개편지는 2000년 5월 21일자 〈옵저버〉에 처음 발표되었다.

는 당신의 뜻에 깊이 공감하고 당신의 진심을 존중합니다. 하지만 과학에 대한 당신의 적의는 그 뜻에 도움이 되지 않고, 상호 모순되는 방책들을 뒤죽박죽 섞어놓은 것을 받아들인다면 당신이 받아 마땅한 존경을 잃게 될 것입니다. 누구의 말인지 기억나지 않지만[2] 이런 말이 있습니다. "물론 우리는 머리를 열어놓아야 하지만, 뇌가 흘러넘칠 정도로 열어놓아서는 안 된다."

당신이 과학적 설명보다 좋아하는 것처럼 보이는 철학을 몇 가지 살펴보겠습니다. 첫째가 직관, 즉 "나뭇잎을 스치는 산들바람처럼 바스락거리는" 마음의 지혜입니다. 하지만 불행히도 당신이 누구의 직관을 선택하느냐에 따라 그 결과는 달라집니다. 뜻하는 바에 관한 한(방법은 그렇지 않다 해도), 당신의 직관은 제 직관과 일치합니다. 다양하고 복잡한 생물권生物圈을 품고 있는 이 지구를 오래 지켜야 한다는 당신의 뜻에는 진심으로 공감합니다.[3]

---

2 내가 한 말로 흔히 알려져 있는데, 나도 그랬으면 좋겠지만 다른 곳에서 들은 말인 것이 확실하다.

3 찰스 왕세자의 염려는 그가 리스 강의를 한 뒤로 더 긴급한 문제가 되었다. 급격한 기후변화의 징후들이 더 확연해졌고, 우리가 돌이킬 수 없는 단계로 들어섰을지도 모른다는 심각한 이야기도 현재 들려온다. 한편, 미국의 새로운 대통령(도널드 트럼프-옮긴이)은 기후변화가 '중국의 날조'라는 견해를 공개적으로 밝혔다. 극지방의 빙하가 녹아내리는 것 같은 현 추세는 인간의 책임이 아니라는 (점점 설득력을 잃어가는) 주장을 만지작거릴 여지가 아직은 (간신히) 있다. 하지만 날이 갈수

하지만 사담 후세인의 검은 가슴에 있던 본능적 지혜는 어떻습니까?[4] 히틀러의 비틀린 가슴 속 나뭇잎을 바스락거리게 했던 바

록 악화되는 위험한 기후변화가 현실이라는 것은 착각에 빠진 사람들을 제외하고는 모두가 아는 명백한 사실이다. 전 세계적인 저지대 홍수를 포함해 기후 재앙이 임박한 지금, 찰스 왕세자처럼 덜 중요한 문제에 늑대가 나타났다고 거짓말하다가는 정말 큰코다칠 수 있다.

4 내가 당시 사담 후세인의 처형을 공식적으로 비판한 것은 단지 사형 제도를 반대하기 때문만은 아니었다. 거기에는 과학적 이유도 있었다. 만일 히틀러가 스스로 목숨을 끊지 않았다면 나는 그의 목숨도 구했을 것이다. 우리는 그런 괴물의 정신 구조를 이해하기 위해 우리가 얻을 수 있는 모든 증거를 확보할 필요가 있다. 또한 소시오패스는 그리 드물지 않으므로, 어떻게 히틀러 같은 예외적 인물이 타인에 대한 지배력을 얻고 유지하며, 심지어 선거에서 당선되기까지 할 수 있는지 이해하기 위해서라도 그런 증거가 필요하다. 그를 아는 사람들이 주장하듯 히틀러는 실제로 사람을 꼼짝 못하게 하는 눈으로 최면을 걸듯 군중을 매료하는 연설가였을까? 아니면 그것은 나중에 권력의 아우라가 만들어낸 착각이었을까? 투옥된 히틀러에게 바른길을 알려주었다면, 예컨대 유대인에 대한 그의 병적 증오에 의문을 제기하는 차분하고 냉정한 논거를 제시했다면 그가 어떻게 반응했을까? 우리는 미래에 도움이 되었을지도 모르는, 효과적인 정신치료법을 얻을 수 있었을까? 히틀러 또는 사담 후세인의 유년기, 아니면 그들의 초기 교육에 그들을 그런 성인이 되게 만든 요소가 있었을까? 모종의 교육 개혁을 실시한다면 미래에 비슷한 참사가 생기는 것을 미연에 방지할 수 있지 않을까? 그런 혐오스러운 인물을 죽이면 원초적 복수심을 충족시킬 수는 있겠지만, 재발을 피하는 데 도움이 되는 연구의 길은 차단된다.

그녀의 바람이 치른 대가가 무엇입니까? 요크셔의 잭 더 리퍼가 자기 머릿속에서 살인을 부추기는 하나님의 목소리를 들은 것은 어떻습니까? **어떤** 직관적 목소리에 귀 기울일지 우리는 어떻게 결정할까요?

애석하게도 이 딜레마는 과학이 해결할 수 있는 수 있는 것이 아닙니다. 세계의 자원을 관리하는 일에 대한 제 자신의 강한 염려는 당신의 염려만큼이나 감정적입니다. 하지만 감정이 제 뜻에 영향을 미칠 수 있을망정, 뜻한 바를 달성하는 최선의 방법을 결정할 때가 되면 저는 감정에 치우치기보다는 생각하려고 합니다. 그리고 여기서 생각한다는 것은 과학적으로 사고한다는 것을 뜻합니다. 그 이상 효과적인 방법은 존재하지 않습니다. 만일 그렇다면 과학이 그 방법을 흡수할 것입니다.

다음으로 폐하, '전통적' 또는 '유기적' 농업이 자연스러운 것이라는 당신의 생각은 과장된 것일지도 모릅니다. 농업은 처음부터 자연스럽지 않은 일이었습니다. 인류가 자연적인 수렵채집 생활 방식에서 벗어나기 시작한 것은 겨우 1만 년 전입니다. 진화적 시간 척도에서 평가하면 아주 짧은 시간이지요.

밀은 통밀이든 맷돌로 간 것이든, 호모 사피엔스의 자연식품이 아닙니다. 우유도 어린이에게를 제외하고는 자연식품이 아닙니다. 우리가 먹는 거의 모든 식품은 유전자가 변형된 것입니다. 물론 인위적으로 만들어낸 돌연변이는 아니고 주로 인위 선택으로 육종된 것이지만 결과는 같습니다. 밀 낟알은 유전자가 변형된 풀 씨앗입니다. 페키니즈가 유전자가 변형된 늑대인 것과 마찬가지입니다. 이것이 신 행세라고요? 그렇다면 우리는 수백 년 동안 신 행세를 해온 겁니다!

이름모를 사람들로 북적이는 대규모 인파는 농업혁명으로 생겨났고, 농업이 없다면 현재 인구의 아주 작은 일부만 존속할 수 있을 것입니다. 대규모 인구는 농업이 (그리고 기술과 의학이) 만든 인공물입니다. 그것은 교황이 자연스럽지 않은 일이라고 비난하는 인구 제한 방법들보다 **훨씬** 더 자연스럽지 않습니다. 좋든 싫든 우리는 농업으로부터 벗어날 수 없으며, 농업은―모든 농업은―자연스럽지 않은 일입니다. 우리는 10만 년 전에 자연을 포기했습니다.

그렇다고 그것이 어떤 종류의 농업을 고르든 지속가능한 지구라는 측면에서는 모두 마찬가지라는 뜻일까요? 결코 그렇지 않습니다. 어떤 방법은 다른 방법들보다 피해가 훨씬 더 큽니다. 하지만 어느 것을 고를지 결정하기 위해 '자연'이나 '본능'에 호소하는 것은 전혀 도움이 되지 않습니다. 냉정하고 합리적으로―즉 과학적으로―증거를 연구할 필요가 있습니다. 화전식 농법(덧붙여 말하면, 이보다 더 '전통적인' 농법은 없습니다)은 고대의 숲을 파괴합니다. 과방목(이것 역시 '전통' 문화에서 널리 시행되는 방법입니다)은 토양 침식을 일으키고 비옥한 목초지를 사막으로 바꿉니다. 지금 우리가 하고 있는 현대 농업으로 오면, 분말 비료와 독약을 사용하는 단일재배는 미래에 해롭습니다. 가축의 성장을 촉진하기 위해 무차별적으로 사용되는 항생제는 더욱 나쁩니다.

덧붙여 말하면, 유전자 변형GM 작물의 **있을 수 있는** 위험에 대한 히스테릭한 저항에는 한 가지 걱정스러운 측면이 있습니다. 그것은 이미 잘 이해되어 있으나 대체로 도외시되는 **결정적** 위험으로 향해야 할 관심을 다른 곳으로 돌린다는 것입니다. 항생제에 저항하는 변종 세균의 진화는 진화론자라면 항생제가 발견된 그 순간부터 예견할 수 있었던 일입니다. 불행히도 그것을 경고하는 목소리는 아주 작았고, 지금은 'GM GM GM GM GM GM!'이라는 시끄러운 불협화음에 묻혀 들리지도 않습니다.

게다가 만일 제 예상과 같이 GM에 대한 불길한 예언이 실현되지 않는다면, 사람들은 실망한 나머지 진짜 위험까지 대수롭지 않게 넘겨버릴 수도 있습니다. 현재의 GM 소동이 양치기 소년의 극단적 사례일지도 모른다는 생각은 해보지 않으셨습니까?

설령 농업이 자연스러울 수 있다 해도, 설령 우리가 자연의 방식과 본능적으로 조화로운 관계를 구축할 수 있다 해도, 자연이 과연 좋은 롤 모델일까요? 우리는 이에 대해 신중하게 생각해봐야 합니다. 생태계는 균형과 조화를 이루고 있다는 느낌을 주는 것이 사실이고, 생태계를 구성하는 종들 가운데 일부는 상호 의존적으로 살아가게 됩니다. 그래서 열대우림을 파괴하는 기업의 폭력적인 행동이 매우 나쁜 범죄인 것입니다.

한편으로, 우리는 다윈주의에 대한 매우 흔한 오해를 조심해야 합니다. 테니슨은 다윈 이전 시대의 시인이지만 이 사람이야말로 세상을 제대로 보았습니다. 자연의 이빨과 발톱은 테니슨이 시에 쓴 것처럼 피로 물들어 있습니다. 아무리 그렇지 않다고 믿고 싶어도, 각 종 내에서 작용하는 자연선택은 장기적인 관리에는 관심이 없습니다. 자연선택은 단기적 이익을 선호합니다. 벌목꾼이나 포경꾼처럼 현재의 탐욕을 위해 미래를 탕진하는 사람들은 야생 생물이 30억 년 동안 해왔던 일을 하고 있을 뿐입니다.

다윈의 불독이라 불렸던 T. H. 헉슬리가 다윈주의에 대한 거부 위에 자신의 가치 체계를 구축한 것도 전혀 이상한 일이 아닙니다. 물론 그가 과학으로서의 다윈주의를 거부한 것은 아닙니다. 진실은 거부할 수 없으니까요. 하지만 다윈주의가 진실이라는 바로 그 사실 때문에, 우리는 원래 이기적이고 착취적인 자연의 경향에 맞서 싸울 필요가 있습니다. 우리는 그렇게 할 수 있습니다. 그 밖의 어떤 동식물 종도 그렇게 할 수 없습니다. 우리가 그렇게 할 수 있는 것은 우리 뇌가(그 뇌 자체는 물론 단기적인 다윈주의적 이익을 추구하는 자연선택이 준 것이지만) 미래를 내다보고 장기적인 결과를 예측할 수 있을 정도로 크기 때문입니다. 자연선택은 언덕을 오르는 것밖에는 할 수 없는 로봇과 같습니다. 그 탓에 야트막한 언덕의 정상에서 꼼짝 못하게 되더라도 어쩔 수 없습니다. 언덕을 내려오는 메커니즘, 계곡을 건너 반대쪽에 있는 높은 산의 완만한 사면으로 가는 메커니즘은 없습니다. 자연의 선견지명은 존재하지 않고, 현재의 이기적 이익 추구가 종을 절멸로 이끌고 있다고 경고하는 메커니즘도 없습니다. 실제로 지금까지 살았던 모든 종의 99퍼센트가 절멸했습니다.

진화사를 통틀어 아마도 유례가 없을 인간의 뇌는 계곡 건너편을 볼 수 있고, 절멸을 피해 먼 고지대로 향하는 경로를 계획할 수 있습니다. 장기적인 계획을 세우고 그렇게 해서 자원을 관리할 수 있다는 생각은 지구상에서 완전히 새로운 것이고, 심지어는 낯설기까지 한 것입니다. 그것은 인간의 뇌에만 존재합니다. 미래는 진화에서 새로운 발명품입니다. 그래서 소중합니다. 하지만 부서지기 쉽습니다. 우리는 그것을 지키기 위해 모든 과학적 수단을 사용해야 합니다.

모순처럼 들릴 수도 있지만, 지구를 미래까지 지속시키기를 바란다면 우리가 가장 먼저 해야 할 일은 자연의 조언을 듣는 일을 그만두는 것입니다. 자연은 단기적인 다윈주의적 부당 이득을 취합니다. 다윈 자신은 이렇게 말했습니다. "악마의 사도가 아니면 누가 이런 서투르고, 낭비가 심하고, 부주의하고, 저열하고, 지독하게 잔혹한 자연의 소행에 대한 책을 쓸 수 있겠는가."[5]

분명 암울한 표현이지만 진실이 유쾌해야 한다는 법은 없고, 비보를 전한다고 과학을 비난해봤자 소용없으며, 마음이 편하다는 이유만으로 다른 세계관을 선택하는 것은 아무 의미가 없습니다. 그런데 과학이 암울하기만 한 것은 아닙니다. 과학은 오만하게 모든 것을 아는 체하지 않습니다. 그러므로 과학자의 이름값을 하는 과학자라면 누구나 소크라테스가 한 말에 공감할 것입니다. "지혜는 자신의 무지를 아는 것이다." 과학이 아니면 무엇이 우리를 발견으로 데려갈까요?

제가 무엇보다 슬프게 생각하는 것은 폐하, 과학에 등을 돌리면

---

5 나는 다윈의 표현을 2003년에 출판한 에세이집의 제목으로 썼다.

너무나도 많은 것을 놓치게 된다는 점입니다. 과학의 시적인 경이에 대해 제 자신도 수차례 글을 썼지만,[6] 여기서는 실례를 무릅쓰고 다른 저자의 책을 소개해드리겠습니다. 지금은 고인이 된 칼 세이건의 《악령 들린 세계The Demon-Haunted World》입니다. 특히 부제 '어둠을 밝히는 촛불로서의 과학Science as a Candle in the Dark' 에 주목해주시면 좋겠습니다.

---

6 《무지개를 풀며Unweaving the Rainbow》

찰스 왕세자에게 보내는 이 편지에서 확실하게 언급했어야 했던 중요한 원리는 예방원칙이다. 새롭고 검증되지 않은 기술이 관계된 경우 우리는 신중파로 기울어야 한다는 그의 생각은 확실히 옳다. 만일 어떤 기술이 검증되지 않았고 우리가 그 영향을 모른다면, 지나칠 정도로 조심할 필요가 있다. 특히 장기적인 미래가 걸려 있다면 더더욱 그렇다. 유망한 암 신약의 일반 사용을 인가하기 전에 엄격한 심사와 복잡한 절차를 밟도록 요구하는 것이 예방원칙이다. 위험을 피하기 위해 마련되는 그런 허들은 터무니없는 높이에 이르기도 한다. 예컨대 이미 죽음의 문턱에 있는 환자에게, 그의 생명을 구할지도 모르는데도 아직 '안전하다'고 인정받지 못했다는 이유로 실험용 신약을 허용하지 않는 경우가 그렇다. 말기 환자들은 '안전'에 대한 개념이 다르다. 하지만 일반적으로는 과학적 혁신이 가져다줄 막대한 이점의 사이에서 현명하게 균형을 유지하기만 한다면, 예방원칙의 현명함을 부정하기는 어렵다.

예방원칙에 대해 이야기하는 중이지만, 정치 이야기로 탈선하는 것을 허락해달라. 나는 내 책이 앞으로 시대에 뒤떨어지게 될까 봐 두려워 보통은 최신 화제를 피한다. J. B. S. 홀데인과 랜슬럿 호그벤이 1930년대에 쓴, 다른 점에서는 훌륭한 저서도 지금 보면 몹시 이해하기 어려운 정치적 거북함으로 오염되어 있다. 하지만 불행히도 2016년에 일어난 정치적 사건 가운데 적어도 두 건—영국의 유럽연합 탈퇴에 관한 국민투표와 미국의 기후변화에 관한 국제합의에서의 이탈—은 그 영향이 단기적인 것으로 그칠 가능성이 낮다. 따라서 나는 어떤 변명도 하지 않고 2016년의 정치문제를 다루겠다.

2016년, 당시 데이비드 캐머런 총리는 영국의 EU 탈퇴에 대한 국민투표를 실시하라고 압박하는 평의원들의 압력에 굴복했다. 이것은 예기치 않은 경제적 영향을 가져올 수 있는 굉장히 복잡한 문제였지만, 그 영향의 전모는 나중에 행정·법률적 업무량에 대응하기 위해 막대한 규모의 법률가와 공무원을 고용해야 했을 때에서야 비로소 밝혀지게 되었다. 뛰어난 전문가들의 조언을 충분히 받아 의회에서 오래 토론하고 내각에서 논의해야 할 문제가 있었다면, 그것은 다름 아닌 EU 탈퇴 문제였다. 단 한 번의 국민투표로 결정하기에 그것만큼 적합하지 않은 문제가 있을까? 그런데도 우리는 맹장을 제거하는 데는 외과 전문의, 비행기를 조종하는 데는 전문 파일럿을 요구할 것이 분명한 정치인들로부터 전문가를 의심하라는 말을 들었다("유권자 여러분, 여기서는 여러분이 전문가입니다"). 그리하여 결정은 나 같은 비전문가들에게 맡겨졌다. 개중에는 EU 탈퇴에 표를 던지는 이유를 "변화는 좋은 거니까"라든지 "유럽의 보라색 여권보다 옛날의 파란색 여권이 더 좋으니까"라고 말한 사람들도 있었다. 데이비드 캐머런은 당 내의 단기적 정치 계획을 위해 국가, 유럽, 나아가 세계의 장기적 미래를 러시안 룰렛으로 결정하게 했다.

여기서 예방원칙으로 돌아간다. 이 국민투표는 큰 변화, 즉 폭넓은 영향이 적어도 수십 년은 계속될 정치 개혁에 대해 판단하는 일이었다. EU 탈퇴는 헌법 개정에 해당하는 중대한 변화로 어떤 일이 있어도 예방원리가 우선되어야 하는 변화다. 헌법 수정에 관해 말하자면 미국은 의회 상하원 3분의 2 이상의 지지를 필요로 하고, 그 후에는 주의회 4분의 3의 승인이 필요하다. 빗장이 너무 높게 설정되어 있는 것이 분명하지만 이 원칙은 타당하다. 그런 반면 데이비드 캐머런의 국민투표는 '예 또는 아니오'로 답하는 단 하나의 질문에 대해 단순 과반수만을 요구했다. 이 정도로 근본적인 헌법적 절차라면 3분의 2 이상이라는 조건을 붙여야 한다고 생각하지는 못했을까? 또는 적어도 60퍼센트 이상은? 그런 중대한 결정이 소수의 유권자에 의해 내려지지 않도록 하기 위해 필요한 최소한의 투표율을 정해놓았어야 하지는 않나? 2주 후에 두 번째 투표로, 대중이 정말 그렇게 생각하는지 확인할 필요는 없었을까? 또는 탈퇴의 조건과 결과가 조금이나마 드러나는 1년 후 두 번째 투표를 할 필요는? 하지만 여론 조사가 출렁이고 결과 예측이 날마다 바뀌고 있을 때 캐머런이 요구한 것은 단 1회의 '예 또는 아니오' 투표에서의 과반수 지지뿐이었다. 영국 관습법이 남긴 한 법률은 '바보에게는 의회 입장을 허락하면 안 된다'고 규정하고 있다. 당신은 이 제한이 다른 사람은 몰라도 총리에게는 해당될지도 모른다는 생각이 들 것이다.

과학적 식품 생산의 이런저런 측면에 대한 찰스 왕자의 적의에서 보았듯이, 예방원칙은 신중하게 적용되어야 한다. 자칫 도를 넘을 수 있고, 앞서 말했듯이 미국 헌법 수정의 경우 빗장이 지나치게 높게 설정되어 있다는 주장은 일리가 있다. 선거인단은 비민주적인 과거의 유물이라는 견해에 많은 사람들이 동의하지만, 헌법수정의 빗장이 높기 때문에 선거인단을 폐지하기는 거의 불가능하다는 견해도 널리 받아들여진다. 헌법수정처럼 파급력이 큰 중요한 결정에 관한 한, 정치에서 예방원칙의 준수는 지나치게 위험 회피적인 현대 미국의 입장과 영국의 입장 사이의 중간 정도로 설정될 필요가 있다. 미국의 경우는 성문헌법이 화석화해 종교에 가까운 외경의 대상이 되어버렸고, 영국의 경우는 불문헌법이 EU 탈퇴를 국민투표로 결정하기로 한 것 같은 캐머런의 무모한 무책임이 버젓이 일어날 여지를 남긴다.

마지막으로, 예방원리에 관한 이 논설은 국왕 지위의 법정상 속인에게 보내는 편지를 매듭짓는 것이므로, 영국 불문헌법의 역사적 기반인 세습군주제 그 자체에 대해 생각해보면 어떨까? 군주는 물론 영국 국교회의 수반이기도 하다. 여왕의 많은 직함 중에는 '신앙의 수호자'도 포함되어 있다. 그것은 확실히, 하나의 종교를 그것과 대립하는 종교나 종파로부터 방어하는 사람임을 의미한다. 이 직함이 만들어졌을 때 후계자가 성장하여 무신론자가 될 가능성(현재 추세가 계속된다면 충분히 있을 수 있는 일이다)이나 이슬람교도인 양부를 가질 가능성(그런 일이 일어날 뻔했다)은 누구의 머릿속에도 없었다.

전임자들이 가졌던 전제 권력의 대부분을 박탈당했음에도 군왕은 여전히 조언하는 힘을 가지고 있다(그리고 14명의 총리를 겪은 엘리자베스 2세는 그 권력을 사용해본 경험이 풍부하다). 극단적인 경우 군왕은 자신의 주도로 의회를 해산할 수 있는 헌법적 권한을 가지고 있다. 하지만 그렇게 한다면 불확실하고 위험한 결과가 뒤따르는 위기 상황이 초래될 것이다. 이 일어날 것 같지 않은 가능성을 무시한다 해도 많은 사람들은 세습군주제를 정당화하기 어렵다고 생각하고, 지금의 여왕이 사망하는 시점에―개인적으로는 먼 미래의 일이기를 바라지만―제도를 정중하게 종료하자고 주장하는 사람들도 있다.

영국 공화제를 열광적으로 지지하는 사람들과 이야기를 나눌 때마다 나는 에둘러서라도 예방원칙을 언급하지 않을 수 없다. 군주제는 다양한 형태로 천 년 이상 꿋꿋하게 지속되어왔다. 무엇으로 그것을 대신할 것인가? 페이스북 투표로 국가 원수를 선출해야 할까? 베컴 국왕과 포시 왕비를 왕실 요트 '보티 맥보트페이스'에 태워야 할까? 뻔뻔스럽게 엘리트 티를 내는 내 풍자보다 나은 대안이 틀림없이 있을 것이다. 나는 롤 모델로 미국을 가리킨 적도 있었다. 하지만 그것은 2016년으로, 고상한 민주주의의 이상이 나쁜 쪽으로 방향을 틀면 어떤 일이 일어날 수 있는지 알기 전의 일이었다.

과학과
감수성

∧
∧

강연자 목록에 과학자가 저 뿐임을 알고 두려운 동시에 겸손한 마음이 들었습니다.[1] 과학의 입장에서 '이번 세기를 타진'하는 일, 후계자에게 남겨줄 과학에 대해 고찰하는 일이 정녕 저 한

---

1 20세기 말, BBC는 제3 라디오에서 '이번 세기를 타진하다－20세기는 후계자에게 무엇을 남길 것인가?'라는 주제로 시리즈 강연을 방송했다. 내 분량은 1998년 3월 24일에 방송되었다. 나 외에 다른 강연자들로는 고어 비달Gore Vidal, 카밀 팰리아Camille Paglia, 조지 스타이너George Steiner가 이름을 올렸다. 나는 강연자 목록에서 내가 유일한 과학자임을 알고 불편했고, 그 때문에 첫 마디가 이렇게 되었다. 강연 내용의 일부는 그 당시 쓰고 있던《무지개를 풀며》에 포함되었다.

사람의 어깨에 걸려 있는 건가요? 20세기는 과학의 황금 시대였는지도 모릅니다. 아인슈타인과 호킹과 상대성의 시대, 플랑크와 하이젠베르크와 양자론의 시대, 왓슨과 크릭과 생어와 분자생물학의 시대, 튜링과 폰 노이만과 컴퓨터의 시대, 위너와 섀넌과 사이버네틱스의 시대, 판 구조론과 암석의 방사성 연대 측정의 시대, 허블의 적색편이와 허블 망원경의 시대, 플레밍과 플로리와 페니실린의 시대, 달 착륙의 시대, 그리고—이 문제를 피하면 안되는데—수소폭탄의 시대였습니다. 조지 스타이너가 말했듯이, 현재 연구하고 있는 과학자는 다른 세기를 모두 합한 것보다 많습니다. 다른 한편으로—그 숫자를 우려할 만한 관점에서 보자면—유사시대 이래 사망한 사람보다 많은 사람이 현재 살고 있습니다.

사전에 있는 감수성의 의미들 중 제가 보여주려고 하는 것은 '분별력, 알아차림', 그리고 '미적 자극에 반응하는 능력'입니다. 누군가는 이번 세기 말이 되면 과학이 문화의 일부분이 되고 우리의 미의식이 과학의 시성詩性을 운운할 수 있을 정도로 수준이 높아져 있기를 희망했을지 모릅니다. 20세기 중반 C. P. 스노가 펼친 비관론을 다시 끄집어낼 것까지도 없이, 저는 21세기를 겨우 2년을 남겨놓은 지금 그 희망은 실현되지 않았음을 마지못해 인정합니다. 과학은 어느 때보다 많은 적대감을 일으키고 있습니다. 때로는 정당한 이유가 있지만, 대개의 경우 적의를 품은 사람들은 과학에 대해 아무것도 알지 못하면서 적의를 앞세워 배우지 않으려고 합니다. 슬플 정도로 많은 사람들이 아직도 과학적 설명은 시적 감수성을 좀먹는다는, 신뢰를 잃은 진부한 말에 속아 넘어갑니다. 점성술책은 천문학책보다 많이 팔립니다. 텔레비전 방송국은 심령술사와 투시능력자인 체하는 이류 마술사들이 있는 곳으로 우르르 몰려갑니다. 컬트 지도자들은 새로운 천년을 채굴하여, 사람들을 속아 넘어가게 할 풍부한 광맥을 찾습니다. '천국의 문' 사건, 웨이코 사건, 도쿄 지하철 독가스 사건을 생각해보십시오. 이전 천년과의 가장 큰 차이는 민간 기독교 신앙에 통속 과학소설이 가담한 것입니다.

이렇게 되면 안 되는 거였습니다. 그래도 이전 천년에는 변명의 여지가 있었습니다. 결과적으로만 보면 1066년에는 핼리 혜성이 헤이스팅스 전투를 예언하고, 해럴드 왕의 비운과 윌리엄 공작의 승리를 결정했다고 해도 좋습니다. 하지만 1997년의 헤일밥 혜성은 달라야 했습니다. 신문의 점성술사가 헤일밥은 다이애나 왕세자비 죽음의 **직접적** 원인이 아니었다고 독자를 안심시킬 때 왜 사람들은 감사하는 마음을 품을까요? 그리고 〈스타 트렉〉과 요한계시록을 짜깁기한 신학 체계에 눈이 먼 39명의 사람들이, 헤일밥이 우주선을 동반하고 "그들을 새로운 존재의 차원으로 끌어올리기" 위해 온다고 믿은 탓에, 깔끔하게 차려입고 짐을 꾸린 여행가방을 옆구리에 둔 채 집단 자살을 시도한 일은 어떻게 설명해야 할까요? 말이 난 김에 덧붙이자면, 같은 '천국의 문' 집단은 헤일밥을 보기 위해 천체망원경을 주문했다가 혜성이 나타났을 때 망원경을 반품했는데, 결함이 있는 것이 분명하다는 이유였습니다. 동행한 우주선이 보이지 않았던 것입니다.

유사과학과 나쁜 과학소설에 납치당하는 것은 우리에게 마련된 정당한 감각인 '경이를 느끼는 감각'을 위협하는 일입니다. 유행하는 분야에 정통한 학자들의 적의는 또 다른 종류의 위협인데, 이 부분은 나중에 다루겠습니다. 포퓰리즘에 따른 '수준 낮추기'는 세 번째 위협입니다. '대중의 과학 이해' 운동은 미국에서는 소련 인공위성 스푸트니크에 자극을 받아 시작되었고 영국에서는 대학의 과학 전공 지원자가 감소하는 추세에 놀라 시작되었는데, 현재 이 운동은 통속적으로 변하고 있습니다. 잇달아 열리는 '과학 주간'이나 엇비슷한 행사들은 과학자들의 사랑받고 싶은 절실한 희망을 드러낸다고 해도 과언이 아닙니다. 그런 행사에서는 가짜 '유명인들'이 우스꽝스러운 모자를 쓰고 장난치는 목소리를 내며 폭발을 일으키고 기상천외한 재주를 선보이면서 과학은 재미있는 것임을 강조합니다.

저는 최근 사람들을 과학의 즐거움으로 끌어들이기 위해 쇼핑몰에서 '이벤트'를 하라고 과학자들에게 권하는 설명회에 참석했습니다. '흥을 깨는 일'은 하지 말라는 조언도 들었습니다. 과학을 보통 사람들과 '관련 있는 일'로 만들어라. 즉, 그들의 부엌이나 화장실에서 일어나는 일과 연결지어라. 가능하다면, 관중이 마지막에 먹을 수 있는 실험 재료를 선택하라. 그 강연자가 기획한 지난번 이벤트에서 굉장한 관심을 끈 과학 묘기는 사람이 떠나자마자 자동으로 물이 내려가는 변기였다고 합니다. 과학이라는 말은 '보통 사람들'에게 위압적으로 느껴지기 때문에 피하는 게 상책이라

는 말도 들었습니다.[2]

그런 말에 항의하면 '엘리트주의'라고 비난받습니다. 기분 나쁜 말입니다. 그런데 그게 그렇게 기분 나쁜 말이 아닐 수도 있다면 요? 배타적 우월의식은 그냥 넘기면 안 되지만, 사람들이 눈높이를 높이도록 도와 엘리트층을 두텁게 하려는 노력은 전혀 다른 것입니다. 고의로 수준을 낮추는 것이 가장 나쁩니다. 그것은 상대를 깔보고 마치 은혜라도 베푸는 듯한 태도입니다. 최근 미국에서 열린 강연에서 제가 이런 말을 했을 때, 분명 따뜻한 마음을 가졌을 어느 백인 남성 질문자가 놀랍도록 뻔뻔하게 이렇게 말했습니다. 무엇보다도 '소수자와 여성'을 과학으로 끌어들이기 위해서는 수준 낮추기가 필요하지 않느냐고요.

과학은 유쾌하고 쉽다고 선전하는 것은 시한폭탄을 심어두는 것과 같다고 생각합니다. 군대의 신병 모집 광고가 소풍을 약속하지 않는 것도 같은 이유 때문입니다. 진정한 과학은 어려울 수 있지만, 고전 문학과 바이올린 연주처럼 노력할 만한 가치가 있습니다. 만일 어린이들이 가볍게 즐기는 장난 같은 것인 줄 알고 과학이나 그 밖의 가치 있는 직업에 발을 들여놓는다면, 마지막에 그

---

2 나는 '보통 사람'이라는 개념 자체를 의심한다. 위대한 프랜시스 크릭은 한 출판사로부터 '보통 사람을 위한' 책을 쓰라는 설득을 받았다. 당연하게도 그는 이 의뢰에 아연실색하며, 동료인 저명한 신경학자 V. S. 라마찬드란에게 이렇게 소리쳤다고 한다. "라마, 보통 사람을 알아?"

들이 진실을 대면할 때 무슨 일이 일어날까요? '재미'는 잘못된 신호를 보내고, 잘못된 이유로 신병을 끌어들일 수 있습니다.

문학 연구도 비슷하게 훼손될 위험에 놓여 있습니다. 나태한 학생들은 수준 낮은 '문화연구'에 끌리고, 거기서 드라마나, 타블로이드지의 기삿거리가 되는 공주와 텔레비전 프로그램 캐릭터를 '분석'하며 시간을 낭비합니다. 과학도 적절한 문학 연구와 마찬가지로 어렵고 힘들 수 있지만, 과학은—역시 문학 연구와 마찬가지로—경이로 가득합니다. 과학은 실용적이기도 하지만 실용적이기만 한 것은 아닙니다. 과학은 이익을 낼 수 있지만, 위대한 예술과 마찬가지로 반드시 이익을 내야 하는 것은 아닙니다. 그리고 왜 생명이 탄생했는지 알아내는 데 인생을 쓸 가치가 있다는 걸 믿게 하기 위해 괴짜 유명인과 폭발이 필요하지도 않습니다.

어쩌면 제가 너무 부정적으로 말하고 있는지도 모르지만, 이따금씩 추가 한 방향으로 너무 멀리 가면 다른 방향으로 밀 필요가 있습니다. 분명 시연은 아이디어를 실감나게 만들어 기억에 남게 할 수 있습니다. 왕립 연구소에서 열린 마이클 패러데이의 크리스마스 강연에서부터 리처드 그레고리가 브리스톨에 만든 체험형 과학 센터까지, 어린이들은 진정한 과학을 실제로 체험하는 것이 신났습니다. 저 자신도 요즘 풍성한 실습을 섞어 텔레비전 방송 형식으로 하는 그 크리스마스 강연에 연사로 나서는 영예를 누렸습니다. 패러데이는 결코 수준을 낮추지 않았습니다. 제가 공격하는 것은 과학의 경이를 모독하는 지조 없는 포퓰리즘입니다.

런던에서는 매년 그 해 최고의 과학책에 상을 수여하는 성대한 만찬이 열립니다. 상 하나는 어린이 과학책에 주어지는데, 최근 이 상은 곤충과 그 밖의 이른바 '추한 벌레들'에 관한 책에 돌아갔습니다. '추한'이라는 표현은 시적 경이를 불러일으키기에 적절하지 않지만 이 부분은 그냥 넘어가겠습니다. 더 용서하기 어려웠던 것은, 심사위원장이었던 어느 저명한 텔레비전 인사('초자연적 현상'을 다루는 텔레비전 프로그램에 나가기 전에는 진짜 과학을 전했던 사람)의 익살스러운 행동이었습니다. 그녀는 게임쇼에서와 같이 경망스럽게 꽥꽥 소리를 지르면서, 소름 끼치는 '추한 벌레'를 바라보며 불쾌한 소리를 반복적으로 내도록 대중을 부추겼습니다. '웩! 켁! 윽! 욱!' 이런 저속함은 과학의 경이를 떨어뜨리고, 그 가치를 이해하여 타인들을 자극할 자질이 충분히 있는 사람들, 즉 진짜 시인과 진짜 문학연구자의 '흥을 깰' 위험이 있습니다.

과학, 특히 20세기 과학의 진정한 시적 감수성은 고인이 된 칼 세이건에게 다음과 같은 예리한 질문을 던지게 했습니다.

> 과학을 보고 "우리가 생각한 것보다 낫다! 우주는 우리 예언자가 말한 것보다 훨씬 넓고 크고 심오하고 우아하다"고 결론 내린 종교를 찾아볼 수 없다니, 대체 어떻게 된 일인가? 그 대신 그들은 이렇게 말한다. "아냐, 아냐. 나의 신은 작은 신이고, 나는 신이 그 상태로 있었으면 좋겠어." 현대 과학이 밝힌 우주의 웅대함을 강조하는 종교는 새로운 것이든 오래된 것이든, 기존 신앙이 얻을 수 없었던 존경심과 경외심을 더욱 많이 불러일으킬 수 있을 것이다.

칼 세이건을 닮은 사람이 100명만 있다면 다음 세기에 대해 약간의 희망을 품을 수 있을 텐데 말입니다. 어쨌든, 저물어가는 20세기는 과학적 업적 그 자체에 있어서는 대단하고 유례없는 성공을 거두었지만, 대중의 과학 이해라는 측면에서는 기대에 미치지 못했다는 평가를 받을 것입니다.[3]

20세기 과학 전체에 우리의 감수성을 발휘해보면 어떨까요? 20세기 과학의 테마, 반복되는 과학적 모티프를 가려낼 수 있을까요? 그 풍성함을 온전히 표현하기에는 턱없이 부족하지만, 제가 첫 번째로 꼽는 후보는 이것입니다. 20세기는 디지털 세기입니다. 디지털의 본질인 불연속성은 이 시대의 공학에 널리 퍼져 있지만, 저는 그것이 우리 시대의 생물학, 어쩌면 물리학에까지 미치고 있다는 느낌이 듭니다.

디지털의 반대는 아날로그입니다. 스페인 무적함대가 오리라고 예상되었을 때 이 정보를 잉글랜드 남부로 전하기 위한 신호체계가 고안되었습니다. 일련의 언덕 꼭대기에 모닥불이 지펴졌습니다. 해안가를 정찰하는 사람이 무적함대를 발견하면 자신의 모닥

---

3 어쩌면 나는 이 부분에서 지나치게 비관적이었는지도 모른다. 나는 20세기에도 그랬고 지금도 항상, 헤이 문학 축제나 첼튼엄 과학 페스티벌 같은 행사에서 과학 작가들에게 열심히 귀 기울이는 많은 청중을 보며 힘을 얻는다. 그리고 스티브 존스와 스티븐 핑커 같은 동료들도 같은 말을 한다.

불을 붙였습니다. 그 불을 근처에 있는 정찰관들이 보았으면 그들도 불을 붙였을 것입니다. 이런 식으로 봉화의 물결이 해안 지역 전체에 빠르게 소식을 퍼뜨리게 됩니다.

모닥불 전보를 어떻게 바꾸면 더 많은 정보를 전달할 수 있을까요? 단지 "스페인 함대가 왔다"는 정보만이 아니라 함대의 크기까지 알릴 수 있을까요? 한 가지 방법은 이겁니다. 모닥불의 크기를 함대의 크기와 비례하게 만드는 것입니다. 이것이 아날로그 코드입니다. 하지만 부정확성이 축적될 것이 분명합니다. 그래서 메시지가 왕국의 반대편에 닿을 때쯤에는, 함대 크기에 대한 정보가 훼손되어 무용지물이 되어 있을 것입니다. 이것이 아날로그 코드가 안고 있는 일반적 문제입니다.

하지만 단순한 디지털 코드라면 이렇게 됩니다. 불의 크기는 신경 쓰지 않고, 쓸 만한 불꽃을 일으키고 그 주위에 큰 칸막이를 세우는 겁니다. 그리고 칸막이를 올렸다가 다시 내림으로써 이웃하는 언덕에 불연속적인 섬광을 보냅니다. 섬광을 특정 회수만큼 반복하고, 그런 다음에는 한동안 칸막이를 내려 어둡게 합니다. 이것을 다시 반복합니다. 1회에 연발되는 섬광의 수는 함대 크기에 비례하여 증감시킵니다.

이런 디지털 코드는 이전의 아날로그 코드에 비해 막대한 장점이 있습니다. 만일 언덕 꼭대기의 어느 정찰자가 여덟 번의 섬광을 본다면, 그는 여덟 번의 섬광을 다음 언덕으로 전달하게 됩니다. 메시지는 플리머스에서 도버까지 크게 훼손되지 않은 채 전달될 확률이 높습니다. 디지털 코드에 이런 월등한 힘이 있음을 분명하게 이해한 것은 20세기가 되어서부터입니다.

신경세포는 무적함대를 알리는 봉화와 비슷합니다. 신경세포도 '발화'합니다. 신경섬유를 따라 전달되는 것은 전류가 아닙니다. 오히려 지면에 일렬로 깔린 화약과 비슷합니다. 한쪽 끝에서 점화하여 불꽃이 일어나면 그 불이 쉬익 하는 소리를 내며 반대쪽 끝까지 도달합니다.

오래 전부터, 신경섬유가 순수한 아날로그 코드를 사용하지 않는다는 사실이 알려져 있었습니다. 그럴 수 없다는 것을 이론적 계산이 보여줍니다. 오히려 신경섬유는 무적함대를 알리는 모닥불의 섬광과 비슷한 것을 만들어냅니다. 신경 임펄스(자극에 의해 신경 섬유를 타고 전해지는 활동 전위 – 옮긴이)는 일련의 전압 스파이크(다른 펄스에 비해 훨씬 큰 진폭을 가진 펄스 – 옮긴이)로, 기관총의 발포처럼 반복됩니다. 강한 메시지와 약한 메시지의 차이는 스파이크의 크기로 전달되는 것이 아닙니다. 스파이크의 크기는 아날로그 코드라서, 메시지가 점점 왜곡되어 사라져버릴 것입니다. 차이를 전달하는 것은 스파이크의 패턴, 특히 그 기관총의 발포 속도입니다. 여러분이 노란색을 보거나 가온 '다'음을 들을 때, 테레빈유의 냄새를 맡거나 공단을 만질 때, 덥거나 추울 때, 각각은 여러분의 신경계 어딘가에서, 서로 다른 속도의 기관총 리듬으로 나타납니다. 만일 우리가 그 소리를 들을 수 있다면, 뇌는 파스샹달 전투(제1차 세계대전 최악의 전투 중 하나 – 옮긴이)와 같은 소리를 낼 것입니다. 앞에서 이야기한 맥락에서 보면 그것은 디지털입니다. 더 엄밀한 의미에서는 아직 부분적으로 아날로그입니다. 발포 속도(발화율)는 연속적으로 변화하는 수량이기 때문입니다. 모스 신호나 컴퓨터 코드처럼, 펄스 패턴이 개별 알파벳을 만드는 완전한 디지털 코드는 훨씬 더 믿을 수 있습니다.

신경이 현재 세계에 대한 정보를 전달한다면, 유전자는 먼 과거의 코드화된 표현입니다. 진화를 '이기적 유전자'의 관점에서 보면 당연히 그렇게 됩니다.

생명체는 자신의 환경에서 살아남아 번식할 수 있도록 훌륭하게 설계되어 있습니다. 다윈주의자들은 그렇게 말합니다. 하지만 실제로는 꼭 그렇지만은 않습니다. 생명체의 훌륭한 설계는 조상들의 환경에서 살아남기 위한 것입니다. 현재의 동물들이 잘 설계되어 있는 것은 조상이 자신들의 DNA를 전달할 수 있을 때까지 살아남았기 때문입니다. 현재의 동물들이 조상의 성공한 DNA를 물려받았기 때문입니다. 살아남아 후대로 전달되는 유전자들은 사실상 과거에 살아남기 위해 필요했던 것의 표현입니다. 즉 현재의 DNA는 조상들이 살아남은 환경의 코드화된 표현이라고 말할 수 있습니다. 일종의 생존 매뉴얼이 후대로 전달되는 것입니다. 유전자판 사자의 서인 셈입니다.[4]

---

4 이 표현은 이 주제를 더 자세히 발전시킨 《무지개를 풀며》 속 한 장의 제목이 되었다. 나는 학식이 풍부한 미래의 생물학자에게 동물—다시 말해 그 DNA—을 주면 그는 그 동물을 '해독하여' 그 조상이 생존하고 번식한 환경을 재현할 수 있을 것이라고 주장했다. 날씨, 토양화학

기나긴 봉화의 연쇄처럼, 세대는 셀 수 없을 정도로 많습니다. 따라서 유전자가 디지털인 것은 전혀 놀랍지 않습니다. 이론상으로는 DNA의 고서가 아날로그였을 가능성도 있습니다. 하지만 무적함대 봉화와 같은 이유로, 어떤 고서가 아날로그 언어로 거듭 복제된다면 몇 세대의 필경사를 거친 뒤에는 의미를 알아볼 수 없을 정도로 품질이 나빠질 것입니다. 다행히 인간의 필사는, 적어도 여기서 우리가 논하는 의미에서는 디지털입니다. 그리고 우리가 체내에 가지고 다니는, 고대의 지혜를 적은 DNA 책에 대해서도 같은 이야기를 할 수 있습니다. 유전자는 디지털이고, 신경은 엄밀한 의미에서 그렇지 않습니다.

유전자의 본질이 디지털이라는 사실이 발견된 것은 19세기였지만, 그레고어 멘델은 시대를 앞서 나간 사람이었고 그런 탓에 무시당했습니다. 다윈의 세계관이 가진 유일하게 심각한 오류는 당대의 통념에서 비롯되었습니다. 그 오류는 유전이 '융합blending'이라는 것, 즉 유전을 아날로그로 본 것입니다. 아날로그 유전학이 다윈의 자연선택 이론 체계와 양립할 수 없다는 사실이 다윈의 시대에는 어렴풋하게만 인식되었습니다. 아날로그 유전학이 유전에 관한 명백한 사실들과도 양립할 수 없다는 인식은 훨씬 더 희미했습니다.[5] 그것이 해명된 것은 20세기, 특히 1930년대에 로널

같은 물리적 환경뿐 아니라, 그 조상 계통이 진화의 '군비 경쟁'을 했던 생물학적 환경인 포식자와 먹이, 기생자와 숙주까지도.

드 피셔와 여타 사람들의 신다윈주의 종합설에서였습니다. 고전적 다윈주의(지금은 그것이 유효하지 않음이 알려져 있습니다)와 그것을 대체한 신다윈주의(유효합니다)의 본질적 차이는 아날로그냐 디지털이냐입니다.

하지만 디지털 유전학에 관한 한 피셔와 현대 종합설의 동료들은 그 절반도 알지 못했습니다. 왓슨과 크릭이 어떤 척도로 보나 놀라운 지적 혁명이었던 발견의 돌파구를 열었습니다. 피터 메더워가 1968년에 왓슨의 《이중나선The Double Helix》에 대한 서평에서 "이 복잡한 발견이 20세기의 가장 위대한 과학적 업적임을 깨닫지 못할 정도로 둔감한 사람과는 논쟁할 가치가 없다"라고 쓴

---

5 1867년에 스코틀랜드 공학자 플레밍 젠킨은 융합유전blending inheritance이 세대가 경과함에 따라 집단에서 변이를 제거할 것이라고 지적했다. 비유로 말하면, 검은 페인트와 흰 페인트를 섞으면 회색이 되지만, 회색과 회색은 어떤 분량으로 섞어도 원래의 검은색과 흰색으로 돌아오지 않는다. 그러므로 자연선택이 선택할 변이가 빠르게 없어질 것이고, 따라서 다윈은 틀린 것이 분명하다는 논리다. 젠킨이 간과한 것은, 모든 세대가 사실상 부모보다 회색에 더 가깝다는 추정이 명백히 **오류**라는 점이다. 그는 자신이 다윈에 대해 반론을 제기하고 있다고 생각했지만, 실제로는 명백한 사실에 반론을 제기하고 있었던 것이다. 변이는 분명히 세대를 경과하며 줄어들지 않는다. 그 사실만 알았다면 젠킨은 다윈을 반증하기는커녕 실제로는 융합유전을 반증하고 있었을 것이다. 그는 귀찮게 수도원 정원에서 완두콩을 기르지 않고도, 안락의자에 편안히 앉아 멘델의 법칙을 직관적으로 알아낼 수 있었을 것이다.

것은 너무 지나쳤다 해도 말입니다. 사람을 끌어당기도록 철저히 계산된 이 거만한 말에 대해 제가 염려하는 이유는, 예컨대 양자론이나 상대성이론 같은 라이벌 이론도 누를 만큼 위대한 업적이냐고 묻는다면 저로서는 선뜻 변호하기 어려울 것 같기 때문입니다.

왓슨과 크릭의 혁명은 디지털 혁명이었고, 이것은 1953년 이래로 비약적으로 발전했습니다. 지금은 유전자를 해독한 다음 그것을 종이에 적어 도서관에 보관해두면, 미래에 원하는 시점에 그 유전자를 복원하여 동식물로 되돌려놓을 수 있습니다. 2003년쯤 인간 게놈 프로젝트가 완료되면[6] 인간의 전체 게놈을 CD 2장에 담고도 두꺼운 설명서를 넣을 공간이 충분히 남을 것입니다. 두 장의 CD로 구성된 박스 세트를 먼 우주로 보내면, 인류는 외계 문명이 살아 있는 인간을 복원할 가능성이 조금이나마 있다는 생각에 편안한 마음으로 멸종할 수 있을 것입니다. 저의 추측은 어떤 점에서는 적어도 《쥐라기 공원》의 플롯보다는 그럴 듯합니다(그렇지 않은 점도 있지만). 그리고 두 추측 모두 DNA의 디지털 방식의 정확성에 기반을 두고 있습니다.

물론 디지털 이론을 누구보다 잘 해명한 것은 신경생물학자나 유전학자가 아니라 전자공학자들입니다. 20세기 말 출현한 디지털 전화, 텔레비전, 음악 재생장치, 마이크로파 빔은 이전의 아날

---

6 아직 정리할 일이 몇 가지 남아 있었지만, 인간게놈프로젝트의 완료가 공식 선언된 것은 2003년이었다.

로그 형태들과는 비교할 수 없을 정도로 빠르고 정확한데, 그 결정적 이유는 디지털이기 때문입니다. 디지털 컴퓨터는 이 같은 전자시대의 최고 업적이고, 전화 교환, 위성통신, 그리고 최근 10년간의 현상인 월드와이드웹을 포함한 모든 종류의 데이터 전송과 깊은 관계가 있습니다. 지금은 고인이 된 크리스토퍼 에번스는 20세기 디지털 혁명의 속도를, 자동차 산업에 대한 인상적인 비유로 요약했습니다.

> 오늘날의 자동차는 종전 직후의 자동차와 여러 가지 면에서 다르다. …… 하지만 지금부터 잠시, 자동차 산업이 같은 기간 동안 컴퓨터와 같은 속도로 발전했다고 가정해보라. 지금의 모델들은 얼마나 싸고 어느 정도나 효율적일까? 만일 이 비유를 처음 접한다면 그 답이 충격으로 다가올 것이다. 롤스로이스를 1.35파운드에 살 수 있고, 연비는 1갤런당 300마일이고, 엘리자베스 2세를 움직일 정도의 힘을 낸다. 만일 소형화에 관심이 있다면, 6대를 핀 머리 위에 올려놓을 수 있다.

컴퓨터가 있기 때문에 우리는 20세기가 디지털 세기임을 알 수 있고, 유전학, 신경생물학, 그리고—제가 이 분야의 지식에는 자신이 없지만—물리학에서 디지털을 찾아낼 수 있는 것입니다.

특히 20세기의 가장 독보적인 물리학 분야인 양자론은 근본적으로 디지털이라고 말할 수 있습니다. 스코틀랜드 화학자 그레이

엄 케언즈-스미스Graham Cairns-Smith는 디지털 세계의 입자성을 처음 접한 경위를 다음과 같이 말합니다.

> 전기가 무엇인지 아무도 모른다는 이야기를 아버지에게 들은 것이 8살 즈음이었던 것 같다. 나는 다음 날 학교에 가서 내 친구들에게 이 사실을 알렸던 것으로 기억한다. 이 소식은 내가 기대했던 것 같은 센세이션을 일으키지는 않았지만, 한 친구의 관심을 끌었다. 동네 발전소에서 일했던 그의 아버지는 실제로 전기를 만들었기 때문에 당연히 전기가 무엇인지 알 터였다. 친구는 아버지에게 물어보고 알려주겠다고 약속했다. 그는 답을 알아 왔지만, 나는 그 답에 별로 감명을 받지 않았다. "조그마한 모래알갱이 같은 거래." 그 친구는 그 알갱이가 얼마나 작은지 강조하기 위해 엄지와 검지를 비비며 말했다. 그는 더 이상은 자세하게 설명할 수 없는 듯했다.

양자론의 실험적 예측은 소수점 이하 열 번째 자리까지 확인될 정도로 정확합니다. 현실을 그 정도로 정확하게 파악하는 놀라운 이론이라면 결코 소홀히 다룰 대상이 아닙니다. 하지만 우주 그 자체가 입자로 되어 있는지, 아니면 깊은 곳에 있는 근본적인 연속성을 우리가 측정하려고 할 때만 그 위에 불연속이 씌워지는지, 저로서는 알지 못합니다. 물리학자들이라면 알아채겠지만, 이 문제는 제 능력을 벗어나는 것입니다.

말할 필요도 없지만 저는 제 자신의 이런 부족한 지식에 만족하지 않습니다. 하지만 슬프게도 문학과 저널리즘의 세계에는 과학에 대한 무지나 몰이해를 자랑스러운 듯, 심지어는 키득대며 자랑하는 사람들이 있습니다. 저는 이 문제를 연민을 불러일으킬 정도로 자주 호소해왔습니다. 그래서 이번에는 가장 존경받는 현대 문화 평론가 중 한 명인 멜빈 브래그Melvyn Bragg의 말을 인용해보겠습니다.

> 허세가 지나쳐, 마치 그렇게 말하면 한 단계 높은 인간이 되는 양 자신은 과학에 대해 아무것도 모른다고 말하는 사람들이 아직도 있다. 이런 태도는 오히려 그들을 어리석어 보이게 만든다. 지식 전반, 특히 과학을 '장사'로 간주하는 것은 지적 허세를 부리는 오래되고 진부한 영국 전통으로, 그런 말을 아직도 입에 담는 것은 자신이 그 잔재임을 공언하는 것과 같다.

앞에서 인용한, 저돌적인 노벨상 수상자 피터 메더워 경도 '장사'에 대해 비슷한 말을 했습니다.

> 고대 중국에서 관리들은 손톱을—또는 하나의 손톱을—극단적으로 길게 길러 육체노동에 적합하지 않게 함으로써, 본인은 세련되고 고등한 인간이라 그런 일은 할 수 없음을 만천하에 알렸다고 한다. 이것은 누구보다 영국인이 좋아하는 의사표시 방법이다. 영국인은 허세에 있어서 모든 나라를 능

가하기 때문이다. 이렇게 응용과학과 장사를 결벽에 가깝게 혐오했으니, 현재 영국이 세계에서 이 자리밖에 차지하지 못하는 것은 자업자득이다.

그러니 만일 제가 양자론에 좌절한다면, 노력이 부족하다는 비난을 받을 것까지는 없지만 자랑할 일은 확실히 아닙니다. 진화론자로서 저는, 다윈주의 자연선택이 우리 뇌를 아프리카 사바나에 있는 큰 사물의 느린 역학을 이해하도록 설계했다는 스티븐 핑거의 견해를 지지합니다. 아마, 방망이와 공이 화면상에서 양자역학적 환영에 따라 행동하는 컴퓨터 게임을 누군가 고안할 것입니다. 그런 게임을 하며 자란 아이들은 현대 물리학에 대해, 지금 우리가 누wildebeest에 몰래 접근하는 것만큼이나 어려움을 느낄지도 모릅니다.

입자의 위치와 운동량이 본질적으로 확정되어 있지 않고 '불확실'하다고 보는 양자역학의 원리에 개인적으로 뭐라 '확실'하게 말할 수 없다 보니 자연스럽게 20세기 과학의 정수라고 해야 할 또 한 가지 특징이 떠오릅니다. 20세기는 이전 세기의 결정론적 확신이 산산이 부서진 세기로 일컬어질 것입니다. 그 원인 중 하나는 양자론이고, 다른 하나는 (일반적인 용법이 아니라 유행하는 의미로서의) 카오스입니다. 그리고 또 하나가 상대주의입니다(아인슈타인의 상대성이론에서의 의미가 아니라, 문화적 상대주의).

양자론의 불확정성 원리와 카오스 이론은, 이 원리들을 진지하게 받아들이는 사람들이 곤혹스러울 정도로 대중문화에 비참한 영향을 미쳐왔습니다. 두 이론은 전문 사기꾼에서부터 어리석은 뉴에이지 운동가까지 다양한 반계몽주의자들에게 이용되고 있습니다. 미국에서는 사람을 어리둥절하게 하는 양자론의 난해함을 잽싸게 이용해 자기계발을 추구하는 '힐링' 산업이 큰돈을 벌고 있습니다. 미국 물리학자 빅터 스텐저가 이 일을 자세히 기록하고 있습니다. 어떤 부유한 치료사는 스스로 '양자 치료'라 부르는 것에 관한 일련의 베스트셀러를 썼습니다. 제가 가지고 있는 또 다른 책에는 양자 심리학, 양자 책임, 양자 도덕, 양자 미학, 양자 불멸, 양자 신학에 대한 장이 있습니다.

더 최근 발명품인 카오스 이론도 의미를 오용하는 경향이 있는 사람들에게 똑같이 비옥한 땅입니다. 작명이 불행의 씨앗인데, '카오스'는 무작위성을 암시하기 때문입니다. 엄밀한 의미에서 카오스는 전혀 무작위적이지 않습니다. 완벽하게 결정론적이지만, 초기 조건의 아주 작은 차이에 크게 의존하므로 이상하게 예측이 어려워지는 것입니다. 수학적으로 흥미로운 것은 틀림없습니다. 카오스가 실제 세계에 작용한다면, 최종 예측은 불가능해질 것입니다. 만일 날씨가 엄밀한 의미에서 카오스라면, 자세한 기상 예보는 불가능해집니다. 허리케인 같은 대규모 사건이 과거의 작은 원인들에 의해 결정되어 있을지도 모르니까요. '나비가 날개를 펄럭이면……'이라는 유명한 말처럼 말입니다. 그렇다고 여러분이 날개에 해당하는 것을 펄럭이면 허리케인을 일으킬 수 있다는 뜻은 아닙니다. 물리학자 로버트 파크가 말하듯, 이것은 "카오스에 대한 완전한 오해"입니다. "나비의 날갯짓이 허리케인을 일으킬 수 있을지는 모르지만 나비를 죽여도 허리케인의 발생률이 낮아질 가능성은 낮습니다."

양자론과 카오스 이론은 각기 자신만의 특징적인 방법으로, 깊은 원리상에서는 우주의 예측 가능성에 의문을 던질지도 모릅니다. 이는 확신에 차 있던 19세기로부터의 후퇴로 보일 수도 있습니다. 하지만 어찌됐건, 현실에서 그런 세세한 수준까지 예측된다고 실제로 생각한 사람은 없었습니다. 아무리 확신에 찬 결정론자라도, 현실적인 수준에서는 서로 얽힌 원인들의 복잡성이 날씨나 난기류의 정확한 예측을 어렵게 만든다는 사실을 인정할 것입니다. 그렇기 때문에 카오스는 실제 세계에 아무런 차이를 가져오지 않습니다. 거꾸로 예측된 양자 사건은 통계적으로 묻히고, 우리에게 영향을 미치는 대부분의 영역에서는 더욱 그렇게 됩니다. 그렇기 때문에 예측 가능성은 현실에서는 되살아납니다.

20세기 말, 미래 사건에 대한 실질적인 예측은 어느 때보다 확실하고 정확했습니다. 우주 공학자들이 이룩한 위업이 그것을 극적으로 보여줍니다. 이전 세기에는 핼리 혜성이 언제 돌아올지 예측할 수 있었다면, 20세기 과학은 핼리 혜성을 가로채기 위해, 태양계의 중력 슬링을 정확하게 계산하고 이용함으로써 핼리 혜성의 올바른 경로를 따라 발사체를 던질 수 있습니다.[7] 핵심에 어떤

---

7 그리고 그로부터 10년이 채 지나지 않아 21세기 과학이 비록 표적은 다른 혜성이었지만, 바로 그 일을 했다. 2004년, 유럽우주국은 혜성

불확정성을 안고 있든, 양자론의 예측은 놀랍도록 정확하다는 것이 실험을 통해 입증되었습니다. 고 리처드 파인만은 이 정확성에 대해 뉴욕과 로스앤젤레스 사이의 거리를 사람 머리카락 한 올 두께의 오차로 측정하는 것과 같다고 평가했습니다. 여기서 양자신학이나 양자 무엇무엇을 가지고 지적 설레발을 치는 행위는 허용되지 않습니다.

20세기는 확신에 차 있던 빅토리아 시대로부터 후퇴한 시대라는 잘못된 통념들 가운데 문화상대주의가 가장 유해합니다. 과학은 많은 문화적 신화 가운데 하나에 불과하며 다른 문화의 신화와 마찬가지로 진실도 아니고 설득력도 없다고 보는 것이 요즘의 유행입니다. 학계에는, 과학에 대한 '포스트모던 비평'이라고도 불리는 새로운 형태의 반과학적 수사를 발견한 사람들이 있습니다. 이런 경향에 대해 가장 철저하게 경고한 것이 폴 그로스와 노먼 레빗의《고차 미신: 학문적 좌파와 그들의 과학과의 불화Higher

---

탐사선 로제타를 발사했다. 10년 후 65억 킬로미터를 나아간 곳에서 화성의 중력 슬링 효과를 이용하고, 그런 다음 지구의 중력 슬링 효과를 (2회) 이용한 후, 두 개의 대형 소행성과 근접 조우하고 나서 로제타는 마침내 표적인 츄류모프-게라시멘코 혜성67P/Churyumov-Gerasimenko의 궤도에 도달했다. 그런 다음 로제타는 탐사로봇 필라에Philae를 발사했고, 그것은 혜성에 무사히 착륙했다. 혜성의 중력장이 매우 약했기 때문에 필라에가 튀어나가는 것을 막기 위해 고정용 작살이 사용되었다.

superstition: the academic left and its quarrels with science》입니다. 미국 인류학자 매트 카트밀은 그런 포스트모던 비평가들이 떠받드는 기본 신조를 다음과 같이 요약했습니다.

> 어떤 것에 대한 객관적 지식을 가지고 있다고 주장하는 사람은 나머지 사람들을 통제하고 지배하려고 시도하고 있는 것이다. …… 객관적 사실은 존재하지 않는다. 이른바 '사실'로 취급되는 것은 모두 이론으로 오염되어 있고, 모든 이론에는 도덕적 정치적 이념이 들끓고 있다. …… 그러므로 실험 가운을 입은 누군가가 당신에게 이러이러한 것은 객관적 사실이라고 말하면 …… 그 사람은 빳빳하게 풀을 먹인 가운 소매 속에 정치적 의도를 감추고 있는 것이 틀림없다.

과학 내부에도 소수이긴 하나 정확히 이런 견해를 목소리 높여 주장하는 배반자 집단이 존재하는데, 그들은 이런 신조를 기반으로 나머지 사람들의 시간을 낭비하고 있습니다.

카트밀의 주장은, 무식하고 근본주의적인 종교 우파와 세련된 학계 좌파 사이에 뜻밖의 유해한 결탁이 발견된다는 것입니다. 이 결탁의 기이한 발현이 바로, 두 진영이 함께 진화론에 저항하는 것입니다. 근본주의자들의 저항에 대해서는 굳이 말할 필요가 없을 것입니다. 좌파의 저항에는 과학 일반에 대한 적의, 부족의 창세신화에 대한 '경의', 그리고 다양한 정치적 목표가 섞여 있습니다. 이 기이한 결탁을 맺은 양측은 '인간 존엄성'에 대한 우려를 공유하고, 인간을 '동물'로 취급하는 것에 분개합니다. 게다가 카트밀에 따르면……

> 두 진영은 세계에 대한 중요한 진실은 도덕적 진실이라고 믿는다. 그들은 우주를 참과 거짓의 관점이 아니라 선과 악의 관점에서 본다. 이른바 사실에 대해 그들이 던지는 첫 번째 의문은 그것이 정의라는 대의명분에 도움이 되는가이다.

그리고 여기에는 페미니즘이라는 측면도 있습니다. 그 점을 애석하게 생각하는데, 저는 진정한 페미니즘에는 공감하기 때문입니다.

> 여성학은 젊은 여성들에게 과학, 논리, 수학을 공부함으로써 다양한 전문 주제에 대비하도록 권하는 대신, 학생들에게 논리는 지배의 도구이고 …… 과학적 탐구의 표준적 기준과 방법은 '여성의 앎의 방식'과 상충하므로 성차별적이라고 가르친다.[8] 같은 제목의 저작으로 상도 받은 《여성의 앎의 방식 Women's Ways of Knowing》의 저자들은 자신들이 인터뷰한 여성들의 대다수가 '주관적으로 아는 사람Subjective knowers'이

---

[8] 나는 이런 종류의 생색내기에 대해 이 책의 첫 에세이에서 논평했다. 40쪽의 주석을 보라.

라는 범주에 들었으며, 이들의 특징은 '과학과 과학자들에 대한 열렬한 거부 반응'이라고 보고한다. 이런 '주관론적' 여성은 논리, 분석, 추상이라는 방법을 '남성에게 속하는 외계 영역'으로 간주하고 '직관을 진리에 접근하는 더 안전하고 생산적인 방법으로 평가한다.'

이 인용의 출처는 과학사와 과학철학을 연구하는 노레타 커치 Noretta Koertge입니다. 당연한 일이지만, 그녀는 여성의 교육에 악영향을 끼칠 수 있는 '아류 페미니즘'에 대해 걱정하고 있었습니다. 실제로 방금 인용한 종류의 사고방식에는 약자를 괴롭히는 추악한 측면이 엿보입니다. 바바라 에런라이크와 재닛 매킨토시는 어느 학제 간 회의에서 발언하는 한 여성 심리학자를 눈앞에서 보았습니다. 회장의 다양한 청중들은 그 여성에게, 당신은 "억압적이고 성차별적이고 제국주의적이고 자본주의적인 과학적 방법"을 이용하고 있다는 비난을 퍼부었습니다. "그 심리학자가 과학을 지지하기 위해 위대한 발견들—예컨대 DNA—을 지적했다. 그러자 누군가 다음과 같이 되받아쳤다. '당신은 DNA라는 것이 있다고 생각합니까?'"

다행히 그럼에도 과학을 직업으로 삼으려는 지적인 젊은 여성들이 많이 있고 저는 이런 식의 약자 괴롭히기에 직면한 여성들이 발휘하는 용기에 경의를 표합니다.[9]

저는 여기까지 오는 동안 찰스 다윈을 거의 언급하지 않았습니다. 19세기 대부분에 걸쳐 살았던 그는 자신이 인류의 가장 크고 가장 심각한 착각을 바로잡았다는 사실에 만족하며 눈을 감을 자격이 있었습니다. 다윈은 생명 그 자체를 설명 가능한 영역 안으로 들여보냈기 때문입니다. 생명은 더 이상 초자연적 설명을 요구하는 불가해한 미스터리가 아니었습니다. 생명은 복잡성과 정교함을 특징으로 하며, 단순하게 시작해 이해하기 쉬운 규칙에 따라 성장하고 점진적으로 출현한다는 사실이 밝혀졌습니다. 다윈이 20세기에 남겨준 유산은 생명이라는 최대 미스터리의 신비를 벗긴 것이었습니다.

그 유산을 우리가 어떻게 관리하고 있는지 다윈이 본다면, 혹은 우리가 21세기에 전할 것으로 무엇을 성취했는지 안다면, 다윈은 기뻐할까요? 저는 그가 환희와 노여움이 미묘하게 섞인 복잡한 기분을 느낄 거라고 생각합니다. 우선 과학이 현재 제공할 수 있

---

9 이런 종류의 괴롭힘을 당하는 것은 여성들만이 아니다. 141~142쪽 주석에서 나는 2014년에 유럽우주국이 혜성 탐사를 성공시킨 일에 대해 설명했는데, 이 인간 창의성의 위업을 달성한 영웅들 가운데 한 명은 매트 테일러 박사로 영국인이었다(당시는 영국이 아직 유럽연합이라는 사업의 충실한 동반자였던 행복한 시절이었다). 언론에 이 업적을 발표할 때 테일러 박사는 여자 친구에게 선물받은 알록달록한 셔츠를 입었는데, 이 일로 인해 성차별주의자 취급을 받았다. 이 날조된 '여성에 대한 모욕' 스캔들은 역사상 가장 위대한 공학적 업적에 관한 소식을 덮어버렸고, 매트 테일러는 눈물을 흘리며 굴욕적인 사죄를 해야 했다. 이 강연에서 내가 장황하게 한탄한 일의 실례로 이보다 더 가슴 아픈 예는 떠올릴 수 없었다.

는 자세한 지식과 폭넓은 이해, 그리고 얼마나 정교해졌는지를 보고 환희를 느낄 것입니다. 그런 한편 아직도 남아 있는, 무지에서 비롯되는 과학에 대한 의심과 어리석은 미신에 노여움을 느낄 것입니다.

노여움은 너무 약한 말입니다. 다윈은 슬퍼해야 마땅할지도 모릅니다. 그 자신과 그의 동시대인들보다 우리가 엄청나게 유리한 입장에 있다는 점을 고려하면, 우리가 뛰어난 지식을 우리 문화 속에서 알맞게 사용하기 위해 거의 아무것도 하지 않은 것처럼 보일 테니까요. 20세기 말의 문명이 과학의 산물과 이점에 둘러싸여 있는데도 아직까지 과학을 감수성을 발휘하는 단계에 이르게 하지 못했다는 사실을 알면 다윈은 실망할 것입니다. 자연선택설을 다윈과 공동 발견한 앨프리드 러셀 월리스가 그의 시대 과학을 격찬하며 회고하는 《경이로운 세기The Wonderful Century》를 쓴 이래 우리가 뒤처져왔다는 느낌마저 들지 않습니까?

어쩌면 19세기 말의 과학은 얼마나 많은 것이 이미 달성되었고 앞으로 기대할 수 있는 새로운 진보가 얼마나 적은지에 대해 지나친 만족에 젖어 있었을지도 모릅니다. 초대 켈빈 경으로 왕립학회 회장을 지낸 윌리엄 톰슨은 빅토리아 시대 진보의 상징인 대서양 횡단 케이블을 개발했고, 나아가 C. P. 스노가 과학 문해력의 시금석으로 여긴 열역학 제2법칙을 발견했습니다. 켈빈은 다음과 같은 세 가지 예측을 한 사람으로 알려져 있습니다. "무선통신에 미래는 없다." "공기보다 무거운 기계는 하늘을 날 수 없다." "엑스선은 날조로 밝혀질 것이다."

나아가 켈빈은 물리학이라는 상급 과학의 위신을 내세워 태양은 진화의 시간을 허락하기에는 너무 어리다고 '증명'함으로써, 다윈에게 많은 고뇌를 안겨주었습니다. 켈빈은 사실상 이렇게 말한 것이나 마찬가지입니다. "진화는 물리학에 위배되므로 당신의 생물학은 틀렸음이 분명하다." 다윈은 반박할 수 있었을 것입니다. "생물학은 진화가 사실임을 보여주므로 당신의 물리학이 틀렸다"라고. 하지만 다윈은 그러지 않았고, 물리학이 당연히 생물학을 이긴다는 당시 우세했던 추정에 굴복하고는, 이런저런 생각으로 괴로워했습니다. 20세기 물리학은 물론 켈빈이 10의 제곱수 단위로 틀렸음을 보여주었습니다. 하지만 다윈은 자신이 옳다는 증명을 살아서 보지 못했고[10] 당대의 선배 물리학자들에게 쏘아붙일 자신이 없었습니다.

천년왕국 미신을 공격할 때 저는 자신감 과잉인 켈빈 지지자의 전철을 밟지 않도록 조심해야 합니다. 분명히 우리가 아직 알지 못하는 것이 많이 있습니다. 우리가 21세기에 넘겨줄 유산 중에는 대답하지 못한 질문들이 틀림없이 있고, 그중 일부는 중대한 질문들입니다. 어떤 시대의 과학도 대체될 각오를 하지 않으면 안 됩니다. 현재의 지식을 알아야 할 모든 것이라고 주장하는 것은 오

---

[10] 기분 좋게도 그것을 증명한 사람은 다름 아닌 그의 아들로, 수학자이자 지구물리학자인 조지 다윈 경이었다. 찰스 다윈의 세 아들은 아버지는 받지 못한 기사 작위를 받았다.

만하고 경솔한 짓입니다. 휴대폰처럼 지금은 흔한 물건도 이전 시대에는 마법처럼 보였을 것입니다. 그리고 우리는 그것을 경고로 알아들어야 합니다. 저명한 소설가이자 과학의 무한한 힘을 찬양하는 전도사였던 아서 C. 클라크는 이렇게 말했습니다. "충분히 진보한 기술은 마법과 구별이 불가능하다." 이것이 클라크의 제3법칙입니다.

언젠가 물리학자들은 중력을 완전히 이해하여 반중력 기계를 만들 것입니다. 사람을 공중부양시키는 것이 우리 후손들에게는, 지금 우리에게 제트비행기가 그렇듯 흔한 것이 될지도 모릅니다. 그러므로 만일 누군가가 뾰족탑 위로 마법의 카펫이 쌩 하고 지나가는 것을 보았다고 주장한다면, 우리는 무선통신의 가능성을 의심했던 조상들이 결과적으로 틀렸다는 이유로 그 사람의 말을 믿어야 할까요? 당연히 그렇지 않습니다. 그런데 왜 그럴까요?

클라크의 제3법칙은, 역은 성립하지 않기 때문입니다. 충분히 진보한 기술은 마법과 구별이 불가능하다고 해서 "어느 시기에 누군가가 마법이라고 주장하는 것은 미래에 언젠가 실현될 기술 진보와 구별이 불가능하다"라고 말할 수는 없습니다.

물론 권위 있는 회의론자가 잘난 체하다 망신당하는 일도 있습니다. 하지만 마법이라고 주장된 것의 훨씬 더 많은 수가 입증되지 않았습니다. 오늘날 우리를 깜짝 놀라게 하는 것 가운데 몇 가지는 미래에 실현될 것입니다. 하지만 그보다 훨씬 많은 것이 미래에 실현되지 않을 겁니다. 아주 놀라운 것이 실현되는 사례는 소수임을 역사가 보여줍니다. 이런 것을 쓰레기더미에서—즉 허구와 마법의 세계에 영원히 남을 주장들로부터—구별해내는 것이 중요합니다.

이번 세기 말에 우리는 켈빈이 자신의 시대 말에 보여주지 못했던 겸손을 보여야 합니다. 하지만 지난 100년 동안 우리가 알아낸 모든 것도 인정해야 합니다. 디지털 세기는 제가 하나의 테마로 제안하기에 좋은 키워드였습니다. 하지만 그것은 20세기 과학이 후대에 남겨줄 것 가운데 극히 일부에 지나지 않습니다. 다윈과 켈빈은 알지 못했지만, 지금 우리는 지구가 얼마나 오래되었는지 알고 있습니다. 약 46억 년입니다. 알프레드 베게너가 무엇을 제안했다가 조롱당했는지 우리는 알고 있습니다. 그는 지구의 대륙 형태가 항상 똑같지 않았다고 말했습니다. 남아메리카 대륙은 아프리카의 불쑥 튀어나온 곳에 꼭 맞는 것처럼 보이는데, 단지 그렇게 보이는 것만이 아닙니다. 약 1억 2,500만 년 전 분리되기 전까지 정확히 그런 상태였습니다. 마다가스카르는 과거에 한쪽은 아프리카에, 반대쪽은 인도에 접하고 있었습니다. 인도가 점점 넓어지는 바다 건너로 움직이기 시작해 아시아와 충돌함으로써 히말라야 산맥을 만들기 전의 일입니다. 세계 대륙의 지도에는 시간이라는 차원이 있고, 판구조론 시대에 사는 행운을 누리고 있는 우리는 그 지도가 어떻게, 언제, 그리고 왜 바뀌었는지 정확히 알고 있습니다.

우리는 우주가 얼마나 오래되었는지도 대략 알고 있습니다. 실제로 우주는 나이를 먹는데, 우주의 나이는 시간 그 자체와 같은 나이로 200억 년 미만이라고 알려져 있습니다. 질량이 엄청나게 크고 온도는 특별히 높고 부피는 아주 작은 '특이점'으로 시작한 우주는 그 이래로 팽창을 계속했습니다. 이런 팽창이 영원히 계속 될까 아니면 반대로 수축할까라는 질문이 21세기에는 해결될지 도 모릅니다. 우주 안의 물질은 균질하지 않고, 평균 1,000억 개의 항성으로 이루어진 약 수천억 개의 은하에 집중적으로 분포하고 있습니다. 우리는 어떤 항성이든 그곳에서 도달하는 빛을 다채로 운 무지개 스펙트럼으로 변환함으로써 항성의 성분을 꽤 자세히 읽어낼 수 있습니다. 우리 태양은 항성들 가운데서 전반적으로 평 범합니다. 다른 항성들의 스펙트럼에서도 율동적인 미세한 편이 가 검출된다는 사실에서 알 수 있듯이,[11] 태양은 궤도에 행성이 있 다는 점에서도 평범합니다. 다른 행성에 생명이 있다는 직접적인 증거는 없습니다. 생명이 있다 해도 그런 섬들은 너무 뿔뿔이 흩 어져 있어서, 한 섬의 거주자가 다른 섬의 거주자와 언젠가 만날 가능성은 매우 낮습니다.

우리가 사는 생명의 섬에서의 진화를 지배하는 원리에 대해, 우 리는 꽤 자세히 알고 있습니다. 만일 그 밖에 생명의 섬이 있다면, 가장 근본적인 원리―다윈의 자연선택―가 어떤 형태로든 거기 에도 있을 가능성이 충분히 있습니다. 우리 같은 생명은 세포로

---

[11] 지금은 행성을 탐지하는 다른 방법도 있다. 예컨대, 행성이 통과할 때는 항성이 약간 어두워진다. '태양계 외행성'의 수는 꾸준히 늘어나 고 있는데, 현재 3,000개가 넘는다.

되어 있고, 세포는 세균 또는 세균들의 군집입니다. 우리 같은 생명의 세부 메커니즘은 단백질이라 불리는 특별한 부류의 분자가 취하는 거의 무한한 종류의 형태에 의존합니다. 이런 매우 중요한 삼차원 형태를 지정하는 것이 바로 유전 코드라는 일차원 코드이고, 그것을 오랜 지질학적 시간에 걸쳐 복제되는 DNA 분자들이 실어 나릅니다. 우리는 종의 정확한 수는 몰라도 수많은 종이 있는 이유를 알고 있습니다. 진화가 미래에 어떻게 진행될지 자세히 예측할 수는 없지만, 일반적인 패턴은 예측할 수 있습니다.

우리가 후계자들에게 남겨줄 미해결 문제들 가운데 하나로 스티븐 와인버그 같은 물리학자들이 지적하는 것은 대통일이론GUT 또는 모든 것의 이론TOE으로도 알려져 있는 '최종 이론의 꿈'입니다. 그것이 해결될지 아닐지에 대해서는 이론가들 사이에서도 의견 차이가 있습니다. 해결될 것이라고 생각하는 사람들은 이 과학적 개안開眼의 시점을 21세기의 어디쯤으로 추정합니다. 물리학자들은 이런 심오한 문제를 다룰 때 종교적 언어에 호소하는 것으로 유명합니다. 진심으로 그렇게 말하는 사람들도 있습니다. 하지만 문자 그대로 받아들이면 안 되는 경우도 있는데, 그럴 때는 제가 모른다는 뜻으로 '신만이 안다'고 말할 때 의미하는 것 이상을 뜻하지 않기 때문입니다.

생물학자들은 다음 세기 초 인간 게놈을 작성하는 궁극의 목표를 달성할 것입니다. 그리고 그때 그것이 과거의 생각과 달리 최종 목표가 아님을 알게 될 것입니다. 인간 배아 프로젝트―유전자가 몸을 만들기 위해 다른 유전자들을 포함하는 자신의 환경과 어떻게 상호작용하는지 이해하는 것—가 완료되기까지도 최소한 그만큼의 시간이 걸릴 것입니다. 하지만 그 일도 아마 21세기에 완료될 것이고, 만일 바람직하다고 생각된다면 인공 자궁도 만들어질 것입니다.

나를 포함한 대부분의 과학자들이 어떻게 파악해야 할지 모르는, 미해결 상태로 남아 있는 독보적인 과학적 문제가 있습니다. 바로 인간의 뇌가 어떻게 작동하는가, 특히 주관적 의식의 본질에 관한 의문입니다. 이번 세기의 마지막 십 년 동안 다름 아닌 프랜시스 크릭, 대니얼 데닛, 스티븐 핑커, 로저 펜로즈 경 같은 거물들이 차례로 이 문제를 겨냥했습니다. 이런 뛰어난 사람들이 달라붙을 만큼 중대하고 심오한 문제인 것입니다. 당연히 저는 해법을 모릅니다. 제가 안다면 노벨상을 받아 마땅하겠지요. 그것이 어떤 종류의 문제인지조차 분명하지 않고, 그러므로 어떤 종류의 멋진 생각이 답이 될지도 모릅니다. 어떤 사람들은 의식의 문제는 환상이라고 생각합니다. 실체가 없으니 해결할 것도 없다는 것입니다. 하지만 지난 세기에 다윈이 생명의 기원이라는 수수께끼를 풀기 전에는 그것이 어떤 종류의 문제인지 누구도 분명하게 기술하지 못했을 것입니다. 다윈이 해결했을 때 비로소 대부분의 사람들이 그 문제의 실체를 인식한 것입니다. 의식이 천재만이 해결할 수 있는 중대한 문제로 판명될지, 아니면 점점 작아져 사소한 문제나 문제가 아닌 것들 속에 포함될지 저는 모릅니다.

저는 21세기에 인간 마음의 수수께끼가 풀릴 것이라고 결코 확신하지 않습니다. 하지만 만일 풀린다면 추가 부산물이 생길지도 모릅니다. 그렇게 된다면 우리 후계자들은 20세기 과학의 역설을 이해할 수 있는 입장에 서게 될지도 모릅니다. 이번 세기는 한편으로는 이제까지의 세기 모두를 합한 것만큼 인간의 지식을 새롭게 증가시킨 것이 분명하지만, 다른 한편으로 20세기가 끝나고 있는 지금 초자연적인 것을 믿는 경향은 19세기와 별로 다르지 않은 수준이고, 과학에 대한 노골적인 적의는 훨씬 더 강해졌습니다. 저는 21세기에 대해, 그리고 21세기가 우리에게 가르쳐 줄 것에 대해 확신까지는 아니더라도 희망을 가지고 고대하고 있습니다.

두리틀과
다윈[1]

동아프리카에서 어린 시절을 보낸 덕분에 자연사 일반, 그 중에서도 특히 인류 진화에 관심을 가지게 되었다고 말할 수 있으

---

1 2004년, 저작권 대리인이며 과학 이벤트 지휘자인 존 브록만이 '어린이는 어떻게 과학자가 되는가'에 관한 에세이집 《우리가 어렸을 때 When We Were Kids》에 실을 원고를, 함께 어울리는 최상의 지식인 친구들에게 청탁했다. 나는 언젠가 정식 자서전을 쓸 계획이었으므로(자서전은 최종적으로 《경이에 대한 욕구An Appetite for Wonder》와 《어둠을 밝히는 미약한 촛불Brief Candle in the Dark》 두 권으로 나오게 되었다), 브록만 모음집에 기고할 에세이로는 좀 다른 것을 썼다. 내게 영향을 주었다고 생각하는 특별한 아동문학 작가를 칭송하기로 했다.

면 좋으련만 실은 그렇지 않았다. 나는 뒤늦게 책을 통해 과학에 입문했다.

내 어린 시절은 7살에 기숙학교에 보내진 것을 생각해보면 누구나 예상할 수 있는 딱 그만큼 심심했다. 나는 그 경험을 잘 헤쳐나갔다. 그러니까 제법 잘 해냈다는 뜻이다(몇몇 비극적 예외가 있었지만 괴롭힘의 확률분포에서 보면 무시할 만한 것이었다). 훌륭한 학교생활은 마침내 나를 옥스퍼드, "성숙한 나이를 보낸 그 아테네"로 데려다주었다.[2] 가정생활은 진정으로 심심했는데, 처음에는 케냐, 다음은 니아살랜드(지금의 말라위), 그런 다음에는 잉글랜드 옥스퍼드셔에 있는 가족 농장에서 보냈다. 우리는 부자는 아니었으나 그렇다고 가난하지도 않았다. 집에는 텔레비전이 없었지만 그건 순전히 부모님이 시간을 보내는 더 좋은 방법이 있다고 생각했기 때문이다. 어느 정도 일리가 있는 생각이다. 그 대신 집에는 책이 있었다.

독서에 푹 빠져 지내는 것은 아이의 마음에 단어에 대한 사랑을 각인시키고, 나중에는 글쓰기 기술에 도움을 줄지도 모른다. 내 경우에는 특히 성장기에 영향을 준 어린이책 한 권이 결국 나를 동물학자의 길로 인도한 것이 아닐까 싶다. 나는 휴 로프팅의 《두리틀 박사의 모험The Adventures of Doctor Dolittle》을 수많은 속편들과 함께 읽고 또 읽었다. 이 시리즈가 어떤 직접적인 의미에서

---

2 존 드라이든의 말. 하지만 그는 케임브리지에서 교육을 받았다.

나를 과학에 눈뜨게 한 것은 아니었지만, 두리틀 박사는 과학자였고, 세계 최고의 자연학자였으며, 그칠 줄 모르는 호기심을 가진 사상가였다. '의식을 고양시키다'라는 말과 '롤 모델'이라는 말이 생기기도 전에 그는 내 의식을 고양시킨 롤 모델이었다.

존 두리틀은 마음씨 고운 시골 의사로, 원래 사람을 치료하다가 동물 치료를 하게 된다. 그는 자신이 기르던 앵무새 폴리네시아에게 동물의 언어를 말하는 법을 배웠는데, 이 기술 하나에서 십여 권에 이르는 시리즈의 중심 줄거리가 나왔다. (해리 포터 시리즈를 포함해) 어린이를 위한 다른 책들은 온갖 역경의 만병통치약으로 초자연 현상에 함부로 의지하지만, 휴 로프팅은 과학소설에서와 같이 현실에서 딱 한 가지를 바꾸는 것으로 자제했다. 두리틀 박사는 동물과 이야기할 수 있었으며 그 밖의 모든 일은 여기서 비롯되었다. 서아프리카의 판티포 왕국에 있는 우체국 운영자로 임명되었을 때 그는 철새들을 모집해 세계 최고의 항공우편 서비스를 제공했다. 작은 새들은 각기 편지 한 통씩을 실어 날랐고, 황새들은 커다란 소포를 실어 날랐다. 그의 배가 사악한 노예 상인인 데비 본스를 따라잡기 위해 속도를 높여야 했을 때는 갈매기 수천 마리가 배를 끌었다. 그리고 이 대목에서 어린이의 상상력은 하늘 높이 치솟는다.[3] 노예선이 사정거리 안에 들어왔을 때

---

3 내가 9살쯤일 때 학교에서 쓴 글에 부끄러움 없이 이 이미지를 표절했던 기억이 난다. 영어 선생님은 내 상상력을 칭찬했고, 내가 커서

제비의 예리한 시력이 초인적으로 정확하게 대포를 조준한다. 또한 남성이 살인 누명을 썼을 때에는 피고의 결백을 입증할 유일한 증인으로 피고의 불독을 증언대에 세울 수 있었다. 판사가 그것을 허락할 수밖에 없었던 건 두리틀 박사가 판사의 개와 이야기를 나누어 그 개가 아니면 알 수 없는 당혹스러운 비밀을 폭로함으로써 동물 통역사로서의 자격을 입증한 덕분이었다.

동물들과 이야기하는 이 한 가지 능력 덕분에 두리틀 박사가 달성할 수 있었던 위업은 박사의 적들에게 자주 초자연적 행위로 오해받곤 했다. 굶겨서 항복하게 만들 속셈으로 두리틀 박사를 아프리카 지하감옥에 가두었을 때도 그는 점점 포동포동해지고 유쾌해졌다. 수천 마리 쥐들이 먹을 것을 한 번에 한 조각씩, 호두 껍데기에 담은 물과 함께 가져왔고, 심지어는 그가 씻고 면도할 수 있도록 비누조각까지 가져왔다. 공포에 질린 포획자들은 당연히 그것을 마법으로 의심했지만, 우리 어린이 독자들은 간단하고 합리적인 설명을 남몰래 알고 있었다. 똑같은 유익한 교훈이 이 시리즈 전체에서 수없이 강조된다. 마법처럼 보였을지도 모르고 나쁜 사람들은 그것을 마법이라고 생각했지만, 합리적인 설명이 있었다.

많은 어린이가 마법의 주문이나 요정, 또는 신의 도움을 받는

유명한 작가가 될 거라고 했다. 선생님은 내가 휴 로프팅의 문장을 훔쳤다는 것을 알아채지 못했다.

꿈을 꾼다. 나는 꿈에서 동물들과 이야기를 나누고, (내 생각에는 동물을 사랑하는 어머니와 두리틀 박사의 영향으로) 인류가 동물에게 가하는 부당행위에 맞서기 위해 동물들을 불러 모았다. 두리틀 박사가 내게 일깨워준 것은 이른바 '종차별'이 존재한다는 자각이었다. 즉 우리 인간은 인간이라는 이유만으로 다른 모든 동물에 비해 특별한 대우를 받을 자격이 있다는 무의식적인 생각 말이다. 진료소를 폭파하고 선량한 의사를 살해하는 교조주의적인 낙태반대론자들은, 잘 조사해보면 야비한 종차별주의자들이다. 어떤 합리적 기준으로 봐도, 태어나지 않은 아기가 다 자란 소보다 도덕적 동정을 받을 자격이 더 있지는 않다. 낙태반대론자는 낙태 시술을 하는 의사에게 '살인자다!'라고 소리치고 집에 가서는 저녁으로 스테이크를 먹는다. 두리틀 박사를 읽으며 자란 어린이는 이 이중잣대를 지나칠 수 없다. 성서를 읽으며 자란 어린이는 틀림없이 그것을 지나칠 것이다.

도덕 철학은 제쳐놓고라도, 두리틀 박사는 내게 진화 그 자체가 아니라 진화를 이해하기 위한 전제를 가르쳐주었다. 즉 인간이라는 종은 특별하지 않으며 동물들과 연속선상에 있다는 사실이다. 다윈도 같은 목적을 위해 엄청난 노력을 했다. 그는 《인간의 유래 The Descent of Man》와 《인간과 동물의 감정 표현 The Expression of the Emotions》의 일부 대목을 우리와 우리의 동물 사촌들 사이의 간극을 좁히는 데 할애했다. 두리틀 박사는 다윈이 빅토리아 시대의 성인 독자들을 위해 한 것을, 1940년대와 1950년대에 적어도 한 명의 작은 소년을 위해 했다. 내가 나중에 《비글호 항해 The Voyage of the Beagle》를 읽게 되었을 때 나는 다윈과 두리틀의 비슷한 점을 떠올렸다. 두리틀의 실크모자와 프록코트, 그리고 그가 서투른 조종으로 항상 난파시켰던 배의 양식을 보면 그가 대략 다윈의 동시대인임을 알 수 있었다. 하지만 그것은 시작에 불과했다. 자연에 대한 사랑, 모든 살아 있는 것들을 향한 다정한 염려, 자연사에 관한 놀라울 정도의 지식, 노트에 차례차례 휘갈겨 적은 이국에서의 놀라운 발견. 분명 두리틀 박사와 비글호의 '철학자'는 남아메리카 또는 (판구조론을 떠올리게 하는) 표류하는 팝시페텔 섬에서 만나 친구가 되었으리라. 젊은 다윈이 발견한 화석들과 표본의 일부는 몸의 앞뒤에 뿔 달린 머리가 하나씩 붙어 있는 영양인 두리틀의 푸시미풀유만큼이나 놀라웠다.[4] 두리틀이 아프리카의 협곡을 건너야 했을 때는 한 무리의 원숭이들이 서로의 팔과 다리를 붙잡아 살아 있는 다리를 만들었다. 다윈이라면 그 장면을 보며 아, 하고 곧바로 알아차렸으리라. 그가 브라질에서 관찰한 군대개미도 정확히 같은 것을 했다. 다윈은 훗날 개미의 노예를 부리는 진귀한 습성을 조사했는데, 그도 인간의 노예제도를 끔찍하게 증오했다는 점에서 두리틀처럼 시대를 앞서간 인물이었다. 평소에는 순한 자연학자였던 두 사람을 분노하게 만든 유일한 것이 바로 노예제도였다. 다윈의 경우 이로 인해 피츠로이 함장과 사이가 나

---

4 푸시미풀유가 두 개의 입으로 들어간 음식물의 노폐물을 어떻게 처리했는지 궁금해한 어린이는 나만이 아니었을 것이다.

빠지게 되었다.

모든 어린이 문학을 통틀어 가장 마음 아픈 장면이 《두리틀 박사의 우체국Doctor Dolittle's Post Office》에 있다. 남편이 사악한 노예 상인 데비 본스에게 잡혀간 서아프리카 여성 수재나는 홀로 작은 카누를 타고 떠다니다 바다 한가운데서 발견되었다. 그녀는 노예선을 추적하기를 포기하고, 노 위에 머리를 숙인 채 지쳐 울고 있었다. 그녀는 처음에는 백인 남자는 모두 데비 본스처럼 악마라고 생각했기에 마음씨 착한 두리틀 박사와 이야기하기를 거부했다. 하지만 두리틀 박사는 수재나의 신뢰를 얻었고, 그런 후 동물 왕국의 강력한 분노를 불러일으켜 노예 상인을 이기고 수재나의 남편을 구출하는 작전을 성공시킨다. 지금 휴 로프팅의 책이 성인군자인 체하는 공공도서관 사서들에게 인종차별주의적이라고 낙인 찍혀 금서가 되어 있다는 사실은 얼마나 아니러니한가! 물론 이런 비난에는 일리가 있는 부분도 있다. 그가 그린 아프리카인 그림은 둔부에 지방이 축적된 모습으로 희화화되어 있기 때문이다. 또 졸리긴키 왕국의 후계자이며 동화를 열심히 읽는 범포 왕자는 자신을 백마 탄 왕자로 간주하는데, 자신의 키스로 잠자는 숲속의 공주를 깨우면 공주가 그의 검은 얼굴을 보고 놀라 기겁할 것이라고 확신한다. 그래서 그는 두리틀 박사에게 얼굴을 희게 하는 특별한 약을 조제해달라고 설득한다. 물론 이는 오늘날의 기준으로 의식을 고양시킨다고 할 수 없고, 옛날이야기로서도 변명의 여지가 없다. 하지만 휴 로프팅이 살았던 1920년대는 오늘날의 기준으로 보면 완전히 인종차별적이었고,[5] 다윈 역시 노예제도를 혐오했음에도 빅토리아 시대의 모든 사람과 마찬가지로 인종차별적이었다. 우리는 거들먹거리며 잘난 체할 게 아니라, 오늘날 우리가 일반적으로 받아들이는 도덕관으로 시선을 돌려야 한다. 우리가 아무렇지 않게 받아들이는 '주의' 가운데 어느 것을 미래 세대가 돌아보며 비난할까? 명백한 후보는 종차별주의이고, 이 대목에서 휴 로프팅이 미치는 긍정적 영향은 인종에 관한 무신경함이라는 작은 죄를 상쇄하고도 남는다.

두리틀 박사는 인습 타파라는 점에서도 다윈을 닮았다. 두 사람 모두 기존 통념과 일반 상식에 지속적으로 의문을 제기한 과학자다. 그 이유는 그들의 기질 때문이기도 하지만, 동물 정보원들에게 보고를 받았기 때문이기도 하다. 권위를 의심하는 습관은 책이나 교사가 과학자를 꿈꾸는 어린이에게 줄 수 있는 가장 가치 있는 선물 중 하나다. 주변 사람들이 말하는 것을 그냥 받아들이지

5　애거사 크리스티의 초기작 중에는 더 심한 것도 있지만, 내가 아는 한 그 책들은 금서가 되지 않았다. 제임스 본드의 1920년대판이라고도 말할 수 있는 《불독 드러먼드Bulldog Drummond》의 주인공 드러먼드 대위는 정체를 숨기기 위해 아프리카인으로 변장한 적도 있었다. 마침내 악당에게 극적으로 정체를 밝힐 때 그는 이렇게 말한다. "모든 수염이 가짜 수염은 아니지만 모든 깜둥이는 냄새가 나지. 봐, 요 수염은 가짜가 아닌데 이 흑인은 냄새가 안 나. 그렇다면 어딘가 이상하다는 뜻이지." 이에 비하면, 백인 백마 탄 왕자가 되려 한 범포 왕자의 야망은 귀엽게 보인다.

말고 스스로 생각하라. 성인이 되어 읽은 책 속에서 마침내 찰스 다윈을 만났을 때 내가 그를 사랑할 준비가 되어 있었던 것은 어린 시절에 읽은 책 덕분이 아니었을까.

Science
in the
Soul

2부

무자비의 극치

1부의 주제가 과학이란 **무엇**인가였다면, 2부는 **실행된** 과학에 초점을 맞춘다. 2부의 주제를 구체적으로 말하면, 다윈의 위대한 이론이 어떻게 전개되고 정교해졌는가이다. 현재 과학적 사실로 확립된 그 이론은, 리처드가 다른 지면에서 사용한 표현을 빌리면 "무자비의 극치"[1]인 자연선택에 의한 진화다. 2부에 포함된 일련의 에세이들은 어떻게 그 이론이 두 과학자의 보기 드문 신사적 행동으로 시작되었는지, 그 이론이 어떻게 작동하고 그 힘과 타당성이 어디까지 확장되는지, 그리고 얼마나 발전했고 어떻게 오해되고 있는지 보여준다. 이 가장 강력한 과학적 개념을 더 세밀하고 명확하게, 그리고 더 넓게 적용하려는 만족할 줄 모르는 의욕이 2부 전체에 흐르고 있다.

리처드가 린네학회에서 했던 연설인 첫 번째 에세이는 세계를 뒤흔들어놓은 발견을 알리는 찰스 다윈과 앨프리드 러셀 월리스의 논문들이 1858년에 그 장소에서 낭독된 일을 기념하는 것으로, 1부에서 열거되고 변호된 과학―그리고 과학자들―의 가치관을 구체적이고 감동적으로 보여준다. 빅토리아 시대의 두 위대한 과학자의 공동 연구를 설명한 뒤, 마지막으로 다윈의 자연선택설은 생명이 어떻게 **진화해왔는가**만이 아니라 어떻게 **진화할 수**

---

1 데이비드 휴스David P. Hughes, 자크 브로듀어Jacques Brodeur, 프레데리크 토머스Frédéric Thomas, 《기생충에 의한 숙주 조작Host Manipulation by Parasites》의 머리말에서.

있는가에 대해서도 유일하게 적절한 설명이라는 대담한 가설을 제시한다. 선구자를 공경하고 후계자에 도전하기. 이것이 도킨스 과학 강연의 백미다.

그는 후계자에 도전할 뿐 아니라 자신에게도 도전한다. 거의 20년 전에 쓰인 '보편적 다윈주의'에서는 그 대담한 가설을 엄밀하게 심문하기 위해, 위대한 독일계 미국인 진화생물학자 에른스트 마이어가 추려낸 진화론의 여섯 가지 대안 이론을 체계적으로 검토한다. 그런 다음 한 걸음 더 나아가 '진화우주생물학'이라는 새로운 분야의 가능성을 보여준다. 강한 신념을 위해 그칠 줄 모르는 에너지를 쏟는 것은 그리 보기 드문 일이 아니다. 어떤 일에 비판적 엄밀함을 가지고 임하는 태도도 그리 드물지 않다. 하지만 전자를 추구하면서 후자를 적용하는 능력은 명백히 앞의 두 가지보다 드물고, 이 일에 눈에 띄게 열정을 보이는 경우는 더더욱 드물다. 이렇게 해서 무엇을 얻을까? 자신의 주장을 입증했다고 확신하는 변호인의 분명한 자기 확신이다.

> 다윈주의는 원리상 진화를 적응적 복잡성의 방향으로 인도할 수 있는 내가 아는 유일한 힘이다. 다윈주의는 이 지구에서 작동한다. 그 밖의 다섯 가지 이론을 괴롭히는 단점들 중 어느 것도 가지고 있지 않고, 그것이 우주 전체에서 유효할 것임을 의심할 이유도 없다.

다윈이 자신의 이론을 세우고 있던 시절에, 유전자는 자연선택의 대상으로 지목되기는커녕 아직 확인되지도 않았다. 원래 마이어를 기리는 작품집에 발표된 '자기복제자의 생태계'는 자연선택이 작용하는 수준에 관한 20세기 논쟁의 맥락에서 진화론 담론을 다루면서, 유전자가 생물 시스템 내의 유일한 **자기복자제임**을 명확하게 주장한다. 이 논문의 핵심은 (마이어와의) 의견 차이를 자세히 조사하여 어떤 점이 진정한 차이이고 어떤 점이 차이처럼 보이는 것인지 확인하는 것이다. 그렇게 하는 목적은 중요한 **차이**를 밝힘으로써 이해의 폭과 깊이를 확대하고, 용어나 표현상의 차이 아래 감추어져 있는 중요한 **공통점**을 분명하게 드러내는 것이다.

2부에서 반복되는 주제는 다윈주의 원리가 가족, 부족, 종 수준에서 작동할 수 있다는 개념인 집단선택설은 채택할 수 없는 개념이라는 주장이다. '혈연선택에 관한 열두 가지 오해'는 이 캠페인의 역작이다. 올바른 길에서 이탈하는 흐름을 인내심 있게 우리로 되돌려 보내는, 학문 세계의 양치기 개 대회라고나 할까. 전문가를 위한 정기간행물에 싣기 위해 쓰였다는 점에서 이 텍스트가 건조하고 단조롭고 인간미 없으리라 예상하는 사람도 있겠으나 그렇지 않다. 다음과 같은 문장들은 더글러스 애덤스 부류의 정신을 보여준다. "그래서 지금, 예리한 동물행동학자가 세간의 목소리에 (그의) 귀를 기울이면 회의적인 불만의 중얼거림을 들을 수 있다. 혈연선택 이론이 초반에 거둔 위업들 중 하나가 새로운 문제에 부딪히면, 그 중얼거림은 점점 커져 독선적인 으르렁거림이 되기도 한다." 난해한 분야의 과학책을 쓰는 사람들 가운데 이렇게 과감하게 상상의 나래를 펼칠 사람이 몇 명이나 더 있을까? 끄트 머리의 '사과'도 마찬가지로 도킨스의 특징적인 면모를 보여주는데, 그는 본문의 비판적 해설이 타인을 끽소리 못하게 하고 싶은 마음에서가 아니라 공통의 이해를 높이고 싶은 바람에서 비롯된 것이라고 강조한다. 어떤 경우에도 과학의 진보가 개인의 공적을 이긴다.

G. S.

"다윈보다 더 다윈주의적인":
다윈과 월리스의 논문[1]

∧
∧

　발견할 능력이 있는 누군가에 의해 발견되기를 기다리는 것은 과학적 진리의 본성입니다. 두 사람이 각자 따로 과학의 어떤 사실을 발견한다 해도 그것은 같은 진리일 것입니다. 예술 작품과 달리 과학적 진리는 그것을 발견하는 사람에 따라 본성이 바뀌지 않습니다. 이것은 과학의 영광인 동시에 제약입니다. 셰익스

---

1 1858년, 찰스 다윈은 당시의 말레이 연합주로부터 한 편의 원고를 받고 놀랐다. 거의 무명의 자연학자이자 수집가였던 앨프리드 러셀 월리스가 쓴 것이었다. 월리스의 논문은 자연선택에 의한 진화론, 즉 다윈이 20년 전 처음 생각한 이론을 매우 자세하게 제시하고 있었다. 그 이

피어가 없었다면 다른 누군가가《맥베스》를 쓰는 일도 없었을 것입니다. 하지만 다윈이 없었다 해도 누군가는 자연선택을 발견했을 것입니다. 실제로 그것을 발견했던 사람이 있는데, 바로 앨프리드 월리스입니다. 오늘 우리가 이 자리에 모인 것은 바로 그 일 때문입니다.

1858년 7월 1일 세계에 발표된, 자연선택에 의한 진화론은 분명 지금껏 인간 머릿속에 떠오른 생각 중 가장 강력하고 파급력이 큰 것입니다. 그리고 그 생각은 한 사람이 아니라 두 사람의 머릿속에 떠올랐습니다. 이 자리에서 저는 다윈과 월리스 두 사람이 뛰어난 것은 단지 개별적으로 행한 발견 때문만이 아니라 그 우선

유에 대해서는 의견이 분분하지만, 다윈은 1844년에 자신의 학설을 완벽하게 적어놓고도 발표하지 않고 있었다. 월리스의 편지로 다윈은 단박에 불안의 나락으로 떨어졌다. 그는 처음에는 월리스에게 우선권을 양도해야 한다고 생각했다. 하지만 그의 친구들이자 영국 과학계에서 중요한 영향력을 가진 사람들이었던 지질학자 찰스 라이엘과 식물학자 조지프 후커가 다윈을 설득하며 타협안을 제시했다. 그 결과 월리스의 1858년 논문과 다윈이 그 전에 쓴 두 편의 논문이 런던의 린네학회에서 낭독되었고, 그럼으로써 공동으로 공적을 인정받게 되었다. 2001년에 린네학회는 바로 그 장소에 그 역사적 사건을 기념하는 장식 현판을 내걸기로 결정했다. 나는 그 제막식을 거행하는 행사에 초대받았는데, 이 에세이는 그날 내가 했던 연설을 약간 줄인 것이다. 축하하는 분위기의 행사였다. 다윈과 월리스 양쪽의 가족을 만나고 그들을 서로에게 소개하는 것은 기쁜 일이었다.

권을 결정할 때 보여준 관용과 배려 때문이기도 하다는 점을 강조하고 싶습니다. 제게는 다윈과 월리스가 비범한 과학적 재능만이 아니라, 최고의 과학이 생산하는 우호적인 협력 정신을 상징하는 것처럼 보입니다.

철학자 대니얼 데닛은 이렇게 썼습니다. "내 생각을 솔직하게 말하겠다. 지금까지 누군가 생각한 최고의 아이디어에 상을 준다면 뉴턴, 아인슈타인, 그 밖의 누구보다 먼저 다윈에게 주겠다." 저 역시, 감히 뉴턴이나 아인슈타인과 노골적으로 비교하지는 않았지만 비슷한 말을 한 적이 있습니다. 저와 데닛이 말하는 그 아이디어는 물론 자연선택에 의한 진화입니다. 자연선택설은 생명의 복잡함과 정교함에 대한 설명으로 거의 보편적으로 받아들여지고 있을 뿐 아니라, 원리상 그러한 것을 설명할 수 있는 유일한 아이디어라고 저는 확신합니다.

하지만 다윈은 그것을 생각해낸 유일한 사람이 아니었습니다. 데닛 교수와 제가 앞의 의견을 말했을 때 우리는—제 경우는 확실히 그렇고, 데닛도 동의할 것이라고 확신하는데—다윈의 이름을 '다윈과 월리스'를 뜻하는 말로 사용하고 있었습니다. 이런 일은 월리스에게 너무 자주 일어납니다. 그는 후대에게 홀대받는 경향이 있는데, 그렇게 된 데는 그의 관대한 성품 탓도 있습니다. '다윈주의'라는 말을 고안한 것은 월리스였고, 월리스는 언제나 그것을 다윈의 이론이라고 말했습니다. 우리가 다윈의 이름을 월리스보다 잘 아는 이유는, 거기에 더해 다윈이 1년 뒤 《종의 기원》을 출판했기 때문입니다. 그 책은 다윈과 월리스가 생각한 진화 메커니즘으로서의 자연선택설을 설명하고 주장했습니다. 나아가—이 부분은 책 한 권 분량으로 다룰 필요가 있었는데—진화 그 자체가 사실이라는 것을 뒷받침하는 다종다양한 증거를 제시했습니다.

월리스의 편지가 1858년 7월 17일에 다운하우스에 도착하여 다윈을 망설임과 불안의 고뇌에 빠뜨린 극적 사건은 제가 다시 소개할 필요가 없을 정도로 잘 알려져 있습니다. 저는 이 일화 전체가 과학의 우선권 분쟁 역사에서 보기 드문 훌륭하고 기분 좋은 일이라고 생각합니다. 분쟁이 될 뻔했음에도 불구하고 분쟁이 되지 않았기 때문입니다. 분쟁은 우호적으로 해결되었고, 그건 양측의 훈훈한 관용, 특히 월리스의 관용 덕분이었습니다. 다윈은 훗날《자서전》에 이렇게 썼습니다.

1856년 초 라이엘로부터 내 견해를 남김없이 써내려가라는 조언을 받았고, 그 즉시 나는 나중에《종의 기원》에서 다룬 것의 서너 배 분량으로 쓰기 시작했다. 하지만 그것은 결국 내가 모은 자료의 발췌에 지나지 않는 것이 되었는데, 그 규모의 작업을 절반 정도 끝마쳤을 때 내 계획이 뒤집혔던 것이다. 1858년 초여름, 당시 말레이 군도에 있던 월리스 씨로부터 "변종이 원형으로부터 무한히 떨어져나가는 경향에 관하여"라는 소논문을 받았기 때문이다. 그 소논문에는 내 이론과 정확히 같은 이론이 적혀 있었다. 월리스 씨는 만일 내가 자신의 소논문을 좋게 생각한다면 그것을 라이엘에게 보내 정독을 부탁하고 싶다고 썼다.

  나는 라이엘과 후커의 요청을 받아들여, 내 원고의 발췌와 에이서 그레이에게 쓴 1857년 9월 5일자 편지를 월리스의 소논문과 동시에 발표하는 것을 승낙했고, 그 상황이 1858년 〈린네학회회보〉 45쪽에 제시되어 있다. 나는 처음에는 승낙하기를 주저했다. 내가 그렇게 하는 것을 월리스 씨가 부당하게 여길 것이라고 생각했는데, 당시 내가 그의 성품이 얼마나 너그럽고 고결한지 몰랐던 탓이다. 내 원고의 발췌와 에이서 그레이에게 쓴 편지는 …… 발표할 의도가 없었기에 글이 형편없었다. 그에 반해 월리스 씨의 소논문은 놀랍도록 잘 표현되어 있었고 매우 명료했다. 그럼에도 우리의 합작은 관심을 거의 불러일으키지 못했고, 내가 기억하는 공표된 논평은 더블린의 호턴 교수의 논평뿐으로, 그 의견에 따르면 그 논문에 적혀 있는 새로운 것은 모두 틀렸고 사실인 것은 모두 오래된 것이었다. 이는 어떤 새로운 견해가 세간의 관심을 불러일으키기 위해서는 상당한 분량으로 설명되어야 할 필요가 있음을 보여준다.

  다윈은 자신의 두 논문에 대해 지나치게 겸손했습니다. 사실 두 논문은 설명의 테크닉을 보여주는 모범적인 본보기입니다. 월리스의 논문도 매우 명료하게 논술되어 있습니다. 그의 아이디어는 실제로 다윈의 것과 놀랍도록 비슷했고, 월리스가 독자적으로 그 아이디어에 도달했다는 사실에는 의문의 여지가 없습니다. 월리스의 논문은 1855년에 〈자연사 연보와 잡지Annals and magazine of natural history〉에 발표된 그의 이전 논문과 묶어서 읽을 필요가 있다고 생각됩니다. 다윈은 이 논문이 나왔을 때 그것을 읽었습니다. 실제로 이 논문을 계기로 월리스는 다윈의 방대한 서신교환 서클에 들어왔고, 수집가로서 다윈을 돕게 되었습니다. 하지만 이상하게도 다윈은 1855년 논문을 읽으면서도, 월리스가 이미 확실히 다윈주의 신념을 가진 진화론자라는 것을 알아채지 못했습니다. 그는 현재의 종들은 모두 하나의 사다리 위에 일렬로 늘어서 있고, 사다리의 단을 올라감에 따라 차례로 변화해간다고 생각한 라마르크주의 진화관과 대립된 견해를 보여주고 있었던 것입니다. 월리스는 1855년에 분명히 진화를 분기하는 나무로 생각하고 있었습니다.《종의 기원》에 포함된 유일한 도판이 된, 다윈의 유명한 도판과 꼭 닮았습니다. 하지만 1855년 논문에는 자연선택 또는 생존 투쟁이 전혀 언급되어 있지 않았습니다.

그것이 다윈에게 번개처럼 충격을 준 월리스의 1858년 논문에 다루어져 있었던 것입니다. 여기서 월리스는 심지어 '생존 투쟁'이라는 어구도 사용했습니다. 월리스는 생물 개체수의 기하급수적 증가(다윈주의의 또 하나의 핵심 포인트)를 상당히 의식하고 있었습니다. 월리스는 이렇게 썼습니다.

> 동물 생식력의 높고 낮음이 개체수의 많고 적음의 주원인 중 하나로 거론되는 일이 많지만, 사실을 검토해보면 그것이 실제로는 그 문제와 거의 또는 아예 관계가 없음을 알게 된다.

생식력이 매우 낮은 동물도 억제가 없으면 빠르게 증가한다. 그런데 지구상의 동물 수는 안정되어 있거나 어쩌면 …… 감소하고 있는 것이 분명하다.

월리스는 이 사실로부터 다음과 같이 추론했습니다.

매년 막대한 수가 죽고 있는 것이 틀림없고, 각 동물 개체의 생존은 제 힘에 달려 있기 때문에, 죽는 쪽은 가장 약한 자임에 틀림없다.

월리스는 다윈 자신이 쓰고 있었을지도 모르는 문장으로 논문을 마무리하고 있습니다.

매와 고양이 무리가 가진, 오그릴 수 있는 강력한 발톱은 동물의 자유의지로 만들어지거나 증가한 것이 아니다. 그 집단이 이전에 훨씬 각양각색의 모습을 하고 있었을 때 발생한 다양한 변종들 가운데, 먹이를 잡는 능력이 가장 뛰어났던 것이 항상 가장 오래 살아남았다. …… 많은 동물, 특히 곤충이 자신이 사는 장소의 토양이나 잎, 또는 나무줄기와 아주 비슷한 특이한 색깔을 하고 있는 것도 같은 원리로 설명할 수 있다. 오랜 시간이 경과하는 동안 다양한 색조의 변종이 생겨났지만, 적으로부터 몸을 숨기는 데 적합한 색을 가진 품종이 필연적으로 가장 오래 살아남은 것이다. 여기서 우리는 자연계에서 흔히 관찰되는 균형—발이 약하면 날개가 강하고, 방어 무기가 없는 것을 빠른 스피드로 벌충하는 등의, 어떤 기관의 결함을 항상 다른 기관을 한층 더 발달시켜 메우는 것—을 설명하는 작용인도 생각해 볼 수 있다. 불균형한 결함이 발생한 모든 변종은 오래 생존할 수 없었다는 것이 밝혀졌기 때문이다. 이 원리의 작용은 증기기관 조속기의 작용과 정확히 같다. 어떤 이상이 명백해지기 직전에 체크하여 바로잡는 것이다.

증기기관의 조속기 이미지는, 다윈이 부러워했을 것이라는 생각이 들지 않을 수 없을 정도로 강렬합니다.

과학사가들은 월리스 버전의 자연선택이 다윈 자신이 생각한 것만큼 다윈주의적이지는 않았다고 말합니다. 월리스는 자연선택이 작용하는 실체를 지칭할 때 '변종' 또는 '품종'이라는 단어를 사용했습니다. 게다가 자연선택이 개체들 사이의 선택임을 분명히 이해한 다윈과 달리, 월리스는 현대 이론가들이 '집단선택'으로 깎아내려야 마땅한 것을 제창하고 있었다고 주장하는 사람들도 있습니다. 만일 월리스가 '변종'을 지리적으로 격리된 집단, 또는 품종을 뜻하는 말로 사용했다면 그 주장이 옳습니다. 처음에는 저 역시 그럴지도 모른다고 생각했습니다. 하지만 월리스의 논문을 주의 깊게 읽고 나서 저는 그 가능성을 배제했습니다. '변종'이라고 할 때 월리스가 의미한 것은 현재 우리가 '유전자형'이라고 부르는 것, 나아가 현대 저자가 유전자라고 할 때 의미하는 것 아니었을까요. 월리스가 이 논문에서 변종이라고 할 때 의미한 것은 특정 지역에 있는 독수리 품종이 아니라, "평균보다 날카로운 발톱을 물려받은 일군의 독수리 개체들"이었다고 생각됩니다.

제 생각이 옳다면, 다윈도 비슷한 오해를 받았습니다. 《종의 기원》의 부제에 '품종race'이라는 단어를 사용한 것을 두고 그가 인종차별을 지지했다고 잘못 해석하는 일이 종종 있기 때문입니다. 차라리 또 다른 제목이라고 부르는 것이 더 적절할지도 모르는 그 부제는 '생존 투쟁에서 유리한 품종의 보존'입니다. 이번에도 다윈이 사용한 '품종'의 의미는 날카로운 발톱처럼 "대물림되는 어떤 특징을 공유하는 일군의 개체들"이지, 뿔까마귀 같은 지리적으로 구별되는 품종이 **아닙니다.** 만일 후자의 의미로 그렇게 말했다면 다윈도 집단선택의 오류를 범하고 있었던 것이 됩니다. 저는 다윈도 월리스도 그런 의미로 말하지 않았다고 생각합니다. 마찬가지로, 월리스의 자연선택 개념은 다윈의 것과 다르지 않았다고 생각합니다.

다윈이 월리스를 표절했다는 중상모략은 대꾸할 가치도 없는 것입니다. 발표하지 않고 있었을 뿐 다윈이 월리스보다 먼저 자연선택을 생각했음을 뒷받침하는 명백한 증거가 있습니다. 1842년의 발췌와 1844년의 더 긴 소논문이 있는데, 둘 다 그의 우선권을 분명하게 증명합니다. 1857년에 에이서 그레이에게 보낸 다윈의 편지도 마찬가지인데, 이 장소에서 그것을 읽은 날을 기념하기 위해 오늘 우리가 이렇게 모였습니다. 왜 다윈이 발표하기 전에 그렇게 오랜 시간을 끌었는지는 과학사의 최대 미스터리 중 하나입니다. 그가 종교적 함의를 두려워했다고 말하는 역사가들도 있고, 정치적 함의를 두려워했다고 말하는 역사가들도 있습니다. 어쩌면 다윈은 완벽주의자였는지도 모릅니다.

월리스의 편지가 도착했을 때 다윈은 현대의 우리가 짐작하는 것보다 훨씬 더 놀랐습니다. 그는 라이엘에게 이렇게 썼습니다. "이보다 더 충격적인 우연의 일치는 보지 못했습니다. 월리스가 1842년에 작성된 제 원고의 초안을 가지고 있었다 해도 이보다 뛰어난 요약을 작성하지는 못했을 것입니다. 심지어 그의 표현은 제가 쓴 장의 표제어 후보가 되었습니다."

우연의 일치는 이것이 전부가 아니었습니다. 다윈과 월리스는 둘 다 인구에 관한 로버트 맬서스의 견해에서 영감을 받았습니다. 다윈 자신의 이야기에 따르면, 그는 맬서스가 인구 과잉과 경쟁을 강조하는 대목을 읽는 즉시 영감을 얻었습니다. 그는 자서전에 이렇게 썼습니다.

> 1838년 10월, 즉 내가 체계적 탐구를 시작하고 나서 15개월이 지났을 때 우연히 기분 전환 삼아 인구에 대한 맬서스의 책을 읽었는데, 그동안 동식물의 습성을 오래 지속적으로 관찰하면서 도처에서 일어나고 있는 생존투쟁을 이해할 준비가 충분히 되어 있었으므로, 나는 그 책을 읽는 즉시 이러한 상황 아래서 유리한 변이는 보존되고 불리한 것은 소멸된다는 생각이 떠올랐다. 그 결과 새로운 종이 형성될 것이다. 그리고 여기서 나는 마침내 문제를 해결할 이론을 손에 넣었다.

월리스의 번득임은 맬서스를 읽고 즉시 일어나기보다는 조금 더 지연되었지만, 어떤 의미에서는 더욱 극적이었는데…… 몰루카 제도의 테르나테 섬에서 말라리아열에 걸린 와중에 과열된 월리스의 뇌를 스친 것입니다.

　　간헐적인 열 발작으로 고통을 받고 있었고, 매일 오한과 열에 시달리는 동안 몇 시간씩 누워 있어야 했다. 그동안 나는 당시 나의 관심을 끌고 있었던 주제에 대해 생각하는 것 외에는 달리 할 수 있는 게 없었다. ……

　　어느 날 어떤 계기로 맬서스의 '인구론'이 생각났다. 야만인 종족의 평균 인구를 문명화된 민족보다 훨씬 낮은 수준으로 억누르는 '증가에 대한 적극적 억제'―질병, 사고, 전쟁, 기근―를 설명하는 그의 명료한 해설에 대해 생각했다. 그때 내게 떠오른 것은 ……

월리스는 이어서 자연선택을 설명하는 자기 자신의 놀랍도록 명료한 해설로 나아갑니다.

다윈과 월리스 외에도 우선권을 주장하는 후보들이 있습니다. 물론 진화론 그 자체에 대해 이야기하는 것은 아닙니다. 진화론에 대해서는 에라스무스 다윈을 포함해 수많은 선례가 있습니다. 하지만 자연선택에 대해서는―셰익스피어 작품의 저자는 셰익스피어가 아니라 프랜시스 베이컨이라는 가설의 신봉자가 보여주는 것과 같은 열의로―지지받고 있는 빅토리아 시대의 인물이 그 밖에도 두 사람 있습니다. 그 두 사람은 패트릭 매슈와 에드워드 블리스입니다. 그리고 다윈 자신은 그 이전의 인물인 W. C. 웰스를 언급합니다. 다윈이 자신을 간과했다고 매슈가 불평한 것을 듣고, 다윈은 그 뒤에 《종의 기원》 신판에서 그를 언급했습니다. 제5판 서문에는 이렇게 적혀 있습니다.

> 1831년, 패트릭 매슈 씨는 '군함의 목재와 수목재배'에 관한 연구를 발표했고, 그 논문에서 …… 월리스 씨와 내가 〈린네 저널〉에서 제창하고 이 책에서 상술하고 있는 것과 정확히 똑같은 종의 기원에 관한 견해를 기술했다. 불행히도 매슈 씨의 견해는 다른 주제에 관한 논문의 부록 여기저기에 흩어진 문단들에 매우 짧게 제시되어 있어서, 매슈 씨 자신이 〈가드너스 크로니클Gardener's Chronicle〉에서 그 견해에 관심을 불러 모을 때까지 눈에 띄지 않았다.

로렌 아이슬리가 변호하는 에드워드 블리스의 경우와 마찬가지로, 매슈가 실제로 자연선택의 중요성을 이해했는지는 결코 분명하지 않다고 생각합니다. 다윈과 월리스의 전임자들로 일컬어지는 이 사람들이 자연선택을 생명의 진화 전체를 구축하는 메커니즘이 아니라, 부적응자를 제거하는 순수하게 부정적인 힘으로 간주했다(현대의 창조론자도 같은 오해를 하고 있다)는 견해를 뒷받침하는 증거가 있습니다. 인류가 떠올린 가장 위대한 생각 중 하나를 자신이 품고 있다는 사실을 실제로 이해했다면, 그것을 군함의 목재에 관한 연구 논문의 부록 여기저기에 파묻어 두지는 않았을 것입니다. 그 뒤에 자신의 우선권을 주장하기 위한 기관지로 〈가드너스의 크로니클〉을 선택하지도 않았을 것입니다. 그런 한편, 월리스가 자신이 발견한 개념의 엄청난 중요성을 이해했다는 점에는 의심의 여지가 없습니다.

다윈과 월리스의 의견이 항상 완전히 일치했던 것은 아닙니다. 노년에 월리스는 심령론에 손을 댔고(다윈은 겉모습으로 보면 엄청나게 오래 산 것처럼 보이지만, 실제로는 그 정도로 오래 살지는 못했습니다) 더 이른 시기부터 자연선택이 인간 마음의 특별한 능력들을 설명할 수 없다고 생각했습니다. 하지만 두 사람이 의견을 달리한 더 중요한 논점은 성선택이었고, 헬레나 크로닌이 자신의 훌륭한 저서 《개미와 공작The Ant and the Peacock》에서 증명하고 있듯이 오늘날까지 그 영향이 남아 있습니다. 월리스는 한때 자기 자신에 대해 이렇게 말한 적이 있습니다. "나는 다윈 자신보다 더 다윈주의적이다." 그는 자연선택을 비정할 정도로 실용주의적인 힘으로 보았고, 극락조 꼬리와 같은 화려한 체색에 대한 다윈의 성선택적 해석이 마음에 들지 않았습니다. 다윈 자신도 마음이 썩 내키지 않아, "공작의 꽁지깃을 볼 때마다 욕지기가 난다"라고 쓰기도 했습니다. 그럼에도 다윈은 성선택과 타협했고, 결국에는 열심히 그것을 옹호하게 되었습니다. 수컷들 사이에서 한 개체를 선택하는 암컷의 변덕스러운 미적 감각은 공작 꼬리 같은 과도한 장식을 설명하기에 충분했습니다. 월리스는 이 생각을 혐오했습니다. 당시 다윈을 제외하고는 그 시대의 거의 모든 사람이 그랬는데, 솔직하게 말하면 그 이유가 여성혐오인 경우도 있었습니다. 헬레나 크로닌의 말을 인용해보겠습니다.

> 여러 권위자들은 한발 더 나아가, 암컷의 악명 높은 변덕을 강조했다. 마이바트에 따르면 "심술궂은 암컷의 변덕은 매우 불안정한 것이기 때문에, 암컷의 선택 행동에 의해 체색의 항상성이 생기는 것은 불가능하다." 게즈와 톰슨은 암컷 기호의 항상성은 "인간의 경험상 거의 검증할 수 없다"는 암울할 정도로 여성혐오적인 견해를 가졌다.

여성혐오가 이유는 아니었지만, 월리스는 암컷의 변덕은 진화적 변화에 대한 적절한 설명이 아니라는 확고한 생각을 가지고 있었습니다. 그리고 크로닌은 그의 이름을 오늘날까지 이어지고 있는 한 유파를 가리키는 데 사용합니다. '월리스주의자'는 선명한 체색을 실용주의적으로 설명하려 하는 반면, '다윈주의자'는 암컷의 변덕 자체를 설명으로 인정합니다. 현대의 월리스주의자들은 공작의 꼬리처럼 화려한 기관들은 암컷을 위한 광고판이라는 점을 받아들입니다. 하지만 그들은 수컷들은 그 광고판을 통해 진짜 자질을 선전하고 있다고 생각합니다. 화려한 꽁지깃을 가진 수컷은 자신이 자질 높은 수컷임을 과시하고 있는 것입니다. 반면 다윈주의의 성선택적 견해에 따르면, 화려한 꼬리는 어떤 다른 자질에 대한 광고가 아니라 화려한 체색 그 자체로 암컷에게 평가받는 것입니다. 암컷이 화려한 체색을 좋아하는 하는 것은 그저 그것이 좋기 때문입니다. 매력적인 수컷을 선택하는 암컷은 매력적인 아들을 낳고, 그 아들은 다음 세대의 암컷을 끌어당깁니다. 이와 달리 월리스주의자들은 더 엄격하게, 체색은 도움이 되는 뭔가를 의미하는 것이 틀림없다고 주장합니다.

옥스퍼드 대학의 제 동료였던 작고한 W. D. 해밀턴은 이런 의미에서 대표적인 월리스주의자였습니다. 그는 성선택된 장식들은 건강 상태가 좋다는 표시이고, 수컷의 건강 상태를—좋은 것뿐 아니라 나쁜 것도—알릴 수 있기 때문에 선택된 것이라고 생각했습니다.

해밀턴의 월리스주의적 견해를 이렇게 표현할 수 있습니다. '선택은 숙련된 수의학 진단의사인 암컷을 선호한다.' 선택은 이와 동시에, 눈에 잘 띄는 체온계와 혈압계에 상당하는 것을 성장시킴으로써 암컷의 진단을 쉽게 만드는 수컷을 선호합니다. 극락조의 긴 꼬리는 해밀턴이 보기에, 암컷이 수컷의 좋거나 나쁜 건강 상태를 진단하기 쉽게 만드는 적응인 것입니다. 건강 상태를 전반적으로 진단할 수 있는 한 가지 대표적 징후가 설사를 자주 하는가 아닌가입니다. 따라서 길고 더러운 꼬리는 건강 상태가 나쁘다는 증거입니다. 길고 깨끗한 꼬리는 그 반대입니다. 꼬리가 길수록, 좋은 상태든 나쁜 상태든 건강 상태가 확실하게 드러납니다. 이 정직함이 특정 수컷에게 이익이 되는 경우는 건강 상태가 좋을 때뿐입니다. 하지만 해밀턴과 그 밖의 신 월리스주의자들은, 설령 경우에 따라서는 정직함이 고통스러운 결과를 초래한다 해도 자연선택은 일반적으로 정직한 징표를 선호한다는 취지의 독창적인 논증[2]을 펼칩니다. 신 월리스주의자들은 자연선택이 긴 꼬리를 선호하는 이유는, 좋은 경우만이 아니라(역설적이지만 이 가설의 수학 모델이 실제로 지지하는) 나쁜 경우도 포함해 그것이 건강 상태의 유효한 징표이기 때문이라고 생각합니다.

다윈 학파 성선택설론자들에게도 현대의 변호인들이 있습니다. 현대 다윈주의 성선택설론자들은 20세기 전반기에 R. A. 피셔를 통해 형성된 전통에 따라, 역시 역설적이지만, 암컷의 마구잡이 변덕에 좌우되는 성선택은 폭주하는 과정으로 이어질 수 있음을 보여주는 수학 모델을 세웠습니다. 따라서 꼬리 또는 그 밖에 성선택된 특징은 실용주의적 최적 조건에서 위험할 정도로 멀어집니다. 이런 부류 학설들의 핵심은 현대 유전학자들이 '연관 불평형linkage disequilibrium'이라고 부르는 것입니다. 예컨대, 암컷이 꼬리 긴 수컷을 변덕에 따라 선택하면, 그 자식은 수컷이든 암컷이든 모친의 변덕 유전자와 부친의 꼬리 유전자를 물려받습니다. 변덕이 아무리 제멋대로라도, 암수 양성에 동시에 작용하는 선택은 (적어도 특정 방법으로 수학이론을 실행한다면) 수컷의 더 긴 꼬

---

2 내가 여기서 특히 언급하고 있는 것은 아모츠 자하비가 한 것 같은 질적 논증을 앨런 그라펜이 수학적 용어로 기발하게 표현한 논증이다. 나는 《이기적 유전자》의 제2판에서 이 문제를 설명하려고 시도했는데, 그 책의 초판에서 자하비의 가설을 다룰 때 부당한 냉소를 퍼부은 일을 속죄하는 뜻에서 그렇게 했다.

리와 암컷의 긴 꼬리 선호에 대한 폭주하는 진화를 초래할 수 있습니다. 따라서 꼬리가 말도 안 되게 길어질 수 있습니다.

크로닌의 정교한 역사적 분석에 따르면, 성선택 분야에서 다윈과 월리스의 대립은 애초의 주창자들이 죽은 뒤에도 20세기를 거쳐 오늘날까지 계속되고 있습니다. 다윈주의 성선택설과 월리스주의 성선택설이 둘 다―더 구체적으로는 그 현대판에서―강한 역설적 요소를 가지고 있다는 사실은 특히 재미있습니다. 아마 다윈과 월리스 두 사람도 즐거워했을 것입니다. 둘 다, 뜻밖이고 심지어는 엉뚱하기까지 한 광고 현상을 예측할 수 있는 이론입니다. 그리고 그런 광고의 예가 실제로 자연에 있습니다. 공작의 꽁지깃은 가장 유명한 사례 중 하나일 뿐입니다.

저는 다윈과 월리스가 따로 떠올린 생각은 인류가 생각한 가장 위대한 것이라고는 말할 수 없어도 특별히 위대한 것이었다고 말했습니다. 마지막으로 이 생각을 보편적으로 전개해보고 싶습니다. 제 첫 번째 책의 제1장은 이런 문장으로 시작합니다.

한 행성의 지적인 생명이 성숙했다고 말할 수 있는 때는 그 생명이 자기의 존재 이유를 처음 생각해낸 순간이다. 만일 우주의 더 뛰어난 지적 생명체가 지구를 방문한다면, 그들이 우리 문명의 수준을 평가하기 위해 던질 첫 번째 질문은 우리가 "진화를 이미 발견했는가?"가 될 것이다. 지구의 생명은 30억 년이 넘도록 자신들이 왜 존재하는지 알지 못한 채 존속해왔지만, 마침내 그중 한 사람이 진실을 이해하기 시작하기에 이르렀다. 그의 이름은 찰스 다윈이었다.

"그중 두 사람"으로 월리스의 이름을 다윈과 짝지었다면 극적인 느낌은 줄어들어도 더 공정했을 것입니다. 하지만 어쨌든, 앞에서 말했던 보편적 관점을 더 전개해보고 싶습니다.

저는 다윈과 월리스의 자연선택에 의한 진화론은 지구상의 생명뿐만 아니라 생명 일반에 대한 설명이라고 생각합니다. 만일 우주 어딘가에서 생명이 발견된다면, 세부는 다를지라도 우리 자신의 생명 형태와 공통되는 한 가지 중요한 원리가 존재할 것이라고 예측합니다. 그것은 다윈과 월리스의 자연선택 메커니즘과 대략 같은 메커니즘의 인도 아래 진화했다는 것입니다.

이 점을 얼마나 강력히 주장해야 할지는 아직 잘 모르겠습니다.[3] 완벽하게 자신 있는 약한 버전의 주장은, 자연선택 외에는 유력한 가설이 지금까지 제안되지 않았다는 것입니다. 강력한 형태로 말하면, 그 밖에 유력한 가설은 제안될 **수 없다**는 것입니다. 오늘은 약한 형태를 고수할 생각입니다. 그럼에도 그 의미는 여전히 충격적입니다.

자연선택은 생명에 대해 우리가 알고 있는 모든 것을 설명할 뿐 아니라, 그것을 강력하고 정교하고 낭비 없이 설명합니다. 이것은 명백히 수준을 갖춘 이론, 즉 해결하려는 문제의 규모에 부합하는

---

3 이 책의 다음 에세이 '보편적 다윈주의'를 보라.

수준을 갖춘 이론입니다.

다윈과 월리스가 이 생각을 어렴풋하게 알아챈 최초의 사람들은 아닐지도 모릅니다. 하지만 그들은 그 문제가 중요하다는 사실, 그리고 두 사람이 따로 동시에 떠올린 해법도 그만큼이나 중요하다는 사실을 최초로 이해한 사람들이었습니다. 이것은 그들의 과학자로서의 수준을 보여줍니다. 그리고 우선권 문제를 해결할 때 발휘한 상호 관용은 그들의 인간으로서의 수준을 보여줍니다.

보편적
다원주의[1]

∧
∧

    많은 사람들이 통계적 근거를 토대로 생명이 우주에서 여러 차례 발생했다고 믿는다. 외계 생명 형태들은 세부적인 면에서는 매우 다르겠지만, 그렇다 해도 장소를 불문하고 모든 생명의 기초가 되는 원리가 있을 것이다. 그 가운데 유독 두드러지는 것이 다원주의 원리가 아닐까. 다원의 '자연선택에 의한 진화론'은

---

1 찰스 다윈 사후 100년이 된 1982년에 그의 모교인 케임브리지 대학이 100주기 기념 회의를 개최했다. 이 에세이는 그 회의에서 내가 한 연설을 약간 편집한 것으로, 회의록 《분자에서 인간까지의 진화Evolution from Molecules to Men》에 1장으로 실렸다.

지구 생명의 존재와 형태를 설명하는 국소적 이론에 그치지 않는다. 다윈주의는 아마 우리가 생명과 결부시키는 현상을 적절하게 설명할 **수 있는** 유일한 이론일 것이다.

내 관심은 다른 행성에 관한 세부에 있지 않다. 실리콘 사슬에 기반을 둔 지구 외 생화학이라든지, 실리콘 칩에 기반을 둔 지구 외 신경생리학에 대해 고찰할 생각은 없다. 여기서 제기하는 보편적 관점은 지구에 있는 우리 자신의 생물학에서 다윈주의가 가지는 중요성을 극적으로 표현하는 내 나름의 방법이고, 내가 드는 사례는 거의 지구 생물학의 사례다. 그렇다 하더라도 나는 지구 외 생명체에 대해 고찰하는 '우주생물학자'가 진화론적 추론을 더 많이 사용해야 한다는 생각도 가지고 있다. 그들의 저술에는 지구 외 생명이 어떻게 작동하는가에 대한 추측은 풍부하지만, 그것이 어떻게 **진화**할 것인지에 대한 논의는 부족하다. 따라서 나는 이 에세이가 첫째로는 다윈의 자연선택에 의한 진화론의 일반적 중요성을 지지하는 주장으로 받아들여지기를 바라고, 둘째로는 '진화우주생물학'이라는 새로운 분야에 대한 예비적 기여로 여겨지기를 바란다.

에른스트 마이어가 말한 '생물학적 사상의 발전'은 주로, 존재에 관한 그 밖의 설명들에 대한 다윈주의의 승리를 이야기하는 것이다. 이 이야기에서 승리의 주요 무기로 묘사되는 것은 대개 **증거**다. 라마르크 이론이 틀렸다고 할 때 주로 지적되는 점은, 그 전제가 사실로서 틀렸다는 것이다. 마이어에 따르면 "그의 전제를 받아들이면, 라마르크의 이론은 다윈의 이론만큼이나 앞뒤가 맞았다. 하지만 불행히도 그 전제는 타당하지 않은 것으로 판명되었다." 하지만 나는 더 세게 말할 수도 있다고 생각한다. 즉, **라마르크의 전제를 받아들인다 해도** 라마르크의 이론은 적응에 관한 이론으로서 다윈의 이론만큼 앞뒤가 맞지는 **않는다.** 왜냐하면, 다윈의 이론과 달리 라마르크의 이론은 **원리상** 우리가 요구하는 일 — 조직화된 적응적 복잡성의 진화를 설명하는 것 — 을 할 수 없기 때문이다. 그것은 다윈의 자연선택설만 빼고, 진화의 메커니즘으로 지금까지 제안된 모든 이론에 해당하는 사실이라고 생각한다. 다윈주위는 사실만으로 떠받쳐지는 것보다 더 단단한 토대 위에 놓여 있다.

방금 나는 '우리가 요구하는 일을 하는' 진화 이론이라고 말했는데, 그 일이 무엇인가라는 질문에 모든 것이 달려 있다. 답은 사람마다 다를 수 있다. 예컨대 어떤 생물학자들은 '종 문제'에 푹 빠져 있지만, 내게 그것은 그야말로 '미스터리 중의 미스터리'라서 설명할 의욕이 생기지 않는다. 진화에 관한 어떤 이론이 설명해야 하는 핵심 문제는 생명의 다양성, 즉 분기진화cladogenesis라고 생각하는 사람들도 있다. 또 어떤 사람들은 게놈의 분자 구조에서 발견되는 변화를 설명하는 것을 진화 이론에 요구할지도 모른다.

나는 "진화에 관한 이론의 주요 임무는 적응적 복잡성을 설명하는 것, 예컨대 18세기 신학자 윌리엄 페일리가 창조주가 존재한다는 증거로 사용한 일련의 사실들을 설명하는 것"이라는 존 메이너드 스미스의 말에 동의한다. 나 같은 사람들을 신페일리주의자, 또는 '변성 페일리주의자'로 이름 붙일 수 있을지도 모르겠다. 우리는 적응적 복잡성은 아주 특별한 종류의 설명을 필요로 한다는 페일리의 의견에 동의한다. 그 특별한 설명이란, 페일리가 설명한 '설계자'이거나, 또는 설계자의 일을 하는 자연선택 같은 것이다.[2]

2　가끔 이 힘을 이해하지 못하는 것처럼 보이는 생물학자를 만나면 나는 깜짝 놀란다. 예컨대 위대한 일본인 유전학자 키무라 무토는 중립 진화설을 구축한 주요 인물이다. 개체군 내 유전자 빈도 변화(즉 진화적 변화)의 대부분은 자연선택에 의해 일어나지 않고 중립적이라는 점에서는 그가 옳았을 것이다. 새로운 돌연변이가 개체군에서 우위를 점하는 것은 그것이 유리하기 때문이 아니라, 무작위 부동 탓이다. 그의 뛰어난 저서 《분자진화의 중립설The Neutral Theory of Molecular Evolution》의 서문에서 "이 이론은 적응적 진화의 방향성을 결정하는 데 있어서 자연선택의 역할을 부정하는 것은 아니다"라고 양보하고 있지만, 존 메이너드 스미스에 따르면, 키무라는 이런 가벼운 양보를 하는 것조차 감정적으로 내키지 않았다. 어느 정도였냐 하면, 실제로 그는 자신이 직접 이 말을 쓸 수 없어서 미국인 동료 제임스 크로에게 그 한 문장을 대신 써달라고 부탁했을 정도였다! 키무라와 중립설을 열심히 지지하는 그 밖의 다른 사람들은 생물학적 적응의 완벽에 가까운 기능이 가지는 중요성을 이해하지 못하는 것 같다. 마치 그들은 대벌레, 하늘을 나는 알바트로스, 거미줄을 한 번도 본 적이 없는 사람들 같다. 그들에게 설계된 것처럼 보이는 환상은 하찮고, 오히려 의심스러운 부가물인 반면, 나와 내가 배운 (다윈을 포함한) 자연학자들에게 생물학적 설계의 복잡한 완벽함은 생명과학의 핵심이요 중심이다. 우리가 보기에, 키무라가 관심을 가진 진화적 변화는 텍스트를 다른 폰트로 다시 설정하는 것과 같다. 우리에게 중요한 것은 텍스트의 서체가 '타임스 뉴 로먼'인지 '헬베티카'인지가 아니다. 중요한 것은, 단어가 무엇을 의미하는가이다. 진

실제로 적응적 복잡성은 생명의 존재를 진단하는 최선의 징후일 것이다.

생명을 진단하는 형질로서의 적응적 복잡성

우주 어딘가에서 무언가를 발견했는데 그 구조가 복잡해서 어떤 목적을 위해 설계된 것처럼 보인다면, 그 무언가는 살아 있는 것이거나, 한때 살아 있었던 것이거나, 아니면 살아 있는 무언가가 만든 가공물이다. 화석과 가공물을 여기에 포함시키는 것은 공정하다. 왜냐하면 어떤 행성에서든 화석이나 가공물이 발견된다면 그곳에 생명이 있다는 증거로 받아들여질 것이 틀림없기 때문이다.

복잡성은 통계적 개념이다. 복잡한 것은 통계적으로 있을 성싶지 않은 것, 생겨날 선험적 확률이 매우 낮은 것이다. 인체를 구성하는 10^{27}개 원자를 배열하는 방법의 수는 당연히도 상상할 수 없을 만큼 많다. 이 가능한 방법들 중 극소수만이 인체로 인정될 것이다. 하지만 포인트는 이것 자체가 아니다. 원자의 현재 배치는 어떤 것이든 **귀납적으로** 유일하다. 지나고 나서 생각하면 모든 배

화적 변화의 일부만 적응적이라는 점에서 키무라는 옳았을 것이다. 하지만 제발 알아두기를 바라는데, 그 일부가 **중요한** 것이다!

치가 통계적으로 있을 성싶지 않다. 중요한 점은 이 10^{27}개 원자를 배치하는 가능한 모든 방법 가운데 극히 일부만이, 자신의 존재를 유지하고 같은 종류를 증식시키기 위해 작동하는 기계에 조금이라도 가까운 것을 구성한다는 것이다. 생명체가 있을 성싶지 않은 것은 결과론이라는 평범한 의미에서 만이 아니라는 얘기다. 생명체의 통계적 불가능성은 설계라는 선험적 제약을 받는다. 즉, 생명체는 **적응적으로** 복잡한 것이다.

　'적응주의자'라는 용어는 경멸조의 말로 고안되었다. 리처드 르원틴의 말을 빌리자면 이는 "확실한 추가 증거도 없이 생물의 형태, 생리, 행동의 모든 측면을 생물이 처한 특정 문제를 해결하는 최적의 적응적 해법"이라고 가정하는 사람을 부르는 말이다. 나는 이 평가에 대해 다른 곳에서 반론한 일이 있지만, 여기서는 생물의 형태, 생리, 행동의 측면들 중 이론의 여지가 없는 적응적 해법에 해당하는 것에만 관심을 두는, 약한 의미의 적응주의자가 될 작정이다. 이는 동물학자가 무척추동물의 존재를 부정하지 않고도 척추동물을 전문적으로 연구할 수 있는 것과 마찬가지다. 내가 이론의 여지 없는 적응에 몰두하는 이유는 우주의 어떤 장소에서든 그것이 모든 생명의 특징적 징후라고 정의했기 때문이다. 척추동물 동물학자가 척추에 몰두하는 것은 척추가 모든 척추동물의 특징적 형질이기 때문인 것과 마찬가지다. 이론의 여지 없는 적응의 구체적 사례가 필요할 때도 있을 텐데, 이 목적에는 유서 깊은 '눈'이 언제나 그랬던 것처럼 이번에도 도움이 될 것이다. 실제로 다윈에게도 그랬고 페일리에게도 그랬다. "도구로서 검토하는 한,

망원경이 시각을 지원하기 위해 만들어졌다는 증거가 있는 것과 정확히 똑같이, 눈은 시각을 위해 만들어졌다는 증거가 있다. 눈과 망원경은 같은 원리를 바탕으로 만들어졌고, 둘 다 광선의 투과와 굴절을 제어하는 법칙에 따라 작동하게 되어 있다.”

비슷한 도구가 다른 행성에서 발견된다면, 어떤 특별한 설명이 필요할 것이다. 신이 있든지, 그렇지 않고 우주를 맹목적인 물리적 힘의 관점에서 설명할 작정이라면 그런 맹목적인 물리적 힘이 지극히 독특한 방법으로 작용할 필요가 있을 것이다. 윌리엄 페일리도 시인했듯이, 이것은 비생물에는 해당되지 않는 이야기다.

파도에 마모된 투명한 조약돌은 렌즈처럼 실제 상을 맺을지도 모른다. 그런데 그것이 쓸 만한 광학 장치라는 사실은 특별히 흥미롭지 않다. 왜냐하면 눈이나 망원경과 달리 너무 단순하기 때문이다. 여기서 우리는 설계라는 개념과 조금이라도 비슷한 것을 상기할 필요를 느끼지 않는다. 눈과 망원경은 많은 부분으로 이루어져 있고, 모든 부분이 공적응하여 같은 기능적 목적을 달성하기 위해 협력한다. 반면 마모된 조약돌의 공적응한 특징은 훨씬 적다. 투명성, 높은 굴절률, 표면을 구부러진 형태로 마모시키는 기계적 힘이 우연히 동시에 일어났을 뿐이다. 이 세 가지 우연이 겹칠 확률은 그리 낮지 않다. 어떤 특별한 설명은 필요치 않다.

여기서 참고로, 실험 결과의 증거로 받아들이는 P값을 통계학자가 어떻게 결정하는지 살펴보자. ‘우연의 일치가 정확히 어느 정도여야 우연으로 허용되지 않는가’는 판단 기준의 문제, 논쟁의 문제, 나아가 거의 취향의 문제다. 하지만 신중한 통계학자든 대담한 통계학자든 생명으로 (혹은 살아 있는 것이 설계한 가공물로) 판정하기를 아무도 망설이지 않을 정도로 'P'값,[3] 즉 우연의 일치도가 인상적인 값을 보이는 복잡한 적응도 있다. 내가 생각하는 '살아 있는 것의 복잡성'의 정의는 사실상 '우연히 생기기에는 너무 고도로 발달한 복잡성'이다. 이것을 이 에세이의 논제와 결부시키면, 어떤 이론이든 진화 이론이 해결해야 할 문제는 '살아 있는 것의 적응적 복잡성이 어떻게 생기는가'가 될 것이다.

에른스트 마이어는 1982년 저서 《생물학적 사상의 발전The Growth of Biological Thought》에서, 생물학 역사상 지금까지 제안된

---

3 과학 실험, 특히 생명과학 분야의 실험은 실험에서 얻은 결과가 단지 우연일지도 모른다는 의심과의 끊임없는 싸움이다. 예컨대 100명의 환자에게 시험약을 투약하고, 또 다른 100명의 '대조군' 환자들에게는 겉모습은 똑같지만 유효 성분이 없는 위약을 투약한 뒤 두 집단을 비교한다. 시험약을 투약한 환자들 중 90명이 개선되었지만 대조군에서는 20명만 개선되었다면, 그 효과를 낸 것이 약물인지 아닌지 어떻게 아는가? 단순히 우연일 가능성은? 약이 실제로 아무것도 하지 않았을 경우 실제로 얻은 결과가(또는 '더 좋은' 결과가) 단순히 운일 확률을 계산하기 위한 통계적 검사가 존재한다. 'P값'은 그 확률이고, P값이 낮을수록 그 결과가 우연일 확률은 낮다. P값이 1퍼센트 이하인 결과를 관례적으로 증거로 채택하지만, 기준점은 그때그때 다르다. P값이 5퍼센트일 때도 의미가 있는 것으로 받아들여지는 경우도 있다. 한편, 텔레파시 커뮤니케이션처럼 매우 놀라운 결과의 경우, 1퍼센트보다 훨씬 낮은 P값이 요구된다.

진화 이론들 중 그가 생각하기에 뚜렷하게 다른 여섯 가지 진화 이론을 열거했다. 나는 그 리스트를 이 에세이의 표제로 사용할 생각이다. 여섯 개 이론 각각에 대해 증거 또는 반증이 무엇인지 묻는 대신, 적응적 복잡성의 존재를 설명하는 일을 **원리상** 할 수 있는지 물을 것이다. 여섯 가지 이론을 순서대로 다루고, 이론 6인 다윈주의 선택만이 그 임무에 부응한다고 결론내릴 것이다.

이론 1. 완벽함을 높이는 타고난 능력, 또는 완벽을 향한 충동

현대인에게 이것은 이론이 전혀 아니므로 구태여 논의할 생각이 없다. 이것은 명백히 신비주의로, 처음에 전제로 하지 않은 것은 아무것도 설명하지 못한다.

이론 2. 용불용설과 획득형질의 유전

이것은 라마르크의 이론이다. 편의상 두 부분으로 나누어 설명하겠다.

용불용
이 지구상에서 생명체가 어떤 필요에 부응해 몸을 사용한 결과 더 잘 적응하게 되는 것은 관찰된 사실이다. 단련된 근육은 커지는 경향이 있다. 나무 꼭대기를 향해 열심히 늘리려고 하는 목은 모든 부위가 길어질 것이다. 만일 어떤 행성에서 그런 획득된 개선이 유전 정보에 편입될 수 있다면 적응적 진화가 일어날 수 있을 것이다. 라마르크는 그 이상의 것을 말했지만, 이것이 흔히 라마르크와 결부되는 이론이다. 1982년에 프랜시스 크릭은 이렇게 말했다. "내가 아는 한, 왜 그런 메커니즘이 자연선택보다 덜 효율적인지에 대해 **일반적인** 이론적 이유를 제시한 사람은 없었다." 이 절과 다음 절에서 나는 라마르크주의에 대한 일반적인 이론적 반론을 두 가지 제시할 생각인데, 나는 그것이 정확히 크릭이 찾고 있는 종류의 반론이라고 생각한다. 첫째는 용불용用不用 원리의 약점이다.

문제는 용불용 원리로 실현할 수 있는 적응이 조잡하고 부정확하다는 것이다. 눈 같은 기관이 진화하는 동안 일어났음에 틀림없는 진화적 개선들에 대해 생각해보고, 그중 어떤 것이 용불용 원리를 통해 생겼을 가능성이 있는지 질문해보라. '사용'이 렌즈(수정체)의 투명성을 향상시키는가? 아니다. 광자가 렌즈를 통과하면서 렌즈를 깨끗하게 세척하는 건 아니다. 렌즈와 그 밖의 광학적 부분들은 오랜 시간에 걸쳐 진화하는 동안 구면수차와 색수차(렌즈를 통해 상을 맺도록 할 때 상이 선명하지 않고 흐려지거나 뒤틀리는 현상을 수차라고 한다 – 옮긴이)를 줄였음이 틀림없는데, 이런 일이 사용이 늘어남으로써 일어났을 가능성이 있을까? 그럴 리 없다. 훈련으로 홍채 근육이 강화되었을지는 모르지만, 그런 근육을 제어하는 정밀한 피드백 제어 시스템이 훈련으로 구축될 수는 없었다. 단순히 망막에 색을 띤 빛을 조사하는 것만으로는 색 감지세포인 원추세포를 발생시킬 수도, 이 세포들의 출력 신호를 연결해 색깔을 인지하게끔 할 수도 없다.

　다윈주의 유형의 이론은 물론, 이 모든 개선을 문제없이 설명한다. 시각적 정확성의 개선은 생존에 중대한 영향을 미칠 수 있다. 구면 수차가 조금만 감소하면, 빠르게 나는 새가 장애물 위치를 잘못 판단하여 생명을 위험에 빠뜨리는 일이 없을 것이다. 세부적인 색에 대한 눈의 분해능이 조금만 개선되면, 위장한 먹이를 훨씬 잘 발견할 수 있을지도 모른다. 아무리 사소한 개선이라도 그 개선의 유전적 기초는 유전자풀에서 우위를 점하게 된다. 선택과 적응의 관계는 직접적이고 밀접하게 결합되어 있다. 그런 반면 라마르크주의 이론은 훨씬 조야한 관계에 의존한다. 즉, 동물이 자신의 특정 부분을 사용하면 할수록 그 부분이 커진다는 규칙이다. 이 규칙이 어느 정도 타당한 경우도 있을 수 있지만 일반적으로 그렇지는 않고, 적응을 조각가라고 했을 때 자연선택이 정밀한 조각칼이라면 그 규칙은 뭉툭한 손도끼에 지나지 않는다. 이 점은 보편적이다. 지구 생명과 관련한 세부 사실에 의존하지 않는다. 획득형질의 유전에 관한 내 의혹도 마찬가지다.

획득형질의 유전

획득형질 유전의 첫 번째 문제는 획득형질이 항상 개선은 아니라는 점이다. 그래야 할 이유가 전혀 없고, 실제로 획득형질의 대다수가 손상이다. 이것은 지구 생명에만 국한된 사실이 아니다. 여기에는 보편적 논거가 있다. 만일 당신이 복잡하고 그럭저럭 잘 적응된 시스템을 가지고 있다면, 그 시스템이 잘 기능하지 않게 하기 위해 당신이 할 수 있는 일의 수는 그 시스템이 잘 기능하게 하기 위해 할 수 있는 일의 수보다 훨씬 많다. 라마르크주의 진화는, 개선이 아닌 획득형질과 개선인 획득 형질을 구별하기 위한 어떤 메커니즘—아마도 '선택'—이 존재할 경우에만 적응적 방향으로 움직인다. 오직 개선만이 생식세포계에 각인되어야 한다.

콘라트 로렌츠는 라마르크주의에 대해 말하고 있었던 것은 아니지만 학습된 행동을 설명하면서 관련 포인트를 강조했는데, 학습된 행동은 아마 가장 중요한 종류의 획득 적응일 것이다. 동물은 살아 있는 동안 학습을 통해 더 나은 동물이 된다. 예컨대 단 음식을 먹으면 좋다는 것을 학습하고, 그럼으로써 생존 가능성을 높인다.[4] 하지만 단맛 그 자체는 영양분이 없다. 따라서 단것을 먹는 것을 학습하려면 자연선택 같은 것이 신경계에 "단 맛을 보상으로 취급하라"라는 임의적 법칙을 심어놓았어야 한다. 그리고 이

---

4 위 문장은 드물고 얻기 어려운 꿀을 제외하고는 정제 설탕이 존재하지 않는, 야생 상태에서만 옳다. 공교롭게도 단맛에 대한 기호는 적절하지 않은 사례였다. 문명화된 세계에서는 설탕에 대한 기호가 우리의 생존 가능성을 높이지 않기 때문이다.

법칙이 잘 작동하는 것은 사카린이 자연 발생하지 않는 반면 설탕은 자연 발생하기 때문이다.

같은 원리는 형태적 형질에도 해당된다. 닳고 갈라진 발은 점점 더 거칠어지고 피부가 두꺼워진다. 피부가 두꺼워지는 것은 획득 적응이지만, 변화가 왜 이 방향으로 향하는지는 금방 이해되지 않는다. 인간이 만든 기계에서는 마모되는 부분들이 점점 두꺼워지지 않고 점점 더 얇아지는데, 그 이유는 쉽게 이해할 수 있다. 왜 발의 피부는 그 반대일까? 왜냐하면 과거에 마모에 대해 부적응적인 반응이 아니라 적응적인 반응을 확보하도록 자연선택이 작용했기 때문이다.

이 사실이 이른바 라마르크주의 진화에 대해 무엇을 말해줄까? 이는 설령 표면 구조에는 라마르크주의가 있다 해도, 그 밑에는 다윈주의 토대가 있는 것이 틀림없다는 말이다. 즉, 획득될 가능성이 있는 형질 중에서 실제로 획득되고 유전되는 것은 다윈주의로 선택된 것이다. 라마르크주의 메커니즘은 근본적으로 적응적 진화에 관여할 수 없다. 설령 어떤 행성에서 획득 형질이 유전된다 해도, 그곳에서도 여전히 진화는 적응적 방향으로 인도하는 다윈주의에 의존할 것이다.

이론 3. 환경에 의한 직접적 유도

지금껏 보았듯이 적응은 생물체와 환경 사이의 조정이다. 상상할 수 있는 생물체의 집합은 실재하는 집합보다 폭넓다. 그리고 실재하는 집합보다 폭넓은, 상상할 수 있는 환경의 집합이 존재한다. 이 두 집합은 서로 어느 정도 맞춰지는데 이런 조정이 적응이다. 이를 달리 표현하면, 환경에서 온 정보가 생물체 안에 존재한다고 말할 수 있다. 말 그대로 그렇게 되어 있는, 눈에 보이는 선명한 예도 있다. 주위 환경의 이미지를 등에 지고 다니는 개구리처럼 말이다. 하지만 그런 정보는 보통은 그 정도로 문자 그대로의 의미는 아닌 상태로 동물들에게 전해지는데, 숙련된 관찰자라면 어떤 새로운 동물을 해부하여 그 자연환경의 세부를 자세하게 재현할 수 있다.[5]

그러면 정보가 환경에서 동물로 어떻게 거둬들여지는 것일까? 로렌츠는 자연선택과 강화 학습이라는 두 가지 방법이 있지만 둘 다 넓은 의미에서 **선택** 과정이라고 주장한다.[6] 이론적으로는 환경이 생물체에 정보를 각인하는 또 다른 방법이 있는데, 그것은 직접적인 '지시'다. 면역계가 어떻게 기능하는가를 설명하는 이론들 가운데도 '지시' 이론이 있다. 항원 분자를 둘러싸고 직접 본을 뜨는 방법으로 항체 분자가 만들어진다는 것이다. 현재 지지받는 이론은 그것과는 대조적인 '선택' 이론이다. 나는 '지시'를 마이어가

---

5 나는 나중에 이 생각을 더 생생하게 표현하기 위해 '유전자판 사자의 서'라는 어구를 사용했는데, 이 책의 다른 에세이에도 나온다.

6 심리학자 B. F. 스키너도 같은 포인트를 열심히 강조했다.

이론 3으로 제시한 '환경에 의한 직접적 유도'와 동의어로 취급한다. 그런데 이것과 이론 2가 항상 명확하게 구분되는 것은 아니다.

지시는 정보가 환경에서 동물로 직접 흘러가는 과정이다. 모방학습, 잠재학습, 각인을 지시라고 주장할 수도 있겠지만, 명확하게 하기 위해서는 가설상의 예를 사용하는 편이 안전하다. 어떤 행성에 호랑이 무늬와 비슷한 줄무늬로 위장을 하는 동물이 있다고 생각해보자. 그 동물은 높고 건조한 '풀' 속에 살고 있고, 줄무늬는 그 지역에 자라는 풀 잎사귀의 전형적인 두께 및 간격과 흡사하다. 우리 행성에서는 그런 적응이 무작위적인 유전자 변이에 자연선택이 작용함으로써 생기지만, 이 가설상의 행성에서는 직접적 지시를 통해 생긴다. 동물의 피부는 풀 잎사귀가 '태양'을 가려주는 부분 외에는 갈색이 된다. 따라서 줄무늬는 단순히 오래 살아온 서식 환경이 아니라, 정확히 그 동물이 햇볕을 쬐었던 서식지, 정확히 그 동물이 살아남아야 하는 서식지에 딱 맞게 적응된다. 지역 개체군들은 자동적으로 지역의 풀로 위장된다. 서식 환경에 대한 정보, 이 경우 풀 잎사귀의 간격 패턴이 동물로 흘러들어가 피부 색소의 간격 패턴으로 나타나는 것이다.

지시적 적응이 영구적 또는 점진적인 진화적 변화를 일으키기 위해서는 획득 형질이 유전되어야 한다. 한 세대가 받은 '지시'가 유전 정보(또는 그것에 상당하는 것)에 '기억되어야' 한다. 이 과정은 원리상 누적적이고 점진적이다. 따라서 매 세대 축적된 '지시'로 유전 창고가 넘치지 않도록 불필요한 '지시'는 버리고 가치 있는 것만 모아두는 어떤 메커니즘이 있어야 한다. 이 대목에서 우리는 또 다시 어떤 선택 과정의 필요성에 직면할 수밖에 없다.

예컨대 포유류와 비슷한 어떤 생명 형태가 있는데, 튼튼한 '탯줄 신경' 덕분에 모체가 자기 기억의 완전한 내용을 태아의 뇌에 '출력'할 수 있다고 상상해보자. 이 방법은 우리 신경계에서도 이용되는데, 뇌량은 우뇌 반구에서 좌뇌 반구로 많은 양의 정보를 전송할 수 있다. 탯줄 신경 덕분에 각 세대의 경험과 지혜가 자동적으로 다음 세대로 갈 수 있다면 이는 매우 바람직한 일처럼 보일지도 모른다. 하지만 어떤 종류의 선택 필터가 없다면, 몇 세대 만에 정보의 부하가 감당할 수 없을 정도로 커질 것이다. 이번에도 우리는 어떤 선택의 기초가 필요하다는 사실에 직면한다. 이 이야기는 이것으로 마치고 지시적 적응에 관한 지적을 한 가지만 더 해보고 싶다(이것은 라마르크주의 유형의 모든 이론에 똑같이 해당된다).

한 마디로, 적응적 진화에 관한 두 가지 주요 이론—선택과 지시—과 배발생에 관한 두 가지 주요 이론—후성설과 전성설[7]—

---

7 케임브리지 강연에서는 배발생이 어떻게 진행되는가에 관한 이 두 가지 역사적 견해를 정의할 시간이 없었다. 사실 다윈을 기념하는 케임브리지 강연의 청중은 정의가 필요 없었을 것이다. 전성설은 각 세대에 다음 세대의 형태가 그대로(정자나 난자 속에 소형 몸이 돌돌 말려 있는 형태), 또는 청사진 같은 코드화된 형태로 포함되어 있다고 주장한다. 후성설이란, 각 세대는 다음 세대를 만들기 위한 지시문을 청사진이 아니라 레시피나 컴퓨터 프로그램과 비슷한 형태로 가지고 있

이 논리적으로 연결되는 지점이 존재한다는 것이다. 지시적 진화는 배발생이 전성적인 경우에만 일어날 수 있다. 지구에서와 같이 배발생이 후성적이면 지시적 진화는 일어날 수 없다.

간단히 말해, 획득 형질이 유전되기 위해서는 발생 과정이 가역적이야 한다. 즉 표현형의 변화를 유전자(또는 그것에 상당하는 것)로 읽어들일 수 있어야 한다. 배발생이 전성적이라면─즉 유전자가 정말 청사진이라면─그 과정은 실제로 가역적일 수 있다.

─────────

다는 의미다. 우리는 배발생이 전성설적으로 진행되는 행성을 다음과 같이 상상할 수 있다. 부모의 몸을 한 단편씩 스캔하여 지시문을 만들고 그것을 3D 프린터 같은 것으로 전송한다. 그러면 부모 몸의 복사본인 아이가 '프린트'된다. 그 다음 이 복사본은 필요할 경우에 완전한 크기로 '부풀어 오른다.' 지구에서의 배발생은 이런 식으로 진행되지 않지만, 가설상의 호랑이 무늬 동물에서는 배발생이 이런 식으로 진행되어야 한다. 지구에서 우리의 배발생은 후성설적이고, DNA는 대부분의 생물학 교과서에 적혀 있는 것과 달리 청사진이 아니다. 그것은 컴퓨터 프로그램이나 요리 레시피, 또는 종이접기 지시 같은 일련의 명령으로, 그것을 따르면 몸이 생긴다. 만일 청사진에 따른 배발생이 존재한다면 그 과정은 가역적일 것이다. 집의 치수를 측정하여 애초의 설계도를 재현할 수 있는 것과 같다. 어떤 의미로든 자식을 만들기 위해 복제되는 것은 부모의 몸이 아니다. 도리어 부모의 몸을 만드는 유전자가 복제되어, (그 절반이 다른 부모의 절반과 함께) 다음 세대의 몸을 만들기 위한 지시문으로서, 나아가 손자 세대로 전달되어야 하는 불순물이 섞이지 않은 지시문으로서 후대에 건네진다. 몸이 몸을 낳지 않는다. DNA가 몸을 낳고, DNA가 DNA를 낳는 것이다.

집을 청사진으로 변환시킬 수 있는 것처럼 말이다. 하지만 지구에서와 같이 배발생이 후성적이라면, 유전 정보는 집의 설계도보다는 케이크의 레시피와 더 비슷해서 그 과정은 불가역적이다. 게놈 단편과 표현형 단편 사이에 일대일 대응은 없다. 케이크의 조각과 레시피의 단어가 일대일로 대응하지 않는 것과 마찬가지다. 레시피는 청사진이 아니라서 케이크로부터 재현할 수 없다. 레시피에서 케이크로의 변환은 거꾸로 되돌릴 수 없고, 몸을 만드는 과정도 마찬가지다. 따라서 배발생이 후성적인 행성에서는 획득된 적응을 '유전자'로 읽어들일 수 없다.

그렇다고 배발생이 전성적인 생명 형태가 어떤 행성에도 있을 수 없다는 말은 아니다. 그건 별개의 문제다. 그렇다면 어느 정도나 가능성이 있을까? 그 생명 형태는 틀림없이 우리와는 매우 다를 것이고, 그러므로 그것이 어떻게 작동할지 떠올리기는 어렵다. 가역적인 배발생 그 자체를 떠올리기는 훨씬 더 어렵다. 먼저 어떤 메커니즘이 성체 몸의 자세한 형태를 스캔해야 할 것이다. 예컨대 볕에 타서 줄무늬가 생긴 피부에서 갈색 색소의 정확한 위치를 꼼꼼하게 기록하고 그것을 텔레비전 카메라에서와 같이 직선적인 코드 번호의 흐름으로 바꿔야 한다. 그런 다음 배발생이 스캔 된 정보를 텔레비전 수신기처럼 다시 읽어낼 것이다. 나는 직감적으로 이런 종류의 발생학에는 원리상 이론의 여지가 있다는 생각이 들지만, 지금으로서는 체계적으로 설명할 수 없다.[8] 내 말의 요지는 만일 행성들을 배발생이 전성적인 곳과 지구처럼 후성적인 곳으로 나눈다면, 다윈주의 진화는 두 종류의 행성 모두에서 지지될 가능성이 있지만 라마르크주의 진화는 설령 그 존재를 의심할 다른 이유가 없다 해도 전성설 행성에서만 지지될 수 있다는 것이다. 어디까지나 그런 행성이 있다면 말이다.

이론 4. 도약진화설

진화 개념의 큰 장점은, 그 방향으로 기능이 실현될 통계적 가능성이 매우 낮지만 이론의 여지가 없는 적응의 존재를 초자연 현상이나 신비론에 기대지 않고 맹목적인 물리적 힘의 관점에서 설명한다는 것이다. 우리는 이론의 여지가 없는 적응을, 우연히 생기기에는 너무 복잡한 적응이라고 **정의**했는데, 어떤 이론이 맹목적인 물리적 힘만으로 그것을 설명하는 것이 어떻게 가능할까? 대답—다윈의 대답—은 놀라울 정도로 간단하다. 페일리의 천상의 시계수리공이 그의 동시대인들에게 얼마나 자명해 보였을지 생각

---

8   요즘 나는 그것을 체계적으로 설명해보고 싶다. 우선, 그런 종류의 배발생 과정은 앞에서 이미 언급한 마모 문제에 취약할 것이다. 부모의 몸을 '스캔'하면, 거칠어진 발바닥과 학습된 지혜 같은 '좋은' 획득 형질과 더불어 모든 상처, 팔다리 골절, 사라진 음경꺼풀까지 충실하게 재현하게 된다. 따라서 상처 같은 바람직하지 못한 것들과 '좋은' 획득 형질을 선별할 필요가 있을 것이다. 그런 '선택자'로, 다윈이 제안한 것 외에 무엇이 있을 수 있을까?

해보라. 핵심은, 공적응한 부분들이 **한꺼번에 다** 모일 필요가 없다는 것이다. 조금씩 차츰차츰 모이면 된다. 오히려 실제로는 **조금씩** 모이지 않으면 안 된다. 그렇지 않으면 최초의 문제로 돌아가게 된다. 즉, 우연히 만들어지기에는 지나치게 복잡한 것이 우연히 만들어지지 않으면 안 되는 상황이다!

공적응된 독립적인 부분을 다수 포함하고 있는 기관의 예로 다시 한 번 눈을 생각해보자. 부분들의 수를 N이라고 하자. 이 N개의 특징 중 어느 하나가 우연히 생길 수 있는 선험적 가능성은 낮지만, 그렇다고 극단적으로 낮지는 않다. 수정 같은 조약돌이 파도에 씻겨 둥근 렌즈의 역할을 할 가능성 정도는 된다. 어떤 하나의 적응이 맹목적인 물리적 힘을 통해 저절로 생겨날 수 있었다는 것은 충분히 타당한 이야기다. N개의 상호 적응한 특징들 각각이 그 자체로 조금씩이라도 이점을 초래한다면, 많은 부분으로 이루어진 기관 전체가 오랜 시간에 걸쳐 조립될 가능성이 있다. 이것이 특히 타당하다고 생각되는 사례는 눈이다. 창조론자의 전당에서 이 기관이 명예로운 지위를 누리고 있다는 사실을 생각하면 아이러니한 이야기가 아닐 수 없다. 눈은 기관이 일부만 있어도 아예 없는 것보다 낫다는 것을 보여주는 월등히 뛰어난 예다. 렌즈가 없는 눈, 심지어는 동공이 없는 눈도 어른거리는 포식자의 그림자를 감지할 수 있다.

반복하지만, 적응적 복잡성에 대한 다윈주의적 설명의 핵심은 한 순간 우연히 생기는 다차원적인 행운을, 점진적으로 한 단계씩 얇게 스며드는 행운으로 치환할 수 있다는 데 있다. 운이 관여하는 것은 확실하다. 하지만 행운을 하나로 모아서 큰 단계로 만드는 이론은 행운을 작은 단계로 퍼뜨리는 이론보다 믿기 어렵다. 이것으로부터 다음과 같은 보편적 생물학의 일반 원리를 말할 수 있다. 우주 어디에서 적응적 복잡성이 발견되더라도, 그것은 일련의 작은 변화들을 통해 점진적으로 생겨난 것이지, 적응적 복잡성이 갑자기 크게 증가한 것이 아니다.[9] 우리는 마이어의 네 번째 이론인 도약진화설을 복잡성의 진화를 설명하는 후보에서 제외해야 한다.

도약진화설을 배제한다는 이 결론에 이의를 제기하기는 거의 불가능하다. 점진적 진화의 유일한 대안이 초자연적 마법이라는 것은 적응적 복잡성의 정의에 사실상 포함되어 있다. 이것은 점진설을 지지하는 주장이 가치 없는 동어반복이라는 말이 아니다. 창조론자와 철학자들이 얼씨구나 하고 달려드는 종류의 반증 불가능한 도그마라는 말이 아니다. 완전한 형태를 갖춘 눈이 아무것도 없는 맨살에서 새로 생기는 것은 **논리적으로** 불가능하지 않다. 다만 그 가능성이 통계적으로 무시할 수 있을 정도로 작을 뿐이다.

---

9 나는 나중에 '불가능의 산 오르기'라는 은유를 같은 제목의 책에서 사용했다. 눈처럼 정교하게 설계된 기계의 한 복잡한 조각이 '불가능의 산'의 정상에 있다. 산의 한쪽 측면은 순전한 낭떠러지라서 한달음에 오르는 것―즉 도약―이 불가능하다. 하지만 산의 다른 측면은 완만한 비탈이라서 한 발짝씩 옮기는 것만으로 쉽게 오를 수 있다.

그런데 최근, 일부 현대 진화론자들이 '점진설'을 거부하고 존 터너가 돌발적 진화 이론으로 빈정댄 것을 신봉한다는 기사가 널리 반복적으로 보도되고 있다. 이 일부 진화론자들은 신비주의 경향이 없는 합리적인 사람들이므로, 내가 여기서 사용하고 있는 의미의 점진설론자임이 틀림없다. 그들이 반대하는 '점진설'은 분명 내가 정의한 것과는 다른 의미일 것이다. 여기에는 실제로 언어상의 혼동이 두 가지 있는데, 나는 그것을 차례로 해소할 생각이다. 하나는 '단속평형설'과 진짜 도약진화설 사이의 흔히 있는 혼동이다.[10] 또 하나는 이론적으로 분명히 다른 두 종류의 도약진화설 사

---

10 단기간에 '펑크 이크punk eek'라는 애칭으로 불릴 정도로 잘 알려지게 된 단속평형설은 저명한 고생물학자들인 나일즈 엘드리지와 스티븐 제이 굴드가 화석 기록에 나타나는 도약처럼 보이는 것을 설명하기 위해 개진한 이론이다. 불행히도 어느 정도는 굴드의 설득력은 있으나 오해를 초래하는 수사 탓에, 단속평형설이라는 표현은 훗날 완전히 다른 세 종류의 도약 사이의 혼동을 초래하게 되었다. 첫 번째는 대돌연변이, 즉 도약진화다[영향이 큰 돌연변이로, 극단적인 경우는 '괴물' 또는 '유망한 괴물'(도약진화설의 대표적 논객인 골드슈미트가 말한 것으로, 한 세대만에 생긴다고 여겨지는 새로운 종 – 옮긴이)을 생산한다]. 두 번째는 대량 멸종(포유류를 위한 무대를 마련한, 공룡의 갑작스러운 절멸 같은 것)이다. 세 번째는 (엘드리지와 굴드가 최초에 기고한 논문에서 의도한 의미인) 급속점진설이다. 엘드리지와 굴드는 다른 고생물학자들과 함께, 진화는 오랜 기간 정체하다가(균형 상태) '종 분화'라 불리는 갑작스럽고 급속한 폭발이 단속적으로 일어나는 방식으로 진행된다는 충분히 설득력 있는 주장을 펼쳤다. 그들은 거기서 '이소적 종분화' 이론을

이의 혼동이다.

단속평형설은 대돌연변이설, 즉 전통적 의미의 도약진화설이

제기했다.

이소적 종분화란 초기의 지리적 격리 때문에—예컨대 섬이나 강, 또는 산맥의 양편에서—종이 둘로 분화하는 것을 의미한다. 격리되어 있는 동안 두 개체군은 서로와 멀어지는 방향으로 진화할 기회를 가지므로, 충분한 시간이 흐른 뒤 다시 만나면 더 이상 교배할 수 없고, 따라서 다른 종으로 정의된다. 하위개체군이 본토 개체군에서 분리되어 섬에 있을 때, 섬 조건 아래서의 진화적 변화는 매우 빠를 수 있어서, 매우 느린 지질학적 시간 척도에 비하면 거의 순식간에 새로운 종이 생길 가능성이 있다. '대형 땅거북 이야기'(509쪽)에서 논한 것처럼 '섬'이 반드시 물에 둘러싸인 땅일 필요는 없다. 물고기에게는 호수가 일종의 섬이다. 알프스 마못쥐에게는 높은 봉우리가 섬이다. 설명의 편의를 위해 나는 계속해서 섬을 물로 둘러싸인 땅으로 가정할 것이다.

섬 종의 개체들이 본토로 역이주했는데 본토에 있는 부모 종은 변화하지 않았을 때, 본토의 암석을 파는 고생물학자에게는 섬의 종이 부모 종에서 한 번의 도약을 통해 생긴 것처럼 보일 것이다. 도약은 착각이다. 빠르게 일어났고, 고생물학자가 파지 않은 근해의 섬에서 일어났을 뿐, 실제로 일어난 것은 점진적 진화다. 이런 '급속점진설'이 진짜 도약진화설과 다른 것임을 알기는 어렵지 않다. 하지만 굴드의 수사가 한 세대의 학생과 일반인을 잘못된 방향으로 인도하여 진짜 도약진화설과 급속점진설을 혼동하게 했고, 더 나아가 대량멸종과 그 결과로 생기는 (공룡 절멸 후의 포유류 같은) '돌연한' 새로운 진화와도 혼동하게 했다. 이것은 내가 '시적 과학'이라고 부르는 것의 예다. 시적 과학에 대해서는 이 에세이의 후기에서 다시 한 번 다루겠다.

전혀 아니다. 하지만 여기서 단속평형설에 대해 논할 필요가 있는데, 단속평형설이 흔히 도약진화설로 간주되기 때문이고, 다윈이 'Naura nonfacit satum(자연은 도약하지 않는다)'[11]이라는 원리를 지지한 것에 대한 헉슬리의 비판을 단속평형설의 신봉자들이 옳은 것으로 인용하기 때문이다. 단속평형설은 다윈과 신다윈주의 종합설 양쪽의 '점진론적' 전제와 대립하는 과격하고 혁명적인 이론으로 소개된다. 하지만 단속평형설은 애초에 정통 신다윈주의 종합설에서 나온 것이다. 우리가 거기 내포된 개념인 이소

---

[11] '자연은 도약하지 않는다.' 헉슬리 시대에 (그가 이 어구를 사용한 편지 속에서 직접 말을 걸고 있었던 다윈을 포함해) 그의 독자들은 아무리 싫어도(특히 다윈의 경우) 라틴어로 교육을 받았다.

스티븐 굴드도 케임브리지에서의 내 강연에 참석했다. 강연 후 그가 벌떡 일어나 다윈주의 자연선택에 대한 역사적 대안 중 하나로 도약진화설을 언급했다. 설계된 듯한 환상을 주는 복잡한 적응을 도약진화─불가능의 산 아래서 정상까지 한 번의 도약으로 오르는 것─로 설명하는 것은 불가능하다는 사실을 그가 정말 몰랐을까? 믿기 어렵다. 굴드는 역사에 깊은 관심과 해박한 지식을 가지고 있었다. 20세기 초 일부 과학자들이 도약진화설을 점진설의 대안(그들은 그렇게 생각했다)으로 옹호했다는 그의 주장은 역사적 관점에서는 옳았다. 하지만 도약진화설이 복잡한 적응에 대한 설명으로서 점진설의 유효한 대안일 수 있다는 발언은 과학적으로 틀렸고, 논리적으로도 틀렸다. 다시 말해, 그가 올바로 거론한 역사적 인물들은 과학적으로 틀렸고, 그것은 항상 명백했다. 그들이 틀렸다는 사실은 심지어 그들 자신의 시대에도 명백했다. 굴드는 틀렸다고 말했어야 한다.

적 종분화를 진지하게 취급한다면, 단속평형은 고생물학적 시간 척도에서 신다윈주의 종합설로 예측되는 현상이다. 단속평형설은 신다윈주의 종합설의 '느긋한 전개'를 받아들이되 급속하지만 점진적으로 일어나는 진화의 일시적인 폭발들 사이에 장기적인 정체를 **끼워 넣음**으로써 그 '돌발'을 이끌어낸다.

레드야드 스테빈스[12]의 사고 실험은 이런 '급속점진설'의 타당성을 극적으로 보여준다. 그는 세대 간의 평균값 차이가 표본추출 오차에 완전히 매몰될 정도로 아주 느린 속도로 몸이 크게 진화하는 쥐의 종이 존재한다고 가정한다. 하지만 이 느린 속도에서조차 스테빈의 쥐 계통은 약 6만 년 만에 큰 코끼리의 몸 크기에 도달한다. 6만 년은 고생물학자들에게는 눈 깜박할 새로 간주될 만큼 짧은 시간이다. 소진화 연구자에게는 포착되지 않을 정도로 **느린** 진화적 변화도 대진화 연구자에게는 포착될 정도로 **빠를** 수 있다.[13] 고생물학자가 '도약진화'로 간주하는 것이 실제로는 소진화

---

12 스테빈스는 1930년대와 1940년대의 신다윈주의 종합설의 창시자들 중 하나로 추앙받는 미국 식물학자였다.

13 요즘 나는 이 두 용어를 사용하는 것이 망설여진다. 사람들을 속이기 위해 과학 용어를 오용하는 창존론자들에게 이용되고 있기 때문이다. 야외에서 개체군을 연구하는 유전학자들은 소진화를 조사한다. 시대별 화석을 연구하는 고생물학자들은 대진화를 조사한다. 대진화는 실제로는 소진화가 매우 오랜 시간 동안 진행될 때 일어나는 일일 뿐이다. 경계를 게을리 하지 말았어야 했던 몇몇 생물학들이 무심코 도와준

연구자에게는 포착되지 않을 정도로 느린 잔잔하고 점진적인 변화일 수 있다. 이런 종류의 고생물학적 '도약진화'는 헉슬리와 다윈이 Natura non facit saltum에 대해 논쟁할 때 머릿속에 떠올린 것이었을, 한 세대 만에 일어나는 대돌연변이와 아무런 관계가 없다. 여기서 혼란이 발생한 것은 아마 단속평형설의 몇몇 지지자들이 우연히 대돌연변이도 옹호했기 때문일 것이다. '단속설론자들' 중에는 자신의 이론을 대돌연변이설과 혼동하거나, 대돌연변이를 단속 메커니즘의 하나로 노골적으로 거론한 사람들도 있었다.

대돌연변이, 즉 진짜 도약진화로 눈을 돌려, 내가 해소하고 싶은 두 번째 혼동을 살펴보자. 그건 우리가 생각할 수 있는 두 종류의 대돌연변이 사이에 빚어지는 혼동이다. 그것을 도약진화 1과 도약진화 2 같은 기억에 남지 않는 이름으로 부를 수도 있지만, 내가 어렸을 때 좋아했던 비행기에 비유하여 '보잉 747'과 'DC-8 신장형' 도약진화로 부르려고 한다. 747 도약진화는 있을 수 없는 종류의 도약진화를 가리킨다. 이 명칭은 다윈주의에 대한 호일 경의 장대한 오해를 담은, 널리 거론되는 비유에서 가져왔다. 호일

덕분에, 창조론자들이 둘 사이의 이런 구별을 질적인 차이로 끌어올렸다. 창조론자들은 나방 개체군에서 밝은 체색의 나방이 검은 돌연변이로 대체되는 것 같은 소진화를 받아들인다. 하지만 대진화는 질적으로, 근본적으로 다르다고 생각한다. 실제 구별과 가정상의 구별에 대한 자세한 설명으로는 4부에 있는 '앨라배마의 끼워 넣은 문서'를 보라.

은 다윈주의 선택을 토네이도가 야적장을 휩쓸고 지나가면서 보잉 747을 조립하는 것에 비유했다(물론 그는 앞에서 말한, 작은 단계로 '얇게 스미는' 운이 있을 수 있음을 간과했다). DC-8 신장형 도약진화는 상당히 다르다. 이 종류를 믿는 것은 원리상으로 전혀 어렵지 않다. DC-8 신장형 도약진화는 적응 정보가 크게 증가하는 것 없이 어떤 생물학적 척도의 **규모**가 갑자기 크게 변화하는 것을 가리킨다. 이 명칭은, 새롭고 중대한 복잡성을 추가하는 것이 아니라 기존 설계의 기체를 신장함으로써 만들어진 항공기의 이름을 딴 것이다.[14] DC-8에서 DC-8 신장형으로의 변화는 규모상의 큰 변화다. 작은 변화의 점진적 연속이 아니라, 도약진화다. 하지만 고철 더미에서 747로의 변화와 달리, 정보 내용이나 복잡성이 크게 증가하는 것은 아니다. 그것이 이 비유에서 내가 강조하는 점이다.

DC-8 도약진화의 예는 다음과 같다. 기린의 목이 한 단계의 특

---

14 추가된 복잡성—좌석, 칸막이 벽, 호출 단추, 접이식 테이블 등—은 신장되기 전 버전의 비행기에서 복제하기만 하면 되는 것이다. 생물학의 예로 말하면, 돌연변이 뱀이 부모보다 많은 체절을 가지고 있을 때, 척추와 함께 갈비뼈, 신경, 혈관 등 관련된 부분이 증가하는 것과 비슷하다. 이러한 'DC-8 신장형' 진화적 변화는 자주 일어났을 것이다. 뱀의 경우, 종에 따라 체절의 수가 크게 다른 것만 봐도 그것을 알 수 있다. 척추의 일부분만 가지고 있는 뱀은 존재하지 않으므로, 새끼는 분명 부모와 다른 수의 체절을 가지고 태어났을 것이다.

별한 돌연변이로 갑자기 나타났다고 가정해보자. 양친은 보통의 영양과 같은 길이의 목을 가지고 있었다. 양친이 현대 기린과 같은 길이의 목을 가진 변종 새끼를 낳았고, 모든 기린은 이 변종의 자손인 것이다. 지구에서 이런 일이 있었다고는 믿기 어렵지만,[15] 이와 비슷한 일이 우주 어딘가에서 일어날지도 모른다. 눈 같은 복잡한 기관이 맨살에서 한 번의 돌연변이로 생길 수 있다는 (747) 가설에는 근본적인 이론이 있지만, 기린의 목에는 원리상으로 이런 의미의 이론이 없다. 결정적 차이는 복잡성에 있다.

영양의 짧은 목에서 기린의 긴 목으로의 변화는 복잡성이 증가한 경우는 **아니**라고 생각해도 좋을 것이다. 물론 두 가지 목 모두 매우 복잡한 구조인 것은 맞다. 어떤 목도 목이 **아닌** 것에서 한 걸음에 갈 수는 없다. 그렇다면 그것은 747 도약진화다. 하지만 영양목의 복잡한 조직이 이미 존재한다면, 길이만 늘이면 기린 목이 될 수 있다. 배 발생의 어떤 단계에서 다양한 것들이 빠르게 성장해야 하지만, 복잡성이 더 증가하는 것은 아니다. 물론 현실에서는 이런 규모상의 큰 변화가 유해한 여파를 미칠 가능성이 높고, 그렇게 되면 대돌연변이종은 살아남지 못할 것이다. 기존의 영양 심장은 아마 새롭게 길어진 기린 목까지 혈액을 펌프질 할 수 없을 것이다. DC-8 도약진화를 통해 진화가 일어날 수 있음을 반박

---

15 실제로는 목의 길이가 중간 정도인 중간 종이 있는데, 기린의 사촌인 아름다운 오카피다. 하지만 논의의 전개를 위해 오카피는 잊자.

하는 이런 실질적인 반론은 점진설을 지지하는 내 주장에 힘을 실어줄 뿐이지만, 그래도 나는 747 도약진화에 반대하는 별도의 더 보편적인 주장을 해보고 싶다.

747과 DC-8 도약진화를 구별하는 것이 실질적으로는 불가능하다는 주장이 있을지도 모른다. 이러니저러니 해도 기린 목이 대돌연변이를 통해 신장되는 것 같은 DC-8 도약진화는 매우 복잡해 보일지도 모른다. 근육, 척추뼈, 신경, 혈관이 모두 동시에 늘어나야 한다. 왜 그럼에도 이것은 747 도약진화에 속하지 않고, 따라서 불가능하지 않은 걸까?

기관을 이루는 다양한 부위의 성장 속도가 단일 돌연변이로 인해 변할 수 있다는 사실을 우리는 알고 있으며, 발생 과정을 생각하면 그것이 전혀 놀랍지 않다. 단일 돌연변이로 인해 초파리의 더듬이가 있어야 할 자리에 다리가 생길 때도 생겨난 다리는 놀랄 만한 복잡함을 갖추고 있다. 하지만 이것은 불가사의하거나 뜻밖의 일이 아니며, 747 도약진화가 아니다. 왜냐하면 다리의 조직은 돌연변이 전의 체내에 이미 있기 때문이다. 배 발생 과정에서와 같이, 계층적으로 가지를 치는 인과관계의 나무가 존재하는 상황에서는 반드시, 나무의 상위 마디에서 일어나는 작은 변화가 잔가지 끝에 크고 복잡한 파생 효과를 미칠 가능성이 있다. 하지만 그 변화의 규모가 클 수 있어도, 적응 정보가 갑자기 크게 증가하는 일은 있을 수 없다. 실제로 적응적으로 복잡한 정보가 갑자기 크게 증가한 구체적 사례를 실제로 발견했다는 생각이 든다면, 설령 격세유전된 것일지언정 적응 정보는 이미 그곳에 있었다고 확신해도 좋다.

따라서 747 도약진화가 아니라 DC-8 도약진화를 의미하는 것이라면, 돌발적 진화 이론에는 설령 그것이 유망한 괴물에 관한 이론이라 해도 원리상 이론이 없다. 학식 있는 생물학들은 747 도약진화를 실제로 믿지 않지만, 그들이 모두 DC-8과 747 도약진화의 차이를 명확하게 이해하고 있는 것은 아니다. 그로 인해 유감스러운 상황이 초래되었다. 창조론자들과 그들을 지지하는 언론 관계자들이 도약진화설처럼 들리는 유명 생물학자의 발언을 이용할 수 있었던 것이다. 그 생물학자가 의도한 의미는 내가 DC-8 도약진화라고 부르는 이론이었을 것이다. 아니면 도약진화가 전혀 아닌 단속진화였을지도 모른다. 하지만 창조론자는 그것이 당연히 내가 747이라고 부르는 의미의 도약진화라고 생각하는데, 747 도약진화는 실제로는 그들이 고대하는 기적일 것이다.

다윈이 부당한 평가를 받고 있는 것도 마찬가지로 평론가가 DC-8과 이 747 도약진화의 차이를 이해하지 못한 탓이 아닐까. 다윈은 점진설에 집착했고 그러므로 만일 어떤 형태의 돌발적 진화가 증명된다면 다윈이 틀렸다는 것이 증명되는 셈이라고 흔히들 말한다. 단속평형설이 떠들썩하게 선전되는 것은 틀림없이 이 때문일 것이다. 하지만 다윈이 실제로 모든 돌발적 진화에 반대했을까? 아니면 내가 짐작하듯이 747 도약진화만을 강하게 반대했을까?

이미 보았듯이 단속평형설은 도약진화와 아무런 관계가 없지만, 어쨌든 흔히들 말하는 것처럼 다윈이 화석 기록에 대한 단속설론자들의 해석을 들었다면 당혹스러워했을 것인지는 확실히 단언할 수 없다고 생각한다. 《종의 기원》의 나중 판에 적혀 있는 다음의 문장은 마치 학술지 〈고생물학〉의 최신호에서 인용한 것처럼 들린다. "종이 변화를 겪고 있는 기간은 연 단위로 측정될 정도로 매우 길지만, 같은 종이 어떤 변화도 겪지 않고 있는 기간에 비하면 짧을 것이다." 나는 747과 DC-8 도약진화를 구별한다면 우리가 다윈의 전반적인 점진주의적 편향을 더 잘 이해할 수 있을 것이라고 생각한다.

어쩌면 이런 문제는 다윈 자신이 그 구별을 의식하지 않았기 때문에 생겼을지도 모른다. 도약진화에 반대하는 몇몇 단락에서 그가 염두에 둔 것은 DC-8 도약진화로 보인다. 하지만 그런 경우 그는 강한 확신을 가지고 있는 것처럼 보이지 않는다. 다윈은 1860년의 한 편지에 이렇게 쓰고 있다. "나는 돌연한 도약에 반대하지 않는다. 경우에 따라서는 내게 도움이 된다. 내가 말할 수 있는 것은 이 문제를 자세히 검토했을 때 도약을 [새로운 종의 원천이라고] 믿을 만큼 충분한 증거를 발견하지 못했고, 많은 증거가 다른 방향을 가리켰다는 것이다." 이것은 돌연한 도약에 원리상으로 열심히 반대하는 사람의 말처럼 들리지 않는다. 물론 그가 단지 DC-8 도약진화만을 염두에 둔 것이었다면, 열심히 반대했어야 할 이유도 없다.

하지만 그가 실제로 아주 열심인 때도 있는데, 그런 경우 그는 747 도약진화를 생각하고 있었던 것이 아닐까. 역사학자 닐 길레스피는 이렇게 말한다. "새로운 종이나 더 상위 분류군이 어떻게 생겨났는지에 대한 설명으로 체임버스, 오언, 아가일, 마이바트, 등이 과학적 동기만이 아니라 명백한 신학적 동기에서도 선호한 괴물 탄생 도그마는 다윈이 보기에는 기적이나 다름없었다. 그것은 '생물체 상호 간의 공적응, 또는 생물체의 물리적 생식 조건에 대한 공적응을 다루지도, 설명하지도 않는다.' 그것은 전혀 '설명이 아니고', '흙으로부터'의 창조만큼이나 과학적 가치가 없었다."

따라서 괴물의 도약진화에 대한 다윈의 적의는 그가 747 도약진화—새로운 적응적 복잡성이 돌연 만들어졌다는 생각—를 염두에 두고 있었다고 추정하면 납득이 된다. 그가 747 도약진화를 생각하고 있었을 가능성이 높은 이유는 정확히 그것이 그의 적수들 대부분의 머릿속에 있었던 것이기 때문이다. (아마 헉슬리는 아니었겠지만) 아가일 공 같은 도약진화설론자가 747 도약진화를 믿고 싶어 했던 것은 그것이 확실히 초자연의 개입을 필요로 했기 때문이다. 다윈은 정확히 같은 이유로 그것을 믿지 않았다.

나는 이 접근법을 취할 때 비로소 다윈의 유명한 논평을 제대로 이해할 수 있다고 생각한다. "아주 작은 변화가 수차례 연속적으로 일어나는 것으로는 형성될 수 없는 복잡한 기관이 존재한다는 사실이 증명된다면 내 가설은 완전히 붕괴할 것이다." 이것은 현대 고생물학자가 사용하는 의미의 점진설에 대한 호소가 아니다. 다윈의 이론은 반증 가능하지만, 그는 자신의 이론이 **그렇게** 쉽게 반증되게 할 만큼 바보는 아니었다! 다윈이 대체 뭐 때문에 그렇게 임의로 한정되는 버전의 진화, 적극적으로 반증을 부르는 버전의 진화에 자신의 운명을 맡겼겠는가? 나는 그가 그랬을 리 없

다고 생각한다. 그가 '복잡'하다는 말을 사용하고 있는 것이 내게
는 결정적인 단서로 보인다. 굴드는 다윈의 이 문단을 '명백히 무
효'라고 말한다. 아주 작은 변화의 대안을 DC-8 도약진화로 본다
면 무효다. 하지만 대안을 747 도약진화로 본다면, 다윈의 견해는
유효하고 매우 현명하다. 그의 이론은 실제로 반증 가능하고, 인
용한 문단에서 그는 그것이 반증될 수 있는 하나의 방법을 정확히
지적한다.

따라서 상상할 수 있는 도약진화에는 두 종류가 있다. DC-8 도
약진화와 747 도약진화다. DC-8 도약진화는 완벽하게 가능하고,
실험실과 농장에서 틀림없이 일어나며, 때때로 진화에 기여하고
있을지도 모른다.[16] 747 도약진화는 초자연적 개입이 없는 한 통
계적으로 불가능한 것과 다름없다. 다윈의 시대에 도약진화의 지
지자와 반대자가 747 도약진화를 자주 떠올린 것은 그들이 신의
개입을 믿었거나 그것에 반대했기 때문이다. 다윈이 (747) 도약
진화에 거부감을 보였던 것은 적응적 복잡성의 설명으로 자연선
택이 기적의 **대안**임을 정확히 알았기 때문이다. 요즘 도약진화는

---

16 내가 이 문제를 논한 것은 그 뒤 1989년에 '진화하기 쉬움의 진화
evolution of evolvability'라는 표현을 (크리스토퍼 랭턴이 편집한《인공 생
명Artificial Life》에서) 고안했을 때였다. 거기서 내가 제안한 것은, 체절
의 기원처럼, 드물게 일어나지만 진화에 중요한 단계들은 갑작스러운
도약진화로 일어났을지도 모른다는 것이다. 최초의 체절 동물은 두 개
의 체절을 가졌을 가능성이 높다. 한 개 반은 아니었을 것이다.

(도약진화가 전혀 아닌) 단속, 또는 DC-8 도약진화를 의미하는데, 다윈은 둘 다 원칙적으로 강하게 반대하지 않았고 단지 사실에 대해 의심했을 뿐이다. 따라서 현대의 문맥에서 다윈은 강력한 점진설론자로 분류되지 않는다고 생각한다. 현대적 문맥에서 보면 그는 오히려 그 쟁점에 대해 열린 마음을 지닌 쪽이었다.

다윈이 열렬한 점진설론자였던 것은 747 도약진화를 반대한다는 의미에서였고, 같은 의미에서 우리 모두는 지구 생명에 대해서만이 아니라 우주 전체의 생명에 대해 점진주의자가 되어야 한다. 이 의미의 점진설은 본질적으로 진화와 동의어다. 우리가 점진주의자가 아니어도 상관없는 것은 돌발적 진화를 덜 과격하지만 훨씬 더 흥미로운 의미로 볼 때다. 돌발적 진화 이론은 텔레비전과 그 밖의 매체에서 과격하고 혁명적인 이론, 패러다임 전환으로 환영받고 있다. 실제로 혁명적 해석(747 대돌연변이 버전)이 있지만, 그 해석은 명백히 틀렸으며, 애초의 변호자들에게는 지지받지 못할 것이 분명하다. 이 이론이 옳을 수 있는 사고방법이 있지만, 그 사고방법에 따르면 이 이론은 특별히 혁명적이지 않다. 이 분야에서는 돌발적 진화를 혁명적으로 만들거나 옳게 만들거나 둘 중 하나를 선택할 수 있을 뿐, 둘 다 선택할 수는 없다.

이론 5. 무작위 진화

이 그룹에 속하는 다양한 이론들이 다양한 시기에 유행했다. 20세기 초기의 '돌연변이설론자'—드 브리스, W. 베이트슨 등—는 선택은 유해한 기형을 제거하는 역할을 할 뿐이고 진화의 진정한 추진력은 돌연변이 압력이라고 믿었다. 돌연변이가 어떤 신비적 생명력의 인도를 받는다고 믿지 않는 한 돌연변이설론자가 될 수 있는 방법은 적응적 복잡성을 잊는 것뿐임은 너무나도 명백하다. 다시 말해, 진화의 흥미로운 결과 대부분을 잊어야 한다! 드 브리스, W. 베이트슨, T. H. 모건 같은 뛰어난 생물학자들이 어떻게 이런 지독히도 부적절한 이론에 만족할 수 있었는지는 역사학자들에게 이해할 수 없는 수수께끼로 남아 있다. 드 브리스가 달맞이꽃만을 연구한 결과 그의 이론이 편협해졌다고 말하는 것은 충분한 설명이 되지 않는다. 자신의 몸에 있는 적응적 복잡성만 봐도 '돌연변이설'이 틀린 이론일 뿐 아니라 명백히 가치 없는 이론임을 알았을 것이다.

이런 포스트 다윈주의 돌연변이설론자들은 도약진화설론자이자 반점진설론자이기도 했다. 마이어도 그들을 그렇게 취급하지만, 내가 그들의 견해에 대해 이 자리에서 비판하는 부분은 더 근본적인 것이다. 그들은 실제로, 선택 없이 돌연변이 그 자체로 진화를 충분히 설명할 수 있다고 생각한 듯하다. 점진설론자든 도약진화설론자든, 돌연변이에 대해 신비주의적인 견해를 취하는 것이 아니라면 **그렇게 생각할 수 없다.** 돌연변이의 방향이 정해져 있지 않다면, 적응을 지향하는 진화의 방향을 설명할 수 없을 것이다. 반면 돌연변이가 적응의 방향으로 인도된다면, 어떻게 이런 일이 일어나는지 궁금하지 않을 수 없다. 라마르크의 용불용 원리는 적어도 변이가 어떻게 개선으로 향할 수 있는지 설명하려고 용감하게 노력한다. '돌연변이설론자'는 문제가 있다는 사실조차 알지 못하는 것 같았다. 아마 그들이 적응의 중요성을 과소평가한 데서 그 이유를 찾을 수 있을 것이다. 그리고 그렇게 생각한 사람들은 그들이 마지막이 아니었다. 다윈의 견해를 일축한 W. 베이트슨의 발언에 들어 있는 아이러니를 지금 읽는 것은 고통스럽기까지 하다. "개체군의 대부분이 선택의 인도를 받아 알아차릴 수 없을 정도로 조금씩 형태가 변화해간다는 설명은 지금은 대부분의 사람들이 알고 있듯이 전혀 사실에 맞지 않는 것으로, 그러한 가설의 지지자가 내보이는 통찰력 부족에 우리는 경악하지 않을 수 없다."

요즘 집단유전학자들 중에는 '비다윈주의적 진화'의 지지자임을 자처하는 사람들도 있다. 그들은 진화 과정에서 일어나는 유전자 대체의 상당수가 대립유전자의 적응적이지 않은 대체이고 그런 대체는 각기 서로에 영향을 끼치지 않는다고 생각한다. 이것은 아마 사실일 것이다. 하지만 이런 입장이 적응적 복잡성의 진화라는 문제를 해결하는 데 아무런 기여도 하지 않는 것은 분명하다. 현대에 중립설을 옹호하는 사람들은 자신들의 이론이 적응을 설명할 수 없음을 시인한다.

'무작위 유전적 부동'이라는 표현은 시월 라이트라는 이름과 결부되지만, 무작위 부동과 적응의 관계에 대한 라이트의 생각은 내가 거론한 다른 사람들의 생각보다 전체적으로 예리하다. 라이트는 마이어의 다섯 번째 범주에 속하지 않는다. 왜냐하면 그는 선택이 적응적 진화의 추진력임을 분명히 알고 있기 때문이다. 무작위 부동은 국소 최적에서 벗어나도록 도움으로써 선택이 일을 쉽게 하게 해줄지도 모르지만, 그렇다 해도 적응적 복잡성의 출현을 결정하는 것은 여전히 선택이다.[17]

최근 고생물학자들은 '무작위 계통발생'을 컴퓨터로 시뮬레이션하여 무척 흥미로운 결과를 얻었다. 이 랜덤워크(수학, 컴퓨터 과학, 물리학 분야에서 임의 방향으로 향하는 연속적인 걸음을 나타내는 수학적 개념 – 옮긴이)는 시간을 두고 진화하면서 현실과 으스스할 정도로 비슷한 추세를 보인다. 따라서 언뜻 적응으로 향하는 추세처

---

17 시월 라이트는 집단유전학을 창시하여 다윈주의를 멘델 유전학과 융화시킨 위대한 3인조의 미국인 멤버다. 나머지 두 사람은 R. A. 피셔와 J. B. S. 홀데인이었다. 라이트는 진화에서 무작위 유전적 부동을 옹호했다. 하지만 그는 부동을, 간접적으로 적응을 개선하는 방법으로 보았다. 엔지니어들이라면 '언덕등반' 알고리즘(시작 상태에서 목표 상태에 이르기까지 경로를 저장하지 않고 목표 상태에 이르기까지 현재 상태보다 좋은 해를 계속적으로 찾아가는 방법 – 옮긴이)에서 많이 보았을 텐데, 강한 선택이 안고 있는 문제 중 하나는 국소 최적—도달할 수 없는 산 근처에 있는 작은 언덕—에 붙잡히는 것이다. 라이트가 생각한 무작위 부동은, 한 계통이 작은 언덕의 사면을 따라 골짜기로 천천히 내려가는 것을 가능하게 하고, 거기서부터는 선택이 바통을 이어받아 그 계통을 훨씬 더 큰 산의 사면 위로 밀어 올릴 수 있다. 라이트에 따르면, 선택과 부동이 교대로 일어날 때가 선택만 일어날 때보다 적응을 더 완벽하게 할 수 있다. 뛰어나고 대단한 발상이다.

럼 보이지만 실제로는 그렇지 않은 것을 무작위 계통발생으로 해석하기는 걱정스러울 정도로 쉽고, 또 그렇게 해석하고 싶어진다. 하지만 그렇다고 해서 무작위 부동을 실제 적응적 추세에 대한 설명으로 받아들일 수 있다는 뜻은 아니다. 이 결과가 뜻하는 것은, 우리 중에는 어떤 것을 보고 '저건 적응으로 향하는 추세야'라고 너무 쉽게 속아 넘어가는 사람들이 있다는 것일지도 모른다. 그렇다 해도—그리고 실제 상황에서 항상 올바로 찾는 것은 아니라 해도—실제로 적응으로 향하는 추세가 있다는 사실은 바뀌지 않고, 실제 적응적 추세는 무작위 부동으로 생기지 않는다. 그것을 생기게 하는 것은 무작위적이지 않은 힘, 아마 선택일 것이다.

따라서 마지막으로 우리는 마이어의 여섯 번째 진화론에 도착한다.

이론 6. 자연선택이 무작위 변이에 부여하는 방향(질서)

다윈주의—'표현형' 효과에 의거하는, 무작위적으로 변하는 복제 실체의 무작위적이지 않은 선택—는 내가 아는 한 원리상 진화를 적응적 복잡성의 방향으로 인도할 수 있는 유일한 힘이다. 다윈주의는 이 지구에서 작동한다. 다윈주의는 나머지 다섯 종류의 이론을 괴롭히는 단점들 중 어떤 것도 가지고 있지 않고, 그것이 우주 전체에서 유효하다는 사실을 의심할 이유도 없다.

다윈주의 진화를 위한 일반 레시피의 재료는 복제를 행하는 어떤 종류의 실체들이고, 그것이 자신의 복제 성공을 위해 어떤 종류의 표현'력'을 발휘한다.《확장된 표현형》에서 나는 이 필수적인 실체를 '생식계열의 능동적인 자기복제자' 또는 '옵티몬'이라고 불렀다. 어떤 행성에서는 경계가 흐릿할지도 모르지만, 자기복제자의 복제와 그 표현형 효과를 개념적으로 분리하는 것은 중요하다. 표현형 적응은 자기복제자 번식의 도구로 볼 수 있다.

굴드는 진화를 자기복제자 시점에서 보는 것은 '장부 기록'만을 생각하는 것이라고 비난한다. 표면적으로는 훌륭한 은유다. 물론 진화에 동반되는 유전적 변화를 장부 기록으로 생각하는 것, 즉 외부 세계에서 일어나고 있는 진정으로 흥미로운 표현형 사건을 회계사가 기록한 것에 지나지 않는다고 보는 것은 편리하다. 하지만 더 깊이 생각하면 진실은 거의 정반대임을 알 수 있다. 유전자형에서 표현형으로 흘러가는 인과의 화살은 있지만 역방향은 없다는 것이 (라마르크주의 진화와 상반되는) 다윈주의 진화의 핵심이자 본질이다. 유전자 빈도 변화는 표현형 변화의 수동적인 장부 기록이 아니다. 바로 유전자 빈도 변화가 능동적으로 표현형 변화를 일으키기 때문에 (그리고 그렇게 할 수 있는 한도 내에서) 표현형 진화가 일어날 수 있는 것이다. 이 한 방향 흐름의 중요성을 이해하지 못하는 것에서,[18] 그리고 그런 방향성을 불변부동의 '유전자

---

18 유전자 돌연변이(미래 세대의 몸 변화)를, 동물이 다리를 잃는 것 같은 순수한 몸의 '돌연변이'와 대비하면, 유전자형에서 표현형으로

결정론'으로 과대 해석하는 것에서 심각한 오류가 생긴다.

생명에 대한 보편적 관점에서는 '단발성 선택'과 '누적 선택'이 강조된다. 비생물 세계의 질서는 초보적인 종류의 선택으로 부를 수 있는 과정들에서 생길지도 모른다. 해안의 조약돌은 파도에 의해 분류되고, 그래서 큰 조약돌은 작은 조약돌과는 다른 층에 쌓인다. 우리는 이것을, 처음의 무작위적 무질서에서 안정한 구조가 선택되는 사례로 간주할 수 있다. 항성 주위를 도는 행성들, 원자핵 주위를 도는 전자들의 '조화로운' 궤도 패턴, 결정, 거품, 물방울의 형태, 심지어는 우리 자신이 있는 우주의 차원에 대해서도 같은 말을 할 수 있다. 하지만 이것들은 모두 단발성 선택이다. 복제도, 세대의 연속도 없기 때문에 점진적 진화는 발생하지 않는다. 복잡한 적응을 위해서는 수세대에 걸친 누적 선택이 필요하고, 각 세대의 변화는 과거를 토대로 구축된다. 단발성 선택에서는 안정한 상태가 생긴 다음에는 그대로 유지된다. 증폭되지도 않고 자손을 남기지도 않는다.

생명에서 **한 세대**에 일어나는 선택은 단발성 선택이다. 해안의

의―유전자에서 몸으로의―흐름이 일방통행이라는 것을 분명하게 알 수 있다. 후자의 변화는 미래 세대에 전달되지 않는다. 인과의 화살은 유전자에서 몸으로 한 방향으로만 향하고, 그것은 뒤집히지 않는다. 굴드가 '장부 은유'에서 이 점을 이해하지 못했다니 놀랍다. '장부'는 표적을 크게 벗어났다.

조약돌이 분류되는 것과 비슷하다. 생명만이 가지는 독특한 특징은 이런 선택이 세대를 거듭하며 점진적이고 누적적으로 쌓이고, 머지않아 그 구조가 마침내 매우 복잡해져 마치 설계된 것처럼 보이는 강력한 환상을 낳는 것이다. 단발성 선택은 물리학에서 흔하지만 적응적 복잡성을 야기할 수 없다. 누적 선택은 생물의 전매특허이고, 나는 그것이 모든 적응적 복잡성을 떠받치는 힘이라고 믿는다.

보편적 다윈주의라는 미래 과학에 관한 그 밖의 화제들

생식계열의 능동적인 자기복제자가 그 표현형 결과와 함께 생명의 일반 레시피를 구성하고 있지만, 그 생명 시스템의 형태는 자기복제하는 실체 그 자체의 측면에서나 자기복제자가 생존을 확보하기 위해 이용하는 '표현형' 수단의 측면에서나 행성마다 크게 다를 가능성이 있다. 실제로는 레슬리 오겔이 지적한 대로 '유전자형'과 '표현형'의 구별 자체가 흐릿할지도 모른다. 자기복제하는 실체가 반드시 DNA 또는 RNA일 필요는 없다. 유기 분자일 필요도 없다. 지구에서도 과거에는 무기 결정질이 했던 자기복제자의 역할을 최근에 DNA가 강탈했을 가능성이 있다.[19]

---

19 이 가능성을 스코틀랜드 화학자 그레이엄 케언즈-스미스가 설득력

보편적 다윈주의를 다루는 과학이 충분히 발전하면, 자기복제자를 다룰 때 그 세부적 성질과 복제되는 시간 척도를 초월한 측면들을 다루게 될 것이다. 예컨대, 자기복제자가 얼마나 '융합적'이지 않고 '입자적'인가는 세부적인 분자적 성질이나 물리적 성질보다 진화와 중요한 관계가 있을 것이다. 마찬가지로, 우주 규모의 자기복제자 분류에는 그 크기와 구조보다는 차원성과 코드화 원리가 더 많이 참조될지도 모른다. DNA는 디지털 코드로 된 일차원 배열이다. 2차원 매트릭스 형태의 '유전자' 코드도 생각할 수 있다. 3차원 코드도 상상할 수 있지만, 보편적 다윈주의 학자들은 그런 코드를 어떻게 '읽을지' 고민할 것이다(물론 DNA는 그 3차원적 구조로 복제와 전사 방법이 결정되는 분자지만, DNA가 3차원 코드인 것은 아니다. DNA의 의미를 결정하는 것은 그 기호의 일차원적 연쇄 배열이지, 세포 내의 서로에 대한 3차원적 위치가 아니다). 디지털 코드와 반대로 아날로그 코드에는, 순수하게 아날로그적인 신경계에서 생기는 이론적 문제와 비슷한 이론상의 문제도 존재할 것이다.[20]

있게 제창했다. 나는 그의 이론을 《눈먼 시계공》에서 자세히 설명했는데, 내가 그것을 믿어서가 아니라, 그가 생명의 기원에서 복제의 근본적 중요성을 분명하게 강조했기 때문이다.

20 신경계에서 일어나는 문제는 엔지니어들이 무작위 '노이즈'라고 부르는 것이다. 어떤 노이즈는 정보의 전달 또는 증폭 과정에서 더해진다.

자기복제자가 자신의 생존에 영향을 미치는 수단인 표현형의 힘에 대해 말하자면, 우리는 그것이 개별 생물체, 즉 '운반자'와 엮여 있는 것에 익숙한 나머지, 우리는 더 확산된 신체 외 표현형, 즉 '확장된' 표현형의 가능성을 잊는다. 하지만 이 지구상에도 확장된 표현형의 일부로 해석할 수 있는 흥미로운 적응이 많이 있다. 한편, 높은 수준의 적응적 복잡성이 진화하는 과정에는 자신만의 순환하는 생활사를 갖는 개별 생명체의 몸이 필수불가결하다는 일반적인 이론적 주장도 물론 있을 수 있다. 이 문제는 보편적 다윈주의에 대한 상세한 설명에서 논의될지도 모른다.

자세한 논의를 하게 될 또 하나의 후보는 내가 자기복제자 계통의 분기와 수렴(또는 재조합)이라고 부르는 것이다. 지구상의 DNA의 경우 '수렴'을 제공하는 것은 생식과 그 관련 과정이다. 이때 최근에 '분기'한 DNA가 종 내에서 '수렴한다.' 하지만 현재, 다른 종류의 수렴이 훨씬 오래 전에 분기한 계통들 사이에서 일어날 가능성이 제기되고 있다. 예컨대 물고기와 세균 사이에 유전자의 이른바 수평이동이 일어난 증거가 있다. 다른 행성들의 자기

뉴런은 그 작동 방식 탓에 전화선보다 노이즈에 취약하다. 현대 전화 시스템이 아날로그 전송보다 디지털 전송에 점점 더 가까워지는 것과 마찬가지로, 뉴런은 스파이크의 (아날로그적인) 크기가 아니라, 스파이크의 시간적 패턴으로 정보를 전달한다. 아날로그 대 디지털의 더 자세한 논의에 대해서는 이 책 1부의 '과학과 감수성'이라는 에세이에서 다룬, 봉화와 스페인 무적함대의 비유를 참조하라(129~132쪽).

복제하는 계통에서는, 매우 다양한 종류의 재조합이 매우 다른 시간 척도에서 가능할지도 모른다. 지구상에서는 세균을 별로도 하면, 계통 발생의 물줄기는 거의 모두 분기다. 주요 지류들이 분기한 후 다시 접촉한다 해도 물고기와 세균의 경우처럼, 졸졸 흐르는 아주 작은 실개천의 교차를 통해서만 가능하다. 물론 종 **내**의 유성생식 과정에서 일어나는 유전자 재조합 덕분에 분기와 수렴의 많은 물줄기가 풍성하게 합류하는 삼각주가 존재하지만, 이는 어디까지나 종 내부의 이야기일 뿐이다. 어떤 행성에는 모든 수준의 분기에서 훨씬 더 많은 교류를 허락하는 '유전' 시스템, 즉 하나의 크고 비옥한 삼각주가 존재할지도 모른다.

나는 이런 공상에 대해 각각의 타당성을 평가할 정도로 충분히 생각해보지는 못했다. 종합적으로 내가 말하고 싶은 것은, 우주의 생명에 관한 모든 추측을 한정하는 제약이 한 가지 있다는 것이다. 만일 어떤 생명 형태가 적응적 복잡성을 보인다면, 적응적 복잡성을 생기게 할 수 있는 진화 메커니즘을 반드시 갖추고 있을 것이다. 진화 메커니즘이 아무리 다양할지라도, 설령 우주의 모든 생명에 일반적으로 적용할 수 있는 일반론이 그밖에는 없다 해도, 장담컨대 그 생명은 예외 없이 다윈주의 생명으로 인정될 수 있을 것이다. 다윈주의 법칙은 물리학의 위대한 법칙만큼이나 보편적일지도 모른다.

나는 이 에세이의 주석 중 하나에서 '시적 과학'을 한 번 더 다루 겠다고 약속했다. 스티븐 제이 굴드는 자신의 레토릭에 흠뻑 빠 진 나머지 독자들이 세 종류의 불연속성인 대돌연변이, 대량멸 종, 급속점진론을 혼동하게 만들었다. 이 세 가지는 불연속적이 라는 것 외에는 공통점이 없고, 그들 사이의 어떤 관계를 암시 하는 것은 무익할 뿐 아니라 심한 오해를 부른다. 이것이 '시적 과학'의 위험이다. 굴드의 시적 레토릭이 전문 과학자들까지 잘 못된 방향으로 이끈, 내가 아는 가장 극단적인 사례에 대해서는 '앨라배마의 끼워 넣은 문서'의 348쪽 주석을 보라.

이렇게 큰 규모로는 아니지만, 시적 과학은 의학에도 혼란을 주고 있다는 생각이 든다. 수년 전 내 아버지가 십이지장 궤양에 걸렸을 때 의사는 아버지에게 밀크 푸딩 같은 부드럽고 순한 음 식을 먹어야 한다고 말했다. 그 이후의 처방으로 이 조언은 무효 가 되었다. 나는 이 조언이 실제 증거에서 나왔다기보다는 '우유 를 넣은'과 '부드러운', '순한', '말랑말랑한' 같은 특성들 사이의 '시적' 연상에서 비롯되었다고 생각한다. 바로 시적 과학이다! 그리고 요즘 사람들은 체중을 감량하고 싶으면 버터와 크림 같 이 지방이 풍부한 음식을 먹지 말라는 권유를 받는다. 이 조언은 증거에 기반을 둔 것일까? 적어도 일부는 '지방'이라는 단어와의 '시적' 연상에 의존하고 있지 않을까?

나는 과학이 품고 있는 좋은 의미에서의 시적 감수성을 사랑한다. 이 때문에 이 책의 제목을《영혼이 숨 쉬는 과학》이라고 지은 것이다. 하지만 좋은 시적 감수성뿐 아니라 나쁜 시적 감수성도 있다.

자기복제자의
생태계[1]

∧
∧

오늘날 미국 각지의 산간벽지와 오지에 있는 교육위원회가 무슨 말을 하든, 교양 있는 사람이라면 누구도 진화가 사실임을 의심하지 않는다. 자연선택의 힘 또한 의심하지 않는다. 자연선택

---

1 에른스트 마이어는 걸출한 독일계 미국인 생물학자로, 1930년대와 1940년대에 신다윈주의 종합설을 창시한 사람들 중 한 명이었다. 실제로 그를 현대종합설의 원로라고 부를 수 있을 텐데, 무엇보다 그가 매우 오래 살았기 때문이다. 내가 그를 만났을 때 그는 100세였는데, 마지막 순간까지 활동적이었고 명료한 정신을 유지했다. 그에게 많은 영예가 주어졌고 그를 기리는 많은 출판물이 있지만, 그중에서 나는 저명한 스페인계 미국인 유전학자 프란시스코 아얄라가 편집한 학술지 〈루

이 진화를 추진하고 인도하는 유일한 힘은 아니다. 적어도 분자 수준에서는 무작위 부동도 중요하다. 하지만 선택은 **적응**을 생산할 수 있는 유일한 힘이다. 자연계에서 느끼게 되는, 마치 설계된 것처럼 보이는 놀라운 환상을 설명하는 일에서 자연선택을 대신할 것은 아무것도 없다.[2] 만일 어떤 생물학자가 진화에서 자연선택이 가지는 중요성을 부정한다면, 그는 어떤 다른 설명을 가지고 있다기보다는, 적응이 생명이 가진 독보적인 특징으로서 설명이 필요하다는 사실을 무시할 뿐이라고 추정해도 무방하다. 아마 그 사람은 열대우림에 발을 들여놓은 적도, 오리발을 달고 산호초 위를 헤엄쳐본 적도, 데이비드 애튼버러의 영화를 본 적도 없을 것이다.

요즘 야외 생물학자들은 적응에 관한 질문을 강하게 의식하고 있다. 그런데 항상 그랬던 것은 아니다. 내 오랜 스승인 니코 틴베겐은 젊은 시절의 경험에 대해 이렇게 썼다. "어떤 동물학 교수님이 '많은 새들이 맹금류의 공격을 받으면 평소보다 더 빽빽하게 모이는데 그 이유가 무엇인지 누가 말해볼래요?'라고 질문했을 때 생존가(어떤 개체가 생존하고 번식할 가능성을 높이는 생물의 특성 또

두스 비탈리스Ludus Vitalis〉의 기념 논문집에 기고해달라는 요청을 받았고, 거기에 게재된 논문을 (약간 축약하여) 여기에 실었다. 헌사는 "왕립학회 특별연구원으로서 (옥스퍼드 대학) 명예박사인 에른스트 마이어 교수의 100번째 생일을 맞아 깊은 경의를 담아서"로 했다.

2 이 글 앞에 실린 에세이 '보편적 다윈주의'를 보라.

는 능력 - 옮긴이) 문제를 거론했다가 교수님께 핀잔을 듣고 무척 당황했던 일이 아직도 기억난다." 오늘날 학생은 오히려 생존가가 **아니라면** 그 질문이 무엇을 의도할 수 있는지 알 수 없어 당황할 것이다. 틴버겐이 몸담은 동물행동학 분야의 사람들은 지금은 오히려 역방향으로 쇄도하는 반동, 즉 행동 메커니즘에 대한 연구는 소홀히 하고 다윈주의 생존가에 과도하게 집착하는 흐름에 불만을 표시한다.

하지만 내가 학교에서 생물학을 배울 때만 해도 우리는 '목적론'으로 불리는 심각한 죄를 조심하라는 경고를 들었다. 이것은 실제로는 아리스토텔레스의 목적인에 대한 경고였지 다윈주의 생존가에 대한 경고가 아니었다. 그런데도 내가 당황한 것은 나로서는 목적인이 눈곱만큼이라도 매력적이라고 생각한 적이 한 번도 없었기 때문이다. '목적인'이 원인이 아니라는 것은 바보도 안다.[3]

---

3 이 때문에, 결코 바보가 아니었던 아리스토텔레스가 진지하게 이 문제를 고려했다는 것이 더욱 의외다. 아리스토텔레스는 자연선택에 의한 진화 원리를 생각해낼 수 있었을 것이라고 생각될 정도로 지적 능력이 출중한 사상가들 중 한 명이지만 그것을 생각해내지 못했다. 왜일까? 자연선택에 의한 진화는 어떤 시대든 위대한 사상가와 자연학자라면 충분히 떠올릴 수 있는 개념이라고 당신은 생각할지도 모른다. 뉴턴의 물리학의 경우와 달리, 밟고 올라설 2000년의 어깨가 필요했던 이유를 이해하기 어렵다. 하지만 2000년이 걸렸던 것을 보면 내 직관이 명백히 틀렸음이 분명하다.

그것은 마침내 다윈이 해결한 **문제**의 다른 이름에 지나지 않는다. 다윈은 목적인이라는 환상이 어떻게 우리가 이해할 수 있는 작용인을 통해 생길 수 있는지 보여주었다. 에른스트 마이어를 포함한 현대종합설의 거장들에 의해 정교하게 가다듬어진 다윈의 해법은 생물학의 가장 깊은 미스터리를 끝장냈다. 그 미스터리는 바로 '생물 세계에 널리 퍼져 있지만 비생물 세계에는 그렇지 않은, 마치 설계된 것처럼 보이는 환상이 어디서 오는가'라는 문제였다.

설계된 듯한 환상을 가장 강하게 주는 것은 생물 개체의 형태와 행동 패턴, 조직과 기관, 세포와 분자다. 모든 종의 개체는 예외 없이 그런 환상을 강하게 풍긴다. 하지만 더 높은 수준, 즉 생태계 수준에서 우리의 주목을 끄는 또 다른 설계 환상이 있다. 종들 그 자체의 배치에서, 종들이 군집과 생태계를 구성하는 모습에서, 그리고 함께 공유하는 서식지 내에서 종들이 서로 긴밀하게 연관되어 있는 모습에서도 마치 누군가 그렇게 설계해 놓은 것만 같은 환상을 보게 된다. 열대우림, 또는 산호초의 복잡함에는 어떤 패턴이 있으며, 이 때문에 과장된 수사를 쓰는 사람들은 딱 하나의 요소가 나쁜 타이밍에 전체에서 떨어져 나온 경우에도 대참사라고 호들갑을 떤다.

극단적인 경우, 이런 과장된 수사는 신비주의적 어조를 띤다. 지구는 대지의 여신의 자궁이고,[4] 모든 생명은 그녀의 몸이며, 종은

---

4 이런 신비주의는 제임스 러브록의 가이아 가설의 초기 버전에서 절

그녀의 부분이 된다. 하지만 이런 과장을 받아들이지 않는다 해도 우리는 군집 수준에서 마치 누군가 그렇게 설계해놓은 것만 같은 강력한 환상을 보게 된다. 이것은 개체 안에서보다는 약하지만 충분히 주목을 끌 만하다. 한 지역에 함께 사는 동식물들은 서로 딱 들어맞는 것처럼 보인다. 그런 장갑 같은 일체성은 한 동물의 부분들이 동일 유기체의 다른 부분들과 맞물려 있을 때 보이는 모습과 비슷하다.

치타는 육식동물의 이빨, 육식동물의 발톱, 육식동물의 눈, 코, 귀, 뇌, 고기를 잡기에 적합한 다리 근육, 그것을 소화시키기 위한 장을 가지고 있다. 육식동물의 부분들은 육식성 통일체의 움직임을 위해 일사불란하게 통제된다. 대형 고양잇과 동물의 힘줄과 세포는 그 구조의 구석구석에 육식동물의 각인이 새겨져 있고, 우리는 이것이 생화학적 세부까지 깊숙이 뻗어 있음을 확신할 수 있다. 영양의 상응하는 부분들도 마찬가지로 서로 통합되어 있지만,

---

정에 도달했다. 나중 버전에서 러브록 자신은 신비주의와의 관계를 부정하려고 시도했지만, 한 학회에서 신비주의는 여전히 위세를 떨치고 있었다. 그 학회에서 존 메이너드 스미스는 과학적 의미보다는 오히려 정치적 의미의 '생태계' 신봉자인 어떤 유명인을 만났다. 그 학회에서 누군가가 큰 운석이 지구에 충돌해 공룡을 절멸시켰다는 이론을 언급했다. 메이너드 스미스에 따르면, 그 말을 듣고 그 열렬한 '생태론자'는 이렇게 단언했다고 한다. "당연히 그렇지 않아요. 가이아가 그것을 허락하지 않았을 거예요."

영양이 추구하는 생존 수단은 다르다. 식물의 섬유질을 소화시키기 위해 설계된 장에는 먹이를 잡기 위해 설계된 발톱과 본능이 도움이 되지 않는다. 그 반대도 마찬가지다. 치타와 영양의 잡종이 태어난다면 진화라는 무대에서는 낙오자가 될 것이 뻔하다. 유전 기술은 한 분야에서 떼어 다른 분야에 갖다 붙일 수 없다. 호환성이 있는 것은 같은 분야의 다른 기술들이다.

종들의 군집에 대해서도 비슷한 말을 할 수 있다. 생태학자의 언어에 이것이 반영되어 있다. 식물은 1차 생산자이다. 식물은 태양에서 에너지를 붙잡아 1차, 2차, 나아가 3차 소비자를 거쳐 최종적으로 청소동물에 이르는 연쇄를 통해 군집의 나머지 생물들이 이용할 수 있게 만든다. 청소동물은 군집에서 재활용하는 '역할'을 맡는다. 생명을 이런 관점에서 보면 모든 종에 '역할'이 있고, 경우에 따라서는 청소동물 같은 어떤 역할의 수행자가 제거되면 군집 전체가 무너진다. 혹은 '균형'이 깨져 생태계가 마구 요동치며 '통제'를 벗어날지도 모른다. 그러다 결국 새로운 균형이 맞추어지는데, 이때는 아마 같은 역할을 다른 종이 맡을 것이다. 사막의 군집은 열대우림의 군집과 다르고, 사막의 군집을 구성하는 부분들은 그 밖의 군집에 적합하지 않다. 혹은 적합하지 않은 것처럼 보인다. 초식동물의 결장이 육식동물의 이빨 또는 사냥 본능에 적합하지 않은 것과 마찬가지다. 산호초 군집은 해저 군집과 다르고, 두 군집은 구성하는 부분들을 서로 교환할 수 없다. 종들은 자신의 군집에 적응한다. 단지 특정한 물리적 지역과 기후에만 적응하는 것이 아니다. 종들은 서로에게 적응한다. 군집 내의 다른 종들은 각 종이 적응하는 환경의 중요한—아마도 가장 중요한—요소다. 생태계 내의 다른 종들은 어떤 의미에서 날씨의 또 다른 측면인 것이다. 하지만 기온이나 강우와 달리 다른 종들은 스스로도 진화하고 있다. 생태계가 마치 설계된 듯한 환상을 주는 것은 이런 공진화의 우연한 결과다.

한 군집 내 종들의 조화로운 역할 분담은 따라서 단일 생물 개체의 부분들이 만들어내는 조화와 비슷하다. 하지만 이런 유사성은 허울뿐인 것이라서 주의해서 다루어야 한다. 우리는 의심스러운 개념인 '분별 있는 포식자'[5] 같은, 집단선택설론자의 지나친 낙관주의가 만들어낸 산물에 속으면 안 된다. 내 관점을 고려하면 이런 말을 하기가 좀 뭣하지만, 생물 개체를 군집에 비유하는 것에 근거가 전혀 없는 것은 아니다. 생물 개체 내에 생태계가 있다고 주장하는 것이 이 논문의 목적 중 하나다. 그렇다고 해서 후생동물의 큰 몸 안에는 미토콘드리아 같은 변형된 세균을 포함한 세

---

5 이 표현을 도입한 생태학자인 로렌스 슬로보드킨은 훗날 집단선택설론자로 의심받으면 화를 내며 부정했다(American Naturalist, vol. 108, 1974). '분별 있는 포식자'를—조금 무리하면—다원주의로 적절히 변호할 수 있다는 점에서 그는 옳을지도 모른다. 하지만 그 표현은 잘못된 선택이었다. '생태학이 강하게 유혹하는' 대로 해석하라고—즉, 개체 적응을 생산하기 위해 자연선택이 실제로 작용하는 수준을 잊고, 집단, 심지어는 군집의 이익의 관점에서 생각하라고—말하는 것 같기 때문이다.

균 군집이 살고 있다는, 이제는 진부해진 주장을 하려는 것은 아니다. 나는 종의 유전자풀 전체를 유전자의 생태계로 인식해야 한다는 훨씬 더 과격한 제안을 하려고 한다. 생물 개체 내 부분들 간의 조화를 만들어내는 힘은 군집의 종들이 조화를 이루고 있는 듯한 환상을 만들어내는 힘과 다르지 않다. 열대우림에는 균형이 존재하고, 산호초 군집에는 구조가 있다. 군집의 부분들은 정교하게 맞물려 있고 그들의 공진화는 동물 몸 안의 공적응을 떠올리게 한다. 두 경우 모두, 균형을 이루는 단위가 통째로 다윈주의적 선택에 의해 **하나의 단위로서** 선택되는 건 아니다. 두 경우 모두 균형은 더 낮은 수준에서 일어나는 선택을 통해 맞춰진다. 자연선택은 조화를 이루는 전체를 선택하지 않는다. 오히려, 조화를 이루는 부분들은 서로가 존재할 때 번성하고 여기서 조화로운 전체라는 환상이 생겨난다.

개체 수준으로 가서 앞의 예를 유전학 언어로 바꾸어 말하면, 육식성 이빨을 만드는 유전자는 육식성 장과 육식성 뇌를 만드는 유전자를 포함하는 유전자풀에서 번성하지만, 초식성 장과 뇌를 위한 유전자를 포함하는 유전자풀에서는 번성하지 못한다. 군집 수준에서 보면, 육식 종이 없는 지역은 인간 경제의 '틈새시장'과 비슷한 것을 경험할지도 모른다. 그 지역에 진입하는 육식 종은 어느새 번성하고 있을 것이다. 만일 그 지역이 어떤 육식 종도 유입되지 않은 외딴 섬이라면, 또는 얼마 전 대량멸종으로 황폐화된 땅에 시장에서와 비슷한 틈새가 만들어졌다면, 비육식 종 가운데 습성을 바꾸고 결국에는 몸까지 바꾸어 육식동물이 되는 종이 자연선택의 선택을 받을 것이다. 충분히 오랜 기간 동안 진화가 일어나면, 잡식성 또는 초식성 조상에서 유래한 전문 육식 종들이 나타나 있을 것이다.

육식동물은 초식동물이 있을 때 번성하고, 초식동물은 식물이 있을 때 번성한다. 하지만 거꾸로는 어떨까? 식물은 초식동물이 있을 때 번성할까? 초식동물은 육식동물이 있을 때 번성할까? 동물과 식물은 번성하기 위해 자신을 먹어치우는 적이 필요할까? 일부 생태활동가들의 수사가 암시하는 직접적인 의미에서는 그렇지 않다. 잡아먹히는 것에서 직접적인 이익을 얻는 생물은 없다. 하지만 경쟁자 종보다 먹히는 것을 잘 견디는 풀은 '적의 적은 내 편'이라는 원리에 따라, 실제로 초식동물이 존재할 때 번성한다. 그리고 기생자—또한 좀 더 복잡하지만 포식자—의 희생자에 대해서도 같은 비슷한 이야기를 할 수 있을지도 모른다. 그렇다 해도, 북극곰에게 특유의 간이나 이빨이 필요한 것처럼 군집은 기생자나 포식자가 '필요하다'는 말은 여전히 오해의 소지가 있다. 하지만 적의 적은 내 편이라는 원리에 따라 결과는 거의 같아진다. 종들이 이루는 군집을 부분들 가운데 어떤 것을 제거할 경우 잠재적으로 위협받을 수 있는 균형 잡힌 실체로 보는 관점은 옳을지도 모른다.

군집이 서로가 존재할 때 번성하는 더 낮은 수준의 단위들로 이루어져 있다는 개념은 생명 세계에 곳곳에 배어 있다. 하지만 앞에서 말했듯이, 나는 동물 세포가 수백 개 또는 수천 개의 세균으로 이루어진 군집이라는 진부한 주장을 넘어서고 싶다. 그렇다고 해서 세균 공생의 중요성을 경시하는 것은 아니다. 미토콘드리아와 엽록체는 세포의 매끄러운 작동 안에 너무도 철저하게 통합되어 있어서, 그 기원이 세균이라는 사실은 최근에서야 알려지게 되었다. 세포가 미토콘드리아에게 중요한 것처럼 미토콘드리아는 세포의 작동에 필수적이다. 그들의 유전자가 우리가 존재할 때 번성하듯이 우리 유전자는 그들의 유전자가 존재할 때 번성한다. 식물 세포 스스로는 광합성을 할 수 없다. 그 화학적 마법은 원래는 세균이었지만 지금은 엽록체로 불리는 세포 내 이주 노동자에 의해 실행된다. 반추동물과 흰개미 같은 식물 소비자들은 대체로 혼자서는 섬유소를 소화시킬 수 없다. 하지만 식물을 찾아서 씹는 것은 잘한다. 식물로 꽉 채워진 장이 제공하는 틈새시장은 식물성 물질을 효과적으로 소화하는 데 필요한 생화학 전문 기술을 가진 공생미생물에게 이용되고, 그것은 초식성 숙주에게 이익이 된다. 상보적 기술을 가진 생물들은 서로가 존재할 때 번성한다.

내가 하고 싶은 말은, 종 각각의 '독자적인' 유전자 수준에서도 비슷한 과정을 볼 수 있다는 것이다. 북극곰이나 펭귄, 또는 이구아나나 구아나코의 유전체 전체는 서로가 존재할 때 번성하는 유전자 세트다. 이 번성의 직접적인 무대는 개체의 세포 내부다. 하지만 장기적인 무대는 종의 유전자풀이다. 유성생식을 전제로 하면, 유전자풀은 모든 유전자가 대를 이어 재복제, 재조합되는 유전자의 서식지인 셈이다.

이로 인해 종은 분류학적 위계에서 특이한 지위를 획득한다. 전 세계에 총 몇 종이 존재하는지는 아무도 모르지만, 주로 에른스트 마이어 덕분에, 우리는 적어도 종을 센다는 것이 어떤 의미인지는 안다. 일부 추산대로 3,000만 종이 있는지, 아니면 500만 종밖에 없는지에 대한 논쟁은 현실적인 논쟁이다. 그 대답은 중요하다. 한편 세계에 몇 개의 속이 있는지, 또는 몇 개의 목, 과, 강, 계가 있는지에 대한 논쟁은 키 큰 남성이 몇 명인지에 대한 논쟁 정도의 의미밖에는 지니지 않는다. 큰 키를 어떻게 정의하는지는 정의하는 사람 나름이듯이, 속이나 과를 정의하는 것도 정의하는 사람 나름이다. 하지만—생식이 유성생식인 한—개인의 취향을 초월하는 종의 정의가 있고, 그 정의는 실제로 중요하다. 한 종의 구성원들끼리는 정의상 교배하여 자식을 얻을 수 있고, 따라서 공통의 유전자풀에 참여할 수 있다. 종의 정의는, 가장 친밀한 공동생식의 장인 세포핵—대대로 계승되는 세포핵—을 공유하는 유전자들의 군집이다. 보통 우연한 격리가 일정 기간 계속된 뒤 어떤 종이 딸 종을 낳으면, 새로운 유전자풀이 유전자들 간 협력이 진화할 수 있는 새로운 장이 된다. 지구상의 다양성은 모두 이런 분기를 통해 생겼다. 모든 종은 그 종의 개체를 만드는 사업에서 서로 협력하는 고유의 실체, 고유의 공적응한 유전자 세트다.

종의 유전자풀은 조화를 이루는 협력자들의 조직으로, 그 종만의 고유한 역사를 통해 건설되었다. 내가 다른 곳에서 주장했듯이 모든 유전자풀은 조상의 역사가 적힌 종 고유의 기록이다. 다소 비현실적인 이야기일지도 모르지만, 이 기록은 다윈주의 자연선택의 간접적인 결과다. 잘 적응된 동물은 생화학에 이르는 세세한 부분에까지 조상들이 생존했던 환경을 반영하고 있다. 유전자풀

은 조상으로부터 대대로 자연선택을 통해 환경에 적합하게 조각
되고 깎인다. 이론상으로, 유능한 동물학자가 유전체의 완전한 사
본을 받는다면 그런 조각을 행한 환경 조건을 재현할 수 있다. 이
런 의미에서 DNA는 조상의 환경을 코드화한 기술記述이고, '유전
자판 사자의 서'이다. 조지 윌리엄스는 이것을 다른 말로 표현했
다. "유전자풀은 개체의 분포 거리보다 훨씬 넓은 지역에서 장기
간에 걸쳐 작용한 선택압의 이동평균에 대한 불완전한 기록이다."

그렇다면 한 종의 유전자풀은 유전자들의 생태계가 무성하게
성장하는 열대우림인 셈이다. 그런데 왜 나는 내 논문의 제목을
자기복제자의 생태계라고 했을까? 이 질문에 답하기 위해서는 에
른스트 마이어도 당사자가 되어 활발하게 발언한 진화론의 한 논
쟁을 한발 물러나 살펴볼 필요가 있다. 그것은 '생명 위계의 어느
단위에 자연선택이 작용한다고 말할 수 있는가'이다. 리처드 알렉
산더의 표현으로 하면 '**어떤** 최적자인가?'이다. 에른스트 마이어
와 나는 둘 다 "적응이 무엇을 위한다고 말할 때 그 무엇이 뭔가?"
라는 질문을 던지기 위한 목적만으로 용어를 만들어냈다. 마이어
의 경우는 '셀렉톤selecton'이고, 내 경우는 '옵티몬optimon'이다.
적응은 집단, 개체, 유전자, 생명 전체, 또는 무엇을 위한 것인가?
이 질문에 대한 내 대답은 '유전자'로, 개체라고 말한 에른스트 마
이어의 대답과 다르다. 나는 이 차이가 피상적인 것일 뿐 실질적
인 차이가 아님을 보여줄 생각이다. 용어상의 차이가 정리되면 차
이는 사라질 것이다. 이런—잘난 체 한다고 말할 것까지는 없지
만—주제 넘는 약속을 했으니 약속을 한번 지켜보겠다.

이 논쟁을, 유전자를 사다리의 가장 낮은 단에 놓고 유전자, 세포, 개체, 집단, 종, 생태계라는 사다리의 단 중 어느 하나를 선택하는 문제로 보는 것은 잘못된 방법이다. 선택 수준의 사다리가 잘못인 것은 유전자는 실제로 나머지 전부와는 다른 범주에 속하기 때문이다. 유전자는 내가 말하는 자기복제자이고, 나머지 전부는 굳이 말하자면 자기복제자를 실어 나르는 '운반자'다. 이런 선택 수준의 목록에서 유전자를 특별 취급하는 것이 왜 정당한지를 1966년에 윌리엄스가 명확하게 제시했다.

> 표현형에 작용하는 자연선택 그 자체는 누적적 변화를 일으킬 수 없다. 표현형은 지극히 일시적인 발현이기 때문이다. 유전자형에 대해서도 같은 주장을 할 수 있다. …… 소크라테스의 유전자는 아직도 이 세계에 있을지도 모르지만 그의 유전자형은 그렇지 않은데, 그것은 감수분열과 재조합이 유전자형을 죽음과 같은 정도로 확실히 파괴하기 때문이다. …… 유성생식에 의해 전달되는 것은 감수분열로 분리된 유전자형의 단편들뿐이고, 이런 단편들은 다음 세대에서 감수분열에 의해 더 조개진다. 만일 더 이상 분리되지 않는 궁극의 단편이 있다면, 그것은 정의상, 집단유전학의 추상적 논의에서 다루어지는 '유전자'다.

철학자들은 현재 이것을 '유전자 선택설'이라고 부른다. 하지만 나는 윌리엄스가 이것을, 정통 신다윈주의가 말하는 '개체선택'과 근본적으로 다른 것으로 간주했다고 보지 않는다. 나도 10년 뒤 《이기적 유전자》와 《확장된 표현형》에서 같은 논증을 되풀이하고 더 확장했을 때 그렇게 간주하지 않았다. 우리는 단지 정통 신다 윈주의가 실제로 의미하는 것을 명확하게 설명하고 있을 뿐이라고 생각했다. 하지만 비판자와 지지자 모두 우리의 견해를, 생물 개체를 선택의 단위로 보는 정통 다윈주의에 대한 공격으로 오해했다. 이렇게 된 것은 우리가 당시 **자기복제자**와 **운반자**를 충분히 분명하게 구별하지 않았기 때문이다. 물론 '단위'를 운반자라는 의미로 사용한다면, 생물 개체는 선택의 단위(적어도 매우 중요한 단위)다. 하지만 개체는 자기복제자가 전혀 아니다.

자기복제자는 그것이 무엇이든 사본이 만들어지는 것이다. 생물 개체는 이런 의미에서는 자기복제자가 아니고, 개체의 생식은 복제가 아니다. 심지어 무성적인 클론 생식도 그렇다. 이것은 사실의 문제가 아니라 정의의 문제다. 그것을 의심한다면 '자기복제자'라는 용어의 의미를 이해하지 못한 것이다.

어느 실체가 진정한 자기복제자인지 아닌지 가려내는 실질적인 기준은, 그 부류의 실체에 **흠집**이 생길 때 어떤 운명이 초래되는지 묻는 것이다. 클론 생식을 하는 진딧물이나 대벌레 같은 생물 개체가 진정한 복제자라면, 표현형의 흠집—예컨대 절단된 다리—이 다음 세대에 재현되어야 한다. 물론 그렇지 않다. 유전자형의 흠집—돌연변이—은 다음 세대에 재현된다는 점에 주목하라. 물론 그런 다음 표현형에도 모습을 드러내겠지만, 복제되는 것이 표현형의 흠집 그 자체는 아니다. 이것은 획득형질은 유전되지 않는다는 친숙한 원리, 또는—그것의 분자 버전인—크릭의 센트럴 도그마Central Dogma와 다르지 않다.

나는 자기복제자의 어떤 성질이 복제 효율에 영향을 미치는 경우 그 자기복제자를 '능동적'이라고 표현한다. 즉 훼손된 자기복제자의 효율이 원본보다 (실제로는 우리가 '표현형 효과'라고 부르는 것에 익숙해져 있는 것 때문에) 떨어지거나 높아질 경우, 그것은 능동적인 자기복제자이다. 어떤 행성에서든 다윈주의 과정에서 선택의 진정한 단위는 생식계열의 능동적인 자기복제자이다. 이 지구상에서는 그것이 우연히 DNA인 것이다.

윌리엄스는 최근 저서 《자연선택Natural Selection》에서 이 문제로 돌아갔다. 그는 유전자는 개체와 같은 위계 서열에 속하지 않는다는 점에 동의한다. "이 혼란을 다루는 가장 좋은 방법은, 개체 선택을 유전자 선택에 추가되는 선택의 수준으로 간주하지 않고, 유전자 수준에서 작동하는 선택의 기본 메커니즘으로 간주하는 것이다."

윌리엄스가 말하는 "유전자 수준에서 작동하는 선택의 기본 메커니즘"은 내가 '운반자'라고 부르는 것이고, 데이비드 헐이 '상호작용자interactor'라고 부르는 것이다. 윌리엄스는 내 '자기복제자'의 자기 버전으로—즉 모든 운반자에서 유전자를 분리해 특별 취급하는 자신만의 방법으로—'물적 영역material domain'의 반대말인 '코드 영역codial domain'이라는 표현을 만들어냈다. 코드 영역에 속하는 것 중 하나가 코덱스이다. 유전자에 코드화된 정보는 확실히 코드 영역에 속한다. 유전자의 DNA 원자들은 물적 영역에 속한다. 그 밖에 코드 영역에 속하는 것으로 내가 생각할 수 있는 유일한 후보는 자기복제하는 컴퓨터 프로그램 같은 밈과, 문화적 유전단위들이다. 즉, 둘 다 생식계열의 능동적인 자기복제자라는 칭호에 걸맞은 후보이고, 가상의 다윈주의 과정에서 선택이 작용하는 기본 단위로 적합한 후보라는 뜻이다. 개별 생물은, 아무리 가상의 것이라 해도 다윈주의 과정의 자기복제자 후보에도 오르지 못한다.

하지만 나는 아직 유전자 선택설에 대한 비판을 공평하게 평가하지 않았다. 이 비판 중 가장 설득력 있는 것은 바로 에른스트 마이어의 비판이다. 그 자신이 도발적으로[6] '콩자루 유전학beanbag genetics'이라고 부른 것에 대한 그의 유명한 공격에서, 그리고《동물의 종과 진화Animal Species and Evolution》의 한 장인 '유전자형의 통합성'에서 그 전조가 되는 주장들을 볼 수 있다. 예컨대 그 장에서 그는 이렇게 말했다. "유전자를 독립된 단위로 간주하는 것은 진화의 관점에서뿐 아니라 생리학적 관점에서도 의미가 없다."

이 유려한 책은 내가 굉장히 좋아하는 책으로, 나는 '유전자형의 통합성'이라는 제목의 장에 적힌 모든 단어에 동의하지만, 단 하

---

6 J. B. S. 홀데인의 '콩자루 유전학에 대한 변호'를 도발한 것이다. 이 문맥에서 콩자루 유전학이란 집단 내의 유전자 빈도 변화를 양적으로 취급하고, 유전자를 멘델 학설의 입자상 실체로 간주하는 것을 의미한다.

나 예외가 있는데 그것은 바로 그 장의 결론으로, 거기에는 진심으로 반대한다!

중요한 것은 발생에서의 유전자의 역할과 진화에서의 유전자의 역할을 구별하는 것이다. 모든 발생학자가 마이어처럼 "유기체의 모든 형질은 모든 유전자의 영향을 받고, 모든 유전자는 모든 특징에 영향을 준다"라고까지 말하는 것은 아니지만, 발생 과정에서 유전자들이 서로 얽혀 복잡하게 상호작용하는 것은 부정할 수 없는 사실이다. 하지만 그것은 선택 수준의 논쟁과는 전혀 관계가 없다.

앞의 말은 과장이었음을 마이어 본인도 인정한다. 나도 같은 취지로 그것을 기쁘게 인용한다. 내가 기쁘게 인용하는 이유는, 설령 그 말이 문자 그대로 사실이라 해도 선택의 단위—즉 자기복제자라는 의미의 단위—로서의 유전자의 지위를 조금도 훼손하지 않기 때문이다. 이것이 역설처럼 들린다면, 그 해법도 마이어에게서 얻을 수 있다. "한 유전자는 그 유전적 환경으로, 자신이 일시적으로 실려 있는 접합자의 유전적 배경뿐 아니라, 자신이 나타나는 지역 개체군의 유전자풀 전체를 가지고 있다."

이것이 키포인트다. 모든 유전자는 자신의 환경에서 살아남는 능력이 있기 때문에 선택된다. 우리가 외적 환경을 먼저 떠올리는 것은 당연하다. 하지만 유전자의 환경에서 가장 중요한 요소는 다른 유전자들이다. 유성생식으로 재조합되는 유전자풀, 즉 다른 유전자들이 존재하는 상황에서 번성하는 능력이 있기 때문에 각각의 유전자가 개별적으로 선택되는 것이 '유전자의 생태계'인데,

그것이 '유전자형의 통합성'이라는 환상을 만들어낸다. 유전체가 배 발생에서 역할이 통합되어 있다는 이유로 진화에서도 역할이 통합되어 있다고 말하는 것은 절대 옳지 않다. 마이어는 발생에서 옳았다. 윌리엄스는 진화에서 옳았다. 의견 불일치는 없다.

혈연선택에 관한
열두 가지 오해[1]

∧
∧

서문

혈연선택은 요즘 대세가 되었다. 그런데 대세가 굳어지기 시작하면 양극단의 태도가 나타나기도 한다. 대세에 편승하려는 움직임

---

1 혈연선택 이론—자연선택은 혈연을 돕는 유전자를 선호하는데, 그것은 도움을 받는 혈연에게 그 유전자가 있을 확률이 통계적으로 높기 때문이다—을 세운 사람은 W. D. 해밀턴이었다. 그는 나중에 옥스퍼드에서 내 동료이자 친구가 되었다. 혈연선택 이론은 내 첫 책《이기적 유전자》의 핵심 주제 중 하나였다. 해밀턴의 중요한 논문들이 발표된 1964년 이래로 10년 동안 대체로 무시되었던 혈연선택설이 1970년

이 건강한 반작용을 부르는 것이다. 그래서 지금, 예리한 동물행동학자가 세간의 목소리에 그의[2] 귀를 기울이면 회의적인 불만의 중얼거림을 들을 수 있다. 혈연선택 이론이 초반에 거둔 위업들 중 하나가 새로운 문제에 부딪히면, 그 중얼거림은 점점 커져 독선적인 으르렁거림이 되기도 한다. 이런 양극화는 유감스러운 일

대 중반에 생물학자들 사이에서뿐만 아니라 더 넓은 세계에서 갑자기 커다란 화제가 되었다. 혈연선택의 인기는 별의별 오해를 다 낳았는데, 그 가운데 일부 이상한 것들은 저명한 사회과학자들이 퍼뜨린 것이다. 감히 말하자면, 그들은 자기 분야라고 생각했던 영역으로 갑자기 치고 들어온 이 이론에 위협을 느꼈을지도 모른다. 이런 엉뚱한 논평이 급증하는 것을 보고, 나는 그런 오해 열두 가지를 모아 반박하는 논문을 동물행동학에 관한 독일의 일류 학술지 〈동물심리학Zeitschrift für Tierpsychologie〉에 (영어로) 발표했다. 과학 논문이 통상 그렇듯 참고문헌이 상당히 많았는데 여기서는 그 문헌들에 대한 소개를 생략했다. 또한 오해들 중 세 가지, 즉 8번, 9번, 11번은 뺐다. 그 세 가지도 중요하지만, 관련된 전문적 내용을 명확하게 설명하기 위해서는 많은 배경지식으로 지면을 채워야 하기 때문이다.

2   현재 나는 "그녀의 귀를 기울이는"이라고 말하는 수준까지 의식이 높아졌다. '그 또는 그녀의'라고 하지 않는 것은 **내** 귀에는 그 표현이 몹시 어색하게 들리기 때문이다. 나는 적절한 대명사를 고름으로써 자신과 반대인 성에 대해 예의 바른 존중을 표시하는 관습이 더 좋다. 동물행동학은 동물의 행동을 연구하는 생물학 분야다. 지금이라면, 세간의 목소리에 그녀의 귀를 기울이는 '예리한 사회생물학자', '예리한 행동생태학자', 또는 '예리한 진화심리학자'라고 말해도 괜찮을 것 같다.

이다. 이 경우, 혈연선택에 편승하는 쪽과 그렇지 않은 쪽 모두로부터 비롯된 일련의 눈에 띄는 오해들이 상황을 악화시킨다. 이 오해들의 다수는 해밀턴이 원래 제안한 수학적 공식화가 아니라, 해밀턴의 생각을 설명하려는 파생적 시도에서 생긴다. 나는 그 오해들 중 일부에 걸려들었으며 그 모두를 자주 만나는 사람으로서, 혈연선택에 관해 생기는 가장 흔한 열두 가지 오해를 비수학적 언어로 설명하는 어려운 작업을 시도해보고 싶다. 이 열두 가지로 오해가 전부 해소되는 것은 결코 아니다. 예컨대 앨런 그라펜은 이 밖에도 더 미묘한 두 가지 오해에 대해 뛰어난 해설을 발표했다. 이어지는 열두 개의 절은 어떤 순서로 읽어도 무방하다.

오해 1: "혈연선택은 특수하고 복잡한 종류의 자연선택으로, '개체선택'으로는 불충분하다고 판단될 때만 불러와야 한다"

그 자체가 논리적 오류인 이 오해는 내가 앞에서 언급한 회의적 반동의 상당 부분을 일으킨 주범이다. 그것은 역사적 선례와, 이론은 되도록 단순해야 한다는 사고 절약의 원리 사이에서 혼란이 빚어진 결과다. "혈연선택은 최근에 와서 우리의 이론 무기고에 추가되었다. 우리는 수년 동안 그것 없이도 많은 목적을 아주 잘 처리해왔다. 그러므로 훌륭한 옛날의 '개체선택'으로 설명할 수 없을 때만 혈연선택에 의존해야 한다."

훌륭한 옛날의 '개체선택'이 개체 적합도를 높이는 선택의 명백한 결과로 자식 보살피기를 줄곧 포함시켜 왔다는 사실에 주의하라. 혈연선택 이론이 추가한 것은 자식 보살피기가 혈연 보살피기의 특수한 예일 뿐이라는 사고방식이다. 자연선택의 유전적 바탕을 자세히 보면, '개체선택'은 이론상의 절약이 결코 아닌 반면 혈연선택은 유전자의 생존율 차이에서 비롯되는 단순하고 필연적인 결과로, 그야말로 근본적인 의미의 자연선택임을 알 것이다. 먼 친족을 희생시키고 가까운 친족을 보살피는 경향은, 가까운 친족이 그들의 유전자나 다른 사람들보다 그런 보살핌을 '추구하는' 유전자를(유전자들을) 퍼뜨릴 가능성이 높다는 사실에서 충분히 예측할 수 있다. 즉 유전자는 자신의 사본을 보살피는 것이다. 하지만 자기 자신과 자신의 자식을 보살피되 똑같이 가까운 방계 친족을 보살피지는 **않는** 것은 단순한 유전 모델로는 예측하기 어렵다. 우리는 자식이 방계 친족보다 식별하기 쉽거나 돕기 쉽다는 가정 같은 추가 요인을 거론하지 않으면 안 된다. 이런 요인들은 완벽하게 타당하지만 기본 이론에 포함되지 않으므로 **추가**할 필요가 있다.

대부분의 동물들이 형제자매를 보살피기보다 자식을 보살피는 것은 공교롭게도 사실이고, 진화론자들이 자매의 보살핌을 이해하기 전에 부모의 보살핌을 이해한 것은 확실한 사실이다. 하지만 이 두 가지 사실 가운데 어느 것도 혈연선택에 관한 일반 이론이 이론상의 낭비임을 암시하지 않는다. 현재 진지한 모든 생물학자들이 그렇게 하듯이 당신이 자연선택의 유전 이론을 받아들인다면 혈연선택의 원리도 받아들여야 한다. 여기에 합리적 회의를 끼워 넣는다면, 자식 외의 친족을 보살피는 것을 선호하는 선택압이 눈에 띄는 진화적 결과를 초래할 **실질적** 가능성이 낮다는 (완벽하게 일리 있는) 생각뿐이다.[3]

어쩌면 에드워드 O. 윌슨이 퍼뜨린 혈연선택의 유력한 정의로 인해 오해 1이 부지불식간에 확산되었을지도 모른다. 그 정의에 따르면 혈연선택은 "하나 이상의 개체가 조상을 공유하는 탓에 같은 유전자를 가진 (자식 외) 친족의 생존과 번식을 도우려 하거나 돕지 않으려는 결과로 특정 유전자가 선택되는 현상"이다. 나는 윌슨이 최근 정의에서 "자식 외"라는 어구를 뺀 것을 보고 기뻤다. 그는 대신 이렇게 설명한다. "혈연의 정의에는 자식도 포함되지만, 혈연선택이라는 용어는 통상적으로 형제, 자매, 부모 같은 자식 외 친족도 영향을 받는 경우에만 사용된다." 이것은 부정할 수 없는 사실이지만 그럼에도 나는 여전히 유감스럽다. 왜 우리가 자식을 보살피는 부모의 행동을, 그것이 오랫동안 우리가 이해한 유일한 종류의 혈연선택된 이타적 행동이었다는 이유만으로 특별하게 취급해야 하는가? 우리는 해왕성과 명왕성을, 단순히 수백 년

---

3 '해밀턴의 법칙'은 그의 이론을 간명하게 요약한 것이다. 이타주의 유전자는 r B〉C인 경우, 즉 이타주의자의 비용 C보다 수혜자의 이익 B에 r을 곱한 값이 큰 경우 유전자풀 내에 퍼진다. r은 양측의 유전학적 근연도를 나타낸다. 부모의 보살핌이 자매의 보살핌보다 흔한 이유는 r이 두 관계에서 같다(0.5) 해도, B와 C항이 실제로 부모의 보살핌에 유리하기 때문이다.

동안 그 존재를 몰랐다는 이유로 나머지 행성들과 구별하지 않는다. 모두 같은 종류이므로 우리는 그 모두를 행성이라고 부른다.

1975년 정의의 말미에 윌슨은 이렇게 덧붙였다. 혈연선택은 "집단선택의 극단적 형태 중 하나"라고. 이것 역시 반갑게도 1978년 정의에서는 삭제되었다.[4] 그것이 열두 가지 오해 중 두 번째다.

오해 2: "혈연선택은 집단선택의 한 형태다"

집단선택은 생물 집단 전체의 생존율 또는 절멸률의 차이에서 생긴다. 생물은 때때로 가족이라는 집단으로 행동하기 때문에, 집단의 절멸률 차이가 가족선택 또는 '혈연집단선택'과 사실상 같은 결과가 될지도 모른다. 하지만 이 현상은 해밀턴의 기본 이론의 본질과는 아무런 관계가 없다. 해밀턴의 가설에서는, 같은 유전자의 사본을 가질 가능성이 특히 높은 개체를 편들게 하는 **유전자**가 선택된다. 이렇게 되기 위해 개체군이 가족 단위로 나뉠 필요는 없고, 가족 전체가 통째로 절멸하거나 살아남아야 할 필요도 물론 없다.

---

4 불행히도 윌슨은 《지구의 정복자The Conquest of Earth》를 포함한 최근 출판물에서 이 두 가지 개선 모두를 번복했다. 이를 보면 그는 애당초 혈연선택을 진정으로 이해한 적이 없었던 것 같다.

물론 동물은 누가 자신의 혈연인지를, '**인식**'할 수 있다는 의미에서 알 리가 없고(오해 3을 보라), 실제 상황에서 자연선택이 선호하는 행동은 '네가 앉아 있는 둥지에서 움직이는 것 모두와 먹이를 공유하라'와 같은 대략적인 경험법칙이다. 가족 구성원들이 때때로 집단으로 행동한다면, 이 사실로부터 혈연선택에 도움이 되는 경험법칙인 '자주 보는 개체를 보살펴라'를 얻을 수 있다. 하지만 이 추론은 진정한 의미의 집단선택과는 아무런 관계가 없다는 사실에 다시 한 번 주의하라. 즉, 집단 전체의 생존율과 절멸률 차이는 그 추론에 들어가지 않는다. 개체가 혈연과 만날 가능성이 통계적으로 높다고 말할 수 있을 정도로 개체군에 어떤 '점성'이 있다면 경험법칙은 잘 작동한다. 가족 구성원들이 집단으로 행동할 필요는 없다.

해밀턴이 몇몇 오해는 '혈연선택'이라는 표현 그 자체 탓이라고 말한 것은 옳을지도 모른다. 아이러니하게도, 이 표현은 원래 집단선택과의 구별을 강조하려는 훌륭한 목적을 가지고 (메이너드 스미스에 의해) 고안된 것이었다. 해밀턴 자신은 이 표현을 사용하지 않고, 포괄적합도[5]라는 자신의 중심 개념이 혈연도와 무관하

---

5 해밀턴은 '포괄적합도'에 더 정밀한 수학적 정의를 제공했다. 그것을 말로 하면 좀 길지만, 그는 내 비공식 정의를 인정해주었다. "포괄적합도란, 실제로 최대화되고 있는 것이 유전자의 생존율일 때 개체가 최대화하고 있는 것처럼 보이는 수량이다."

게 모든 종류의 유전적으로 무작위적이지 않은 이타적 행동에 적용된다는 점을 강조하는 쪽을 선호한다. 예컨대, 어떤 종 내에 서식지 선택의 유전적 차이가 있다고 가정해보자. 게다가 이 차이에 기여하는 유전자 중 하나에, 마주치는 타자와 먹을 것을 공유하도록 하는 다면발현[6] 효과가 있다고 가정해보자. 이 이타적 유전자는 서식지 선택에 대한 다면발현 효과 덕분에 사실상 자신의 사본을 우대하게 된다. 왜냐하면, 그 유전자를 가진 개체는 같은 서식지에 모이고 따라서 서로 만날 가능성이 특히 높기 때문이다. 그 개체들끼리 가까운 혈연일 필요는 없다.

어떤 방법이든 이타주의 유전자가 다른 개체 속의 자기 사본을 '인식'할 수 있다면, 그것은 비슷한 모델의 기초가 될 수 있다. 이 원리의 요점만 뽑아낸 것이 바로, 있을 법하지 않지만 유익한 '녹색 수염 효과'다. 즉 선택은 이론상, 다면발현 효과로 녹색 수염이 나게 할 뿐 아니라 녹색 수염을 가진 개체에 이타적으로 행동하게 하는 유전자를 선호할 것이다. 이번에도 그 개체들끼리 혈연관계일 필요는 없다.[7]

---

6 많은 유전자는 대개 관계가 없는 것처럼 보이는 한 가지 이상의 효과를 낸다. 그 현상을 다변발현이라고 부른다.

7 녹색 수염 효과는 비현실적인 가설이고, 비유적 이야기다. 현실적인 부분은—그리고 이것이 이 이야기의 요지인데—혈연관계가 일종의 통계적 녹색 수염의 역할을 한다는 것이다. 예컨대, 형제를 보살피는 유

오해 3. "혈연선택설은 동물에게 인지적 추리라는 경이로운 묘기를 요구한다"

많이 인용되는 '사회생물학에 대한 인류학적 비판'에서 살린스[8]는 다음과 같이 말한다.

> 말이 난 김에 말하자면, 혈연도 계수(혈연도) r을 계산하는 언어적 수단을 우리가 가지고 있지 않은 탓에 생기는 인식론의 문제가 혈연선택 이론에 심각한 결점이 된다는 사실에 주목할 필요가 있다. 분수는 전 세계의 언어에서 매우 드물다. 그것은 인도유럽어족과, 근동과 극동의 고대 문명에서 발견되지만, 이른바 원시 민족들 사이에서는 일반적으로 드물다. 수렵채집인은 일반적으로 하나, 둘, 셋을 초월하는 계수 체계를 가지고 있지 않다. '어떻게 동물들이 r(자신과 사

전적 성향이 있는 동물은 자신의 사본을 보살피고 있을 가능성이 50퍼센트다. 형제 관계는 녹색 수염 같은 표지다. 동물은 형제지간을 인식할 리가 없다. 현실에서 그 표지는 "같은 둥지에서 네 옆에 있는 자" 같은 것이다.

8 마셜 살린스는 저명한 미국 인류학자다. 일부러 생물학을 배우는 수고를 한 인류학자들도 있다. 공정하게 말하면, 내가 만일 인류학 분야를 애써 배운다면 나 역시 비슷한 무지와 몰이해를 보일 것이다. 하지만 나는 애써 그렇게 하지 않는다.

촌)=1/8이라고 계산하는가'라는 훨씬 큰 문제에 대해서는 언급을 삼가려고 한다. 사회생물학자들이 이 문제를 다루지 않음으로써 그들의 이론에 상당한 신비주의가 생기게 되었다.

어떻게 "동물들이 r을 계산하는가"에 대한 "언급을 삼가"고 싶은 충동에 굴복한 것은 살린스를 위해서는 안 된 일이다. 굴복하지 않았다면, 그는 자신이 조롱하려 했던 문제("동물들이 r을 어떻게 계산하는가") 그 자체가 논리적 모순임을 스스로 깨달았을 텐데 말이다. 달팽이 껍질은 정교한 로그나사선을 그리는데 달팽이는 그 로그표를 어디에 보관하는 것이며, 달팽이 눈의 수정체는 굴절계수 u를 계산하기 위한 '언어적 수단'을 가지고 있지 않은데 실제로 어떻게 그것을 읽을까? 녹색식물은 어떻게 엽록소의 화학식을 '알아낼'까? 말꼬리 잡기는 이 정도로 하고 건설적인 이야기를 해보자.

자연선택이 대립유전자[9]가 아니라 유전자를 선택하는 것은 그 유전자의 표현형 효과 때문이다. 행동의 경우, 유전자는 아마 신경계의 상태에 영향을 줄 것이고, 그것이 다시 행동에 영향을 준

---

9 '대립유전자'는 염색체상의 특정 자리, 즉 '좌위'를 놓고 서로 겨루는 한 유전자의 다른 형태들이다. 유성생식하는 생물에서 자연선택은 유전자풀의 대립유전자들끼리 그 자리를 차지하기 위해 경쟁하는 것이라고 생각할 수 있다. 경쟁의 무기는 보통, 몸에 미치는 '표현형' 효과다.

다. 행동이든, 생리든, 해부구조든, 복잡한 표현형에는 정교한 수학적 기술記述이 필요할 수 있다. 하지만 그건 우리가 그것을 이해하려고 할 때 그렇고, 동물 자신이 수학자여야 하는 것은 당연히 아니다. 대신 이미 언급한 종류의 무의식적인 '경험법칙'이 선택될 것이다. 거미가 거미줄을 만들기 위해서는 아마 혈연선택 이론가들이 가정하는 어떤 것보다 더 정교한 경험법칙이 필요할 것이다. 만일 거미줄이 존재하지 않았다면, 그런 것이 있다고 가정하는 사람은 누구든 조롱어린 의심을 샀을 것이다. 하지만 거미줄은 실제로 존재하고, 우리 모두는 그것을 본 적이 있지만 아무도 거미가 어떻게 그 디자인을 '생각해내는지' 궁금해하지 않는다.

자동적이고 무의식적으로 거미줄을 만드는 기제는 자연선택을 통해 진화했음이 틀림없다. 자연선택이 일어난다는 것은 유전자 풀 안의 대립유전자들 사이에 생존율 차이가 있다는 뜻이다. 그러므로 거미가 거미줄을 만드는 경향에는 유전적 차이가 있음에 틀림없다. 마찬가지로, 혈연선택을 통해 이타주의가 진화했다고 말하기 위해서는 이타주의에 유전적 차이가 있다고 가정해야 한다. 이런 의미에서 우리는 이타주의를 '위한' 대립유전자가 있다고 가정하고, 그것을 이기주의를 위한 대립유전자와 비교해야 한다. 이 문제를 논하기 위해 다음 오해로 넘어가 보자.

오해 4: "혈연을 향한 이타적 행동처럼 복잡한 어떤 것을 '위한' 유전자가 있다고 상상하기는 어렵다"

이 문제는 행동을 '위한' 유전자라는 말의 뜻을 오해하는 데서 비롯된다. 소두증 또는 갈색 눈 같은 표현형 형질을 '위한' 유전자가 그 영향을 받는 기관을 어떤 도움도 없이 혼자서 만든다고 상상하는 유전학자는 없다. 소두증 머리는 비정상적으로 작지만 그럼에도 머리이고, 머리는 하나의 유전자로 만들기에는 너무 복잡하다. 유전자는 단독으로 일하지 않고 협력해서 일한다. 유전체 전체가 환경과 협력하여 몸 전체를 만든다.

마찬가지로, '행동 X를 위한 유전자'는 단지 두 개체의 행동 **차이**를 가리킬 뿐이다. 다행히 자연선택의 입장에서 중요한 것은 바로 개체들 사이의 그런 차이다. 우리는 예컨대 동생을 향한 이타적 행동의 자연선택을 거론할 때, 형제자매 간 이타주의를 '위한' 유전자가 (또는 유전자들이) 그렇지 않은 유전자보다 생존율이 높다고 말한다. 하지만 이 말은 단순히, 그 유전자를 가진 개체는 그 유전자의 대립유전자의 영향을 받을 때보다 보통의 환경에서 형제자매에게 이타적으로 행동할 가능성이 높음을 의미할 뿐이다. 이것이 그렇게 믿기 어려운 이야기일까?

실제로, 굳이 이타적 행동을 위한 유전자를 연구해본 유전학자는 없다. 거미의 거미줄 만들기를 연구해본 유전학자도 없다. 우리 모두는 거미의 거미줄 만들기가 자연선택의 영향 아래 진화했다고 믿는다. 이런 일은, 진화 경로의 모든 단계에서 거미의 행동에 어떤 차이를 일으키는 유전자가 그 대립유전자보다 선호되지 않았다면 일어날 수 없었다. 물론 이것이 지금도 그런 유전적 차이가 있어야 한다는 말은 아니다. 자연선택은 지금쯤 애초의 유전적 차이를 제거했을지도 모른다.

어머니가 자식을 보살피는 것을 부정하는 사람은 없고, 우리 모두는 그것이 자연선택의 영향 아래 진화했음을 받아들인다. 이 경우도, 다양한 행동 차이를 생기게 하고 함께 협력하여 어머니 행동을 만들어내는 일련의 유전자가 있었을 경우에만 이런 일이 일어날 수 있음을 납득하는 데 유전자 분석은 필요 없다. 복잡한 요소를 모두 갖춘 어머니 행동이 일단 존재하게 되면, 아주 작은 유전적 변화만으로도 그 행동을 형에 대한 이타주의로 바꿀 수 있다는 것을 이해하는 데는 큰 상상력이 필요치 않다.

조류에서 모친의 보살핌을 매개하는 '경험법칙'이 다음과 같다고 가정해보자. "네 둥지 안에서 꽥꽥 우는 것 모두에게 먹이를 주라." 뻐꾸기가 그런 간단한 법칙을 이용하는 것처럼 보이므로, 이 가정은 설득력이 있다. 여기서 형제자매 간 이타주의를 획득하기 위해 필요한 것은 약간의 양적 변화일 뿐이다. 예컨대 부모의 둥지에서 새끼가 떠나는 시기를 약간 미루는 것이다. 만일 다음 차례의 새끼들이 부화한 후까지 자립이 미루어지면, 먼저 태어난 새끼들은 기존의 경험법칙에 따라 자동적으로, 둥지에 갑자기 나타나 꽥꽥 우는 입에 먹이를 넣기 시작할 것이다. 이와 같은 생활사 사건의 작은 지연은 정확히 유전자가 달성할 것이라고 기대할 수 있는 일이다. 어쨌든 이 변화는 모친의 보살핌, 거미줄 만들기, 또는 그 밖에 이론의 여지 없이 복잡한 적응이 진화하기 위해 축적되었어야 했던 변화에 비하면 아이들 장난이다. 따지고 보면 오해 4는 다윈주의 그 자체에 대한 오래된 반론의 새로운 버전일 뿐이다. 다윈은 그 반론을 예견했고, 《종의 기원》의 '지극히 완벽하고 고도로 복잡한 기관'에 대한 절에서 그것을 말끔하게 해치웠다.

이타적 행동은 매우 복잡할지 모르지만, 그 복잡함은 어떤 새로운 유전자 돌연변이에서 온 게 아니라, 그 유전자가 작용을 가한 기존의 발생 과정에서 왔다. 새 유전자가 생기기 전에 이미 복잡한 행동이 있었고, 그 복잡한 행동은 수많은 유전자와 환경 요인이 관여하는 길고 복잡한 발생 과정의 결과였다. 흥미로운 새 유전자는 단순히 기존의 복잡한 과정을 툭 하고 밀었을 뿐이고, 그 최종 결과가 복잡한 표현형 효과의 중대한 변화였다. 말하자면 모친의 보살핌이라는 복잡한 행동이 형제자매의 보살핌이라는 복잡한 행동이 된 것이다. 모친의 보살핌과 형제자매의 보살핌 그 자체는 매우 복잡한 것이라 해도, 모친에서 형제자매로의 변화는 간단한 것이었다.

오해 5. "종의 모든 구성원이 유전자의 99퍼센트 이상을 공유한다. 그러면 왜 자연선택은 보편적 이타주의를 선호하지 않나?"

사회생물학이 기초로 삼는 이 계산법 전체가 심하게 헷갈린다. 부모는 자식과 유전자의 절반을 공유하는 것이 아니라,

자식은 부친과 모친에서 서로 다른 유전자들의 절반을 공유한다. 만일 양친의 어떤 유전자가 동형이라면, 명백히 모든 자식이 그 유전자를 물려받는다. 그러면 문제는 이렇게 된다. 호모 사피엔스 같은 종이 종 내에서 공유하는 유전자는 몇 개인가? 킹과 윌슨의 추정에 따르면 인간과 침팬지는 유전 물질의 99퍼센트를 공유하고, 인종 간의 유사성은 인간과 침팬지 사이 유사성의 50배다. 사회생물학자들이 관계가 없다고 간주하는 개체들이 실제로는 유전자의 99퍼센트 이상을 공유하고 있는 것이다. 행동에 중요한 역할을 하는 구조와 생리가 '**공유하는 99퍼센트**'에 기초하고 머리카락 형태처럼 행동에 중요하지 않은 차이를 결정하는 것이 '**1퍼센트**'인 모델을 만드는 것은 쉬울 것이다. 요지는, 유전학이 실제로 뒷받침하는 것은 사회과학의 믿음이지 사회생물학자들의 계산이 아니라는 것이다.

또 다른 저명한 인류학자인 셔우드 와시번의 이 오해는 해밀턴 본인의 수학적 공식화에서가 아니라, 와시번이 언급하고 있는 지나치게 단순화한 2차 정보원에서 나온다. 하지만 수학은 어려우므로, 이해하기 쉬운 말로 오류를 증명하는 방법을 찾는 것은 해볼 가치가 있는 일이다.

99퍼센트가 과장이든 아니든, 한 종에서 무작위로 선택한 두 개체가 유전자의 대다수를 공유하고 있다는 점에서 와시번은 확실히 옳다. 그러면, 혈연도 계수 r이 예컨대 형제자매 사이에서 50퍼센트라고 말할 때, 우리가 말하고 있는 것은 무엇인가? 오류 그 자체를 다루기 전에 먼저 이 질문에 답해야 한다.

부모와 자식이 유전자의 50퍼센트를 공유한다는 무조건적 진술은 와시번이 말한 대로 옳지 않다. 조건이 붙으면 그것이 진실이 될 수 있다. 게으름뱅이의 조건부 방법은, 드문 유전자에 대해서만 이야기하고 있다고 선언하는 것이다. 내가 개체군 전체에서 매우 드문 유전자를 가지고 있는 경우, 내 자식 또는 형제가 그것을 가지고 있을 확률은 약 50퍼센트다. 왜 이것이 게으름뱅이의 조건부 방법이냐 하면, 해밀턴의 추론은 모든 빈도의 유전자에 적용된다는 중요한 사실을 회피하고 있기 때문이다. 이 이론이 드문 유전자에만 해당된다고 생각하는 것은 오류다(오해 6을 보라). 해밀턴 자신의 조건부 방법은 다르다. 그것은 '조상이 같다'는 표현을 추가하는 것이다. 형제자매는 유전자의 99퍼센트를 공유할지도 모르지만, 그들이 가진 유전자의 50퍼센트만 조상이 같다. 즉 가장 최근의 공통 조상이 가지고 있던 유전자의 동일한 사본을 물려받은 것이다.

지금까지 혈연도 계수 r의 의미를 설명하는 두 가지 방법을 말했다. '드문 유전자' 방법과 '동일 조상' 방법 말이다.[10] 하지만 둘 중 어느 것도 우리에게 와시번의 역설에서 달아날 방법을 알려주지 않는다. 대부분의 유전자가 종 내에서 보편적으로 공유되고 있

---

10 93~94쪽의 주석도 보라.

다면, 왜 자연선택은 보편적 이타주의를 선호하지 않는 걸까?

보편적 이타주의 U와 혈연 이타주의 K라는 두 가지 전략이 있다고 치자. U 개체는 종 내의 모든 개체를 차별 없이 보살핀다. K 개체는 혈연만을 보살핀다. 두 경우 모두 돌보는 행동은 이타주의자 자신의 생존 가능성이라는 관점에서 보면 손해다. U의 행동은 '공유하는 99퍼센트의 유전자에 기초한다'는 와시번의 전제를 받아들인다고 해보자. 즉, 개체군의 거의 전부가 보편적 이타주의자이고, 극소수 돌연변이와 이주자만이 혈연 이타주의자다. 표면적으로는, U의 유전자가 자신의 사본을 보살피고 있는 것처럼 보인다. 무차별적인 이타주의의 수혜자들은 필시 같은 유전자를 가지고 있을 것이기 때문이다. 하지만 이것이 처음에는 드문 K 유전자의 침입 앞에서도 진화적으로 안정적인 전략일까?[11]

11 '진화적으로 안정적인 전략Evolutionarily Stable Strategy', 즉 ESS는 존 메이너드 스미스가 만든 말로, 진화에 관한 강력한 사고방식을 표현한다. 내가 《이기적 유전자》에서 많이 사용한 표현 중 하나다. '전략'은 '시계태엽장치'의 한 부품처럼 무의식적으로 일어나는 행동이다. '네 둥지에 보이는 꽥꽥 우는 큰 입에 먹이를 떨어뜨리다'와 같은 것이다. ESS는, 개체군의 대다수가 그것을 채용하고 있고 대안 전략으로는 그것을 상회하는 일을 할 수 없는 전략이다. 만일 상회할 수 있다면, 그것은 '불안정한' 전략이다. 불안정한 전략이 지배하는 개체군에는 더 뛰어난 대안 전략이 '침입'한다. ESS 논리는 보통 다음과 같이 시작한다. "개체군의 모든 구성원이 P를 하고 있다고 말할 수 있는, 전략 P가 있다고 치자. 그런 다음 돌연변이에 의해 새로운 전략 Q가 나타난다고 상

전혀 그렇지 않다. 드문 K 개체가 이타적으로 행동할 때마다 그 행동은 U 개체**보다는** 또 다른 K 개체에게 이익이 될 가능성이 높다. 반면 U 개체는 K 개체와 U 개체를 차별하지 않고 이타적으로 행동한다. U 행동의 결정적 특징이 바로 차별하지 않는 것이기 때문이다. 따라서 K 유전자는 U 유전자를 희생시키며 개체군 전체로 퍼져나게 된다. 보편적 이타주의는 혈연 이타주의에 대해 진화적으로 안정적이지 않다. 설령 처음에는 흔하다 해도 언제까지나 흔하지는 않을 것이다. 이 논의는 오해 5를 보완하는 오해 6과 직결된다.

오해 6: "혈연선택은 드문 유전자에만 작용한다"

자연선택은 예컨대 형제자매 이타주의를 선호한다는 명제의 논리적 귀결은, 관련 유전자가 널리 퍼져 고정된다는 것이다.[12] 개체군

상해보자. 자연선택은 Q의 '침입'을 초래할까?" 이런 추론이 바로, 우리가 전략 U와 K에 대한 추론에서 한 것이다.

12 '고정'은 집단유전학자가 사용하는 전문 용어로, 유전자가 개체군 전원, 또는 거의 전원이 그것을 가질 때까지 퍼지는 것을 가리킨다. 유전자가 고정될 때까지 확산하는 원인은 자연선택 또는 '유전적 부동'으로 불리는 우연이다.

속의 거의 모든 개체는 형제자매 이타주의자가 될 것이다. 따라서 그 사실을 알기만 한다면, 개체는 형제자매 이타주의를 널리 퍼뜨리기 위해 형제자매를 보살피는 것과 똑같이 종 내의 구성원을 아무나 살필 것이다! 그런 까닭에, 배타적 혈연 이타주의 유전자는 드물 때만 선호되는 것처럼 보일지도 모른다.

이런 식으로 말할 때 우리는 동물이, 심지어는 유전자가 신처럼 행동한다고 생각하는 것이다. 하지만 자연선택은 그보다는 기계적인 쪽에 가깝다.[13] 혈연 이타주의 유전자는 개체가 자신을 대신해 지적인 행동을 취하도록 프로그램하지 않는다. 그 유전자는 "네가 사는 둥지 안에서 꽥꽥 우는 입에 먹이를 주라"와 같은, 행동에 관한 간단한 경험법칙을 지정한다. 유전자가 보편적이 될 때 보편적이 되는 것은 이런 무의식적인 경험법칙이다.

앞의 오류에서와 마찬가지로, 우리는 진화적으로 안정적인 전략이라는 개념을 여기서도 사용할 수 있다. 이제는 혈연 이타주의 K가 보편적 이타주의 U의 침입 앞에서 진화적으로 안정적인지 아닌지 따져보자. 즉, 혈연 이타주의가 흔해졌다고 가정하고, 보편적 이타주의를 추구하는 돌연변이 유전자가 침입할지 하지 않을지 묻는 것이다. 대답은 '침입하지 않는다'이고 이유는 앞에서 제시한 바와 같다. 드문 보편적 이타주의자들은 자신의 U 대립유전자 사

---

13 바로 이런 이유로 나는 앞의 주석에서 ESS를 정의할 때 '시계태엽 장치'라는 단어를 사용했다.

본을 가지고 있는 경쟁자의 K 대립유전자를 차별 없이 보살핀다. 반면 K 대립유전자는 경쟁자의 사본을 보살필 가능성이 낮다.

이렇게 해서, 혈연 이타주의는 보편적 이타주의의 침입 앞에서 안정적이지만 보편적 이타주의는 혈연 이타주의의 침입 앞에서 안정하지 않음을 증명했다. 이렇게 해서 나는 가까운 친족에 대한 이타주의는 관련 유전자의 빈도가 어떠하든지 보편적 이타주의보다 선호된다는 해밀턴의 수학적 논증을 말로 설명하는 목표를 최대한 달성한 셈이다. 해밀턴이 제시한 설명의 수학적 정밀함은 없지만, 적어도 흔한 질적 오해 두 가지를 제거하는 데는 충분할 것이다.

오해 7: "동일 클론의 구성원들 사이에서는 이타주의가 필연적으로 나타날 것이다"

도마뱀 중에는 구성원 모두가 한 돌연변이체의 동일한 자손으로 보이는 단위생식Parthenogenetic[14] 종들이 있다. 그런 클론 내 개체들 사이의 혈연도 계수는 1이다. 따라서 기계적으로 암기한 혈연

---

14 파르테노스Parthenos는 '처녀'라는 뜻의 그리스어다. 단위생식을 하는 도마뱀은 수컷의 도움 없이 생식하여 자신의 일란성 쌍둥이에 해당하는 '클론' 딸들을 생산한다.

선택 이론을 단순 적용하면, 그 종족의 모든 구성원에게 엄청난 이타주의가 나타날 것으로 예측된다. 앞의 오해와 마찬가지로, 이 오해도 유전자가 신처럼 행동한다고 믿는 것이다.

혈연 이타주의 유전자가 널리 퍼지는 것은 그 유전자가 대립유전자의 사본보다 자신의 사본을 도울 가능성이 높기 때문이다. 하지만 도마뱀 클론의 구성원들은 모두, 최초에 클론을 창시한 어머니의 유전자를 가지고 있다. 그녀는 보통의 유성생식 개체군의 일원이었고, 따라서 그녀가 이타주의를 위한 어떤 특별한 유전자를 가지고 있었다고 생각할 이유는 없다. 그녀가 무성생식 클론을 창시할 때 그녀가 가지고 있던 기존의 게놈, 즉 클론 돌연변이가 일어나기 전에 작용한 선택압을 받아 형성된 게놈이 '동결'되었다.

그 클론 내에 무차별적인 이타주의를 추구하는 새로운 돌연변이가 생긴다면, 그것을 가진 개체는 정의상 새로운 클론의 구성원이 될 것이다. 따라서 이론상으로는, 이제부터 클론 간 선택에 의해 진화가 일어날 수 있다. 그런데 이 새로운 돌연변이는 새로운 경험법칙을 통해 행동해야 한다. 만일 새로운 경험법칙이 양쪽 서브클론을 차별 없이 이롭게 한다면, 이타적 서브클론은 이타주의의 대가를 치르게 되므로 감소할 수밖에 없다. 따라서 새로운 경험법칙은 처음에는 이타적 서브클론에 유리한 차별을 실행했을 가능성이 있다. 그렇지만 이것은 통상적인 혈연 이타주의 경험법칙(예컨대 '네 둥지에 살고 있는 자를 보살펴라')의 형태를 띨 것이다. 그런 다음, 이 경험법칙을 가진 서브클론이 실제로 이기적 서브클론을 희생시켜 널리 퍼진다면, 최종 결과는 어떻게 될까?

바로 각기 자기 둥지에 사는 자들을 보살피는 도마뱀 종이다. 클론 전체의 이타주의가 아니라, 통상적인 '혈연' 이타주의다. (따지기 좋아하는 분들에게 제발 부탁하는데, 도마뱀은 둥지를 짓지 않는다는 지적은 삼가주시기를!)

하지만 급히 덧붙이자면, 클론 생식이 특수한 이타주의로 이어지는 상황도 있다. 아홉띠아르마딜로가 흥미를 불러일으키는 존재가 된 것은 유성생식을 하지만 한 배에 네쌍둥이가 태어나기 때문이다. 이 경우 실제로 클론 내 이타주의가 예상된다. 왜냐하면, 유전자가 보통의 방식으로 매 세대 유성생식을 통해 재편되기 때문이다. 즉 클론 이타주의 유전자가 있다면 어떤 클론에서는 구성원 모두가 그 유전자를 공유하지만, 라이벌 클론에서는 아무도 그 유전자를 가지고 있지 않을 가능성이 높다.

지금까지는, 아르마딜로에서 예측된 클론 내 이타주의를 지지하는 증거도 반증하는 증거도 없다. 하지만 아오키가 유사한 사례에서 찾아낸 몇 가지 흥미로운 증거를 보고했다. 일본 진딧물 콜로피나 클레마티스*Colophina clematis*에서는, 무성생식으로 생긴 암컷 자매들이 두 유형으로 나타난다. A 유형의 암컷은 보통의 식물 수액을 빨아먹는 진딧물이다. B 유형의 암컷은 첫 번째 영[15]을

---

15 '영instar'은 곤충이 성장할 때 거치는 개별 발달 단계들을 부르기 위해 곤충학자들이 사용하는 전문 용어다. 그 단계들이 개별적이고 불연속적인 것은 곤충의 골격이 우리처럼 내골격이 아니라 외부의 갑으

넘어서는 성장하지 않고 생식도 하지 않는다. 주둥이 모양의 돌기는 비정상적으로 짧아서 식물의 수액을 빨아먹기에 적합하지 않고, 제1가슴마디와 제2가슴마디의 다리는 '가짜 전갈처럼' 비대화되어 있다. 아오키는 B 유형의 암컷들이 큰 곤충을 공격해 죽인다는 사실을 밝혔다. 그리고 그들이 불임인 '병정 계급'을 구성하여, 생식능력이 있는 자매를 포식자로부터 보호한다고 생각했다. '병정'이 어떤 식으로 먹는지는 알려져 있지 않다. 아오키는 그들의 전투용 주둥이로는 수액을 흡수할 수 없다고 생각한다. 그는 병정이 A 유형의 자매로부터 먹이를 받는다고 주장하지는 않았지만, 그 흥미로운 가능성은 열려 있다. 그는 다른 진딧물속에도 비슷한 병정 계급이 존재한다는 것을 암시하는 징후들을 보고한다.

나는 R. L. 트리버스 덕분에 아오키의 논문에 주목하게 되었는데, 그의 논문에는 난처한 아이러니가 있다. "[해밀턴의] 이론으로부터, 진정한 사회성은 반수이배성 집단에서 그렇지 않은 집단에서보다 더 자주 출현할 것이라는 결론을 내릴 수 있을지도 모른다. …… 반수이배성이 아닌 동물에 진정한 사회성이 몇 번이나 출현해야 그의 이론을 반증하는 데 충분한지 나는 모른다. 하지만

로 이루어져 있기 때문이다. 뼈와 달리 외부 갑은 한번 굳어지면 성장할 수 없다. 따라서 곤충은 주기적으로 탈피를 하고, 새로운 갑을 더 큰 사이즈로 부풀려 키워야 한다. 이런 점진적 단계 각각을 '영'이라고 한다.

진딧물에 병정 계급이 존재한다는 사실은 그의 이론에 반하는 가
장 중대한 문제 중 하나일 것이다."[16]

---

16 아오키가 저지른 중대 오류는 살린스와 와시번의 오류와 마찬가
지로 해밀턴의 이론에 대한 불완전한 이해해서 생긴다. 해밀턴은 자
신의 설명에 '반수이배성'에 관한 짧은 절을 포함시켰다. 그것은 벌목
Hymenoptera 곤충(개미, 벌, 말벌) 특유의 유전 시스템이다. 암컷은 우
리처럼 염색체를 두 세트 가지는 이배체다. 하지만 수컷은 반수체다.
수컷이 가지는 염색체는 암컷의 반수인 것이다. 따라서 각 수컷 개체
가 생산하는 정자는 모두 유전적으로 동일하다. 해밀턴은 흥미로운 결
과를 독창적인 방식으로 지적했다. 아버지 쪽에서 온 유전자들이 동일
하기 때문에 자매 간의 혈연도 계수 r은 보통의 0.5가 아니라 0.75라는
것이다. 암컷 개미는 딸보다 자매와 더 가까운 관계인 셈이다! 해밀턴
이 지적한 대로, 벌목은 이 때문에 사회적 협력에서 최고의 성과를 올
리는 경향을 가지게 된다. 이 생각은 아주 영리하고, 심지어는 **카리스마**
가 있어서, 많은 독자들은 그것을 일종의 케이크 장식처럼 툭 얹은 몇
개의 문단으로 보는 대신, 해밀턴 이론의 핵심이라고 생각했다. 아오키
는 명백히 그런 독자 중 한 명이었다. 만일 그가 몇 개의 카리스마 있
는 문단만이 아니라 해밀턴 이론의 바탕인 유전자 선택 전체를 이해했
다면, 이타적인 진딧물과 관련하여 어이없는 실수를 하지 않았을 것이
다. 그는 이타적인 진딧물이 해밀턴 이론에 '중대한 문제'가 된다고 생
각했다. 하지만 실제로, 해밀턴의 이론은 올바른 조건이 주어지면 개미,
벌, 말벌보다 클론인 진딧물이 사회적 협력에서 더 훌륭한 성적을 올린
다고 예측한다. 아오키의 진딧물들 사이의 혈연도 r은 벌목 자매들 사
이의 0.75가 아니라 1.0이다. 덧붙여 말하면, 흰개미는 반수이배체가 아
니지만, 해밀턴은 근친교배에 근거하여 흰개미의 사회적 협력을 설명

여기서 드러나는 오류는 특히 시사하는 바가 크다. 콜로피나 클레마티스는 다른 진딧물과 마찬가지로, 태생인 단위생식 세대 사이사이에 날개 있는 유성생식 단계가 분산되어 있다. '병정' 그리고 그녀들이 보호하는 것처럼 보이는 A 유형의 개체는 날개가 없고, 같은 클론의 구성원인 것이 거의 확실하다. 날개 있는 유성생식 세대가 정기적으로 분포하고 있는 것으로 보아, 조건적으로 병정으로 성장하는 유전자와 그렇지 않은 대립유전자가 개체군 전체에 뒤섞여 있는 것이 확실하다. 따라서 어떤 클론은 그런 유전자를 가지는 반면 라이벌 클론은 가지고 있지 않을 것이다. 콜로피나 클레마티스의 조건은 사실상 도마뱀의 경우와 상당히 다르고 불임성 병정 계급의 진화에 이상적이다. 병정과 그들 클론의 생식하는 동기들은 확장된 한 몸의 일부로 보는 것이 최선이다. 병정 진딧물이 자기 자신의 생식을 이타적으로 희생하고 있다면, 내 엄지발가락도 그렇게 하고 있는 것이다. 거의 똑같은 의미에서 말이다!

하는 별개의 독창적인 생각을 했다. 실제로는 특별한 독창성이 필요하지도 않다. 0.5의 r과 결합하여 사회적 협력 및 일개미와 일벌의 불임을 촉진하는 결과를 낼 수 있는 B와 C의 조합은 많다.

오해 10: "개체는 단순히 더 많은 혈연을 탄생시킨다는 이유로 동계교배 하는 경향이 있을 것이다"

여기서는 주의할 필요가 있다. 마치 오류처럼 들리지만 옳은 논리 가 있기 때문이다. 게다가 이 논증과는 관계가 없지만, 동계교배 를 추구하거나 거기에 저항하는 다른 선택압들도 있을 수 있다. 그러니까 이 오해의 지지자는 '다른 조건은 같다'는 전제에 몸을 숨기고 있다고 추정된다.

내가 비판하고 싶은 논리는 다음과 같이 흘러간다. 우선 일부일 처제 짝짓기 체제를 전제로 한다. 이때 무작위 수컷과 짝짓기하는 암컷은 혈연도 r이 1/2인 자식을 생산하게 된다. 그 암컷은 남매 지간인 수컷과 짝짓기하는 경우에만 유효 혈연도가 3/4인 '수퍼 아기'를 생산한다. 그러므로 동계교배 유전자는 이계교배 유전자 를 희생시키며 증식하고, 따라서 태어나는 자식에게 들어갈 확률 이 높아진다.

오류는 간단하다. 암컷이 수컷 동기(남매지간)와 짝짓기하는 것을 삼가면, 수컷 동기는 다른 암컷과 자유롭게 짝짓기할 수 있 고, 따라서 이계교배하는 암컷은 자기 자식(r=1/2)에 더하여 조카 (r=1/4)를 얻게 되므로 근친상간하는 암컷이 생산하는 한 명의 수 퍼 아기(유효 r=3/4)와 결과가 같아진다. 주의할 점은, 이 반론이 일부일처제에 상당하는 짝짓기 양식을 전제로 한다는 것이다. 그 종이 예컨대 일부다처제[17]처럼 수컷의 생식성공률에 큰 차이가 있 고 총각 집단이 큰 경우라면, 상황은 달라질 수 있다. 암컷이 수컷 동기와 짝짓기함으로써 수컷 동기가 다른 누군가와 짝짓기할 기회를 박탈한다는 말은 이 상황에서는 더 이상 사실이 아니다. 그때는 암컷 동기와의 짝짓기가 그 수컷이 할 수 있는 유일한 짝짓기일 확률이 높다. 따라서 그 암컷은 근친상간함으로써 조카를 잃는 것이 아니라, 자신의 유전적 관점에서 보면 수퍼 아기가 되는 자식을 생산하게 된다. 이런 경우에는 근친상간을 선호하는 선택압이 존재할지도 모르지만, 이 절의 머리말은 일반 진술로서는 옳지 않다.

오해 12: "동물은 각 혈연에게 혈연도 계수에 비례하는 양만큼 이타주의를 분배할 것으로 예상된다"

S. 알트만이 지적했듯이, 나는 "육촌은 자식이나 형제자매가 받는 이타주의의 1/16을 받는 경향이 있을 것이다"라고 썼을 때 이 오류를 범했다.[18] 알트만의 주장을 아주 단순화하면 이렇게 묻는 것

---

17 수컷 하나와 여러 암컷이 짝짓기를 하는 하렘 양식의 생식. 그 반대인 일처다부제보다 훨씬 흔한데, 그 이유들은 흥미롭지만 여기서 말할 필요는 없다.

18 나는 이렇게 말했어야 한다. "그 밖의 조건이 같다면 형제자매는 이타적 행동을 받을 가능성이 육촌의 16배이다."

과 같다. 내게 혈연에게 주려고 생각하고 있는 케이크가 있다면 그것을 어떻게 나누어야 할까? 지금 다루고 있는 오류는, 각 혈연이 나와의 혈연도 계수에 비례하는 크기의 조각을 얻도록 케이크를 자르는 것과 같다. 물론 실제로는 가장 가까운 친족에게 케이크를 몽땅 주고 나머지 사람들에게는 아예 주지 않을 이유가 충분히 있다.

케이크 한 입이 모두 똑같은 가치이고, 단순한 비례 방식으로 자식의 살로 바뀐다고 치자. 그러면 개체는 케이크가 통째로, 가장 먼 혈연의 살보다는 가장 가까운 혈연의 살로 바뀌는 쪽을 선호할 것이 분명하다. 물론 이 단순 비례 가정은 실제 사례에서는 틀릴 것이 거의 확실하다. 어쨌든, 케이크가 혈연도 계수에 정비례하여 배분될 것이라고 합리적으로 예측할 수 있으려면 그 전에 수확 체감에 대한 매우 정교한 가정을 세울 필요가 있다. 그러므로 앞에서 인용한 내 진술은 특수 상황에서는 사실일 수 있지만, 일반론으로서는 오류로 보는 것이 적절하다. 물론 어느 쪽이든 이 오류는 내 본의가 아니었다.

사과

앞서 말한 내용이 파괴적이거나 부정적인 어조로 들렸을지도 모르지만, 내 의도는 정반대였다. 어려운 내용을 설명하는 기술은, 어느 정도는 독자의 어려움을 예상하고 그것을 미연에 방지하는 것과 관계가 있다. 따라서 흔한 오해를 체계적으로 폭로하는 것은 확실히 건설적인 활동이라고 말할 수 있다. 내가 혈연선택을 이해하고 있다고 확신하는 것은, 내가 이미 이 열두 가지 오류를 맞닥뜨렸으며, 많은 경우 나 자신도 그 덫에 빠졌다가 겨우겨우 빠져나온 경험이 있기 때문이다.

Science
in the
S o u l

3부

가정법 미래

로버트 윈스턴은 사려 깊은 저서 《신 이야기The Story of God》에서, 종교사에서 드러난 '성직자'와 '예언자'의 차이에 대해 고찰한다. 성직자는 규칙을 만드는 사람, 경계선을 설정하는 사람, 집행하는 사람이고, 예언자는 예견하는 사람, 비판하는 사람, 거짓 위안을 거부하는 사람으로, 굴 안의 모래알처럼 공동체에 성가시지만 소중한 존재다. 리처드가 반대하지 않았다면 이 책의 제목은 '이성의 예언자'가 되었을 것이고, 3부에서 다루는 내용이 바로 그 이성의 예언자로서의 과학자에 대한 것이다. 이때 '예언자'라 함은 앞서 말한 것과 같은 의미로, 좀 더 구체화하자면 정보에 기반을 둔 상상과 근거 없는 억측 사이에서 위험한 줄타기를 할 각오로, '생각할 수 없는 것을 생각하고' 그럼으로써 그것을 생각할 수 있는 것으로 **만드는** 사람일 것이다. 과거는 현재와 어떤 관계이고, 이 둘은 가능한 미래와 어떤 관계가 있을까? 이런 의문은 과학자의 머릿속에서 상상력의 엔진을 가동하고, 과학적 사고방식의 회의주의가 거기에 브레이크를 건다.

첫 번째 에세이 '순이익'은 온라인 살롱이자 지식인들의 허브인 〈엣지The Edge〉의 창설자 존 브록만이 매년 던지는 '브록만 질문'에 대한 대답이다. 이 에세이는 컴퓨터에 대한 오래된 관심을 토대로, 특별한 현상일 뿐 아니라 특별히 빠르게 진행되고 있는 인터넷의 급성장을 찬양하고, 사회 구성원들 사이의 커뮤니케이션이 충분히 빨라지면 '개인'과 '사회'의 경계 그 자체가 허물어지고 개인의 기억이 약해질지도 모른다는 깜짝 놀랄만한 제언을 한다. 그런 가운데 사회적 교환에서의 익명지향성 같은 현상에 눈을 반짝이며, 많은 채팅방 대화의 (낮은) 질에서부터 억압적 권위에서 해방될 수 있는 (커다란) 잠재력까지, 인터넷 급성장의 여러 가지 문화·정치적 측면에 대해 도킨스답게 강력한 견해를 제시한다.

두 번째 에세이 '지적인 외계인'도 브록만의 기획에 따라 집필된 작품인데, 이 글은 '지적 설계론' 운동에 관한 에세이들을 묶은 책에 실렸다. 이 에세이에서는 초점이 이동한다. 지구상에서 인간의 생명이 더 진화할 가능성에서, 먼 우주에 있는 생명체와의 접촉 가능성으로. 이것이 앞에서 말한 위험한 줄타기로 나아가는 것으로, 근거가 탄탄한 추론과 단정적인 미신의 차이를 전형적으로 보여준다. 그리고 과학의 객관적 진실은, 어떤 형태의 초자연주의와 비교해도 뒤지지 않을 만큼 대담하면서도 훨씬 더 확실한 근거에 기초하는 상상의 우주탐사선을 쏘아 보낼 수 있음을 어느 정도 아이러니를 넣어 설명한다. 다음 에세이 '가로등 밑 살피기'는 내가 말하는 '다트'로, 같은 주제를 좀 더 가볍게 다루면서, 지구 외지적 생명체를 찾는 접근법 중 하나를 다소 회의적으로 조사한다.

3부의 마지막 에세이는 과학에 기반을 둔 추측을 계속 이어가는 동시에, 아주 명쾌하게 결정적 구별을 시도한다. 그 구별이란 몸에서 이탈할 수 있는 사후 세계의 주인으로서의 '영혼'과, 인간 정신이 있는 자리이자 지적·정서적 능력이 샘솟는 깊은 우물로서의 '영혼' 사이의 구별이요, 기존 종교와 우리를 미혹하는 초자연주의에서 말하는 영혼과, 이 책의 제목《영혼이 숨 쉬는 과학》과 리처드의 서문에서 찬미하는 영혼 사이의 구별이다. 이 에세이는 '50년 뒤: 영혼을 죽이다?'라는 도발적인 제목 아래, 좀처럼 사라지지 않는 데카르트적 이원론을 기세 좋게 물리치는 동시에, 과학적 비전의 미적인 힘과 영광을 소리 높여 옹호한다. 과학에는 아직 의식의 본질을 비롯한 여러 수수께끼가 존재하지만, 이런 수수께끼는, 초자연주의의 구속에서 해방되어 현실의 무한한 가능성 속에 던져질 미래 과학자에게 보내는 초대장이다.

G. S.

순이익[1]

∧
∧

인터넷은 당신의 사고방식을 방식을 어떻게 바꾸고 있는가?

만일 40년 전 '브록만 질문'이 "앞으로 40년 동안 무엇이 당신의 사고방식을 가장 근본적으로 바꿀 것이라고 예상합니까?"였다면,

---

1 저작권 대리인 존 브록만은 매년 크리스마스 즈음에 자신의 빵빵한 주소록을 채굴하여 〈엣지〉가 던지는 올해의 질문'에 대한 대답을 요구하는 즐거운 습관을 가지고 있다. 2011년에 그 질문은 시사적인 질문이었다. "인터넷이 당신의 사고방식을 어떻게 바꾸고 있나요?" 이 에세이는 그 결과물을 묶은 책에 실린 내 대답이다.

내 마음은 곧바로 〈사이언티픽 아메리칸〉(1966년 9월호)에 실린 당시의 최신 기사 '프로젝트 MAC'으로 날아갔을 것이다. 애플사의 컴퓨터 MAC과는 아무 관계가 없다. 그 컴퓨터가 나오기 한참 전이었으니까. 프로젝트 MAC은 MIT(매사추세츠 공과대학)를 본거지로 하는 선도적인 컴퓨터과학 공동사업이었다. 마빈 민스키를 중심으로 하는 인공지능 혁신가 그룹도 그 사업에 포함되어 있었지만, 이상하게도 그것은 내 상상력을 사로잡은 부분이 아니었다. 그 시절 구할 수 있는 유일한 컴퓨터였던 덩치 큰 메인 프레임 컴퓨터(기억 용량이 크고 많은 입출력 장치를 신속히 제어함으로써 다수의 사용자가 함께 쓸 수 있는 대형 컴퓨터 - 옮긴이) 사용자였던 나를 진정으로 들뜨게 한 것은 지금은 완전히 평범한 일처럼 보이는 것이다. MIT 캠퍼스 안에서만이 아니라 심지어 집에서도 30명이 동시에 같은 컴퓨터에 로그인할 수 있고, 그 컴퓨터와, 그리고 서로와 동시에 통신할 수 있다는 것은 당시로서는 놀라운 일이었다. 신기하게도 논문의 공저자들은 설령 수킬로미터씩 떨어져 있어도, 컴퓨터 내의 공통 데이터베이스를 토대로 동시에 논문 작업을 할 수 있었다. 원리상으로는 지구 반대편에 있어도 가능했다.

지금에 와서는 어처구니없을 정도로 당연하게 들린다. 하지만 당시 그것이 얼마나 미래적이었을지를 이제 와서 다시 느끼기는 어렵다. 버너스리 이후의 세계는 그것을 40년 전에 상상할 수 있었다면 천지개벽할 일처럼 보였을 것이다. 값싼 노트북 컴퓨터와 보통 속도의 와이파이 연결만 있으면 누구나, 포르투갈 해변의 웹캠에서부터 블라디보스토크의 체스 경기까지 전 세계를 현기증 나게 돌아다니는 환상을 컬러로 즐길 수 있고, 실제로 구글 어스를 사용하면 마치 마법의 카펫을 타고 가는 것처럼 그사이의 모든 풍경을 내려다볼 수 있다. 가상 마을에 있는 가상 술집에 들러 잡담을 나눌 수도 있는데, 여기서 그 마을의 지리적 위치는 아무런 의미가 없다. 실제 세계에는 존재하지 않기 때문이다(그리고 LOL―크게 웃음―로 중단되는 잡담의 내용은, 슬프게도 그것을 실현하는 기술에 실례일 정도로 쓸데없는 잡소리일 가능성이 높다).

평균적인 채팅방 대화는 '돼지 목에 진주 목걸이'라는 표현도 과분한 수준이지만, 내가 희망을 거는 것은 하드웨어와 소프트웨어라는 진주다. 즉 인터넷 그 자체와 월드와이드웹을 말하는 것이다. 위키피디아는 월드와이드웹을 '인터넷상에 있는, 상호 연결된 하이퍼텍스트 문서들의 시스템'이라고 간명하게 정의한다. 월드와이드웹은 천재의 작품으로, 인류가 거둔 최고의 성과 중 하나다. 하지만 월드와이드웹의 가장 주목을 끄는 특질은 그것을 구축한 주체가 팀 버너스리나 스티브 워즈니악, 또는 앨런 케이 같은 천재적인 개인도, 소니나 IBM 같은 하향식 기업도 아닌, 세계 곳곳에 (무관계하게) 산재하는 주로 익명인 단위들의 무정부주의적 연합이라는 점이다. 웹은 프로젝트 맥의 규모를 키운 것이다. 초인적 규모로 키운 것이다. 게다가 프로젝트 맥의 경우처럼 많은 위성을 거느리는 대형 중앙컴퓨터가 있는 것이 아니라, 저마다 크기도 속도도 제조업체도 다른 컴퓨터들의 분산형 네트워크이고, 그것을 설계하거나 하나로 모은 사람은 문자 그대로 아무도 없다.

계획 없이 되는대로, 유기적으로, 생물학적으로, 더 엄밀하게 말하면 생태학적으로 성장한 것이다.

물론 부정적 측면도 있지만 그것은 쉽게 눈감아 줄 수 있다. 나는 이미 편집 통제권이 없는 많은 채팅방 대화가 개탄스러운 내용을 담고 있다고 언급했다. 걷잡을 수 없이 무례해지는 경향을 조장하는 것이 익명이라는 관행이다. 이 관행의 사회적 기원에 대해서도 언젠가 이야기해보면 좋겠다. 실명을 걸고 한다면 꿈도 꾸지 못할 모욕과 폭언이 온라인에서 '팅키윙키', '플러브푸들', '아치위즐' 같은 닉네임으로 가장할 때는 의기양양하게 흘러나온다. 그다음에는, 계속 반복되는 문제로 거짓 정보와 실제 정보를 가려내는 일이 있다. 빠른 검색엔진 앞에서 우리는 웹 전체를 거대한 백과사전으로 간주하는 한편, 기존의 백과사전들이 엄격하게 편집되고 그 항목들은 선별된 전문가에 의해 작성된다는 사실을 잊기 쉽다. 그렇긴 해도 나는 위키피디아가 얼마나 유용한지 거듭 놀란다. 위키피디아를 검증하는 내 나름의 가늠자는 '진화'나 '자연선택' 같은 내가 잘 아는 (그리고 기존 백과사전에 싣기 위해 그 항목을 실제로 썼을지도 모르는) 것들을 찾아보는 것이다. 나는 이런 사전 조사에서 좋은 인상을 받으면, 어느 정도 확신을 가지고 내게 직접적인 지식이 없는 항목들로 간다(그것이 앞에서 월드와이드웹의 위키피디아 정의를 인용해도 되겠다고 느낀 이유였다). 물론 실수가 끼어들고, 심지어는 악의적으로 삽입되는 경우도 있지만,[2] 실수의 반감기, 즉 자연 교정 메커니즘이 그것을 제거할 때까지 걸리는 시간은 든든할 정도로 짧다. 나는 존 브록만으로부터, 위키피디아는 확실히 과학적 문제에 대해서는 훌륭하지만 "편집 전쟁이 끊임없이 터지는 …… 정치와 대중문화 같은 분야에서는" 그렇지 않다는 경고를 들었다. 그럼에도, 설령 과학 같은 일부 분야뿐이라 해도, 위키피디아의 발상이 잘 작동한다는 사실은 앞에서 말한 내 비관적인 관점과는 완전히 다르기 때문에, 나는 그것을 월드와이드웹에 대한 낙관론을 정당화하는 모든 것의 상징으로 간주하고 싶다.

우리가 아무리 낙관적으로 생각한다 해도, 웹에는 인쇄된 책보다 쓰레기 같은 문장이 많다. 아마 책을 생산하는 데 비용이 더 많이 들기 때문일 것이다(그런데 슬프게도, 책에도 쓰레기 같은 문장이 많다[3]). 하지만 인터넷의 속도와 편재성 덕분에 실제로 우리는 비판적 경계 태세를 취할 수 있다. 어떤 사이트에 게재된 보도

---

2 삽입은 때때로 악의보다는 허영심과 이기심에서 비롯된다. 자연선택 항목에 관한 '검증' 독서(본문을 참조)를 실시할 때, 나는 참고문헌 목록에 내가 이미 읽어본 바로는 그 주제와 무관하다고 알고 있는 책이 들어가 있는 것을 보았다. 나는 로그인하여 그것을 삭제했다. 하지만 30분도 지나지 않아 원래대로 돌아와 있었다. 저자가 다시 삽입했을 것으로 추측된다. 나는 그것을 다시 삭제했다. 하지만 다시 돌아왔고 나는 지쳐서 포기했다. 어쨌든 훨씬 더 길고 철저해진 현재의 '자연선택' 항목에는 그 책이 없다.

3 특히 최근에는 컴퓨터 덕분에 편집에 의한 통제 없이 싸고 편하게 가치 없는 출판물이 만들어지고 있다.

가 미심쩍게 들리는 경우(또는 너무 그럴듯해서 사실 같지 않은 경우) 다른 사이트들에서 그것을 재빨리 체크할 수 있다. 도시 괴담(확실한 근거가 없는데도 사실인 것처럼 사람들 사이에 퍼지는 놀라운 이야기 – 옮긴이)과 그 밖에 입소문으로 퍼지는 밈은 고맙게도 다양한 사이트에 목록이 올라와 있다. 위험한 컴퓨터 바이러스와 관련한 공포를 일으키는 경고(흔히 마이크로소프트 또는 시맨텍의 이름을 들먹인다)를 받았을 때 우리는 그 메일을 주소록에 있는 모든 사람에게 즉시 전송하기보다는, 경고문 그 자체의 주요 키워드를 검색해본다. 그러면 대개 (예컨대) '바이러스 76번'으로 확인되고, 그 이력과 발생 지역도 자세히 추적된다.

인터넷의 최대 단점은 아마 웹서핑의 중독성과 어마어마한 시간 낭비일 것이다. 한 번에 하나에 집중하기보다는 이 주제에서 저 주제로 가볍게 옮겨 다니는 습관을 부추기는 것이다. 하지만 이제부터는 부정적이고 회의적인 말은 그만하고 약간 사변적인―아마도 좀 더 긍정적인―의견으로 마무리하고 싶다. 웹이 실현하고 있는, 계획하지 않은 세계 통일(SF 팬이라면 이것을 새로운 생명 형태의 배아기로 볼지도 모른다)은 다세포 동물의 신경계가 진화하는 방식과 꼭 닮았다. 어떤 심리학 학파는 그것을 개인의 인격이 발달하는 방식과 흡사하게, 유아기에 분열되고 분산된 형태로 발달했던 것이 융합하는 것으로 볼지도 모른다. 나는 프레드 호일의 과학소설《검은 구름The Black Cloud》이 주는 어떤 통찰이 생각난다. 검은 구름은 초인적인 성간 여행자로, 그것의 '신경계'는 서로―우리의 느긋한 신경 자극보다 몇 자릿수나 빠른 속도로 — 무선 통신하는 단위들로 이루어져 있다. 하지만 검은 구름을 사회가 아니라 단일 개체로 볼 수 있는 것은 어떤 의미에서일까? 대답은, 상호연결성이 충분히 빨라서 개인과 사회의 차이가 희미해진다는 것이다. 만일 우리가 뇌와 뇌의 직접적인 초고속 무선 전송을 통해 서로의 생각을 읽을 수 있다면, 인간 사회는 사실상 하나의 개체가 될 것이다. 앞으로 그것과 비슷한 어떤 것이 인터넷을 구성하는 다양한 단위들을 병합할지도 모른다.

이런 미래적 사변은 이 에세이의 시작 부분을 떠올리게 한다. 우리가 40년 앞을 내다본다면? 무어의 법칙은 아마 40년의 전부는 아니라도 당분간은 어떤 경이로운 마법을 계속 일으킬 것이다(지금 살짝 미리보기를 할 수 있다면, 우리의 빈약한 상상력에는 그렇게 보일 것이다). 모두가 공유하는 체외 기억에서의 검색이 극적으로 빨라질 것이고, 우리는 자신의 두개골 내에 있는 기억에 점점 의존하지 않게 될 것이다. 현재 우리는 여전히 상호참조와 연상을 위해 생물학적 뇌가 필요하지만, 소프트웨어 성능이 더 높아지고 하드웨어가 더 빨라지면 그 기능마저 점점 빼앗길 것이다.

가상현실의 고해상도 컬러 렌더링은 현실 세계와의 차이를 알아볼 수 없는 수준까지 개선될 것이다. 〈세컨드 라이프Second Life〉 같은 대규모 공동 게임은 운영 쪽에서 일어나고 있는 일을 거의 이해하지 못하는 많은 사람들에게, 불안할 정도로 중독적일 것이다. 그리고 그 일에 관해서는 우월감에 젖지 않는 편이 좋다. 전 세계의 많은 사람들에게 '퍼스트 라이프first life'의 현실은 매력이 별로 없고, 이보다 운 좋은 사람들에게조차 가상 세계에 적극적으로 참여하는 것이 〈빅 브라더Big Brother〉 같은 리얼리티 쇼에 빠져 소파에 늘어져 있는 인생보다 지적으로 자극적일지도 모른다. 지식인들에게 〈세컨드 라이프〉와 그보다 향상된 후속작들은 사회학, 실험심리학, 그리고 아직 만들어지지 않아 이름이 없는 후계 학문의 실험실이 될 것이다. 경제 전체, 생태 환경, 그리고 어쩌면 인격조차도 가상공간 외에는 어디에도 존재하지 않게 될 것이다.

마지막으로, 정치적인 영향도 있을 것이다. 아파르트헤이트 시대의 남아프리카에서는 텔레비전을 금지함으로써 반대 세력을 억압하려고 했지만 결국에는 그것을 포기해야 했다. 인터넷을 금지하는 것은 더 어려울 것이다. 신정체제 또는 그 밖의 유해한 정치체제는 악의적인 헛소리로 시민들을 현혹시키려 하지만, 갈수록 그렇게 하는 것이 어렵다는 사실을 알게 될 것이다. 종합적으로 인터넷이 억압하는 사람보다 억압받는 사람에게 더 이익인지에 대해서는 이견이 있고, 현재는 지역마다 차이가 있을 것이다. 하지만 우리는 적어도 이런 희망을 품을 수는 있다. 앞으로 인터넷이 더 빨라지고, 어디서나 사용되고, 무엇보다 더 값싸지면, 아야톨라, 물라, 교황, 텔레비전 전도사 등, 잘 속는 정신을 (사심에서는 좋은 의도에서든) 지배함으로써 권력을 행사하는 모든 사람이 대망의 몰락을 맞는 날이 앞당겨질 거라고. 아마 팀 버너스리는 언젠가 노벨상을 받을 것이다.

후기

    2016년 말에 이 글을 다시 읽는데, 전반적으로 낙관적인 어조가 약간 거슬렸다. 중대한 미국 대통령 선거(그것이 미국뿐 아니라 전 세계에 얼마나 중대한 일로 밝혀질지는 두고 볼 일이다)가 후보 중 한 명을 중상 모략하는, 체계적 지휘 하의 가짜 뉴스 공세에 좌지우지되었다는 놀라울 정도로 설득력 있는 증거가 있다. 추가 조사에서 이 일이 사실로 밝혀진다면, 우리는 법률 제정이, 아니면 적어도 페이스북과 트위터 같은 조직의 자기 규제가 뒤따르기를 바랄 것이다. 현재 이러한 소셜미디어는 엑세스의 자유뿐 아니라 기고의 자유에도 흥청거리고 있다. 최소한의 편집적 제어가 존재하지만, 몹시 외설적인 언어와 폭력적인 위협을 검열하는 것으로 그 범위는 한정되어 있다. 〈뉴욕타임스〉 같은 신뢰할 수 있는 신문이 스스로 자랑스럽게 여기는 팩트 체크는 이루어지지 않는다. 개혁이 실현될지도 모른다는 징후는 이미 존재한다. 하지만 유감스럽게도 2016년 선거에는 해당되지 않을 것이다.

지적인
외계인[1]

∧
∧

    자금이 풍부한 지적 설계 음모단이 하는 수많은 거짓말 가운데 하나가 자신들이 말하는 설계자는 아브라함의 하나님이 아니라 불특정한 지적 존재라는 주장이다. 설계자는 외계인일 수도 있는 것이다.[2] 이는 아마 국교를 금지하는 헌법 수정 조항 제1조에 걸리지 않으려는 꼼수일 것이다. 특히 1982년에 윌리엄 오버턴 판

---

1 존 브록만이 편집한 또 다른 책에 기고한 글이다. 그 책은 2006년에 《지적인 생각: 과학 대 지적 설계론 운동Intelligent Thought: V Science Versus the Intelligent Design Movement》이라는 제목으로 출판되었다(한국어판의 경우 2017년 《왜 종교는 과학이 되려 하는가》로 출간되었다 – 옮긴이).

사의 '맥린 대 아칸소 교육위원회' 판결이 나온 뒤부터는 사정이 급해졌을 것이다. 그 판결에서 판사는 학교에서 "창조 과학"에 대한 "균형 잡힌 취급"을 얻어내려던 주 의회의 시도를 기각했다.

이 사람들이 종교와 결탁되어 있다는 데는 의심의 여지가 없고, 이들은 내집단 의사소통에서는 자신들의 의도를 구태여 감추지 않는다. 디스커버리 연구소의 주요 선전가이며 《진화의 아이콘Icons of Evolution》의 저자인 조너선 웰스는 통일교의 평생 신도다. 그는 통일교 회보에서 '다윈주의: 내가 두 번째 박사학위를 받으려 했던 이유'라는 제목 아래 다음과 같은 고백을 했다(여기서 "아버지"는 통일교에서 문선명 목사를 부르는 말이다).

> 나는 아버지의 말씀을 듣고 연구와 기도를 하면서 다윈주의를 논파하는 일에 인생을 바쳐야겠다는 확신을 얻었다. 통일교의 많은 동료들이 이미 마르크스주의를 논파하는 일에 인생을 바치고 있는 것처럼 말이다. 1978년에 아버지가 박사과정에 넣을 사람으로 나를 (열두 명의 다른 신학교 졸업생들과 함께) 선택했을 나는 싸울 준비를 갖출 그 절호의 기회

---

2 이런 거짓말은 발각되지 않고 지나가는 경우가 허다하다. 지적 설계 '이론가'(이론가라는 말은 과분하다)는 설계자가 신인지 지구 밖 외계인인지는 지엽적인 문제인 것처럼 말한다. 하지만 이 에세이에서 알게 되겠지만, 실제로 그 차이는 어마어마하다.

를 기쁘게 받아들였다.

이 인용문 하나만 봐도, 웰스를 사심 없는 진리 추구자―이것은 과학 박사학위를 받기 위한 최소한의 자격으로 보인다―로 진지하게 취급했어야 했을지도 모른다는 식의 주장들에 의문이 든다. 그는 세계에 대해 무언가를 발견하기 위해서가 아니라 자신의 종교 지도자가 반대하는 과학적 견해를 "논파하는" 특수 목적을 위해 과학 학위를 따려 했다는 것을 공개적으로 시인하고 있다. 기독교도로 다시 태어난 법학 교수 필립 존슨은 보통 거듭난 기독교도들의 지도자로 간주되는데, 그는 자신이 진화론을 반대하는 것은 그것이 "자연주의"(초자연주의에 대한 반대 개념으로)이기 때문이라고 솔직하게 시인한다.

지적 설계자가 지구 밖의 우주 공간에서 온 외계인일 수도 있다는 주장에는 속내가 따로 있을지도 모르지만, 그렇다고 해서 이런 주장을 흥미롭고 유익한 토론의 바탕으로 삼지 못할 이유는 없다. 과학 **안에서** 그런 건설적인 토론을 해보는 것, 이것이 내가 이 에세이에서 하려는 바다.

외계 지능을 어떻게 알아보는가라는 문제가 가장 엄격한 형태로 대두되는 곳은 세티SETI, 즉 '지구 외 지적 생명체 탐사the Search for Extra-Terrestrial Intelligence'라고 알려진 과학 분야다. SETI는 진지한 취급을 받을 자격이 있다. 그 분야에 몸담고 있는 사람들을, 성적 목적으로 비행접시에 납치당했다고 호소하는 사람들과 혼동하면 안 된다. 우리가 가진 정보수집장치의 유효 범위라든지 빛의 속도 같은 다양한 이유 때문에, 외계 지능을 최초로 파악하는 것이 유형의 실체가 출현하는 형태로 이루어질 가능성은 지극히 낮다. 세티 과학자들은 외계 손님과의 만남은 직접 만남이 아니라 무선 전파라는 형태를 띨 것이라고 예상한다. 그 전파가 지적 존재가 보낸 것이라는 사실은, 바라건대 전파의 패턴에서 분명히 알 수 있을 것이다.

우주 어딘가에 지적 생명체가 존재할 가능성에 대해서는 설득력 있는 주장을 펼칠 수 있다. 평범성의 원리라고 불리는, 우리가 코페르니쿠스와 허블에게서 얻은 유익한 교훈이 그 주장에 힘을 실어준다. 한때 사람들은 지구는 세상에 존재하는 유일한 공간으로서, 깨알 같은 별들이 점점이 박혀 있는 투명한 천구에 둘러싸여 있다고 여겼다. 나중에 우리 은하의 크기가 밝혀졌을 때도 마찬가지로, 그것이 유일한 공간이며 모든 것의 중심이라고 여겼다. 그 후 에드윈 허블이 현대의 코페르니쿠스로 나타나 우리 은하조차도 평범한 것으로 끌어내렸다. 우리 은하는 우주에 존재하는 1,000억 개의 은하들 중 하나일 뿐이라는 것이다. 오늘날 우주학자들은 우리 우주를 조사하며 이것조차 '다중우주'에 속한 수많은 우주들 중 하나일 가능성을 진지하게 고려하고 있다.

마찬가지로 한때는 인류의 역사가 모든 것의 역사와 거의 같은 시간 동안 지속되었다고 생각되었다. 물론 지금은, 마크 트웨인의 통렬한 비유를 빌리면, 인류의 역사가 차지하는 비율이 에펠탑 꼭대기에 칠해진 페인트 두께만큼으로 줄어들었다. 이 평범성의 원리를 지구 생명에 적용하면, 지구는 1,000억 개의 은하로 이루어진 우주에서 생명이 살고 있는 유일한 곳일지도 모른다는 생각이 무모하고 자만심에 찬 것이라는 경각심이 들지 않는가?

이것은 설득력 있는 논증이라서 나 자신도 납득하지 않을 수 없다. 한편 평범성 원리의 힘을 약화시키는 다른 강력한 원리가 있는데, 그것은 '인류원리anthropic principle'라는 이름으로 알려져 있다. 우리가 세계의 조건들을 관찰하는 입장에 있으므로 그런 조건들이 우리 존재에 유리하게 작용했어야 한다는 논리다. 인류원리라는 명칭은 영국 수학자 브랜든 카터가 붙인 것이지만, 그는 나중에 '자기선택원리self-selection principal'를 ─타당한 이유로─ 선호했다. 나는 카터의 원리를 빌려 생명의 기원, 즉 자기복제하는 최초의 분자를 만들고, 그럼으로써 DNA와 나아가 모든 생명의 자연선택을 촉발한 화학적 사건에 대해 논해보고 싶다. 생명의 기원이 실제로 엄청나게 있을 법하지 않은 사건이었다고 가정해보자. 자기복제하는 최초의 분자를 생기게 한 원시 수프의 화학 반응이라는 우연한 사건은 특별한 행운이라서, 그 확률은 십억 년에 십억 분의 1회 정도로 낮다고 해보자. 이런 환상적으로 낮은 확률은, 어떤 화학자도 실험실에서 이 사건을 재현하겠다는 희망을 눈곱만큼도 품을 수 없다는 것을 의미한다. 국립과학재단은 인정된 성공률이 십억 년에 십억 분의 1회는 고사하고 1년에 100분의 1회 정도로만 낮아도 그런 연구 제안을 대놓고 비웃을 것이다. 그럼에도 우주에는 행성의 수가 엄청나게 많기 때문에 이 눈곱만큼의 확률조차 우주에 생명이 존재하는 행성이 10억 개가 있다는 기대를 낳는다. 그리고 (이 대목에서 인류원리가 등장하는데) 우리가 여기에 살고 있는 것이 명백하므로 지구는 필연적으로 그 십억 개 중의 하나가 되어야 한다.

설령 한 행성에 생명이 출현할 확률이 10억×10억분의 1만큼 낮다 해도(이는 우리가 가능하다고 분류하는 범위를 훌쩍 넘는다[3]), 우주에는 적어도 10억×10억 개의 행성이 있다는 타당한 계산에 의거해 우리 존재를 완벽하게 만족스럽게 설명할 수 있다. 생명이 출현할 확률이 그렇게 낮아도 여전히 우주에 생명이 있는 행성이 하나는 있을 테니까 말이다. 그리고 일단 그것을 인정하기만 하면, 나머지는 인류원리가 해결해준다. 이러한 계산을 하는 존재는 필연적으로 생명이 있는 그 하나의 행성에 있어야 하고, 그것은 당연히 지구일 테니까.

인류원리의 이런 적용에는 놀라움을 금할 수 없지만, 빈틈은 전혀 없다. 나는 일단 어떤 행성에서 생명이 생겨나기만 하면 다윈주의 자연선택이 지적이고 자신을 성찰하는 존재를 만들어낼 것이라고 가정함으로써 이야기를 지나치게 단순화했다. 더 정확히 하려면, 행성에서 생명이 생겨난 뒤 인류의 존재를 성찰할 수 있는 지적 존재의 진화로 이어지기까지의 총 확률에 대해 이야기

---

3 엄밀하게는 같은 뜻이지만, 나는 현재 "불가능하다고 분류하는 범위 안에 충분히 들어간다"라고 표현하는 쪽을 선호한다. 더 나은 표현은 "실질적으로 불가능하다"이다. 이처럼 큰 숫자를 다룰 때는 '가능하다', '불가능하다', 그리고 '실질적'을 관념적으로 이해할 수밖에 없다.

했어야 한다. 자기복제하는 분자의 화학적 기원(자연선택을 촉발시키기 위해 반드시 필요한 방아쇠 사건)은 비교적 있을 수 있는 사건이었지만, 지적 생명체 진화의 나중 단계들은 매우 있을 법하지 않은 일이었을 수도 있으니까. 마크 리들리는《멘델의 악마 Mendel's Demon》(혼란스럽게도 미국에서는《협력하는 유전자The Cooperative Gene》라는 제목으로 바뀌었다)에서, 우리 같은 생명체에서 진정으로 일어나기 힘든 단계는 진핵세포의 기원[4]이었다고 말한다. 리들리의 논증에 따르면, 세균 같은 생명체는 매우 많은 행성에 존재하지만 진핵세포에 상당하는 수준—리들리가 '복잡한 생명'이라고 부르는 것—으로 가는 그다음 장애물을 넘은 행성은 극소수밖에 없다는 결론이 나온다. 아니면 두 장애물은 비

4　진핵세포는 우리를 구성하고 있는 것이고, '우리'란 세균과 고세균을 제외한 모든 생명 형태를 의미한다. DNA가 들어 있는, 막으로 둘러싸인 핵과, 미토콘드리아 같은 '세포소기관'을 가지는 것이 진핵세포의 특징이다. 미토콘드리아는 공생 세균에서 유래했으며, 지금도 자체 DNA를 가지고 세포 안에서 자율적으로 생식한다고 알려져 있다. 리들리는 이런 공생 결합을 매우 있을 법하지 않은 운 좋은 사건으로 간주하는데, 아마 그의 말이 옳을 것이다. 그렇다 해도 그런 사건이 적어도 두 번 있었다. 한 번은 녹색 세균이 가담하여, 현재도 모든 식물이 이용하는 광합성의 노하우를—엽록체로서—제공했다. 또 한 번은 미토콘드리아의 조상들이 울타리 안으로 들어온 것이다. 린 마굴리스(틀린 말만 했던 게 아니라 맞는 말도 했다)는 그런 중대한 결합이 더 있을지도 모른다고 생각했다.

교적 넘기 쉬웠고, 지구 생명의 진화에서 진정으로 어려운 단계는 인간 수준의 지능을 획득하는 것이었다는 견해를 취할 수도 있다. 이 견해에 따르면, 이 우주에 복잡한 생명체가 존재하는 행성은 많지만 자신의 존재를 알아채고 따라서 인류원리를 생각해낼 수 있는 존재가 살고 있는 행성은 단 하나밖에 없을 것으로 예상된다. 우리가 이 세 가지 장애물의(또는 신경계의 기원 같은 다른 장애물들의) 확률이 각각 얼마만큼이라고 생각하지는 중요하지 않다. 행성이 인류원리를 생각해낼 수 있는 생명 형태를 진화시킬 확률의 총합이 우주 내의 행성 수에 비해 낮지 않은 한(즉 확률이 100만 분의 1일 경우, 행성이 100만 개만 있어도 그런 행성이 1개는 존재한다 – 옮긴이), 우리는 우리 존재에 대한 적절하고 만족스러운 설명을 얻을 수 있다.

이런 인류원리의 주장에 빈틈이 없는 것은 확실하지만, 내 강한 직관적 느낌에 따르면 우리는 그 원리까지 들먹일 필요가 없다. 생명의 발생과 뒤이어 지능의 진화가 일어날 확률은 충분히 높아서, 수십억 행성에 실제로 지적 생명체가 존재하고, 그중 다수는 우리보다 월등해서 우리가 신으로 숭배하고 싶어질지도 모른다는 생각이 든다. 다행인지 불행인지 우리가 그들을 만날 확률은 거의 없다. 그런 추정값은 언뜻 높아 보이지만, 그렇다 해도 지적 생명체는 여전히 흩어진 섬들에 고립되어 있고, 섬들은 평균적으로 너무 멀리 떨어져 있어서 섬의 거주자들은 서로를 방문할 수가 없다. 엔리코 페르미의 유명한 수사의문문 "그렇다면 그들은 어디 있는데?"에는 다음과 같은 실망스러운 대답이 되돌아온다. "그들은 도처에 있지만 서로 너무 멀리 떨어져 있어서 만날 수가 없다." 그럼에도 나는, 어디까지나 내 생각이지만, 지적 생명체가 존재할 확률은 인류원리에 의거한 계산이 허락하는 것보다는 훨씬 높다고 생각한다. 따라서 SETI에 많은 돈을 지원하는 것은 충분히 가치 있는 일이라고 생각한다. 긍정적인 결과물이 나온다면 그것은 정말 짜릿한 생물학적 발견이 될 것이다. 아마도 생물학 역사에서 그 발견에 견줄 수 있는 것은 다윈의 자연선택설 정도밖에는 없지 않을까.

  SETI가 실제로 신호를 포착한다면, 그 신호를 보낸 존재는 아마 우주의 지능 범위에서 높은 쪽 끝에 있는, 신 같은 존재일 가능성이 높다.[5] 우리는 그 외계인들에게 배울 것이 엄청나게 많을 것이다. 특히 물리학에 대해 배울 게 많을 것이다. 물리학은 그들에게나 우리에게나 같을 테니까. 생물학은 매우 다를 것이다. '얼마나 다르냐'는 매혹적인 질문이 될 것이다. 의사소통은 모두 일방통행일 것이다. 빛의 속도가 우주의 제한 속도라는 아인슈타인의 생각이 옳다면 대화는 불가능할 것이다. 우리는 그들에게 배울 수는 있을지는 몰라도 답례로 우리에 대해 말해줄 수는 없을 것이다.

  그렇다면 거대한 포물선 모양의 접시에 포착된, 날조가 아니라

---

5 지구에 있는 현재 수준의 생명 형태들은 광대한 거리를 이동하기에 적절한 기술을 가지고 있지 않다. 따라서 장벽을 뚫는 쪽은, 훨씬 우수한 기술과 과학을 가진 존재일 것이다.

먼 우주에서 온 것으로 밝혀진 전파 패턴에서 어떻게 지적 존재를 식별할까? 1967년에 조슬린 벨 버넬이 처음으로 탐지해 농담 삼아 LGM(작은 녹색 인간Little Green Man) 신호라고 불렀던 패턴이 잠시 외계 지능의 후보였다. 1초가 약간 넘는 주기로 오는 이 주기적인 펄스의 발신원은 지금은 펄서로 알려져 있다. 사실 그녀는 펄서를 최초로 발견한 것이었다. 펄서는 자전하는 중성자별로, 전파 빔을 등대의 빛처럼 주변으로 둥글게 내보낸다. 별이 몇 초의 길이를 '하루'로 삼아 자전할 수 있다는 것은 엄청나게 놀라운 사실이다. 중성자별의 놀라운 점은 이것만이 아니다. 하지만 이 글에서 중요한 점은, 벨 버넬이 포착한 신호의 주기가 지적인 기원을 나타내는 지표가 아니라, 어떤 도움도 필요 없이 보통의 물리학만으로 만들어낼 수 있는 산물이라는 사실이다. 똑똑 떨어지는 물방울에서부터 모든 종류의 진자에 이르기까지 많은 수의 매우 단순한 물리 현상이 주기적 패턴을 만들어낼 수 있다.

SETI 연구자는 지적 생명의 징후로 그 다음에는 무엇을 생각했을까? 자, 외계인이 자신의 존재를 적극적으로 알리고 싶어 한다고 가정하고 이렇게 질문해볼 수 있다. 만일 우리라면 우리에게 지능이 있다는 증거를 전송하려고 시도할 때 어떻게 할까? 분명 벨 버넬의 LGM 신호 같은 주기적 패턴을 보내지는 않을 것이다. 그러면 다른 대안으로는 어떤 것이 있을까? 지적인 존재에서만 생길 수 있는 가장 단순한 종류의 신호로 소수素數를 제안하는 사람들도 있다. 하지만 소수에 기반한 펄스 패턴을 생성할 수 있는 곳은 수학이 고도로 발달한 문명밖에는 없다고 우리는 얼마나 확신할 수 있을까? 엄밀히 말하자면, 소수를 생성할 수 있는 무생물 물리계는 없다는 것을 증명하기는 불가능하다. 확실히 말할 수 있는 것은, 어떤 물리학자도 소수를 생성할 수 있는 비생물적 과정을 아직 발견하지 못했다는 사실뿐이다. 엄밀히 따지면 이 경고는 모든 신호에 해당된다. 하지만 다른 대안들이 터무니없어 보일 정도로 설득력 있는 특정 종류의 신호들이 존재하고, 그중 가장 단순한 예가 소수에 기반한 신호일지도 모른다.

하지만 불안하게도, 소수를 생성할 수 있으나 지능을 수반하지 않는 모델을 생물학자들이 제안했다. 주기매미는 종에 따라 17년 혹은 13년마다 번식하기 위해 나타난다. 이 기이한 주기성을 설명하는 두 가지 이론은 13과 17이 소수라는 사실에 의거한다. 여기서 나는 이 두 이론 가운데 하나만을 설명하겠다. 전제는, 특정 해에 대량으로 번식하는 것은 포식자를 많은 개체수로 압도함으로써 무력화시키는 적응이라는 것이다. 하지만 그 후 포식자들도 주기매미의 대량 발생(이것은 포식자에게 노다지나 다름없다)을 이용하기 위해 독자적인 주기적 번식을 진화시켰다. 진화적 군비경쟁에 따라 주기매미는 대량 발생의 간격을 늘리는 방식으로 '응전'했고, 포식자들은 자신들의 번식 간격을 늘림으로써 이에 '응수'했다('응전'이나 '응수' 같은 약칭 표현은 의식적 결정을 내포하지 않고, 맹목적인 자연선택을 암실할 뿐임을 잊지 마시라). 군비경쟁 와중에 주기매미가 6년처럼 다른 숫자로 나누어질 수 있는 간격에 도달했을 때, 포식자들은 자신들의 번식 간격을 예컨대 3년으로 줄여 번식 주기 두 번에 한 번꼴로 주기매미 노다지를 만

나는 것이 더 이익임을 알아냈다. 주기매미가 소수인 번식 주기를 가질 때만 이것이 불가능해진다. 주기매미는 번식 주기를 계속 늘려, 포식자들이 직접 동기화하기에는 너무 길면서도 소수라서 짧은 주기의 배수로 만나는 것이 불가능한 숫자에 도달했다.

물론 이것이 썩 그럴듯한 이론으로 생각되지 않을지도 모르지만, 내 목적을 위해서는 그럴 필요가 없다. 나로서는, 의식적인 수학은 관여하지 않지만 그럼에도 소수를 생성할 수 있는 기계론적 모델을 생각해낼 수 있다는 것을 보여주기만 하면 된다. 주기매미의 사례가 보여주는 것은, 소수가 생물이 아닌 물리 현상에 의해 생성될 수 없다 해도, 지능이 없는 생물 현상에 의해서는 생성될 수 있다는 것이다. 설령 그럴듯하게 들리지 않는다 해도 주기 매미 이야기는 소수가 지능의 징후라는 것이 적어도 항상 명백하지는 않다는 점에 주의하라는 교훈이다.

전파 신호에서 지능을 진단하는 것이 쉽지 않다는 점은 '설계 논증'이라는 역사적 유사물을 상기시킨다는 의미에서, 그야말로 교훈으로 삼아야 한다. 생명의 복잡성은 지적 설계의 틀림없는 징후라는 말을 모두가 (데이비드 흄 같은 극소수의 특별한 예외를 제외하고) 당연한 사실로 받아들인 시대가 있었다.[6] 이 대목에서

---

6 앞쪽(237쪽)에 있는 주석으로 돌아가면, 다윈과 월리스 이전에는 아무도, 심지어는 아리스토텔레스나 뉴턴 같은 위대한 사상가조차 자연선택을 생각해내지 못한 것은 이 때문일지도 모른다.

우리가 다시 생각해봐야 할 점이 있다. 다윈의 19세기 동시대인들이 그의 놀라운 발견에 당연히 놀랄 수밖에 없었듯이, 지금 우리도 어떤 물리학자가 소수를 생성할 수 있는 무생물 메커니즘을 발견한다면 놀라지 않을 수 없을 것이다. 어쩌면 우리는 다윈의 원리에 필적할 원리가 아직 발견되지 않았을 뿐일 가능성을 생각해봐야 할지도 모른다.

하지만 나는 그런 것을 발견하게 되리라고 예측할 생각이 별로 없다. 제대로 이해하기만 한다면 자연선택이야말로 복잡성과 설계 환상을 거의 무한대로 만들어낼 힘이 있다. 우주의 다른 장소에 다윈이 이 지구에서 발견한 것과 본질적으로 같은 원리에 바탕을 두고 있으나 세부는 그것과 알아볼 수 없을 정도로 다른, 자연선택의 다른 형태가 있을 수 있음을 명심하라. 또한 자연선택은 다른 형태의 설계를 낳는 산파역을 할 수 있다는 점도 명심하도록. 자연선택은 깃털, 귀, 뇌 같은 직접적인 산물에만 머물지 않는다. 일단 자연선택이 뇌(또는 지구 외에 있는 뇌의 상응물)를 만들어내면, 그 뇌가 이어서 컴퓨터(또는 컴퓨터의 지구 외 상응물)를 포함해, 뇌처럼 뭔가를 설계할 수 있는 기술(또는 기술의 지구 외 상응물)을 만들어낼 가능성이 있다. 의식적인 공학적 설계의 표현물―자연선택의 직접적인 산물이 아닌 간접적인 산물―은 새로운 영역의 복잡성과 정교함으로 빠르게 발전할 수 있다. 여기서 핵심은, 자연선택은 두 수준의 설계 형태로 표현된다는 것이다. 첫 번째로, 새의 날개, 인간의 눈, 또는 뇌에서 볼 수 있는 설계된 것 같은 **환상**이 있고, 두 번째로, 진화한 뇌가 만들어낸 '진짜' 설

계가 있다.[7]

그리고 지금부터가 내가 하고 싶은 말의 핵심이다. 지구에서든 먼 행성에서든 오랜 시간에 걸친 진화로 생긴 지적 설계자와, 진화의 역사 없이 **어쩌다 생긴** 지적 설계자 사이에는 정말 큰 차이가 있다. 창조론자들은 눈이나 박테리아 편모, 혹은 혈액응고 메커니즘은 너무 복잡하므로 설계되었음이 틀림없다고 말하는데, 이때 그 '설계자'를 어떤 먼 행성에서 점진적 진화에 의해 생긴 외계인이라고 생각하는지, 아니면 진화한 적이 없는 초자연적 신이라고 생각하는지에는 하늘과 땅만큼의 차이가 있다. 점진적 진화는 진정한 설명으로, 설계 외의 과정으로 생기기에는 너무 복잡한 기계를 설계할 수 있을 만큼 충분히 복잡한 지능을 실제로 이론적으로 만들어낼 수 있다. 아무것도 없는 데서 뚝 떨어진 가상의 '설계자'는 자기 자신을 설명할 수 없으므로 어떤 것도 설명할 수 없다.

지적 설계 외의 과정으로 생겼을 리 없다고, 엄격한 논리로는

---

7   내 친구인 철학자 대니얼 데닛은 예를 들면 《박테리아에서 바흐로 From Bacteria to Bach and Back》에서, 자연선택이 하는 일을 표현할 때 '환상'이라는 단어를 빼고 그냥 '설계'라고 해야 한다고 강력하게 주장한다. 나는 그가 무슨 말을 하고 싶은지 알지만, 그의 주장대로 하면 내가 하고 싶은 말이 모호해진다. 그의 용어로 바꾸면, 자연선택은 설계이고, 자연선택이 설계한 실체들 중 뇌 같은 것들은 스스로 설계를 할 수 있다고 말할 수 있다. 나는 여기서 의미론에 대해 갑론을박할 생각은 없다.

아닐지라도 상식적으로는 말할 수 있는 인공 기계들이 있다. 제트 전투기, 달 로켓, 자동차, 자전거 등이 그렇다. 이것들은 분명히 지적으로 설계되었다. 하지만 여기서 중요한 점은, 실제로 그런 설계를 행한 실체―인간의 뇌―는 설계된 것이 아니란 사실이다. 인간의 뇌는 거의 알아챌 수 없을 만큼 조금씩 개선되는 일련의 중간 형태를 거쳐 진화했다는 확실한 증거가 있다. 그 흔적을 화석 기록에서 확인할 수 있으며, 그 유사기관이 동물계 전역에 남아 있다. 게다가 다윈과 20세기, 21세기에 그를 계승한 사람들은 진화를 단계적인 경사를 따라 밀어올리는 메커니즘, 내가 '불가능의 산 오르기'라고 이름 붙인 과정을 상당히 설득력 있게 설명해낸다. 자연선택은 최후 수단으로 매달리는 종류의 이론이 아니다. 일단 그 정교한 단순함을 이해하면, 그 타당성과 힘에 충격을 받지 않을 수 없는 생각이다. T. H. 헉슬리가 이렇게 외칠 만도 했다. "그것을 생각해내지 못했다니 나는 도대체 얼마나 멍청한가!"

그런데 우리는 거기서 한 발 더 나아갈 수 있다. 자연선택은 그저 박테리아 편모, 눈, 깃털, 그리고 지적 설계를 할 수 있는 뇌를 설명하는 이론에 그치지 않는다. 자연선택은 그저 지금까지 기술된 모든 생물학적 현상을 설명할 수 있는 이론에도 그치지 않는다. 자연선택은 지금까지 이런 현상들에 대해 제안된 유일하게 타당한 설명이다. 무엇보다, '있을 수 없음에 의거한 논증' 즉 지적 설계의 옹호자들이 어리석게도 자신들의 주장을 뒷받침한다고 생각하는 그 논증은 휙 돌아서서 파괴적인 힘과 치명적인 효과를 가지고 그들의 주장을 걷어찬다.

있을 수 없음에 의거한 논증은, 자연 현상에는 너무 복잡해서 그냥 우연히 생길 수 없는 것—예컨대 박테리아 편모나 눈 같은 것—이 있다는 사실에 이론의 여지는 없다고 말한다. 그런 것들은 있을 수 없는 것을 생겨나게 하는 지극히 특별한 과정의 결과임에 틀림없다. 이 대목에서 흔히 저지르는 실수는 그 지극히 특별한 과정이 '설계'라는 결론으로 비약하는 것이다. 그 특별한 과정은 실제로는 자연선택이기 때문이다. 여기서 고 프레드 호일 경의, 익살스런 보잉 747 비유가 도움이 된다. 이 비유도 호일 경이 의도한 것과는 정반대 포인트를 지적하게 되었지만 말이다. 프레드 호일은, 생명의 복잡성이 자연 발생하는 것은 고물 야적장을 휩쓸고 지나가는 허리케인이 저절로 보잉 747기를 조립하는 것만큼이나 있을 수 없다고 말했다. 비행기와 생명체는 너무 복잡해서 어쩌다 우연히 조립될 수 없다는 점에는 누구나 동의한다. 그런데 우리가 지금 이야기하고 있는 종류의 있을 수 없음을 더 정확하게 나타내는 표현은 **특정된 있을 수 없음**(또는 특정된 복잡성)이다. '특정된'이 중요한 이유를 나는《눈먼 시계공 The Blind Watchmaker》(1986년)에서 설명했다. 나는 먼저, 은행 금고를 지키는 커다란 다이얼 자물쇠를 여는 숫자를 마구잡이로 맞히는 것은, 금속 조각을 휙 던져 비행기를 조립하는 것과 같은 의미에서 있을 수 없다고 지적했다.

저마다 유일하고, 지나고 난 다음에 생각하면 하나같이 있을 것 같지 않은 번호 자물쇠의 수백만 가지 숫자 조합 중 오직

한 개만 그 자물쇠를 연다. 마찬가지로, 저마다 유일하고, 지나고 난 다음에 생각하면 하나같이 있을 것 같지 않은 잡동사니 더미의 수백만 가지 배열 중 오직 한 개(혹은 아주 극소수)만이 하늘을 날 것이다. 날 수 있는 배열, 혹은 금고를 열 수 있는 번호 조합의 유일무이함은 지나고 난 다음에 생각하니 그런 것이 아니다. 그것은 사전에 특정되어 있다. 자물쇠 제작자가 번호 조합을 결정하고, 그것을 은행 관리자에게 가르쳐 준 것이다. 날 수 있는 능력은 비행기라는 장치가 가진, 사전에 특정된 성질이다.

충분한 수준의 있을 수 없음이 실현되는 것에서 우연을 배제한다면, 특정된 있을 수 없음을 생겨나게 할 수 있는 과정은 우리가 알기로 오직 두 가지뿐이다. 그것은 지적 설계와 자연선택이며, 후자만이 근본적인 설명으로 쓰일 수 있다. 자연선택은 지극히 단순한 것에서 시작하여 특정된 있을 수 없음을 생겨나게 한다. 하지만 지적 설계는 그렇게 할 수 없다. 설계자 자신이 특정된 있을 수 없음의 지극히 높은 수준에 있는 실체여야 하기 때문이다. 보잉 747기의 특정 사양이 날 수 있어야 한다는 것이라면, '지적 설계자'의 특정 사양은 설계할 수 있어야 한다는 것이다. 그리고 지적 설계는 설계자 자신이 어떻게 생겼는가의 문제를 해결하지 못하므로, 어떤 것에 대해서도 근본적인 설명이 될 수 없다.

자연선택은 원시적 단순성이라는 낮은 곳에서부터 불가능의 산의 완만한 비탈을 조금씩 꾸준히 오르고, 충분한 지질학적 시간이 흐르면, 진화의 최종 산물은 눈이나 심장 같은 것이 된다. 그런 것들은 저마다 있을 수 없음의 수준이 매우 높아서, 양식 있는 사람이라면 무작위적인 우연 탓으로 돌릴 수 없다. 다윈주의에 대한 가장 불행한 오해는 그것을 우연의 이론으로 보는 것이다. 이 오해는 아마 돌연변이가 무작위적이라는 사실에서 비롯될 것이다.[8] 하지만 자연선택은 결코 무작위적이지 않다. 생명에 대한 이론이 갖추어야 할 기본적인 요건은 우연에서 빠져나가는 것이다. 만일 자연선택이 무작위적 우연의 이론이라면 당연히 옳을 수 없을 것이다. 다윈주의 자연선택은 몸을 만드는 데 사용되고 무작위로 변하는 코드화된 명령이 무작위하지 **않게** 살아남는 것이다.

시스템 최적화를 위해 대놓고 다윈주의적 방법을 사용하는 엔지니어들도 있다. 처음에는 성능이 다소 떨어지는 것을 개선으로 가는 사면에 올려 최적에 가까운 것으로 밀어올리는 것이다. 사실 모든 엔지니어가 설령 본인들은 명시적으로 다윈주의적이라고 생각하지 않더라도 이와 같은 과정을 밟는다고 말할 수 있다. 공학자의 쓰레기통에는 테스트하기 전에 폐기한 '돌연변이' 설계가 들어 있다. 심지어 종이 위에 옮겨지지도 전에 공학자의 머릿속에서 폐기되는 설계도 있다. 나는 다윈주의 자연선택이 창의적인 공

---

8 실제로 이것은 그 오해에 대해 너무 관대하게 설명하는 것일지도 모른다. 그런 오해는, 의식적인 설계의 대안은 정의상 우연으로 정해져 있다고 생각할 정도로 빈곤한 상상력의 산물일 것이다.

학자나 예술가의 머릿속에서 일어나고 있는 일의 좋은 모델, 또는 참고가 되는 모델인지 아닌지에 대해 연구할 필요를 느끼지 않고, 건설적으로 창의적인 일은―공학자의 것이든 예술가의 것이든, 사실 그 누구의 것이든―일종의 다원주의를 그럴듯하게 보여주는 것일 수도, 아닐 수도 있다. 어느 경우든 핵심은 변하지 않는다. 모든 특정된 복잡성은 근본적으로는 단순한 것에서부터 일종의 계단식 과정을 밟아 생기지 않으면 안 된다는 것이다.

만일 지구상의 생명에게서 너무 복잡해서 지능에 의해 설계되었음이 틀림없는 측면이 있다는 증거가 발견된다면, 과학자들은 그것이 지구 외 지적 생명체에 의해 설계되었을 가능성을 냉정하게―그리고 틀림없이 약간의 설렘을 가지고―마주할 것이다. 분자생물학자 프랜시스 크릭은 동료인 레슬리 오겔과 함께 '방향성 있는 포자 가설'을 발표하면서 (내 생각에는 아마 농담으로) 그런 제안을 했다. 오겔과 크릭의 생각에 따르면, 지구 외 설계자가 의도적으로 지구에 세균 같은 생명체의 씨를 뿌렸다.[9] 하지만 중요한 점은, 이 경우에는 설계자 본인도 지구 외 버전의 다윈주의 자연선

---

9 당시는 창조론의 선전임을 알지 못했던 어떤 다큐멘터리를 제작하는 도중, 지구상의 생명이 지적 존재에 의해 설계될 수 있는 방법을 떠올릴 수 있느냐는 질문을 받은 적이 있다. 나는 지구 외 지능에 의한 설계가 유일한 방법(실제로 믿지는 않았지만)이며, 지구 외 지능 자체도 결국은 점진적 진화의 산물일 것이라고 말했다. 그때부터 나는 이 말을 끝도 없이 듣고 있다. "리처드 도킨스는 작은 녹색 인간을 믿는다."

택의 최종 산물이었다는 것이다. 초자연주의적 설명은 자기 자신을 설명하는 책임을 회피하기 때문에 설명으로서 자격이 없다.

스스로를 '지적 설계론자'로 위장하는 창조론자의 논법은 오직 하나뿐이다. 그것은 다음과 같다.

1. 눈[포유류의 턱 관절, 박테리아의 편모, 작은점박이족제비너구리(도킨스가 꾸며낸 가상의 동물 – 옮긴이)의 앞다리 관절—당신은 이런 동물들에 대해 들어본 적도 없고 조사할 시간도 없기 때문에, 일반 청중에게는 당신이 논쟁에 진 것처럼 보일 수밖에 없다]은 환원 불가능할 정도로 복잡하다.
2. 그러므로 조금씩 점진적으로 진화할 수 없었다.
3. 그러므로 설계된 것이 틀림없다.

지금까지 1단계, 즉 환원 불가능한 복잡성에 대한 주장을 뒷받침하는 어떤 증거도 제시된 적이 없다. 나는 때때로 이것을 '개인적 회의에 의거한 논증'으로 부른다. 이것은 항상 부정의 논증으로 제시된다. 즉 이론 A가 어떤 면에서 실패라는 이유로, 이론 B가 같은 면에서 문제가 있는지 없는지는 따져보지도 않고 이론 B에 자격을 부여하는 것이다.

개인적 회의에 의거한 논증에 대한 생물학자의 합리적 반응은 2단계를 공격하는 것이다. 즉, 제시된 예들을 주의 깊게 살펴보고 이들이 조금씩 단계적으로 쉽게 진화했다는 것, 또는 그렇게 할 수 있었음을 보여주는 것이다. 다윈은 눈에 대해 그렇게 했다. 훗날의 고생물학자들은 포유류의 턱 관절에 대해 그렇게 했다. 현대의 생화학자들은 박테리아의 편모에 대해 그렇게 한다.

하지만 이 에세이의 메시지는 엄밀히 말해 우리가 힘들여 1단계와 2단계를 반박할 필요가 없다는 것이다. 1단계와 2단계를 어떻게든 받아들인다 해도, 3단계는 어떻게 해도 옳지 않기 때문이다. 지적 설계의 결정적 증거가 예컨대 박테리아 세포 조직에서 발견되었다 해도—틀림없는 DNA 문자로 적혀 있는 제조자 서명 같은 강력한 증거가 발견되었다 해도—그것은 설계자 자신이 자연선택의, 또는 아직 알려지지 않은 단계적 과정의 산물이라는 증거에 지나지 않을 것이다. 만일 그런 증거가 발견된다면 우리의 생각은 즉시 초자연적 설계자가 아니라 크릭이 말한 '방향성 있는 포자 가설'의 라인을 따라 움직이기 시작할 것이다. 환원 불가능한 복잡성이 그 밖에 무엇을 증명하든, 그것이 궁극적으로 설명할 수 없는 한 가지가 환원 불가능하게 복잡한 다른 어떤 것이다. 신의 존재와 관련해 있을 수 없음에 의거한 논증을 받아들이면, 그 논증은 궁극의 설계자의 존재를 반증하게 된다. 받아들이지 않을 경우, 진화를 부정하기 위해 그 논증을 전개하는 시도는 부정직하지는 않아도 일관성이 없다. 좋은 것만 취할 수는 없다.

많은 신학자가 뻔뻔한 주장을 함으로써 좋은 것만 취하려는 안타까운 시도를 한다. 그들은 자기들 멋대로, 자신들의 창조자인 신은 복잡하지도 불가능하지도 않은, 그저 단순한 존재라고 주장한다. 신이 단순하다는 것을 우리가 아는 이유는 토마스 아퀴나스 같은 걸출한 신학자들이 단순하다고 말하기 때문이다! 이보다 더 노골적인 발뺌이 있었을까? 창조자라 불릴 만한 존재라면 당연히 기본 입자의 양자 물리학, 중력의 상대성 물리학, 항성의 핵자물리학, 그리고 생명의 화학을 생각해낼 정도의 계산 능력쯤은 가지고 있어야 한다. 게다가 적어도 아퀴나스의 신이라면, 자신이 창조한 우주 전체에 퍼져 있는 지각할 수 있는 생물들의 기도를 듣고 그들의 죄를 용서할―또는 취향에 따라 용서하지 않을―여력도 있다. 이게 단순한가?

가로등 밑
살피기[1]

∧
∧

　잘 알려진 농담이다. 어떤 남자가 밤에 가로등 밑을 부지런히 살피던 중 행인이 지나가니 자기가 열쇠를 잃어버렸다고 설명한다.

　"가로등 밑에서 잃어버렸어요?"

　"아뇨."

　"그런데 왜 가로등 밑을 살핍니까?"

　"다른 데는 깜깜하니까요."

1　이 기사는 2011년 12월 26일 '이성과 과학을 위한 리처드 도킨스 재단'의 웹사이트에 처음 게재되었다.

이들이 주고받는 대화를 떠받치는 논리에는 우스꽝스런 구석이 있지만, 애리조나 주립대학에 재직하는 저명한 영국 물리학자 폴 데이비스는 이 논리에 깊은 인상을 받은 듯하다. 데이비스는 (나와 마찬가지로) 우리와 같은 종류의 생명이 우주에 우리뿐인지에 관심이 있다. 생명의 기계어(비트 단위로 쓰인 컴퓨터 언어 – 옮긴이)인 DNA 코드는 지금까지 조사된 모든 생명에서 거의 동일하다. 똑같은 64개의 삼염기 코드가 우연히 두 번 이상 따로 진화했을 가능성은 지극히 낮고, 이는 우리 모두가 사촌으로서 아마도 30~40억 년 전에 살았을 하나의 조상을 공유한다는 주요 증거다. 혹시 생명이 지구에서 두 번 이상 기원했다 해도 살아남은 생명 형태는 한 가지뿐이다. 바로 DNA 코드를 특징으로 하는 우리와 같은 종류의 생명이다.

만일 다른 행성에도 생명이 존재한다면 유전 코드에 상당하는 어떤 것을 가지고 있을 가능성이 매우 높지만, 그것이 우리의 것과 같을 가능성은 상당히 낮다. 예컨대 화성에서 생명이 발견된다면, 그것이 지구와 관계없이 발생했는지 엄밀하게 검사하는 방법은 유전 코드를 조사하는 것이다. 만일 DNA와 64개의 삼염기 코드를 가지고 있다면 우리는 그것이 운석을 매개로 한 교차오염(오염된 물질과의 접촉에 의해 비오염 물질이 오염되는 것 – 옮긴이)에서 유래했다고 결론 내릴 것이다.

우리는 운석이 때때로 지구와 화성 사이를 오간다는 사실을 알고 있다. 덧붙여 말하면 이제부터 할 이야기가 가로등 밑 살피기의 두 번째 예다. 운석은 지구 어디에나 떨어질 수 있지만, 만년설 외의 지표면에 놓여 있으면 발견되지 못한다. 그것은 그냥 돌처럼 보이고, 그마저도 초목이나 모래 폭풍, 또는 토양 이동으로 곧 덮일 것이다. 이 때문에 운석을 찾는 과학자들이 남극으로 가는 것이다. 운석이 다른 장소보다 그곳에 있을 가능성이 높기 때문이 아니라, 오래 전에 떨어졌다 해도 분명히 알아볼 수 있기 때문이다. 남극은 가로등이 있는 장소인 것이다. 눈 위에 있는 돌이나 작은 암석은 그곳에 떨어진 것이 틀림없고, 따라서 운석일 가능성이 매우 높다. 남극에서 발견된 몇몇 운석은 화성에서 온 것으로 밝혀졌다. 이 놀라운 결론은 화성에 보낸 무인우주탐사선이 채취한 샘플과 그 암석들의 화학성분을 주의깊게 비교하여 얻은 것이다. 먼 과거의 어느 시점에 큰 운석이 화성에 충돌하며 파괴적인 충격을 가했다. 화성의 암석 파편들이 우주로 폭발했고 그중 일부가 결국 지구에 떨어졌다. 이는 물질이 때때로 두 행성 사이를 이동한다는 사실을 보여주는데, 바로 이런 이동 탓에 생명체(아마 세균성 생물)의 교차오염이 일어날 가능성이 생기는 것이다. 실제로 지구 생명이 화성을 오염시켰다면(혹은 그 반대라면), DNA 코드에서 그것을 알 수 있을 것이다. DNA 코드가 우리와 같을 테니까.

반대로, 다른 유전 코드—DNA가 아니거나, 또는 다른 코드를 가진 DNA이거나—를 가진 생명 형태를 발견한다면, 우리는 그것을 진정한 외계 생물이라고 부를 것이다. 폴 데이비스는 우리가 외계 생명체를 찾기 위해 화성까지 멀리 갈 필요가 없을지도 모른다고 말한다. 우주여행은 비용이 많이 들고 힘들다. 어쩌면 우리는 우리와 관계없이 지구상에 출현하여 이곳에 죽 머문 외계 생명체를 여기서 찾아야 할지도 모른다. 우리가 손에 넣을 수 있는 모든 미생물의 유전 코드를 체계적으로 조사해야 할지도 모른다. 지금까지 조사한 것은 모두 우리와 같은 유전 코드를 가지고 있었다. 하지만 아직까지 우리는 다른 유전 코드를 발견하기 위해 체계적으로 찾아본 적이 없다. 그러니까 지구는 폴 데이비스의 가로등인 것이다. 지구 세균 속에서 찾는 편이, 외계 생명체를 찾을 가능성이 가장 높은 다른 행성계는 물론 화성으로 가는 것보다 훨씬 쉽고 비용도 적게 들기 때문이다. 나는 이 가로등 밑을 수색하는 폴 데이비스의 행운을 빌지만 그 일이 과연 성공할지 매우 의문이 드는데, 그 이유 중 하나를 찰스 다윈이 가르쳐주었다. 혹시 다른 생명 형태가 있었다면 아마 오래 전에 우리와 같은 종류에게 먹혔을 것이다. 지금의 우리는 '아마 세균에게'라고 덧붙일 수 있다.

내가 이 모든 생각을 떠올린 것은 〈가디언〉의 뉴스 기사 "외계 생명체의 흔적을 찾기 위해 백만 장의 달 사진을 수색하는 과학자들"[2]을 보면서였다. 그런데 이 뉴스도 폴 데이비스와 관련이 있으며, 그는 다른 가로등 밑을 또 다시 엉금엉금 살피고 있다.

만일 기술적으로 진보한 외계인이 우리를 방문한다면 그들은 현재가 아니라 과거에 왔을 가능성이 훨씬 높다. 그 이유는 단순히 과거가 현재보다 훨씬 길기 때문이다. 현재를 인간의 한평생, 또는 좀 더 넓혀서 기록된 역사만큼으로 정의한다면 말이다. 외계

---

2 2011년 12월 23일자 기사

인이 방문한 흔적—파괴된 우주선, 잔해, 채굴 활동의 증거, 심지어 《2001 스페이스 오디세이》에서와 같이 고의로 놓아둔 표시—은 활발하게 융기하고 식물로 덮인 지구 표면에서 (지질학적 시간 척도에 비추어 보면) 순식간에 덮일 것이다. 하지만 달은 이야기가 다르다. 식물도, 바람도, 지질 운동도 없다. 닐 암스트롱은 42년 전 달에 발을 디뎠지만 그의 발자국은 여전히 갓 찍힌 것처럼 보일 것이다. 따라서 흔적이 발견될지도 모르니 달 표면을 찍은 고해상도 사진을 일일이 조사하는 것은 합리적이라고 폴 데이비스와 그의 동료 로버트 와그너는 추론한다.[3] 확률은 낮지만 보상이 매우 크므로 해볼 만한 일이라는 것이다.

나는 매우 회의적이다. 우주 어딘가에 생명이 존재하겠지만 필시 매우 드물 것이고, 따라서 폴리네시아처럼 서로 멀찍이 떨어진 생명의 섬들에 격리되어 있을 것이다. 한 섬의 거주자가 다른 섬을 방문하는 일은 유형의 실체의 직접 방문이 아니라 무선 전송의 형태로 이루어질 가능성이 매우 높다. 왜냐하면 무선 전파는 빛의 속도로 이동하는 반면 유형의 몸은 뭐라고 할까, 몸의 속도로만 이동하기 때문이다. 게다가 무선 전파는 모든 방향으로 퍼져나가면서 점점 외부로 뻗어나가지만 몸은 한 번에 한 방향으로만 이동하기 때문이다. 세티SETI(지구 외 지적 생명체 탐사)가 가치 있는

---

3 아서 클라크의 이야기 속 외계인들은 충분히 진보한 문명만이 발견할 수 있도록 달에 결정적인 '묘비' 표시를 남겼다.

활동인 이유가 여기 있다. SETI는 우주 탐사 같은 거대과학만큼 눈 돌아가게 비싸지 않다. 하지만 폴 데이비스가 최근에 하는 가로등 밑 찾기는 훨씬 더 비용이 적게 들 테니, 다시 한 번 그의 행운을 빈다.

50년 뒤:
영혼을 죽이다?[1]

^
^

50년 뒤면 과학이 영혼을 죽였을 것이다. 이 무슨 끔찍하고 영혼 없는 말인가! 하지만 그렇게 들린다면 당신이 오해하고 있기 때문이다(충분히 그럴 수 있다). 영혼에는 두 가지 뜻이 있는데, 영혼-1과 영혼-2는 언뜻 보면 그게 그거 같지만 엄청나게 다르다. 《옥스퍼드 영어 사전》에 나오는 다음과 같은 정의는 내가

---

1 수정 구슬을 들여다보는 것은 누구나 알듯이 진실과는 무관한 심심풀이다. 이 에세이는 어디까지나 사견으로 2008년에 마이크 월리스가 편집한 《지금으로부터 50년 뒤 우리는 어떤 모습일까The Way We Will Be Fifty Years from Today》에 기고한 것이다.

영혼-1이라고 부르는 것의 의미다.

사후에도 존속해 내세에서 행복 또는 불행하게 된다고 여겨
지는 인간의 정신적 부분.

죽은 사람의 육체를 이탈한 정신. 별개의 실체로서 어떤 형
태와 인격을 부여받는다고 간주된다.

과학이 파괴하게 될 영혼인 영혼-1은 초자연 현상이고, 육체를
벗어나 있고, 뇌가 죽은 뒤에도 존속하고, 뉴런이 흙먼지가 되고
호르몬이 말라도 행복이나 불행을 느낄 수 있다. 과학은 그것을
완전히 죽이게 될 것이다. 하지만 영혼-2는 결코 과학에 위협받
지 않을 것이다. 그러기는커녕 과학은 영혼-2의 쌍둥이이자 하녀
다. 역시 《옥스퍼드 영어 사전》에 나오는 다음과 같은 정의는 영
혼-2의 다양한 측면을 설명한다.

지적인 힘 또는 영적인 힘. 지적 능력이 고도로 발달한 상태.
다소 약한 의미로는 깊은 감정, 감수성.

정동, 감정, 또는 심정이 있는 자리. 인간 본성의 정서적 요소.

아인슈타인은 과학 분야에서 영혼-2의 훌륭한 상징이었고 칼
세이건은 영혼-2의 거장이었다. 《무지개를 풀다》는 영혼-2에 대

한 나 자신의 소박한 찬미다. 또한, 인도의 위대한 천체물리학자 수브라마니안 찬드라세카르의 말에 귀 기울여보라.

> 이 '아름다운 것 앞에서의 전율', 수학상의 아름다움을 추구하다 발견한 것과 정확히 똑같은 것이 자연계에 있다는 바로 이 믿기 어려운 사실 덕분에 나는 확신을 가지고 이렇게 말할 수 있다. 인간 마음의 가장 깊고 심오한 곳을 건드리는 것은 아름다움이라는 것을.[2]

그것은 영혼-2였다. 과학이 구애하고, 사랑하고, 절대 헤어지지 않을 종류의 영혼 충만함 말이다. 이 에세이의 나머지 부분은 영혼-1만을 언급한다. 영혼-1은 생명에는 비물질적인 무언가, 비물리적인 생명력이 있다는 생각인 이원론에 뿌리를 두고 있다. 육체는 혼에 의해 움직이고, 생명력에 의해 생기를 부여받고, 신비적인 활력에 의해 활기를 띠고, 정신에 의해 영적인 성질을 부여받고, '의식'이라 불리는 신비적인 것 혹은 실체에 의해 자신과 세계를 의식하게 된다는 이론이다. 영혼-1의 이 모든 특징이 순환 논리인 것은 우연이 아니다. 줄리언 헉슬리는 앙리 베르그송의 생명

---

2 마틴 리스의 《태초 그 이전Before the Beginning》(원서 103쪽)에 인용되어 있다. 나는 이 에세이집의 첫 번째 에세이에서 똑같은 인용을 사용했다. 하지만 반복할 가치가 있다.

의 약동에 대해, 철도는 기관차의 약동으로 움직이느냐는 기억에 남을 만한 풍자를 남겼다(베르그송이 지금까지 노벨문학상을 받은 유일한 과학자라는 사실이 유감이다). 과학은 이미 영혼-1을 만신창이로 만들었지만 50년 내에 그 숨통을 완전히 끊어놓을 것이다.

50년 전 우리는 〈네이처〉에 발표된 왓슨과 크릭의 1953년 논문을 막 이해하기 시작했는데, 그 논문의 충격적인 의미를 알아차린 사람은 거의 없었다.

그들의 논문은 단지 분자 결정학의 솜씨 좋은 업적 정도로 보였고, 논문의 마지막 문장(우리가 가정하는 특정 접합은 유전 물질의 복제 메커니즘일 가능성을 직접적으로 암시하고 있었고, 우리는 그 점을 놓치지 않았다)은 재밌을 정도로 조심스러운 표현이었다.

왓슨/크릭(그들의 동시대 과학자 한 명은 크릭이 왓슨에게 자신을 소개했을 때 크릭에게 이렇게 말했다. "왓슨이라고요? 당신 이름이 왓슨-크릭인 줄 알았어요.") 이전에는 최고의 과학사가인 찰스 싱어가 이렇게 말하는 것이 여전히 가능했다.

반대로 해석되는 경우가 흔히 있음에도 불구하고, 유전자에 관한 이론은 '기계론적' 이론이 아니다. 세포나 생명체 그 자체를 화학적·물리적인 존재로 이해할 수 없는 것처럼 유전자도 마찬가지다. …… 만일 내가 누군가에게 살아 있는 염색체, 즉 오직 기능하는 염색체만을 달라고 한다면, 염색체를 둘러싼 환경을 통째로 주는 것 외에는 그것을 내게 줄 방법이 없을 것이다. 살아 있는 팔이나 다리를 뚝 떼어 줄 수 없듯이. 몸의 다른 모든 기관과 마찬가지로 유전자도 기능의 관계성이라는 관점에서 이해해야 한다. 몸의 기관은 다른 부분과의 관계 속에서만 존재하고 기능할 수 있다. 그리하여 생물학의 최신 이론은 생물학이 생겨난 맨 처음의 견해로 우리를 되돌려놓는다. 그것은 바로, 제각기 독자적인 종류일 뿐 아니라 저마다 독특하게 표현되는, 생명 또는 정신이라 불리는 힘이 존재한다는 견해다.

왓슨과 크릭은 이 모두를 논파했다. 굴욕적일 정도로 단단히 혼내주었다. 생물학은 정보과학의 한 분과가 되고 있다. 왓슨/크릭의 유전자는 일차원의 선형 데이터로, 보편적 코드가 2진수(0과 1)가 아니라 4진수(A, T, G, C)라는 사소한 점에서만 컴퓨터 파일과 다르다. 유전자는 분리할 수 있는 일련의 디지털 데이터이고, 살아 있거나 죽은 몸에서 꺼내 해독할 수 있으며, 종이에 적어 도서관에 보관했다가 언제고 다시 사용할 수 있다. 당신의 전체 게놈을 한 권의 책으로 작성하고 내 게놈도 비슷한 책으로 작성하는 일은 비용이 많이 들긴 해도 이미 가능하다. 앞으로 50년 뒤면 유전체학의 비용이 매우 낮아질 것이고, 도서관(물론 전자도서관)에 우리가 원하는 수천 종의 수천 개체들의 완전한 유전체를 보관하게 될 것이다. 그렇게 되면 우리는 모든 생명의 최종적이고 결정적인 계통수를 작성할 수 있을 것이다. 도서관에서 한 쌍의 현생종 유전체를 신중하게 비교함으로써 그들의 절멸한 공통 조상의 복원을 노려볼 수도 있다. 특히 그것과 생태학적으로 동등한 현생종의 게놈을 계산에 넣는다면 그 가능성이 더 높아질 것이다. 발생학도 매우 발전해서, 우리는 그 조상의 살아 숨 쉬는 클론을 만들 수도 있게 될 것이다. 어쩌면 추측건대 오스트랄로피테쿠스인 루시의 클론도 가능하지 않을까? 심지어는 공룡까지도. 그리고 2057년이 되면, 서가에서 당신의 이름이 박힌 책을 꺼내 당신의 게놈을 DNA 합성기에 타이핑해 넣고 합성된 DNA를 핵을 제거한 난자에 삽입함으로써 당신의 클론—당신의 일란성 쌍둥이지만 50년이 젊은 사람—을 탄생시키는 것쯤은 어린애 장난 같은 일이 될 것이다. 그것은 당신의 의식을 가진 존재의 부활일까? 당신의 주관성의 화신일까? 아니다. 그 답이 '아니오'임을 우리가 이미 아는 것은 일란성 쌍둥이들이 하나의 주관적 정체성을 공유하지 않기 때문이다. 쌍둥이는 불가사의할 정도로 비슷한 직감을 공유할지도 모르지만, 서로 동일시하지는 않는다.

19세기 중엽에 다윈이 신비주의적 '설계' 논증을 파괴했듯이, 그리고 20세기 중엽 왓슨과 크릭이 유전자에 관한 모든 신비주의적 헛소리를 파괴했듯이, 21세기 중엽을 살아갈 그들의 후계자들은 영혼이 몸에서 떨어져 나온다는 신비주의적 부조리를 파괴할 것이다. 쉽지는 않을 것이다. 주관적 의식이 신비에 싸여 있다는 것은 부정할 수 없는 사실이다. 스티븐 핑커는《마음은 어떻게 작동하는가》에서 의식이라는 문제에 우아하게 착수하여, 그것이 어디서 오고 그것을 어떻게 설명할 수 있는지 묻는다. 그리고는 솔직히 말한다. "나는 도무지 모르겠다." 솔직한 말이고 나도 같은 심정이다. 우리는 모른다. 우리는 의식을 이해하지 못한다. 아직은. 하지만 나는 2057년 전에는 이해하게 될 거라고 믿는다. 그리고 만일 그렇게 된다면, 이 최대 수수께끼를 푸는 사람은 신비주의자나 신학자가 아니라, 과학자일 것이 틀림없다. 그는 어쩌면 다윈처럼 고독한 천재일지도 모르지만, 신경과학자와 컴퓨터과학자와 과학에 정통한 철학자의 연합이 될 가능성이 더 높다. 그때가 되면 영혼-1은 과학의 손에 아무도 슬퍼해주지 않는 때늦은 죽음을 맞이할 것이고, 그 과정에서 영혼-2는 엄두도 내지 못했던 높은 곳으로 진출할 것이다.

4부

정신 지배, 화근, 그리고 혼란

4부의 제목은 리처드 도킨스가 종교와 관련하여 왜 '이렇게 소란을 피우는지' 아직도 잘 모르는 독자들을 위해 몇 가지 힌트를 준다. 이어지는 일곱 편의 에세이에서 도킨스는 미래의 고난을 예언하는 묵시록의 기사처럼 더 분명한 답변을 들려준다.

첫 번째 에세이 '앨라배마의 끼워 넣은 문서'는 창조론을 무너뜨리기 위한 용의주도한 파괴 공작으로, 자연선택에 의한 진화는 정당하며 과학적 방법은 없어서는 안 될 중요한 것임을 거듭 주장한다. 이 에세이는 원래는 진짜 과학을 가르치는 것을 저지하려는 행정 시도 앞에서 사면초가에 몰린 교육자들을 변호하기 위한 즉석 강연이었다. 오늘날 미국에서 창조론이 정치적 힘을 가지고 있음을 의심하는 사람이라면 이 에세이를 읽고 다시 생각해보게 될 것이다.

냉정한 범죄과학적 분석이 끝나고, 논조는 농축된 분노로 바뀐다. 다음 에세이 '9/11의 유도 미사일'은 언뜻 온화해 보이는 분위기로 시작하지만, 기술적 설명처럼 보이는 대목을 거쳐, 점점 신랄함을 더해가는 아이러니로 빠르게 치솟다가 마침내 펀치라인에 도달한다. 바로, 개인적 내세를 무분별하게 믿는 것은 치명적인 무기가 된다는 것이다. '다트'는 이보다 예리할 수 없다.

'지진해일의 신학'에서는 논조가 다시 바뀐다. 분노가 격분으로 변한다. 2004년 12월 인도양에서 일어난 대지진이 일으킨 거대한 해일은 동남아시아에서 수많은 목숨을 빼앗고 많은 사람들의 생계에 타격을 입혔다. 이런 부당한 고통 앞에서 많은 종교인들이 보여준 몰이해, 종교 지도자들의 반응, 그리고 그 뒤에 〈가디언〉의 독자편지란을 통해 주고받은 편지에 대해 차근차근 이야기하는 이 에세이에는, 종교에 대한—특히 돈, 시간, 감정, 노력을 종교가 잘못된 방향으로 인도하는 것에 대한—리처드의 반론을 구성하는 여러 가지 핵심 요소들이 요약되어 있다. 머리를 싸매고 '대체 왜'라고 묻는 것은 잘못된 질문(또는 신학보다는 지질학의 영역에서 완벽하게 훌륭한 답을 얻을 수 있는 질문)으로, 더 건설적인 반응은 "무릎을 꿇는 것을 그만두고, 마귀와 가상의 아버지 앞에 아첨하는 것을 멈추고, 현실을 마주 보고, 과학이 인간 고통에 대해 건설적인 일을 하도록 돕는 것"이라는 지적은, 예상할 수 있다시피 난관에 이런 식으로 대비하는 데 익숙하지 않은 사람들로부터 거의 환영받지 못했다.

이 책에 넣을 작품을 고를 때 강연과 편지가 먼저 눈에 들어왔다. 내 생각에 그것은 우연이 아니다. 한 사람을 대상으로 하느냐, 동시에 많은 사람을 대상으로 하느냐의 차이일 뿐, 둘 다 직접적인 의사소통을 제공하기 때문이다. 개인에게 보내는 공개서한은 물론 한 번에 둘 다 할 수 있는 경제적인 방법이다. '메리 크리스마스, 총리님!'는 당시 영국 연립 정부의 수반이었던 데이비드 캐머런 총리에게 보내는 안부 인사의 형식을 취하고 있다. 도킨스는 이 서한에서, 개인은 자신의 신앙을 자유롭게 선택하고 정부는 양심적으로 중립을 지키는 진정한 세속 국가를 추구하자고 주장한다. 그는 크리스마스를 '홀리데이'로 '재포장'하려는 시도를 조롱하면서도 문화적 신화에 대한 애착을 강력히 옹호하는 한편, 신앙에 기반을 둔 교육은 지속적인 불화를 야기한다는 점과, 어린이들에게 '신앙 딱지'를 붙이는 것의 부적절함—실제로는 사악함—을 지적한다. 만일 우리가 종교를 가르치지 않고 종교에 **대해** 가르친다면, 만일 우리가 문화적 신화에 대한 애착을 있는 그대로 이해한다면, 만일 우리가 어디서 윤리관을 얻고 어디서 얻지 않는지에 대해 스스로에게 솔직해진다면 우리 모두는 더 행복한 크리스마스를 보낼 수 있을 것이다.

리처드 도킨스는 때때로 종교를 진지하게 취급하지 않는다고 비난받는다. 진지하게 싸움에 임하기보다는 반대편 주장을 손쉽게 묵살해버린다는 것이다. 종교가 끼치는 신체적, 심리적, 교육적 해악에 대한 그의 신랄한 비난이 진지하다는 사실을 보여준다는 점은 차치하고라도, 내가 그의 2005년 강연 '종교의 과학'의 대부분을 이 책에 수록하고 싶다고 생각한 이유는, 이 작품에는 종교 현상을 냉정하고 광범위하게, 그리고 반성적으로 따져 묻고 싶다는 열의가 들어있기 때문이다. 《만들어진 신》의 독자들이라면 특히, 이 강연에서 제시되고 있는 주제, 논증, 설명을 본 기억이 있겠지만, 이를 되풀이하는 것에 대해 변명하지 않으려고 한다. 그것들은 문화적 현상에 적용된 과학이라는 렌즈를 멋지게 실증하는 것으로, 반복할 가치가 충분히 있다. 이 에세이에서는 신앙과 관례에 대해 '왜'라는 질문이 인내심 있고 신중하게 파헤쳐지는데, 그 과정은 다윈의 자연선택이 가진 설명 도구로서의 힘을, 그 효력을 부정하는 신념 체계에 적용하고 있음에도 불구하고—어쩌면 '한층 잘'(아무튼 잘 어울리는 것은 확실하다)—분명하게 보여준다. 그리고 나는 도킨스가 실천하는 과학적 방법, 조사에 대한 그의 접근방법이 요구하는 엄격함을 요약하는 한 문장이 특히 기억에 남는다. "저는 어떤 특정한 대답보다는, 질문을 제대로 해야 한다는 일반론에 훨씬 더 관심이 있습니다."

앞의 것이 신중하게 파헤쳐진 질문이었다면, 다음은 간략하고 결정적인 대답이다. 다음 에세이(이 또한 원래는 강연이었다)는 '증거', '정직함', '검증 가능성'이 과학적 조사의 토대임을 재언명함으로써, 과학에 대한 '신념' 그 자체가 일종의 종교라는 주장을 반박한다. 그런 다음 더 긍정적인 입장으로 옮겨가 과학의 미덕을 다시금 강력하게 주장한다. 설명을 갈구하는 인간의 마음에 과학이 무엇을 제공할 수 있는지 밝히고, 조사, 발견, 상상, 표현이라는 놀라운 위업을 이룰 수 있는 과학의 능력을 설명한다. 실제로 이 에세이는 종교 교과 시간에 아이들에게 과학을 가르치자고 제안한다. 편협한 미신을 가르치지 말고, 현실 그 자체의 마법에 대한, 진정으로 겸허한 시각을 보여주자는 것이다.

4부의 마지막 에세이는 이와 비슷하게 긍정적이고 상상력이 풍부한 제안을 한다. 그것은 '예수를 지지하는 무신론자'로, 종교에서 좋은 점을 **끄집어내** 세속 사회의 온정적 윤리에 집어넣을 방법을 찾자는 것이다. '지극한 친절'을 퍼뜨리기 위해 다윈주의적 적응으로부터의 '적극적 일탈'을 시도하는 일에 우리의 진화한 큰 뇌를, 또 훌륭한 롤 모델에서 배우고 모방하는 경향을 이용하면 왜 안 되는가? '이기적이지 않은 밈'도 있을 수 있지 않을까?

G. S.

'앨라배마의
끼워 넣은 문서'

∧
∧

프롤로그

창조론자들은 성서에 적혀 있는 천지 창조 이야기가 문자 그대로 사실이라고 믿는다. 신이 지구와 모든 생명 형태를 단 엿새 만에 생겨나게 했다는 것이다. 창조론자들에 따르면 이 사건은 1만 년 전에 일어났다(그들은 우주의 나이를 성서에 열거된 세대 수—계속 연결되는 "누가 누구를 낳고"—를 토대로 계산한다).

창조론자들은 많은 일반 대중에게 자신들의 이론은 적어도 빅뱅 이론이나 진화론만큼은 과학적으로 믿을 만하다고 설득하는 데 성공했다. 최근 갤럽 조사에 따르면, 현재 미국 시민의 약 45퍼센트가 신이 지난 1만 년 동안의 어느 시점에 인간을 '거의 지금의 형태로' 창조했다고 믿는다.

1995년 11월에 앨라배마주 교육위원회는 '앨라배마주 교육위원회가 보내는 메시지'라고 표기된 한 장짜리 첨부용 인쇄물을 그 주의 공립학교에서 사용하는 모든 생물학 교과서에 끼워 넣을 것을 명령했다. 이 인쇄물은 얼마 뒤 오클라호마주에서 같은 방식으로 사용된 문서의 토대가 되었다. '앨라매마의 끼워 넣은 문서'는 공들인 문서는 아니지만, 교양 있는 독자에게 의지를 표시하는 제스처가 담겨 있다. 무엇보다 그 인쇄물은 그 근저에 있는 것이 분명한 종교에 대해서는 한마디도 하지 않고, 합리적이고 과학적인 회의주의의 미덕을 지닌 척하고 있다.

그 무렵 강연을 해달라는 초청을 받고 앨라배마에 갔을 때 내 손에도 그 문서 한 장이 쥐어졌다. 나는 또한 주지사가 최근에 텔레비전에 출현했다는 사실도 알게 되었다. 그는 진화론을 조롱하기 위해 어기적거리며 걷는 유인원을 흉내 내는 채신없는 행동을 했다고 한다. 앨라배마주의 생물학자들과 성실한 교육자들은 당혹감을 느꼈고, 주정부에게 협박받는 기분이 들었으며, 그래서 지원이 필요했을 것이다. 잃는 것이 무엇인지 — 진화론을 그냥 가르치면 왜 안 되는지 — 내가 물었을 때, 몇몇 사람들은 말 그대로 직업을 잃는 것이 두렵다고 시인했다. 단지 주정부의 농간 때문만은 아니었다. 성난 부모들도 문제였다. 나는 충동적으로, 준비된 강연 원고를 치우고 '앨라배마의 끼워 넣은 문서'를 한줄 한줄 해부하는 것으로 강연을 대신하기로 했다. 슬라이드를 준비할 시간이 없었으므로 OHP에 연속되는 문장을 올려놓았다. 앨라배마와 오클라호마를 포함한 여러 주와 관할권에서 사면초가에 몰려 있을 교육자들을 지원하고자 내 발언을 편집한 원고를 여기에 싣는다. '앨라배마의 끼워 넣은 문서'에 포함된 문장을 두꺼운 글씨체로 제시하고, 이어서 내 답을 제시하겠다.

이 교과서에서 다루는 진화론은 식물, 동물, 인간 같은 생명체의 기원에 대해 일부 과학자들이 과학적 설명으로 제시하는, 논란이 있는 이론이다.

이 말은 오해를 부르는 데다 정직하지 못하다. '일부' 과학자들과 '논란이 있는' 이론이라는 말은 진화를 받아들이지 않는 훌륭한 과학자들이 상당수 존재한다는 것을 암시한다. 실제로는 자격을 갖춘 과학자들 가운데 진화를 인정하지 않는 비율은 소수다. 그 가운데 몇몇은 박사학위를 소지하고 있음을 내세우지만 그들의 박사학위는 괜찮은 대학 또는 관련 분야에서 받은 학위가 아니다. 전기공학과 해양공학은 당연히 훌륭한 학문이지만, 그 분야에 종사하는 사람들은 내가 그들의 학문에 발언할 자격이 없는 것만큼이나 내 분야에 대해 발언할 자격이 없다.

물론, 자격을 갖춘 생물학자들 사이에서도 진화론의 세부에 대한 이견은 있다. 하지만 활발한 과학 분야라면 어디든 논쟁이 있기 마련이다. 진화를 인도하는 힘으로 더 중요한 것은, 유전적 부동 같은 가능성 있는 다른 요인이라든지 '종 선택' 같은 더 높은 수준에서 작동하는 유사 다윈주의적 힘보다 다윈의 자연선택 이론이라는 데 모든 생물학자가 동의하는 것은 아니다. 하지만 신뢰할 수 있는 생물학자들은 모두 예외 없이 다음과 같은 명제를 받아들인다. 바로, 지금 살고 있는 모든 동물, 식물, 균류, 세균은 적어도 30억 년 전에 살았던 단 하나의 공통조상에서 유래했다는 것이다.[1] 우리는 모두 사촌들이다. 이 진술에는 '논란이 있지' 않으며, 단어들의 의미를 학술적으로 매우 깐깐하게 정의하는 경우를 제외하면 이 진술을 받아들이는 사람들은 단지 '일부' 과학자가 아니다. 이는 지구의 자전 때문에 낮과 밤이 생긴다는 이론만큼이나 증명된 사실이다. 이어서 다음 진술로 가보자.

지구상에 생명이 처음 출현했을 때 아무도 존재하지 않았으므로, 생명의 기원에 대한 모든 진술은 사실이 아니라 이론으로 간주되어야 한다.

여기서 '이론'과 '사실'이라는 단어는 의도적으로 오해를 부르는 방식으로 사용되고 있다. 과학철학자들은 '이론'이라는 단어

---

1 폴 데이비스(319쪽 참조) 같은 존경할 만한 과학자가 유일한 예외일 것이다. 그는 생명이 한 번 이상 발생했고, 우리와는 다른 유전 코드를 지님으로써 분명히 알아볼 수 있는 생존자들이 아직 우리 곁에 있을지도 모른다는 미약한 가능성을 인정한다. 이 예외적인 가능성을 인정한다 해도 내 발언은 조금도 바뀌지 않는다. 결벽주의자라면 이렇게 수정할 수는 있다. "모든 알려진 동물, 식물……."

를, 직감보다 한발쯤 더 나아간 생각을 표현하기 위해서만이 아니라, 누구나 사실이라고 부를 만한 지식을 표현하기 위해서도 사용한다. 광우병의 인간형이 크로이츠펠트-야콥병일 가능성이 있다는 것은 이론이다. 단, 틀릴 수도 있는 이론이다. 많은 사람들이 이런저런 방식으로 추가 증거를 찾고 있는 중이다. 필트다운인 날조의 선동자와 관련하여 역사적으로 다양한 이론이 제기되었지만, 확실한 답은 결코 알 수 없을지도 모른다. 이것이 이론의 보편적 의미다. 하지만 엄밀하게는, 지구가 평평하지 않고 둥글다는 것도 이론이다. 증거에 의해 압도적인 지지를 받고 있지만 이론임에는 틀림없다.

지구상에서 생명이 기원하는 것 또는 그 뒤에 이어진 화려한 진화의 행렬을 직접 목격한 사람이 아무도 없다는 사실 그 자체는 진화가 사실로 간주되어야 하는가와는 아무런 관계가 없다. 살인 사건이 목격되지 않아도 현장에 남겨진 지문, 발자국, DNA 시료 같은 정황증거를 가지고 합리적 의심이 남지 않도록 범인을 찾을 수 있다. 과학에는 의심의 여지가 없는 사실들이 직접 목격된 일이 별로 없지만 이런 사실들은 직접 목격되었다고 주장되는 사실보다 더 확실하다. 대륙이 이동하는 것을 볼 정도로 오래 산 사람은 아무도 없지만 판구조론은 입증되었고, 비합리적 의심조차 남지 않을 정도로 많은 증거로 뒷받침되고 있다. 반면, 수백 명의 목격자가 파티마에서 태양이 성모 마리아의 명령에 따라 기적적으로 파티마 쪽으로 방향을 바꾸는 것을 보았다고 주장한 사례가 있다. 하지만 어느 한 순간에 세계 대부분 지역에서 태양을 볼 수 있는데도 파티마 외의 다른 곳에서는 이 사건을 보고한 목격자가 전혀 없다는 이유만으로도, 이러한 목격자 증언은 태양이 실제로 방향을 바꾸었다는 사실을 증명할 수 없다.[2]

여기에 암암리에 연루되어 있는 철학 학파에 따르면, 모든 '사실'은 반증될 기회가 무수히 있었지만 반증되지 않은 이론에 지나지 않는다. 여러분이 원한다면, 진화는 단순히 이론이라고 양보하겠지만, 이 이론이 반증될 가능성은 지구가 태양의 주위를 돈다는 이론, 또는 오스트레일리아가 존재한다는 이론이 반증될 가능성만큼이나 적다.

'진화'라는 단어는 많은 유형의 변화를 지칭할 수 있다. 우선 진화는 종 내에서 일어나는 변화를 표현한다(예컨대 흰 나방은 회색 나방으로 '진화'할 수 있다). 이 과정을 소진화라고 한다. 이 부분은 관찰할 수 있으므로 사실이라고 부를 수 있다. 한편 진화는 한 생명 형태에서 다른 생명 형태로의 변화를 지칭기도 한다. 예컨대 파충류가 조류가 되는 것이다. 대진화라 불리는 이 과정

---

2 더 중요한 점을 말하자면, 만일 태양이 실제로 파티마에서 7만 명의 목격자가 묘사한 대로 움직였다면 태양계 전체는 아니더라도 지구는 파괴되었을 것이다. 목격자 증언은 사람들이 생각하는 것처럼 확실한 증거가 아니다. 덧붙여 말하자면, 그것은 배심원단이 좀 더 이해할 필요가 있는 사실이다.

은 관찰된 적이 없으므로 이론으로 간주해야 한다.

　예상할 수 있다시피, 소진화와 대진화의 과장된 구별은 창조론자들 사이에서 높은 인기를 누리고 있다. 그들이 이것을 붙들고 늘어지는 이유를 짐작하기는 어렵지 않지만, 실제로 이 차이는 그렇게 중요하지 않다. 이 점이 논란의 대상인 것은 맞지만, 대진화는 소진화가 매우 긴 시간으로 늘어난 것에 지나지 않는다는 것이 많은 사람들의 공통된 견해다. 이 문제를 좀 더 명료하게 설명해 보겠다.

　유성생식은 집단의 유전자가 골고루 섞이도록, 즉 '유전자풀'이 되도록 만든다. 어느 한 시점에 우리가 보는 범위의 개별 몸들은 최근의 유전자풀이 외부를 향해 눈에 보이는 형태로 구체화된 것이다. 수천 년이 경과하는 동안 유전자풀은 점차적으로 변한다. 어떤 유전자는 유전자풀 내에서 빈도가 점점 증가하지만, 빈도가 낮아지는 유전자도 있다. 그리고 그것에 따라 우리가 보는 동물들의 범위도 변한다. 평균적인 표본의 키가 커지고, 털이 많아지고, 체색이 검어질지도 모른다. 모두가 커지는 것은 아니며 키에는 여전히 상당한 폭의 변이가 있지만, 유전자풀의 빈도 구성이 변화함에 따라 키가 더 큰(혹은 더 작은) 쪽으로 분포가 바뀌는 것이다.

　이것이 소진화이고, 그 근본 원인에 대해서는 많은 사실이 알려져 있다. 다양한 우연적 과정의 결과로 유전자의 빈도가 변하는 경우가 있다. 또는 자연선택의 결과 더 강제된 방식으로 빈도가 변하는 경우도 있다. 자연선택은 생물의 개선과 설계된 듯한 환상을 일으킬 수 있는, 지금까지 알려진 유일한 힘이다. 하지만 진화에 의한 변화를 더 좋은 쪽으로 변하는 것으로 한정하지 않는다면, 소진화를 추진하는 힘은 그 밖에도 많다. 지금은 자연선택에 대해 이야기해볼 생각이다.

특정 자질—예컨대 빙하기가 닥쳐올 때의 털—을 가진 동물 개체는 그렇지 않은 개체보다 그 결과로 살아남아 자식을 남길 가능성이 약간 더 높다. 따라서 그 동물을 털북숭이로 만드는 유전자는 그렇지 않은 유전자보다 유전자풀에 나타날 가능성이 약간 더 높다. 동물과 식물이 살아남아 번식하는 데 점점 더 능숙해지는 것은 이 때문이다. 물론, 살아남아 번식하기 위해 필요한 것은 종과 환경에 따라 다르다. 두더지의 유전자풀을 채우게 되는 유전자는 벌레를 찾기 위해 기어서 땅을 파는 데 적합한 작고 털로 덮인 몸에서 활약하는, 서로 양립할 수 있는 유전자들이다. 알바트로스의 유전자풀을 채우게 되는 유전자는 거대한 남쪽 바다의 파도를 스치듯 나는 데 적합한 큰 깃털로 감싸인 몸에서 활약하는, 또 다른 서로 양립할 수 있는 유전자들이다.

이것이 소진화이고 우리 창조론자 친구들도 그 부분에 대해서는 그냥 받아들이게 되었다고 인정한다. 그 대신 그들은 대진화에 희망을 걸고 있으며, 대진화는 전혀 다른 것이라고 믿도록 사주 받고 있다. 전혀 다른 것일지도 모르지만, 나는 그렇게 생각하지 않는다. 위대한 미국 고생물학자 조지 게이로드 심슨은 대진화는 단지 소진화가 확대된 것일 뿐이라고 생각했다. 소진화가 충분히 많은 세대에 걸쳐 조금씩 느리게 일어난 것이다. 나는 그의 생각에 동의하고, 그런 속도로 점진적 선택이 쌓여 극적인 변화를 이룰 수 있다는 사실에 점점 감명을 받고 있다. 예컨대, 조너선 와이너가 《핀치의 부리The Beak of the Finch》에서 설명하는, 갈라파고스 제도의 '다윈 핀치'에서 일어난 급속한 진화에 관한 피터와 로즈메리 그랜트의 연구를 참조하면 좋겠다.

심슨이 제안하는 견해의 대안은 무엇인가? 현대 미국의 고생물학자들 중에는 소진화—유전자풀 내에서 일어나는, 유전자 빈도의 느리고 점진적인 변화—와 대진화의 이른바 분리를 중요하게 보는 사람들도 있다. 그들은 대진화를, 새로운 종이 비교적 갑자기 출현하는 것으로 본다. 앨라배마 문서의 다른 문장을 검토할 때 이 문제로 돌아올 생각이지만, 그 외에 이 논쟁을 떠벌릴 필요는 없다. 이것은 세부의 문제로, 진화가 일어난 사실 그 자체와는 관계가 없기 때문이다. 여기서는 대진화를 분리할 것과 '단속평형'설을 주창하는 사람들이 자신들의 독창적인 생각을 납치하려는 창조론자들의 시도 앞에서 느끼지 않을 수 없는 당연한 곤혹감만 기록해두겠다. 예컨대 스티븐 제이 굴드는 이렇게 말한다.

어디까지나 우리는 추세를 설명하기 위해 단속평형설을 제기했다. 따라서 창조론자들이 단속평형설을 화석 기록에 과도기적 형태가 없다는 것을 인정하는 이론으로 줄기차게 인용하는 것을 보 있노라면 고의로 그러는지 몰라서 그러는지는 모르겠지만 속이 부글부글 끓는다. ······ 듀안 기시Duane Gish는 "골드슈미트에 따르면, 그리고 지금은 굴드도 그렇게 말하는 듯한데, 깃털과 다른 모든 것을 갖춘 최초의 조류는 파충류의 알에서 부화했다"라고 썼다. 이런 헛소리를 믿는 진화론자가 있다면 지식인들이 모인 자리에서 웃음거리가 되어 마땅하다. 조류의 기원에 대해 이러한 시나리오를 구상할 수 있는 유일한 이론은, 신이 알에 어떤 작용을 가했다고 생각하는 창조론뿐이다. …… 나는 창조론자들에게 화가 나는 한편으로 재미있다는 생각도 든다. 하지만 대체로는 매우 슬프다.

나도 동의하지만, 나로서는 슬프거나 재미있다기보다는 화가 난다고 말하고 싶다.

진화론은 무작위적이고 방향성 없는 힘이 생명 세계를 만들었다는, 근거 없는 생각을 가리킨다.

다윈주의 이론을 이렇게 곡해하는 사람들이 심심찮게 있다니 놀라울 따름이다. 다윈주의가 실제로 무작위적인 힘이라면 정교하게 적응된 복잡한 생명체를 생겨나게 할 수 없었음은 바보도 알 수 있는 사실이다. 따라서 진화론의 신뢰를 떨어뜨리고 싶은 선동가들이 다윈주의는 무작위적인 '우연'에 불과하다고 선전하는 것도 의외는 아니다. 그렇게 주장하면, 눈이 자연적으로 생기기 위해서는 주사위를 몇 번 던져야 하는지 계산해가며 이 이론을 손쉽게 조롱할 수 있다. 하지만 자연선택은 결코 우연한 과정이 **아니**

므로, 주사위를 던지는 것과는 전혀 무관하다.

하지만 앨라배마 문서의 이 문장은 '방향성 없는'이라는 표현을 '무작위적인'의 동의어로 사용하고 있는데, 이 부분은 좀 더 신중하게 대처할 필요가 있다. 자연선택이 무작위적인 과정이 아닌 것은 확실하다. 하지만 자연선택에 '방향성'이 있을까? 만일 '방향성'이 계획적이고 의식적이고 지적인 의도에 의해 인도된다는 의미라면, 대답은 '아니오'다. 만일 방향성이 미래의 목표나 표적을 겨냥한다는 의미라면, 대답은 '아니오'다. 하지만 만일 '방향성'이 적응적 개선을 초래한다는 의미라면 대답은 '그렇다'이다. 만일 방향성이 훌륭하게 설계된 것처럼 보이는 환상을 일으킨다는 의미라면 대답은 '그렇다'이다. 자연선택은 확실히 그런 환상을 일으킨다. 다윈의 업적은 마치 설계된 듯한 환상을 일으키는 적응의 정교함을 모독한 것이 아니라, 설계된 것처럼 보이는 것은 착각임을 설명한 것이다.

생명의 기원에 대해서는, 교과서에서는 다루어지지 않지만 아직 풀리지 않은 의문들이 많이 있다.
- **왜 동물의 주요 분류군은 갑자기(이른바 '캄브리아기 대폭발'로) 화석 기록에 출현하는가?**

화석을 발견하는 것은 크나큰 행운이다. 동물이 죽은 뒤 화석이 되려면 많은 조건이 충족되어야 하는데, 대개 이 조건들 가운데 어느 하나는 충족되지 않는다. 나 자신이 화석이 된다면 영광이겠지만 그럴 가망은 별로 없다.

딱딱한 골격이 없는 동물이 화석화되기는 특히 어렵다.[3] 따라서 우리는 보통, 마침내 딱딱한 골격을 진화시킨 동물의 물렁물렁한 조상이 목격될 것이라고 예상하지 않는다. 우리는 딱딱한 골격이 생겼을 때 화석이 갑자기 출현할 것이라고 **예상**한다.

동물의 물렁물렁한 부분이 보존되는 예외적인 상황이 드물게 존재한다. 독보적인 사례 중 하나가 캐나다에 있는 버제스 셰일이라는 화석층이다. 버제스 셰일은 중국에 있는 비슷한 지역과 함께, 캄브리아 시대를 기록하고 있는 최고의 화석층이다. 실제로 일어났음에 틀림없는 일은, 이런 동물들의 조상들이 캄브리아 시대 이전에 서서히 진화했으나 화석화되지 않았다는 것이다.

이미 말했듯이 화석이 있는 것은 행운이다. 하지만 그렇다고 해서 화석이 진화의 가장 중요한 증거라고 생각하는 것은 잘못이다.

---

3 와충강의 편형동물은 크고, 아름답고, 번성하는 동물강이다. 와충강에는 포유류만큼이나 많은 종이 있지만, 와충강의 화석은 지금까지 단한 개도 발견되지 않았다. 창조론자들은 아마 와충강이 기원전 4004년 10월에 하루나 이틀 정도의 차이는 있다 해도, 다른 모든 동물들과 같은 기간 동안 지구상에 살았다고 믿을 것이다(지구가 창조된 시점을《성경》에 입각해 처음으로 계산한 사람은 북아일랜드의 제임스 어셔 대주교였다. 그는 창조 시점을 기원전 4004년 10월 23일로 계산했다 – 옮긴이). 이미 말한 바와 같이 큰 규모의 동물강이 화석을 단 하나도 남기지 않았다면, 척추동물의 화석 기록에 몇 개의 '공백'이 있는 것은 충분히 있을 수 있는 일이다.

설령 화석이 전혀 없다 해도 다른 정보원에서 나온 진화의 증거 역시 압도적으로 유력하다.

- **왜 생명체의 새로운 주요 분류군이 오랫동안 화석 기록에 등장하지 않는가?**

주요 분류군은 화석 기록에 출현하지 않고, (다윈주의 이론에 따르면) 출현하지 않아야 한다. 오히려, 주요 분류군은 이전 조상들로부터 서서히 진화해야 한다. 새로운 문이 저절로 생긴다고 생각하는 사람도 있을 것이다.[4] 일부 창조론에는 새로운 문이 저절로 생기는 것으로 되어 있을지도 모르지만, 다윈주의에서는 그렇지 않다. 동물계의 주요 분류군인 문은 대부분 선캄브리아 시대에, 다른 **종들**로 시작했다.[5] 그런 다음 그들은 서서히 다양화하며

---

4 이것은 정확히 말하면 저명한 (그리고 결코 바보가 아닌) 이론생물학자 스튜어트 카우프만으로 인해 생겨난 오해다. 그는 "분류군을 확립한 종들은 상위 분류군부터 하향식으로 구축해 내려간 것 같다"고 추측했다. "즉, 주요 문의 대표적 사례가 먼저 나타나고, 그 후 강, 목, 그리고 더 하위 분류군을 점진적으로 채워나갔다." 이 심각한 오해는 스티븐 제이 굴드가 사랑한 '시적 과학'이 도를 넘으면서 널리 퍼졌다. 구체적으로, 굴드의 저서 《원더풀 라이프Wonderful Life》가 가장 큰 영향을 미쳤다. 나는 이 책 2부에 포함된 '보편적 다윈주의'에 관한 에세이의 후기에서 이 문제를 경고했다.

분기했다. 그리고 얼마 뒤 다른 속이 되었다. 그리고 그것이 다시 다른 과가 되고, 다른 목이 되었다. 가까운 시일 내에 새로운 문이 '생길' 것이라고 생각하지 않는 이유는, 우리가 관찰하는 시점에는 종들이 아직 다른 문으로 인정될 만큼 그들의 조상으로부터 멀리 분기할 시간을 갖지 못했기 때문이다. 조류가 독자적인 문으로 분류될 수 있을 만큼 다른 척추동물로부터 멀리 진화해 있는 것을 보려면 5억 년쯤 후 돌아오면 될 것이다.

비유로, 큰 가지에 작은 가지가 달린 오래된 떡갈나무 한 그루를 생각해보자. 모든 큰 가지는 잔가지로 생명을 시작했다. 만일 누군가가 "오랫동안 이 나무에 새로운 큰 가지가 생기지 않은 것이 이상하지 않아? 최근에 생긴 것은 잔가지들뿐이잖아"라고 말한다면, 우리는 그 사람을 바보라고 생각할 것이다. 아닌가? 정말이지, 바보라는 말밖에는 달리 떠오르는 말이 없다.

---

5 뜻밖이지만 사실이다. 더 뜻밖인 것은, 현재의 문들 가운데 어떤 둘의 조상은 별개의 종으로 갈라지기 전에 같은 어머니의 자식이었다는 사실이다. 예컨대 인간과 달팽이를 생각해보자. 우리의 조상을 충분히 멀리 거슬러 올라가고, 달팽이의 조상을 충분히 멀리 거슬러 올라가면, 최종적으로 하나의 개체에 수렴한다. 이 개체는 바로 둘의 공통조상이다. 이 부모의 한 자식은 결국 우리 인간을 (그리고 모든 척추동물에 더하여 불가사리와 일부 연충도) 낳도록 운명 지어졌다. 이 부모의 다른 자식은 달팽이를 (그리고 곤충, 대부분의 연충, 가재, 문어 등을) 낳도록 운명 지어졌다.

• 왜 동물이나 식물의 새로운 주요 분류군은 화석 기록에 과도기적 형태를 남기지 않는가?

창조론 문헌에 이 질문이 얼마나 자주 등장하는지 그저 놀라울 따름이다. 어떻게 생각해도 사실이 아니기 때문에, 어떻게 해서 이런 질문이 나왔는지는 알 수 없다. 희망에 근거한 사실 오인으로밖에는 생각할 수 없다. 사실, 발견되는 거의 모든 화석은 어떤 것과 그 밖의 어떤 것 사이의 중간 형태로 볼 수 있다. 공백도 있긴 한데, 이유는 앞에서 말했다. 하지만 **엉뚱한** 장소에서 발견된 화석의 사례는 하나도 없다. 위대한 영국 생물학자 J. B. S. 홀데인은 과학은 **반증 가능한** 가설을 제시함으로써 발전한다는 칼 포퍼 철학의 열렬한 지지자로부터, 진화론을 반증할 수 있는 발견이 있다면 하나만 예를 들어보라는 질문을 받았다. '선캄브리아 시대의 화석 토끼'라고 홀데인은 언짢은 듯 대답했다. 이렇게 엉뚱한 장소에서 발견된 화석은 실제로는 없다.

그동안 발견된 모든 화석은 올바른 순서로 되어 있다. 창조론자는 이것을 알고 있고, 그것을 설명이 필요한 불편한 사실로 여긴다. 그들이 기껏 생각해낸 설명은 정말 뜬금없다. 모두 노아의 홍수 탓이라는 것이다. 동물들은 당연히 언덕으로 올라감으로써 화를 면하려고 했다. 수위가 올라가는 가운데 가장 영리한 동물들이 가장 오래 버텼고, 산비탈을 더 높이 올라간 끝에 익사했다. 그래서 '더 고등한' 동물의 화석이 '하등한' 동물의 화석 위에서 발견된다는 것이다. 뭐랄까, 아무리 임시변통으로 둘러댄 설명이라고

는 해도 이토록 애잔함을 자아내는 자포자기식 설명은 없다고 할까.[6]

화석 기록상의 공백에 관한 창조론의 오류는 어느 정도는, 엘드리지와 굴드가 제시한 단속평형설을 이때다 싶어 곡해한 결과인 듯하다. 엘드리지와 굴드가 논한 것은 화석 기록의 단속성이었다. 그들의 진화관에 따르면 그런 단속성이 나타나는 대부분의 진화적 변화가 비교적 갑자기, 그들이 종분화라고 부르는 사건이 일어나는 기간에 생기기 때문이다. 종분화와 종분화 사이에는 긴 평형 상태가 지속되고, 그동안에는 어떤 진화적 변화도 일어나지 않는다. 이것을 이른바 캄브리아기 대폭발 전에 있었던 것 같은 화석기록상의 큰 공백들과 ― 창조론자들은 일부러 그러는 것이지만 ― 뒤섞는 것은 어이없는 혼동이다. 자신의 이론이 창조론자들에게 끈질기게 잘못 인용되고 있는 상황을 보며 굴드 박사가 느낀 당연한 분노는 앞에서 이미 소개했다.

마지막으로 분류에 관한, 순수한 의미론적 포인트가 존재한다. 이것을 설명하는 데는 비유를 사용하는 것이 최선이다. 어린이는

---

6 앨라배마 주의원도 이런 종류의 설명은 어떤 경우에도 **통계적인** 것일 뿐 절대적이지는 않음을 이해할 수 있었을 것이다. '언덕으로 향함' 이론은 더 높은 층에 고등한 동물이 통계적으로 더 많은 이유를 설명할 수 있을지도 모른다. 하지만 그런 경향은 통계적인 것일 뿐이다. 실제 사실을 보면 법칙에 예외는 없다. 예컨대 포유류의 화석 표본이 화석 기록에서 어울리지 않게 낮은 층에서 나온 경우는 단 한 건도 없다.

점진적이고 연속적으로 어른이 되지만, 법률상 성인이 되는 나이는 특정 생일, 대개는 18번째 생일로 설정된다. 따라서 이렇게 말할 수 있다. "영국에는 5,500만 명이 있지만 비유권자와 유권자 사이에 있는 사람은 단 한 명도 없다. 중간 형태는 존재하지 않는다. 즉 발달 과정에는 당혹스러운 공백이 있다." 법률상 미성년자가 18번째 생일이 되는 날 자정부터 유권자로 변하듯이, 동물학자들은 항상 표본을 어떤 종으로 분류하려고 한다. 한 표본이 실제 형태로는 중간형이라 해도(많은 표본이 그러한데, 이는 다윈의 예상과 일치한다), 동물학자의 법률 존중주의 관례는 그것을 이쪽 또는 저쪽으로 밀어 넣는다. 따라서 중간형은 없다는 창조론자의 주장은 종 수준의 **정의**에 따르면 사실임이 틀림없지만, 실제 세계에서는 아무런 의미가 없다. 동물학자의 명명 관례에 대해서만 의미가 있을 뿐이다.

중간형을 찾는 적절한 방법은 **명명**은 잊고, 화석의 실제 형태와 크기를 보는 것이다. 그렇게 하면, 화석 기록은 보기 좋게 점진적인 과도기적 형태로 가득하다는 것을 알게 된다(단, 공백도 몇 개있다. 단순히 동물이 화석화되지 않은 탓이라고 **누구나** 받아들이는 큰 공백도 존재한다). 우리 자신의 조상만 봐도, 오스트랄로피테쿠스에서부터 호모 하빌리스, 호모 에렉투스, '구인류'(네안데르탈인과 데니소바인 – 옮긴이), '현생인류'로의 이행은 너무도 매끄럽게 점진적이라서, 화석 전문가는 특정 화석을 무엇으로 분류할지, 어떻게 명명할지에 대해 끊임없이 언쟁을 벌인다. 이제 반진화 선전 서적에는 어떻게 적혀 있는지 보자. "발견물은 오스트랄로피테쿠스속인 유인원이거나, 아니면 호모속인 인류이거나 둘 중 하나로 간주된다. 1세기 이상에 걸친 열정적인 발굴과 진지한 논쟁에도 불구하고 인류의 가설상의 조상을 위해 남겨둔 유리 진열장은 아직 텅 비어 있다. 잃어버린 고리는 여전히 나타나지 않고 있다." 한 화석을 중간형으로 인정하기 위해서는 무엇이 필요한 것인지 궁금하지 않을 수 없다. **아무리 생각해도 모르겠는데**, 대체 뭐가 필요할까? 사실을 말하자면, 인용한 창조론의 진술은 현실 세계에 대해 아무것도 말하고 있지 않다.

- **당신과 모든 생명체는 살아 있는 몸을 만들기 위한 그렇게 완전하고 복잡한 일련의 '지시'를 어떻게 소유하게 되었는가?**

일군의 지시는 우리의 DNA다. 우리는 부모에게서 그것을 받았고 우리 부모는 그들의 부모에게서 그것을 받았고, 이런 식으로 박테리아보다 더 단순한 먼 옛날의 아주 작은 조상으로 거슬러 올라간다. 그 조상은 약 40억 년 전에 바다에 살았다.

모든 생명체가 유전자를 물려받은 대상은 그들의 조상이 된 개체들이지, 조상들의 동시대 실패자들이 아니므로, 모든 생명체는 성공한 유전자를 소유하는 경향이 있다. 그런 생명체는 조상이 되는 데—즉 살아남아 번식하는 데—필요한 유전자를 가지고 있다. 생명체가 잘 설계된 구조—마치 조상이 되려고 노력하고 있는 것처럼 적극적으로 움직이는 몸—를 만드는 성향이 있는 유전자를 물려받게 되는 것은 이 때문이다. 새가 나는 것을 잘하고, 물고기가 헤엄치기를 잘하고, 원숭이가 나무타기를 잘하고, 바이러스가 전파를 잘하는 것은 이 때문이다. 우리가 인생을 사랑하고, 섹스를 사랑하고, 아이를 사랑하는 것은 이 때문이다. 우리가 누구나 예외 없이, 끊어지지 않고 이어져 내려온 성공적인 조상들로부터 유전자를 물려받는 것은 이 때문이다. 그래서 **세계는 조상이 되기 위해 필요한 것을 가진 생물로 채워진다.**

그게 전부가 아니다. 진화의 시간 척도에서 일어나는 포식자와 피식자, 또는 기생자와 숙주 사이의 경쟁 같은 진화적 군비경쟁도 점점 높은 완벽함과 복잡성을 초래해왔다. 포식자가 피식자를 점점 잘 잡게 됨에 따라, 피식자는 포식자를 점점 잘 피하게 된다. 영양과 치타가 둘 다 그렇게 빠르게 달리게 된 것은 이 때문이다. 그들이 서로의 존재를 그렇게 잘 알아채는 것은 이 때문이다. 각각이 서로에 대한 오랜 시간에 걸친 진화적 군비경쟁의 최종 산물임을 인식하면, 치타와 영양이 가진 몸의 다양한 세부적 부분을 잘 이해할 수 있다.

열심히 공부하고 항상 열린 마음을 유지하라. 그러면 언젠가는 생명체가 어떻게 지구상에 출현했는지에 대한 이해에 기여할 수 있을 것이다.

마침내 내가 동의할 수 있는 문장을 찾았다.

9/11의
유도 미사일[1]

∧
∧

재래식 유도 미사일은 날아가면서 궤도를 수정하여, 예컨대 제트기 배기가스의 열을 향해 나아간다. 단순한 탄도탄에 비해서는 큰 개선이지만 그럼에도 특정한 표적을 식별하는 것은 불가능하다. 보스턴 정도로 먼 장소에서 발사된 경우, 지정된 뉴욕 고층빌딩을 정조준할 수는 없을 것이다.

현대식 '스마트 미사일'이 할 수 있는 일이 바로 그것이다. 컴퓨

---

1 현재 9/11로 보편적으로 알려져 있는 종교 범죄에 대한 반응은 다양하고 격정적이었다. 나는 여러 편의 글을 썼는데, 이것은 그 가운데 첫 번째 글로, 사건 나흘 뒤 〈가디언〉에 실렸다.

터의 소형화가 진행된 결과, 요즘의 스마트 미사일은 맨해튼의 지평선 영상과 세계무역센터 북쪽 타워로 나아가라는 명령을 프로그램에 입력할 수 있는 정도까지 왔다. 걸프전쟁에서 보았듯이 이 최첨단 스마트 미사일은 미국이 소유하고 있는 것이다. 하지만 보통의 테러리스트에게는 경제적으로 접근 불가이고, 신정정부에게는 과학적으로 접근 불가이다. 더 값싸고 간단한 대안은 없을까?

전자기술이 값이 싸지고 소형화되기 전이었던 제2차 세계대전 당시, 심리학자 B. F. 스키너가 비둘기 유도 미사일에 관한 연구를 실시했다. 지정된 표적이 계속해서 컴퓨터 화면 중앙에 있도록 키를 쪼는 훈련을 사전에 받은 비둘기를 작은 조종실에 앉히는 게 목적이었다. 미사일에서는 표적이 실제 지형지물이 될 터였다.

미국 당국이 이것을 실행에 옮기지는 않았지만, 원리상으로는 잘 작동했다. 훈련 비용을 감안해도 비슷한 기능을 가진 컴퓨터보다 비둘기 쪽이 값싸고 가볍다. 컬러 슬라이드를 사용한 훈련 프로그램을 완수한 비둘기가 맨해튼 섬 남단의 뚜렷한 랜드마크를 향해 실제로 미사일을 유도할 수 있었으리라는 것을, 스키너 상자에서 비둘기가 해낸 일로부터 알 수 있다. 비둘기는 자신이 미사일을 유도하고 있는지 알지 못한다. 단지 화면에 있는 두 개의 긴 직사각형을 계속해서 쫄 뿐이고, 이따금씩 보상으로 디스펜서에서 먹이가 떨어진다. 그리고 결국에는…… 의식을 잃는다.

비둘기는 탑재 유도 시스템으로서 값이 싼 데다 한 번 쓰고 버릴 수 있겠지만, 미사일 자체에 드는 비용은 피할 수 없다. 게다가, 막대한 피해를 입힐 정도로 큰 미사일 중 요격되지 않고 미국

영공을 뚫을 수 있는 것은 없다. 그러므로 필요한 것은, 너무 늦을 때까지 정체를 들키지 않는 미사일이다. 유명한 항공사의 낯익은 심벌마크를 부착하고 있는, 연료를 가득 실은 민간 항공기 같은 것이면 좋다. 여기까지는 쉽다. 하지만 꼭 필요한 유도 시스템을 어떻게 기내에 몰래 가지고 들어갈 것인가? 비둘기나 컴퓨터에 왼쪽 좌석을 내줄 파일럿은 없다.

기내 유도 시스템으로 비둘기 대신 사람을 사용하면 어떨까? 인간은 적어도 비둘기만큼 많고, 인간의 뇌는 비둘기의 뇌보다 비용은 크게 높지 않으면서도 많은 일에서 실제로 더 우수하다. 인간은 협박으로 비행기를 탈취하는 일에 검증된 실적을 보유하고 있는데, 이런 협박이 통하는 것은 합법적인 파일럿이 자신의 목숨과 승객의 목숨을 소중히 여기기 때문이다.

따라서 자연스러운 추정은 이렇다. 납치범도 결국은 자신의 목숨을 소중히 여기므로 목숨을 보전하기 위해 이성적으로 행동할 것이다. 따라서 항공기 승무원과 지상 승무원은, 자기보존 감각이 없는 유도 모듈을 상대할 때는 통하지 않는 치밀하게 계산된 결정을 내릴 것이다. 당신의 비행기가 무장 요원에게 납치당했다고 가정해보라. 그 요원이 비록 위험을 무릅쓸 각오가 되어 있다고는 해도 계속 살고 싶어 한다면, 협상의 여지가 있다. 분별 있는 파일럿은 납치범의 희망에 따라 비행기를 착륙시키고, 승객을 위한 따뜻한 음식을 기내로 들여보낸 다음, 협상은 그 방면의 훈련을 받는 사람들에게 맡긴다.

인간 유도 시스템의 문제는 정확히 여기에 있다. 비둘기와 달리 그 시스템은 미션 성공이 자살로 끝난다는 사실을 안다. 비둘기처럼 명령을 잘 따르고 쓰고 버릴 수 있는 동시에 인간처럼 용의주도해서 의심받지 않고 잠입할 수 있는, 그런 생물학적 유도 시스템을 개발할 수 있을까? 우리에게 필요한 것은 한마디로, 자폭하는 것을 꺼리지 않는 인간이다. 그런 사람이 있다면 완벽한 기내 유도 시스템이 된다. 하지만 기꺼이 자살할 사람을 찾기는 쉽지 않다. 말기 암 환자조차 충돌 순간이 임박하면 겁을 낸다.

제정신인 사람을 데려다 비행기를 고층건물에 정면충돌시켜도 죽지 않을 것이라고 설득할 수 있을까? 그럴 수만 있다면 얼마나 좋겠는가! 하지만 그런 말을 믿을 멍청이는 없다. 그러면 이건 어떤가? 확률이 매우 낮기는 해도 승산이 있다. 죽는 것이 틀림없다면, 내세에서 다시 살아난다고 믿게 할 수 없을까? 말도 안 되는 소리다! 하지만 내 말을 잘 들어보라. 그 말이 통할지도 모른다. 영원히 샘솟는 분수가 열기를 식혀주는, 하늘의 거대한 오아시스로 가는 고속 코스를 제공하라. 우리 목적에 필요한 젊은이들에게 하프와 날개는 매력이 없을 테니, 순교자에게는 72명의 처녀 신부라는 특별한 보상이 주어진다고 말하라.

과연 그들이 속을까? 속는다. 현세에서는 여성을 사귈 만큼 매력적이지 않은, 테스토스테론에 흠뻑 젖은 청춘 남성들은 내세에 자신만을 바라보는 72명의 처녀에게 전부를 걸지도 모른다.

믿기 힘든 이야기지만 해볼 만하다. 대신 *그가* 어릴 때 시도해야 한다. 때가 왔을 때 큰 거짓말이 그럴듯하게 들리도록, 완전하고 일관된 배경 신화를 주입해야 한다. 그들에게 성서를 주고 달달 외우게 시켜야 한다. 나는 이렇게 하면 될 거라고 생각한다. 운 좋게도, 우리에게는 마침 좋은 것이 있다. 대대로 전달되며 수백 년 동안 연마된 정신 지배 시스템이다. 수백만 명의 사람들이 그 속에서 양육되었다. 그것은 종교라고 불리는 것으로, 이유는 (지금으로서는) 모르지만 대부분의 사람들이 거기에 속한다(미국보다 더 그런 곳은 없다는 아이러니는 흔히 간과된다). 따라서 우리는 신앙으로 똘똘 뭉친 사람 몇 명을 모집해 비행 훈련을 시키기만 하면 된다.

경박하다고? 입에 담을 수 없는 악행을 가볍게 치부한다고? 내 의도는 정확히 그 반대다. 나는 몹시 진지하고, 깊은 슬픔과 격한 분노를 느끼고 있다. 나는 모두가 너무 예의를 차리느라, 혹은 너무 독실해서 지적하지 않는 문제에 주의를 불러 모으려는 것이다. 그것은 종교의 효과, 특히 종교가 인간 생명의 가치를 경시하는 효과다. 타인의 생명의 가치를 경시한다는 의미가 아니라(물론 그럴 수도 있지만), 자기 자신의 생명의 가치를 경시하는 것이다. 종교는 죽음이 끝이 아니라는 위험한 헛소리를 가르친다.

죽음이 모든 것의 끝이라면, 분별 있는 행위자는 자신의 생명을 무엇보다 소중히 여겨 위험에 빠뜨리지 않으려 할 것이라고 예상할 수 있다. 그리고 그럴 때 세계는 안전한 장소가 된다. 납치범이 살기를 원하면 비행기는 안전해지는 것과 마찬가지다. 역으로 상당수 사람들이 순교는 초공간 버튼을 눌러 웜홀을 통과해 다른 우주로 가는 것과 같다고 확신한다면, 또는 성직자들에 의해 그렇게 확신하게 된다면, 세계는 매우 위험한 장소가 될 수 있다. 게다가 그 다른 우주가 현실 세계의 고난에서 벗어날 수 있는 천국이라고 믿는다면 더 말할 나위도 없다. 터무니없으며 여성 모독적인 말이지만, 72명의 처녀 신부에 대한 약속을 진심으로 믿는다면, 순진하고 욕구불만인 젊은 남성들이 자살 임무에 선택되기 위해 앞다투어 지원한다 해도 하나도 이상하지 않다.

내세에 사로잡힌 자멸적인 뇌는 실제로 엄청나게 위력적이고 위험한 무기임이 틀림없다. 그것은 스마트 미사일에 필적한다. 그 유도 시스템은 돈으로 살 수 있는 최첨단 전자 뇌보다 많은 점에서 뛰어나다. 하지만 사람을 사람으로 생각하지 않는 정부, 조직, 성직자에게는 엄청나게 저렴하다.

우리 지도자들은 최근에 일어난 이 극악무도한 일을 관습적인 상투어로 묘사했다. 생각이 모자란 겁쟁이. '생각이 모자란'은 공중전화부스를 파괴하는 행위에는 적합한 단어일지도 모른다. 하지만 2001년 9월 뉴욕을 습격한 일을 이해하는 데는 도움이 되지 않는 말이다. 그 사람들은 생각이 모자라지 않았고 겁쟁이가 아니었던 것도 확실하다. 오히려 그들은 정상이 아닌 용기를 장착한 충분히 효과적인 정신을 가지고 있었다. 그 용기의 출처를 이해하는 것은 매우 가치 있는 일이다.

출처는 종교다. 그리고 말할 나위 없이, 종교는 애초에 이 무기를 이용하게 만든 중동 불화의 근본 원인이기도 하다. 하지만 그것은 또 다른 이야기로 이 글의 관심사는 아니다. 여기서 내 관심사는 무기 그 자체다. 세계를 종교로, 즉 아브라함의 종교 같은 것으로 채우는 것은 거리에 총알을 넣은 총을 뿌리는 것과 같다. 실제로 사용된다면, 놀라는 것이 더 이상한 일일 것이다.

지진해일의
신학[1]

^
^

나는 악의 문제를 신의 존재를 부정하는, 대단히 설득력
있는 논거로 생각해본 적이 없다. 당신이 믿는 신이 선하다고 추
정할 명백한 근거는 전혀 없어 보인다. 신이 선하든 악하든 무관

---

1 요즘은 하지 않게 된 것이 후회스럽지만, 나는 지난 몇 년 동안 〈프
리 인콰이어리Free Inquiry〉에 정기적으로 칼럼을 썼다. 〈프리 인콰이어
리〉는 인콰이어리 센터Center for Inquiry, CFI가 발간하는 뛰어난 두 학술
지 중 하나다(기쁘게도 CFI는 올해 내가 만든 재단과 합병했다). 이 글
은 그 지면에 쓴 칼럼들 중 하나로, 2004년 12월 26일에 무시무시한 지
진해일이 일어나고 나서 얼마 지나지 않은 때인 2005년에 발표했다. 그
지진해일은 인도양 주변 해안 지역을 광범위하게 파괴했다.

심하든, 내 의문은 왜 사람들이 애당초 신이 존재한다고 생각하는가이다. 그리스의 신들은 대부분 매우 인간적인 악을 과시했고, 《구약성서》의 '질투하는 신'은 모든 픽션을 통틀어 가장 심보가 고약하고 참으로 사악한 인물임이 확실하다.[2] 지진해일은 그의 취미에 딱 맞는 일이고, 그러므로 그에게는 더 많은 비극과 난리가 일어날수록 좋다. 그동안 나는 신의 존재에 관한 '있을 수 없음에 근거한 논증'에 비하면 '악의 문제'는 유신론자들에게 비교적 사소한 문제라고 생각해왔다. '있을 수 없음에 근거한 논증'은 모든 종류의 진화하지 않은 '창조하는 지능'의 존재 그 자체를 부정하는, 매우 강력하고 실로 저항할 수 없는 논증이기 때문이다.

그럼에도 내 경험으로 보면, 있을 수 없음에 근거한 논증은 이해할 기미조차 보이지 않는 신자들이 자연재해나 큰 전염병에 직면할 때는 신앙을 완전히 잃는 것까지는 아니라도 벌벌 떨며 곤혹스러워하는 지경까지 약해진다. 특히 지진은 예로부터 신에 대한 사람들의 믿음을 흔들었고, 12월의 지진해일은 다음과 같은 의문에 대해 고뇌하며 성찰하는 사람들을 많이 생겨나게 했다. '신앙심 깊은 사람들은 이 재해를 어떻게 설명할 수 있을까?' 만천하에 벌벌 떨고 있는 것처럼 보여진 사람은 영국 국교회파의 수장인

---

2 이 판단을 정당화하는 충분한 근거를, 댄 바커의 《신: 모든 픽션을 통틀어 가장 불쾌한 인물God: the most unpleasant character in all fiction》에서 볼 수 있다.

캔터베리 대주교였다. 그는 〈데일리 텔레그래프〉로부터 여러 차례 중상을 받았다. 무책임하고 악의적이기로 악명 높은 〈데일리 텔레그래프는〉는 많은 지면을 할애하여 이 어려운 신학적 문제를 다룬 런던 신문들 중 하나였다. 캔터베리 대주교는 실제로는 지진해일이 자신의 신앙을 흔들었다고 말한 것이 아니라, 의심을 품은 사람들에게 공감할 수 있다고 말했을 뿐이다.

여러 종교 해설자들이 상기시키는 가장 유명한 선례는 1755년에 일어난 리스본 지진이다. 그때 칸트는 심하게 동요했고, 볼테르는 라이프니츠와 그의 철학적 낙관주의를 소설 《캉디드Candide》에서 조소했다. 이번 지진 때 〈가디언〉은 쏟아져 들어오는 독자 편지를 실었다. 그 선두가 링컨 대주교의 투서였는데, 그는 지진을 '설명'하려고 시도하는 종교인들로부터 우리를 지켜달라고 신에게 부탁했다. 실제로 지진을 설명하려고 시도하는 편지들도 있었다. 한 성직자는 합리적인 답은 없고, 설명의 단서는 "신앙, 기도, 명상, 그리고 기독교도다운 행동을 실천하는 삶 속에서 발견될 뿐"이라고 시인했다. 또 다른 성직자는 욥기를 인용하며, 모든 피조물이 출산하는 여성의 고통과 비슷한 것을 경험하고 있다는 바울의 생각 속에서 고통을 설명할 단초를 발견했다고 생각했다. "신의 존재를 목적론적으로 증명하는 논증은, 우주를 이미 완성된 것으로 볼 경우 치명적인 결함을 갖게 된다. 종교인들은 모든 경험을, 아직은 상상도 할 수 없는 목적을 향해 가고 있는 거대한 내러티브의 일부로 본다."

신학자들은 정령 이런 종류의 일을 하고 급여를 받는다고? 하긴

저 사람은 적어도 내 대학에 있는 신학 교수 수준까지 타락하지는 않았다. 그 교수는 나와 내 동료 피터 앳킨스와 했던 텔레비전 토론 도중, 홀로코스트는 신이 유대인들에게 용감하고 고귀해질 기회를 주는 방법이었다고 말했다. 이 말을 듣자마자 앳킨스는 성난 목소리로 이렇게 말했다. "지옥에서 썩기를 빈다!"

지진해일에 관한 독자 편지에 내가 첫 번째로 보낸 응답은 12월 30일에 게재되었다.

> 링컨 주교는 (12월 29일 독자편지란에서) 지진해일을 설명하려고 시도하는 종교인들로부터 우리를 지켜주십사고 말하고 있다. 그것도 무리는 아니다. 이런 비극에 대한 종교적 설명은 현실에서 괴리된 것(원죄에 대한 보복이다)에서부터 악의적인 것(재난은 우리의 신앙을 시험하기 위한 것이다)을 거쳐 폭력적인 것(1755년의 리스본 지진 후 이단자들은 신의 분노를 불러일으킨 죄로 교수형에 처해졌다)까지 다양하다. 하지만 나는 오히려, 설명하려는 것을 포기하고 신앙심을 유지하는 종교인들로부터 보호받기를 원한다.

> 같은 날 실린 일련의 편지들 가운데, 댄 릭먼은 "과학은 지진해일의 메커니즘을 설명하지만 지진해일이 왜 일어났는지에 대해서는 종교와 마찬가지로 아무것도 말할 수 없다"라고 말한다. 이 한 문장에서 신앙심의 불합리함이 남김없이 드러난다. '왜'라는 단어를 어떤 의미로 사용해야 판구조론이 답이 되지 않을까?

과학은 지진해일이 왜 일어났는지 알 뿐 아니라, 귀중한 경고의 시간을 벌어줄 수도 있다. 교회나 회교 사원, 또는 유대교 회당에 주어지는 세금공제액의 작은 일부만이라도 조기경보 시스템으로 돌렸다면, 수만 명이 죽지 않고 안전하게 피난했을 것이다.

무릎을 꿇는 것을 그만두고, 마귀와 가상의 아버지 앞에 아첨하는 것을 멈추고, 현실을 마주보고, 과학이 인간 고통에 대해 건설적인 일을 하도록 돕자.

독자 투고는 간략하게 쓸 수밖에 없기에, 나는 냉담하다는 노골적인 비난을 달게 받을 수밖에 없었다. 다음 날 독자투고란에 쏟아진 공격들 가운데, 한 여성은 자식을 바다에 휩쓸려 보낸 부모에게 과학이 어떤 위로를 제공할 수 있는지 물었다. 의사가 보낸 편지도 세 통 있었다. 그들은 당연히 나보다 인간의 고통을 더 많이 경험했다고 주장할 수 있었다. 그중 한 명은 다윈주의에 대한 묘하게 현실적인 해석을 펼쳐보였다. "만일 내가 무신론자라면, 내 유전자와 경쟁하는 유전자를 가진 타인을 구태여 도와야 하는 이유를 떠올릴 수 없을 것이다." 또 다른 의사는 "양이나 고양이를 복제하는" 과학을 심술궂을 정도로 맹렬히 비난했다. 세 번째 의사는 나를 개인적으로 공격하며, 자신에게는 내가 바로 악귀라고 말했다. "가가호호 방문하는 여호와의 증인의 무신론자 버전. 신 없는 아야톨라. 신이여 우리를 구원하소서."

나는 보통 두 번째 도전을 하지 않지만, 도를 넘는 오해를 풀어야 한다는 생각이 들어서 두 번째 편지를 보냈고, 그것이 다음 날 신문에 실렸다.

독자편지란에 투고한 사람들이 기도에서 얻는 위안을 과학이 제공할 수 없는 것은 사실이고, 내가 혹시라도 냉담한 아야톨라, 또는 집집마다 찾아다니는 마귀(12월 31일 독자투고란)처럼 보였다면 유감이다. 존재하지 않는 환상을 진지하게 믿음으로써 위로를 얻는 것은 심리적으로 가능하지만, 12만 5,000명의 무고한 사람들을 익사시킨 전능한 존재에 (또는 그들에게 경고하지 않은 전지한 존재에) 신자들은 환멸을 느낄지도 모른다고 생각했는데, 내가 어리석었다. 물론, 그러한 괴물에게 위로를 얻을 수 있다면 그것을 빼앗을 마음은 없다.

신자들이 신에게 기도하기보다는 저주하고 싶은 마음이 들 것이고, 그렇게 함으로써 어떤 암울한 위로를 얻을지도 모른다는 내 추측은 순진한 것이었다. 그럼에도 내가 의도했던 것은, 무신경하다는 말을 들을지언정 더 평온하고 건설적인 대안을 보여주는 것이었다. 신자가 될 필요는 없다. 저주할 대상 같은 것은 애당초 존재하지 않을지도 모른다. 판구조 운동과 그 밖의 자연의 힘들이 이따금씩 끔찍한 재난을 초래하는 세계에서 우리가 의지할 것은 자신뿐일지도 모른다. 과학은 (아직) 지진을 막지 못하지만, 크리스마스 다음 날 밀어닥친 지진해일에 대해, 희생자 대부분을 구하고 가족을 잃는 사람들이 나오지 않도록 충분한 경고를 제공할 수 있었다. 설상가상으로, 지구온난화로 인해 가까운 미래에 저지대 지역에 홍수가 닥치겠지만, 과학의 인도와 인간의 행동으로 그것을 막을 수 있다. 사람들이 내민 팔, 사람들의 따뜻한 말, 비탄에 잠긴 사람들이 보여주는 관용이 할 수 있는 위로는 고통의 몸부림 앞에서 보잘것없어 보일지도 모르지만, 그것은 적어도 실제 세계에 존재한다는 장점이 있다.

자연 재해에 대해 종교인이 흔히 보이는 반응 중 하나는 '왜 하필 나인가?'라는 것이다. 〈가디언〉에 보낸 내 첫 번째 편지에 대한 답변들 중 여러 개에 그런 생각이 깔려 있었다. 정답은 "불행히도 당신이 잘못된 시간에 잘못된 장소에 있었기 때문이다"이지만, 이 대답은 솔직히 큰 위로가 되지 않는다. 위로하는 힘은 신이 만물을 주관한다는 것이 사실이라고 믿는 일과는 아무런 관계가 없지만, 이 세계에는 그것을 아는 사람과 모르는 사람이 있다. 그것을 모르는 사람을 만날 때 나는 교육에 종사하는 사람으로서 절망하게 된다.

언뜻 부당해 보이는 자연재해가 종교인들에게 난제를 초래한다면, 언뜻 부당해 보이는 행운은 비종교인에게 정반대의 동일한 난제를 초래한다고 말할 수 있을지도 모른다. 우리는 누구에게 감사해야 하는가? 그리고 실제로 왜 우리는 불운에 대해 누군가 또는 뭔가를 비난하고 싶은 것과 마찬가지로, 그런 행운에 대해 **감사하고 싶을까?** 2010년에 멜버른에서 열린 세계무신론회의의 강연에서, 나는 이러한 감사 충동과 반감 충동을 '공평' 감각[1]의 진화를 토대로 다윈주의적으로 설명했다.

허리케인으로 우리 집이 파괴되었지만 악랄한 범죄자의 집은 멀쩡할 때 우리는 불공평하다는 느낌에 압도됩니다. 토네이도가 들판을 가로질러 휘몰아치는데 우리 동네를 덮치려는 아슬아슬한 순간 방향을 홱 틀 때 우리는 감사한 느낌에 압도됩니다. 우리는 누군가 또는 무언가에 감사하고 싶은 충동을 느낍니다. 아마 허리케인 그 자체에 감사하지는

---

1 '이러한 자연적 정의' 감각이 어떻게 생겼는지에 대해 더 알고 싶으면, 이 책의 첫 번째 에세이 '과학의 가치관과 가치관의 과학', 특히 89~96쪽을 참조하라.

않을 것입니다(허리케인이 우리의 감사를 들을 수 없다는 것을 알 정도의 지각이 있으니까요). 대신 우리는 '섭리'나 '운명', '신'이나 '신들', '알라', 또는 사회가 어떤 이름을 붙이든 그런 감사의 대상에 감사할 것입니다. 그리고 만일 토네이도가 방향을 틀지 않고 우리 집을 파괴하고 우리 가족을 죽인다면, 그때는 똑같은 신 또는 신들에게 울부짖으며 "대체 내가 무슨 잘못을 했기에 이런 일을 당해야 합니까?" 와 같은 말을 합니다. 아니면 이렇게 말할지도 모릅니다. "이것은 내가 지은 죄에 대한 벌이 틀림없다. 내 죗값이다."

불가사의하게도, 재난은 감사의 대상이 되기도 합니다. 지진이나 해일로 수십만 명의 사람들이 죽는다고 가정해봅시다. 그런데도 실종되어 죽은 줄로만 알았던 자식이 유목에 매달린 상태로 발견된다면, 부모는 죽었다고 생각한 자식이 돌아온 것에 대해 무언가 또는 누군가에게 감사하고 싶은 압도적인 충동을 느낄 것입니다.

감사할 대상이 없는데도 무턱대고 '감사'하고 싶은 충동은 매우 강력합니다. 동물은 때때로 아무것도 없는 공간에서 복잡한 행동 패턴을 보입니다. 그것은 '진공 행동'이라고까지 불리고 있습니다. 제가 아는 가장 인상적인 사례는 예전에 본, 비버에 관한 독일 영화에 나옵니다. 그 비버는 포획된 비버였습니다. 그 이야기를 하기 전에 먼저 야생 비버가 하는 일에 대해 알아두어야 합니다. 비버는 댐을 짓습니다. 주로 통나무나 나뭇가지를 사용하는데, 비버는 이런 재료를 설치류 특유의 날카로운 이빨을 사용해 적당한 크기로 잘라서 짓고 있는 댐에 밀어넣습니다. 그런데 비버가 왜 댐을 짓는지 궁금한 분들도 있을 것입니다. 댐으로 물을 막아 호수나 연못이 생기면 잡아먹히지 않고 먹이를 찾을 수 있기 때문입니다. 비버는 아마 자신들이 왜 댐을 짓는지 알지 못할 것입니다. 생각하지 않고 그냥 하는 겁니다. 시계태엽장치처럼 정확하게 움직이는 메커니즘이 뇌에 있기 때문이죠. 비버는 댐을 짓는 작은 로봇과 같습니다. 댐 짓기 루틴을 구성하는 시계태엽장치 같은 행동 패턴은 매우 복잡하고, 다른 동물들이 하는 활동과는 매우 다릅니다. 그 밖에 어떤 동물도 댐을 짓지 않기 때문이죠.

그런데 독일 영화 속의 그 비버는 포획된 비버로, 살면서 댐을 지어본 적이 한 번도 없었습니다. 영화는 시멘트 바닥의 텅 빈 방에서 촬영되었습니다. 댐으로 막을 강도, 댐을 짓는 데 쓸 나무도 없었습니다. 하지만 놀랍게도, 이 고독한 비버는 아무것도 없는 장소에서 댐을 짓는 모든 행동을 차례차례 수행했습니다. 턱으로 유령 나무 조각을 집어 올려 유령 댐까지 운반해, 댐에 밀어 넣고 눌렀습니다. 비버는 마치 그곳에 실제 댐이 있고 밀어 넣을 실제 나무가 있다고 '생각하는' 것처럼 행동했습니다.

비버는 어떻게든 댐을 짓고 싶은 충동을 느꼈던 것 같습니다. 그것이 본래 하는 일이기 때문입니다. 그리고 비버는 본능이 시키는 대로 아무것도 없는 공간에서 유령 댐을 '지었습니다.' 저는 비버가 느낀 것은 남성이 여성의 나체 사진을 보고 성욕을 일으킬 때 느끼는 것과 비슷한 것이 틀림없다고 생각합니다. 그 남성은 사진을 보고 발기할지도 모르지만, 그럼에도 그것이 단지 종이 위에 인쇄된 잉크일 뿐임을 잘 알고 있습니다. 그것은 진공의 욕정입니다. 제가 지금 넌지시 에둘러 말하고 있는 것은, 우리도 진공의 감사를 느낀다는 것입니다. 그것은 설령 감사할 대상이 아무도 없어도 무언가 또는 누군가에게 '감사'하고 싶다는 충동에 압도될 때 느끼는 감사입니다. 아무것도 없는 장소에서 비버가 건설하는 진공 댐과 마찬가지로, 그것은 진공의 감사입니다. 그리고 불공평함에 대해 비난할 대상이 아무도 없다는 것을 알면서도 '불공평하다'고 말할 때 우리가 느끼는 방식에 대해서도 같은 이야기를 할 수 있습니다. 우리는 단지 날씨, 지진, 또는 '운명' 앞에서 억울한 느낌이 들 뿐입니다.

이것은 감사할 대상이 없다는 것을 알아도 감사하고 싶은 충동을 느끼는 이유가 무엇일까 생각할 때 떠올릴 수 있는 진화상의 이유일 수 있습니다. 그런 충동을 느끼는 것은 부끄러운 일이 전혀 아닙니다.

'감사'가 꼭 타동사일 필요는 없다. 신, 알라, 성자, 또는 별에 감사해야 할 필요는 없다. 그냥 감사하는 마음이 들 때가 있고 그거면 된 것이다.

메리 크리스마스,
총리님!¹

∧

친애하는 총리님,

메리 크리스마스! 말뜻 그대로입니다. '홀리데이' 카드, '홀리데

---

1 2011년 11월, 〈가디언〉은 많은 사람을 초청해 당시 영국 총리였던 데이비드 캐머런에게 질문을 하도록 했고, 다음 호에 캐머런 총리의 답변을 실었다. 나도 초청된 사람들 중 한 명으로, 내 질문은 종교 학교에 관한 진지하고 정중한 질문이었다. 캐머런 총리의 무례할 정도로 냉담한 대답에서 나는 '전혀 이해하지 못하고 있다'고 비난받은 탓에, 당시 내가 객원 편집장을 맡고 있던 〈뉴 스테이츠먼〉의 2011년 크리스마스 호에 공개 답장을 썼다. 원제는 '이제 이해하셨습니까, 총리님?'이었지만, 이 지면에서는 좀 더 우호적인 뉘앙스의 제목으로 바꾸었다.

이' 선물 같은 '해피 홀리데이' 시즌과 관련한 잡소리들은 모두 미국에서 들여온 지긋지긋한 것들로, 미국에서는 오래 전부터 무신론자가 아니라 라이벌 종교들이 이런 것을 조장해왔습니다("'해피 홀리데이'와 관련된 모든 것, 홀리데이 파티, 홀리데이 선물 등은 무신론자들이 벌인 '크리스마스와의 전쟁'이 아니라, 똑같이 어리석은 라이벌 종교들에 영합하는 일이었을 뿐이다." 2018년 12월 24일 리처드 도킨스 트윗 – 옮긴이). 문화적 영국 국교회파(교구 교회에서 주변을 둘러보면 아시겠지만, 도킨스가家는 1727년 이래로 치핑 노턴 세트의 일원입니다[2])인 저는 '화이트 크리스마스', '루돌프 사슴 코', 혐오스러운 '징글벨' 같은 세속적인 크리스마스 노래는 질색해도 진짜 크리스마스 캐럴은 기쁘게 부르고, 가능성은 낮지만 누군가가 제게 성서 낭독을 시키면 기쁘게 응합니다. 물론 킹 제임스판이 아니면 거절하겠지만 말입니다.

마구간 에피소드나 크리스마스 캐럴에 대해 형식적인 반론을 제기하는 것은 어리석을 뿐 아니라, 종교가 우리 문화와 정치를

---

2 비영국인 독자들을 위한 알림. 데이비드 캐머런은 웨스트옥스퍼드셔에서 선출된 하원의원이었는데, 그 선거구에는 내 고향인 치핑 노턴이 포함되어 있다. 캐머런뿐 아니라 런던의 정치·언론계에 몸담고 있는 많은 저명한 사람들이 이 지역에 시골 별장을 가지고 있는 탓에, 신문의 가십난에서 '치핑 노턴 세트'로 불리게 되었다. 신앙심이 가장이 아니라 진짜라면 총리도 알아챘을 것이라고 내가 불친절하게 암시했듯이, 그 교회는 처마도리까지 도킨스가의 기념물로 가득하다.

현실적으로 지배하고 있다는, 주의를 기울여야 할 사실로부터 눈을 돌리게 만듭니다. 종교는 여전히 그런 지위를 (세금 면제를 통해) 확실하게 허락받고 있습니다. 개인이 자유롭게 수용하는 전통과 정부가 명령으로 강제하는 전통 사이에는 중대한 차이가 있습니다. 정부가 모든 가족에게 크리스마스를 종교적인 방식으로 경축하도록 강제할 경우 뒤따를 항의를 상상해보십시오. 총리님, 당신은 본인의 권력을 그런 식으로 남용하는 일은 꿈도 꾸지 않을 겁니다. 그럼에도 당신의 정부는 전임자들의 정부와 마찬가지로, 너무 익숙해서 경각심을 갖기 어려운 방법으로 사회에 종교를 강요하고 있습니다. 상원에 주교가 26명이나 있는 것은 그렇다고 칩시다. 자선사업 감독위원회가 자신의 유리한 입장을 이용해 종교 기반의 자선단체에는 즉시 세금을 면제받을 수 있도록 조처하는 한편 다른 단체에는 (실은 당연히 그렇게 해야 하지만) 복잡한 수속을 요구하는 상황도 가볍게 넘기겠습니다. 하지만 정부가 종교를 사회에 강요하는 가장 노골적이고 가장 위험한 방법은 종교 학교를 통해 그렇게 하는 것입니다.

종교는 국제 정치에 독보적인 영향력을 끼치고 파괴적인 대립을 부추기는 강력한 원동력이라는 이유만으로도 우리는 종교에 **대해** 가르쳐야 합니다. 비교종교학을 더 많이, 더 잘 교육할 필요가 있습니다(그리고 분명 총리님도 동의하시겠지만, 만일 어린이들이 킹제임스 성서의 비유를 이해할 수 없다면 영국 문학에 관한 교육은 안타까울 정도로 빈곤해질 것입니다). 하지만 종교 학교는 종교에 **대해** 가르치기보다는 그 학교를 운영하는 특정 종교를 주입하는 데 더 열심입니다. 비양심적인 일입니다만, 종교 학교는 어린이들에게 너희는 특정 종교에 속해 있다는 메시지를 줍니다. 보통 그것은 양친의 종교인데, 그렇게 함으로써 적어도 벨파스트와 글래스고 같은 장소에서는 평생 이어지는 차별과 편견의 토대를 놓게 됩니다.

심리학자들의 말을 들어보면, 어린이들을 무작위로 분리하는 실험을 했을 때, 예컨대 절반은 녹색 티셔츠를 입히고 절반은 오렌지색 티셔츠를 입혔을 때 아이들은 내집단에 대한 충성심과 외집단에 대한 편견을 발달시키게 된다고 합니다. 실험을 계속하면, 아이들은 성인이 되었을 때 녹색은 녹색하고만 결혼하고 오렌지색은 오렌지색하고만 결혼하게 됩니다. 게다가 '녹색 어린이'는 녹색 학교에만 가고 '오렌지색 어린이'는 오렌지색 학교에만 갑니다. 300년 동안 이렇게 계속하면 어떻게 될까요? 북아일랜드, 아니 그보다 나쁜 상황에 처할 겁니다. 위험한 편견을 수세대에 걸쳐 강화할 수 있는, 분열을 일으키는 힘이 세상에 종교 하나뿐은 아니지만(언어도 인종도 그 후보입니다), 오늘날 영국에서 학교라는 형태로 적극적인 정부 지원을 받고 있는 것은 종교뿐입니다.

이렇게 분열을 조장하는 풍조는 우리의 사회적 의식에 너무나도 깊이 배어 있습니다. 그런 탓에 비단 언론인만이 아니라 많은 사람들이, 신앙으로 집단을 가르는 현실에 대해 어떻게 생각해야 하는지 결정하기에는 너무 어린 아이들에게조차 '가톨릭 어린이', '프로테스탄트 어린이', '이슬람교 어린이', '그리스도교 어린이'와 같은 꼬리표를 아무렇지도 않게 붙입니다. 우리는 (예컨대) 가톨릭교도 부모를 둔 아이들은 당연히 '가톨릭 어린이'라고 추정합니다. '이슬람교 어린이' 같은 표현은 손톱으로 칠판을 긁는 소리처럼 신경을 건드릴 것이 틀림없습니다. 적절한 대용어는 '이슬람교도 부모의 자식'입니다.

저는 지난달[3] 〈가디언〉에서, 어린이에게 신앙이라는 꼬리표를 붙이는 습관을, 거의 모든 사람이 듣자마자 이해하는 비유를 사용해 풍자했습니다. 우리는 부모가 케인스학파 경제학자는 이유로 한 어린이를 '케인스학파 어린이'라고 부를 생각은 꿈에서도 하지 않는다는 말이었죠. 캐머런 총리님, 당신은 이 심각하고 진지한 문제에 대해, 활자가 아니라 오디오 버전으로 듣는다면 분명 사람을 업신여기는 킬킬거림으로 들렸을 말로 응답했습니다. "존 메이너드 케인스를 예수 그리스도와 비교하다니, 내가 보기엔 리처드 도킨스는 전혀 이해하지 못하고 있다." 총리님, 그러면 당신은 제대로 이해하고 계시는 겁니까? 명백히 저는 케인스를 예수와 비교하지 않았습니다. 저는 '통화주의 어린이', '파시스트 어린이' 또는 '포스트모더니스트 어린이' 또는 '유럽연합파 어린이'라는 표현도 똑같이 사용할 수 있었습니다. 게다가, 예수를 특정해서 말하지도 않았습니다. 물론 무함마드나 붓다를 말한 것도 아닙니다.

사실, 당신은 처음부터 쭉 이해하고 있었다고 생각합니다. 제가 이야기해본 (삼당 모두의) 여러 장관들과 같은 부류라면, 당신

---

3 2011년 11월 26일.

은 실제로는 종교적 신앙을 가진 신자가 아닙니다. 제가 만난 적이 있는 여러 명의 장관들과 전 교육부 장관들은 보수당과 노동당할 것 없이, 신을 믿는 게 아닙니다. 그들은 철학자 대니얼 데닛의 말을 인용하면 "믿음을 믿습니다." 걱정스러울 정도로 많은 수의 지적이고 교양 있는 사람들이 종교적 신앙에서 벗어났음에도 여전히, 깊이 생각해보지도 않고, 종교적 신앙은 우리에게는 필요치 않아도 다른 사람들에게는 어떤 식으로든 '좋고', 사회에 좋고, 공공 질서에 좋고, 도덕을 주입하는 데 좋고, 일반인에게 좋다고 막연하게 추정합니다. 은혜라도 베푸는 겁니까? 사람을 내려다보는 겁니까? 그럴지도 모릅니다. 그런데 그런 태도가 바로 역대 정부의 종교 학교에 대한 열의 이면에 있는 것이 아닙니까?

무임소無任所(특정 부처를 관장하지 않는 장관 – 옮긴이) (그리고 무선거) 장관 바르시 남작은 이 연립정부가 실제로 '신을 섬긴다'[4]

---

4 사이다 바르시Sayeeda Warsi에 대해서는 국회의원 선거에서 이기지 않았다는 사실만 알려져 있지만, 그녀는 최연소 상원의원으로서 데이비드 캐머런에 의해 귀족으로 승격했고, 보수당 공동의장과 장관이 되었다. 옳고 그르고를 떠나, 이것은 일반적으로 세 가지 의미에서 소수파 우대로 해석되었다. 그녀는 영국에서 최초로 입각한 여성이자, 유색인종이자, 이슬람교도였다. 내 빈정거림은 부당했을지도 모르지만(나는 그렇다고 생각하지 않지만), 어쨌든 이 사건에 대해 이해하기 어려운 비영국인 독자를 위해 주석을 달 필요가 있다고 느낀다. 캐머런 총리는 내 공개편지를 읽을 시간이 있었다면(읽을 시간이 없었던 것 같지만) 확실히 이해했을 것이다. '신을 섬기다'라는 표현은 토니 블레어 전

는 사실을 알리기 위해 애써왔습니다. 하지만 당신을 선출한 국민의 대부분은 신을 섬기지 않습니다. 최신 인구조사에서 '기독교도'에 체크한 사람이 다수를 약간 넘을 가능성은 있습니다. 하지만 '이성과 과학을 위한 리처드 도킨스 재단'의 영국 지부가 그 인구조사 다음 주에 이프소스 모리사에 여론조사를 의뢰했습니다. 이 조사 결과가 발표되면, 자신은 기독교도라고 답한 사람 중 몇 명이 **신자**인지 알 수 있을 것입니다.[5]

한편 발표된 지 얼마 되지 않은, 최근 실시된 영국인의 사회의식 조사는 종교 참여, 종교적 관습, 사회 문제에 대한 종교적 태도가 모두 장기적으로 감소 추세를 보이고 있으며, 현재 시점에 인

총리에 대한 빈정거림이다. 그의 공보 비서관이었던 알리스테어 캠벨이 상사의 신앙에 경도된 모습에 당황해 인터뷰 도중 종교에 관한 질문에 끼어들어 "우리는 신을 섬기지 않습니다"라고 말했던 것이다.

5 지금은 조사 결과가 발표되었고, 나는 《만들어진 신》의 10주년 기념판에서 그 결과를 요약했다. 간단히 말하면, 자신이 기독교도라고 밝힌 사람들의 비율이 2001년과 2011년 사이에 급감했고, 우리의 조사에 따르면 2011년 시점에 아직 기독교도라고 말한 사람들조차 명목상으로만 기독교도였다. 예컨대 '당신에게 기독교도란 어떤 의미인가'라는 질문에 대한 주된 답변은 "좋은 사람이 되려고 노력한다"였다. 하지만 도덕적 선택에 직면해 종교를 고려하는지 아닌지 물었을 때는 오직 10퍼센트만이 그렇다고 답했다. 스스로 기독교도라고 밝힌 사람들 가운데 마태복음, 창세기, 시편, 사도행전 중 어떤 것이 신약의 첫 번째 책인지 묻는 질문에 정답을 말한 사람은 39퍼센트에 불과했다.

구의 소수를 제외하면 거의 모든 사람이 이런 것들과 무관하다는 사실을 분명히 보여줍니다. 인생 선택, 사회적 태도, 도덕적 딜레마, 정체성 의식에 대해 말하자면, 명목상 종교를 가지고 있는 사람들에게조차 종교는 대체로 죽음에 임박한 상태입니다.

이것은 좋은 소식입니다. 왜 좋은 소식이냐 하면, 우리가 가치관이나 유대 감각을 위해 종교에 의존한다면 우리는 더 이상 갈 수 없는 데까지 간 것이기 때문입니다. 우리가 성경이나 코란에서 도덕을 얻을 수 있다는 생각은―현대의 세속적인 의식에 우연히 일치하는 구절을 선별하여 읽는 것이 아니라―그 책들을 공들여 읽어본 모든 양식 있는 사람에게 그야말로 끔찍한 것입니다. 도덕적인 사람이 되기 위해서는 천국에 간다는 약속이 (또는 지옥에서 고문을 받게 된다는 유쾌하지 않은 위협이) 필요하다는 식의 사람을 내려다보는 듯한 추정이야말로, 도덕을 빙자하지만 모욕적일 정도로 비도덕적인 동기 아닙니까! 우리를 결속시키는 것, 우리에게 공감과 동정이라는 미덕을 주는 것은 종교보다 훨씬 더 중요한 것, 종교보다 더 근본적이고 강력한 것입니다. 그것은 바로 우리가 가진 공통의 인간성입니다. 그것은 종교가 생기기 전 진화적 유산에서 비롯되었고, 그런 다음에는, 스티븐 핑커 교수가《우리 본성의 선한 천사》에서 주장하듯이 수백 년의 세속적 계몽을 통해 정제되고 개선된 것입니다.[6]

영국처럼 다양성이 풍부하고 대체로 세속적인 나라는 신앙이 없는 사람보다 신앙이 있는 사람에게 특권을 부여해서는 안 됩니다. 공공 생활의 어떤 측면에서도 종교를 강요하거나 지지해서도 안 됩니다. 그렇게 하는 정부는 현대 인구통계와 가치관에 발맞추지 못하는 것입니다. 총리님은 올해 2월 '다문화주의'의 위험에 관한 훌륭한, 그러나 부당하게 비판받은 연설에서 이 점을 이해하고 있는 것처럼 보였습니다.[7] 현대 사회는 진정으로 종교에 얽매이지 않는 국가를 요구하고, 또 그것이 어울립니다. 저는 국가 무신론을 말하는 것이 **아닙니다**. 종교와 관련한 모든 문제에서 국가가 **중립**을 지켜야 한다고 말하는 것입니다. 신앙은 개인적인 문제이지 국가가 관여할 일이 아니라는 인식입니다. 개인은 원한다면 자유롭게 "신을 섬길 수" 있어야 합니다. 하지만 국민을 대변하는 정부는 절대 그렇게 하면 안 됩니다.

당신과 당신의 가족이 행복한 크리스마스를 보내시기를 바랍니다.

리처드 도킨스

---

6 이 에세이집의 첫 번째 에세이에 붙인 후기에서 이 문제에 대해 좀 더 깊이 파보려고 시도했다(105쪽을 보라).

7 나는 이후 캐머런 총리의 이 연설이 퀼리엄 재단의 뛰어난 인재인 마지드 나와즈의 조언을 받아 작성되었다고 들었다. 그러므로 연설이 그렇게 훌륭했던 것도 뜻밖은 아니다.

종교의
과학[1]

∧
∧

영어를 사용하는 세계에서 가장 오래된 대학에서 가장 훌륭한 대학임이 분명한 이곳으로 오면서, 저는 초초하면서도 겸허한 마음이 들었습니다. 몇 달 전 제가 조직위원들에게 제출한 현명치 못한 강의 제목은 제 초조함을 더는 데 도움이 되지 않는군

---

1 〈인간의 가치에 대한 태너 강의〉는 1978년에 케임브리지 대학에서 창설되었고, 이런저런 대학에서 돌아가며 개최된 특이한 강의다. 나는 에든버러 대학과 하버드 대학에서 이 강연을 했다. 2003년 하버드 대학에서 진행된 두 번의 강의는 '종교의 과학'과 '과학의 종교'라는 대칭되는 제목의 강의였다. 그 가운데 전자를 요약하여 다시 싣는다.

요. 종교를 공개적으로 비판하는 사람은 누구든, 아무리 부드러운 어조를 쓴다 해도, 유난히 앙심을 품은 종으로부터 증오 메일을 받을 각오를 해야 합니다. 하지만 종교가 이런 열정을 불러일으킨다는 사실 그 자체는 과학자의 관심을 사로잡습니다.

종교에서 진화론자인 **제** 주의를 끌어당기는 측면은 그 방탕한 낭비, 지나친 무용함을 노골적으로 과시하는 모습입니다. 만일 야생동물이 무용한 활동을 하는 데 습관적으로 시간을 쓴다면, 자연선택은 그럴 시간에 차라리 자신의 생존과 번식을 도모하는 경쟁자 개체를 편들 겁니다. 자연은 시간을 낭비하는 경솔한 행동을 봐줄 여유가 없습니다. 항상 그렇게 보이는 것은 아니라 해도, 자연에서는 무정한 공리주의가 승리합니다.

저는 동물 행동을 다윈주의 관점에서 연구하는 사람입니다. 즉 동물행동학자이고, 니코 틴버겐 신봉자입니다. 그러니 제가 동물에 대해 이야기해도 여러분은 놀라지 않을 겁니다('인간이 아닌 동물'이라고 덧붙여야겠군요. 동물에 대한 합리적인 정의 중 우리 인간을 제외하는 것은 없으니까요). 극락조 수컷의 꼬리는 쓸데없이 화려한 것처럼 보여도, 화려하지 않으면 암컷이 거들떠보지 않을 겁니다. 집짓기새 수컷이 둥지를 짓는 데 들이는 시간과 노동도 마찬가지입니다. 개미목욕은 어치 같은 새들의 기이한 습성인데, 개미 둥지에 '몸을 푹 담가' 개미가 자신의 깃털 속으로 들어오게 하려는 것처럼 보입니다. 개미목욕에 어떤 이점이 있는지 확실히 아는 사람은 아무도 없지만, 아마도 깃털에서 기생충을 제거하기 위한 일종의 위생 조치가 아닐까 생각합니다. 제가 하고 싶은 말은, 다윈주의자는 어떻게 해서 그런지는 확실히 모르더라도 개미목욕이 무언가를 **위한** 것임이 틀림없다고 자신 있게 믿기를 멈추지 않고, 또 멈추면 안 된다는 겁니다.

그런 자신만만한 태도는 다른 곳에서는 몰라도 하버드 대학에서는 물의를 빚고 있습니다. 기능에 관한 가설이 검증이 불가능한 '그냥 그런 이야기'라는 완전히 부당한 비난에 대해서는 여러분도 아마 알고 있으리라 생각합니다(키플링의《그냥 그런 이야기just so stories》는 오랜 세월 진화론자로부터 생물 진화에 대한 자못 그럴듯한 '전설'이 풍성하게 담긴 책으로 놀림받았다. 473~474쪽의 원주를 참조하라 - 옮긴이). 너무나 어처구니없는 주장인데, 널리 받아들여지게 된 유일한 이유는, 어쩔 수 없이 말합니다만, 하버드에서 시작된 약자를 괴롭히는 방식의 옹호 덕분입니다. 어떤 행동의 기능에 관한 가설을 검증할 때는 그 행동이 일어나지 않는, 또는 그 행동의 영향이 없어지는 실험 상황을 설계하기만 하면 됩니다. 기능에 관한 가설을 어떻게 검증하는지 간단한 예를 하나 들어보겠습니다.

다음번에 집파리가 여러분의 손에 앉으면, 즉시 쫓아버리지 말고 파리가 뭘 하는지 관찰해보십시오. 얼마 지나지 않아 파리는 마치 기도하듯 앞다리를 모으고 의식을 집전하듯 정성들여 비빌 겁니다. 이것은 파리의 몸단장 방법 중 하납니다. 뒷다리를 같은 쪽 날개에 문지르는 방법도 있습니다. 또한 가운뎃다리와 뒷다리를 함께 비비거나, 가운뎃다리와 앞다리를 비비는 방법도 있습니다. 파리는 몸단장에 엄청난 시간을 쏟는데, 진화론자라면 즉시 그것이 생존에 불가피한 행동이라고 생각합니다. 몸단장은 파리의 죽음과 직결될 가능성이 높기 때문에 더욱 그렇게 생각하는 것입니다. 이 말은 모순처럼 들리지만, 실제로는 꼭 그렇지만은 않습니다. 예컨대 카멜레온이 주변에 있을 때 몸단장은 파리가 가장할 것 같지 않은 일입니다. 포식자의 눈은 대개 움직임을 추적합니다. 움직임이 없는 표적은 눈에 띄지 않고, 심지어는 아예 보이지 않기도 합니다. 날아다니는 표적은 잡기 어렵습니다. 몸단장하는 파리의 좌우로 움직이는 다리는 포식자의 움직임 센서를 자극하지만, 파리의 몸 전체는 움직이지 않는 표적입니다. 이 정도로 위험한데도 파리가 몸단장에 그토록 많은 시간을 들인다는 사실은 그 행동에 매우 강한 생존가가 있다는 말입니다.

이 가설을 검증하는 실험 설계로는 '멍에 통제Yoked Control'(실험집단과 통제집단이 '멍에'처럼 연결되어 있어서 실험집단의 피험자들이 강화 또는 처벌을 받을 때 통제집단의 피험자들도 동시에 강화 또는 처벌을 받게 해서 실험집단, 통제집단 모두 전체 강화수 또는 처벌수가 동일하도록 처치하는 실험 통제의 한 방법 – 옮긴이)가 적절합니다. 한 쌍의 파리를 좁은 울타리에 넣고 관찰합니다. 파리 A가 몸단장을 시작할 때마다 두 마리 파리 모두를 놀라게 하여 날아가게 만듭니다. 이 상태로 2시간이 경과하면, 파리 A는 몸단장을 전혀 하지 않게 되고, 파리 B는 상당히 많은 몸단장을 합니다. A와 똑같은 횟수만큼 겁을 먹었지만, 몸단장할 때마다 겁을 먹은 것은 아니기 때문입니다. 이제 A와 B를 일련의 비교 검사에 투입합니다. A의 비행 능력이 더러운 날개 탓에 약해졌을까요? 그것을 측정하여 B의 비행 능력과 비교합니다. 파리는 다리로 맛을 보기 때문에 '다리를 씻는 행위'로 감각 기관의 방해물을 제거한다고 생각하는 것은 합리적인 가설입니다. 따라서 이를 검증하기 위해 A와 B가 맛을 볼 수 있는 당 농도의 역치를 비교합니다. 병에 걸리는 경향도 비교합니다. 마지막 테스트로, 두 마리 파리가 카멜레온에 대해 취약한 정도도 비교합니다.

이 실험을 여러 쌍의 파리들로 반복하고, 각 쌍의 A 개체와 B 개체를 비교하는 통계 분석을 실시합니다. 틀림없이 A 파리들은 생존에 중대한 영향을 미치는 기능이 하나 이상 손상되었을 것입니다. 이렇게 장담하는 이유는, 어떤 활동이 유용하지 않았다면 그 활동에 그 정도로 시간을 들이는 것을 자연선택이 허락하지 않았을 것이라는 순수하게 다윈주의적인 확신 때문입니다. 이건 '그냥 그런 이야기'가 아닙니다. 이 논리는 철저히 과학적이고, 완전히 검증 가능합니다.[2]

이족보행하는 영장류에게서 나타나는 종교 행동은 엄청난 시간을 잡아먹습니다. 막대한 자원을 집어삼킵니다. 중세의 대성당은 건설에 수백 명의 몇 세기분의 공정이 들어갑니다. 종교 음악

---

2 내 확신은 '더러운 날개가 비행 능력을 떨어뜨린다'와 같은 특정 가설에 대한 것이 아니다. 나는 파리의 몸단장이 파리의 유전자 생존율을 높이기 위한 무언가를 하는 것이 틀림없다고 확신하는 것뿐이며, 그렇게 확신하는 이유는 단순히 파리가 그 일을 하는 데 많은 시간을 보내기 때문이다.

과 교회 회화는 중세와 르네상스의 재능을 거의 독점했습니다. 수천 명, 어쩌면 수백만 명의 사람들이 거의 구별되지 않는 다른 어떤 종교가 아니라 특정 종교에 충성한 것 때문에, 대개는 고문을 감내하다가 죽었습니다.

문화마다 세부적인 점들은 다르지만 알려져 있는 모든 문화가 어떤 형태로든 종교 의식을 시행하는데, 그 의식은 시간을 잡아먹고, 부를 소비하고, 적의를 일으키고, 생식능력을 빼앗습니다. 이 모두가 다윈주의 방식으로 생각하는 사람에게는 큰 수수께끼입니다. 종교는 다윈주의에 과감히 맞서는 난제, 선험적인 도전으로서, 선험적인 설명을 요구하고 있는 게 아닐까요? 왜 우리는 기도를 할까요? 왜 많은 경우 인생을 통째로 소비하다시피 하는 값비싼 행위에 빠질까요?

종교는 우리의 유전자가 자연선택의 대부분을 겪고 나서 생겨난 최근 현상이라고 말할 수 있을까요? 종교의 보편성을 생각하면 단순하게 생각할 일은 아닙니다. 그럼에도 오늘 저는 그런 맥락으로 이야기를 해보려고 합니다. 우리 조상들에서 자연선택된 성향은 종교 그 자체가 아니었습니다. 그 성향에는 다른 이익이 있었고, 그것이 우연히 종교 행동이라는 형태를 취했을 뿐입니다. 종교 행동은 이름을 다시 붙일 때 비로소 이해할 수 있습니다. 이번에도 저는 동물행동학자이니 인간이 아닌 동물의 예를 사용해 설명해보겠습니다.

'순위제'라는 현상이 처음 발견된 건 닭의 '쪼는 순서'에서였습니다. 각각의 암탉은 싸움에서 어느 개체를 이길 수 있고 어느 개체에게는 이길 수 없는지 학습합니다. 순위제가 잘 확립된 집단에서는 노골적인 싸움이 거의 발견되지 않습니다. 쪼는 순서를 결정할 시간이 충분히 있는 안정된 암탉 집단은 구성원이 수시로 바뀌는 닭장의 암탉보다 알을 더 많이 낳습니다. 이건 순위제 현상에 '이점'이 있음을 암시하는 듯합니다. 하지만 이것이 훌륭한 다윈주의는 아닌데, 순위제는 집단 수준의 현상이기 때문입니다. 농가는 집단 생산성에 신경을 쓸지도 모르지만 자연선택은 그렇지 않습니다.

진화론자에게 "순위제의 생존가는 무엇인가?"라는 질문은 올바른 질문이 아닙니다. 적절한 질문은 이겁니다. "개체의 입장에서 강한 암탉에게는 복종하고 약한 암탉이 복종하지 않으면 응징하는 것의 생존가는 무엇인가?" 다윈주의적 질문은 유전적 변이가 존재하는 수준으로 직접 주의를 돌려야 합니다. 개별 암탉이 보이는 공격적인 성향 또는 복종하는 성향이 바로 주의를 돌려야 할 대상입니다. 그런 성향은 실제로 유전적 변이를 보이거나, 변이를 보일 가능성이 높기 때문입니다. 순위제 같은 집단 현상에는 유전적 변이가 없습니다. 집단에는 유전자가 없기 때문입니다. 그렇지 않다면, 적어도 여러분은 특수한 의미에서 집단 현상이 유전적 변이의 영향을 받을 수 있는 상황을 입증하기 위해 연구를 준비하겠지요. 제가 '확장된 표현형'이라고 부른 것으로 어떻게 해보려는 사람도 있겠지만, 저는 몹시 회의적이라서 그 방향의 논의에 가담할 생각이 없습니다.

물론 제가 하고 싶은 말은, 종교라는 현상은 순위제 같은 것일지도 모른다는 겁니다. "종교의 생존가가 무엇인가"는 잘못된 질문일지도 모릅니다. 올바른 질문은 이렇게 되어야 합니다. "적절한 상황에서 종교로 나타나는, 아직 무엇으로 특정되지 않은 어떤 개별 행동, 또는 심리적 특성의 생존가가 무엇인가?" 질문을 고쳐 쓸 때 비로소 우리는 합리적인 답을 찾을 수 있습니다.

먼저 인정해야 할 게 있습니다. 진화론자들 중에는, 앞에서 말한 고쳐 쓰기 전의 질문으로 직행하여, 우연히 종교로 표현된 심리적 성향이 아니라 종교 그 자체의 직접적인 다윈주의적 이점을 제시한 사람들도 있는 게 사실입니다. 종교적 믿음이 사람들을 스트레스 관련 질환으로부터 보호한다는 사실을 보여주는 증거가 약간 있습니다. 증거가 충분하지는 않지만, 뜻밖의 사실은 아닙니다. 의사가 환자에게 제공할 수 있는 것 가운데 무시할 수 없는 부분이 위로와 안심입니다. 제 주치의는 예수처럼 머리 위에 손을 얹지는 않습니다. 하지만 청진기를 건 지적인 얼굴에서 흘러나오는 안심시키는 듯한 고요한 목소리를 듣는 것만으로도, 대수롭지 않은 병이 금방 나은 적이 한두 번이 아닙니다. 플라세보 효과는 실제로 잘 입증되어 있습니다. 약리학적 효과가 전혀 없는 위약이 건강을 개선한다는 사실이 증명되고 있습니다. 그렇기 때문에 약을 시험할 때는 대조군으로 플라세보를 사용해야 하는 겁니다. 동종요법이 효과가 있는 것처럼 보이는 이유도 거기에 있습니다. 유효성분이 플라세보 대조군과 같은 양(즉 분자량 0)밖에 들어가지 않을 정도로 엷게 희석되는데도 말입니다.

종교는 의학적 플라세보이고 스트레스를 줄임으로써 생명을 연장하는 걸까요? 그럴지도 모릅니다. 하지만 이 가설은 종교가 스트레스를 줄이기보다 오히려 늘리는 많은 상황을 지적하는 회의론자들의 집중 포화를 극복해야 할 겁니다. 어쨌든 제가 보기에 플라세보 가설은 세계 구석구석에 퍼져 있는 대규모 현상인 종교를 설명하기에는 너무 약합니다. 우리 조상들이 스트레스 수치를 낮춤으로써 약간 더 오래 살았기 때문에 우리에게 종교가 있다고는 생각하지 않습니다. 그 이론이 짊어지기에는 짐이 너무 무겁다고 생각합니다.

다른 이론들은 다윈주의 설명의 포인트를 완전히 놓치고 있습니다. 예컨대 다음과 같은 가설들이 그렇습니다. "종교는 우주와 우주 안에서의 우리의 자리매김에 대한 호기심을 충족시킨다." 또는 "종교는 위안을 준다. 사람들은 죽음을 두려워하는데 종교는 죽음을 극복할 수 있다고 약속하기 때문에 종교에 끌린다." 심리학적으로는 어느 정도 맞는 말일지도 모르겠지만, 그 자체로 다윈주의 설명이 되지는 않습니다. '죽음에 대한 두려움' 이론의 다윈주의 버전은 이렇게 되어야 합니다. "사후 생존에 대한 믿음은 그 진위를 의심받는 순간을 미루는 경향이 있다." 이것이 맞을 수도 틀릴 수도 있습니다. 어쩌면 스트레스와 플라세보 이론의 또 다른 버전일 뿐일지도 모릅니다. 하지만 저는 이 문제를 뒤쫓을 생각이 없습니다. 여기서 말하고 싶은 건 다윈주의자는 그런 **방식으로** 질문을 고쳐 써야 한다는 점입니다. 인간이 어떤 신념을 기분 좋게 느끼거나 불쾌하게 느낀다는 심리학적 진술은 근접원인을 설명하는 것이지 궁극원인을 설명하는 게 아닙니다.

다윈주의자들은 근접원인과 궁극원인의 차이를 중시합니다. 근접원인에 대한 질문은 우리를 심리학과 신경해부학으로 인도합니다. 근접원인을 설명하는 것이 나쁜 건 절대 아닙니다. 그 설명은 중요하고, 과학적입니다. 오늘 제가 하려고 하는 일은 다윈주의적 궁극원인을 설명하는 것입니다. 만일 캐나다의 마이클 퍼싱거 같은 신경과학자가 뇌 안의 '신 중추'를 발견한다면, 저 같은 다윈주의 과학자들은 왜 신 중추가 진화했는지 알고 싶다고 생각합니다. 신 중추를 발달시키는 유전적 경향이 있는 조상이 그렇지 않은 라이벌보다 잘 생존한 것은 왜일까요?

궁극원인에 대한 설명으로 언급되고 있는 몇몇 이론들은 실제로는 집단선택 이론들입니다. 그렇다고 자인하는 경우도 있습니다. 집단선택이란, 다윈주의 선택이 집단 속에서 개체를 선택하는 것과 같은 방식으로 개체군 속에서 집단을 선택한다는, 논란이 있는 개념입니다.

종교에 관한 집단선택 이론이 어떤 모습이 되는지 보여주기 위해 가상의 예를 하나 소개하겠습니다. 싸움을 부추기는 호전적인 '전투의 신'을 믿는 부족은 평화와 조화를 권하는 신을 믿는 부족, 또는 어떤 신도 믿지 않는 부족과의 전쟁에서 이깁니다. 순교하면 천국에 간다고 믿는 전사들은 용감하게 싸우고 기꺼이 목숨을 포기합니다. 그 때문에 특정한 종류의 종교를 가진 부족이 부족 간 선택에서 살아남아, 정복당한 부족의 가축을 훔치고 그들의 여자를 첩으로 빼앗을 가능성이 높습니다. 이런 식으로 성공을 거둔 부족은 딸 부족을 낳고, 그 부족이 떨어져 나와 더 많은 딸 부족을 증식시키는데, 모두는 같은 부족 신을 숭배합니다. 여기서 주의해야 할 점이 있는데, 이건 '전쟁을 좋아하는 종교'라는 **생각**이 살아남는다고 말하는 것과는 다르다는 겁니다. 물론 생각은 살아남지만, 이 경우의 요점은 그 생각을 품은 사람들의 집단이 살아남는다는 것입니다.

집단선택 이론에 대해서는 상당한 반론이 존재합니다. 저는 이 논쟁에서 반집단선택의 지지자이므로, 오늘의 주제와는 동떨어진, 제가 좋아하는 화제로 탈선하지 않도록 조심해야 합니다. '전투의 신' 가설에서와 같은 진정한 집단선택과, 집단선택으로 불리지만 사실은 혈연선택이나 호혜적 이타주의인 것을 혼동하는 경우를 문헌 속에서 많이 봅니다. 또는 '집단들 간의 선택'과 '집단생활에 따른 특정 상황에서 일어나는 개인들 간의 선택'을 혼동하는 경우도 있을 수 있습니다.

집단선택에 이의를 제기하는 사람들도 원리상으로는 집단선택이 일어날 수 있음을 항상 인정해왔습니다. 문제는—집단선택이 개체의 자기희생에 대한 설명으로 제시될 때와 같이—집단선택이 개체 수준의 선택과 경합하는 경우 개체 수준의 선택이 더 강력하다는 것입니다. 앞에서 말한 가설상의 순교자 부족에서, 순교를 동료들에게 떠미는 이기적인 병사는 결과적으로 동료들의 용맹 덕분에 승자 편에 있게 됩니다. 하지만 동료들과 달리 그는 최종적으로 살아남고, 집단에는 여성의 수가 많아지므로 전사한 동료들보다 자신의 유전자를 전달하는 일에서 현저히 유리한 입장에서 있게 됩니다.

개체의 자기희생을 설명하는 집단선택설은 항상 내부의 공격에 무너지기 쉽습니다. 두 수준의 선택이 경합하게 되면 회전율이 빠른 개체선택이 이기는 경향이 있습니다. 이론의 여지가 있지만, 수학 모델에서는 집단선택이 잘 작동할 가능성이 있는 특별한 조건이 발견됩니다. 이것은 추적해볼 만한 흥미로운 방향의 이론이지만 여기서는 추적하지 않겠습니다.

그 대신, 질문을 고쳐 쓴다는 개념으로 돌아가겠습니다. 앞에서 닭의 쪼는 순서를 언급했는데, 질문 고쳐 쓰기는 제 논제의 핵심이라서 그 점을 충분히 강조하기 위해 또 다른 동물의 사례를 드는 것에 대해 양해를 구합니다. 나방은 초의 불꽃으로 날아드는데, 그것은 사고로 보이지 않습니다. 일부러 자신을 번제로 바치는 것입니다. 우리는 그것을 '분신자살 행동'이라고 이름 붙이며 다윈주의 자연선택이 어떻게 그런 행동을 선호할 수 있는지 궁금하게 여깁니다. 이번에도 제가 지적하고 싶은 점은, 질문을 고쳐 쓰지 않으면 지적인 대답은 시도조차 할 수 없다는 겁니다. 그것은 자살이 아닙니다. 자살로 보이는 것은 실제로는 본의 아니게 부차적 영향으로 나타난 것입니다.

인공조명이 밤 풍경에 등장한 것은 최근입니다. 그 전까지 밤의 빛은 달빛과 별뿐이었습니다. 달과 별은 광학적으로 무한히 멀기 때문에 그 광선은 평행이고, 그 덕분에 이상적인 나침반이 됩니다. 곤충들은 천체를 이용해 정확히 일직선으로 나아간다고 알려져 있습니다.[3] 그들은 먹이를 채집한 후 집으로 돌아갈 때도 같은 나침반을 사용할 수 있습니다. 곤충의 신경계는 '광선이 30도 각도로 눈에 닿는 방향으로 나아가라'와 같은 일시적인 경험법칙을 설정하는 데 능합니다. 곤충들은 겹눈을 가지고 있기 때문에, 이 것은 특정한 홑눈을 선호하는 것에 해당합니다.[4]

하지만 그 나침반은 광학적으로 무한히 먼 천체에 결정적으로 의존합니다. 만일 무한히 멀지 않다면 광선은 평행하지 않고 바퀴살처럼 갈라질 것입니다. 달에 대해 하듯이 촛불에 대해 30도 각도의 경험법칙을 사용하는 신경계는 나방이 정교한 로그나사선을 그리며 불꽃으로 나아가게 합니다.

그럼에도 평균적으로는 훌륭한 경험법칙입니다. 우리는 눈여겨보지 않지만, 수백 마리의 나방이 달이나 밝은 별, 경우에 따라서는 먼 도시의 빛을 사용해, 조용히 그리고 효과적으로 진로를 잡습니다. 우리는 인공조명에 몸을 던지는 나방만 보고 틀린 질문을

---

3 이것을 보여주는 경이로운 사례로, 일벌은 어디에 가면 먹이가 있는지를 태양을 기준으로 알려줄 수 있다. 6부에 있는 에세이 '시간에 대하여'를 참조하라(494쪽).

4 겹눈을 바늘침이 꽂힌 반구형의 바늘방석이라고 생각해보자. 각각의 침은 실제로는 홑눈이라 불리는 튜브로, 그 기저부에 작은 광반응세포가 있다. 따라서 곤충은 태양이나 별 같은 물체의 위치를, 그 물체가 내보내는 빛을 받고 있는 튜브가 어느 튜브인지에 의해 '안다.' 그 눈은, 상이 상하와 좌우로 반전되는 우리의 '카메라 눈'과는 아주 다른 종류의 눈이다. 겹눈에 애초에 상이 맺힌다고 말할 수 있다면, 상의 방향은 있는 그대로다.

던집니다. 왜 이 나방은 자살을 할까? 그 대신 우리는 이렇게 물어야 합니다. 왜 이 나방의 신경계는 광선에 대해 자동적으로 고정된 각도를 유지함으로써 진행 방향을 결정할까? 이 전략이 잘못되는 경우에만 우리 눈에 띄는 것입니다. 질문을 바꾸면 수수께끼는 저절로 사라집니다. 그것을 자살이라고 부르는 것이 애초에 틀렸던 것입니다.

이 교훈을 다시 인간의 종교 행동에 적용해봅시다. 많은 사람들이 라이벌 종교뿐 아니라 입증 가능한 과학적 사실과도 완전히 상반되는 신념을 품고 있습니다. 100퍼센트에 달하는 사람들이 그런 신념을 품는 지역도 많습니다. 그들은 이런 신념을 그저 **품는** 것만이 아니라, 그 신념을 품음으로써 파생되는 고비용 활동에 시간과 자원을 쏟아 붓습니다. 그들은 그 신념을 위해 죽거나 죽입니다. 이 모두는 나방의 '분신자살 행동' 만큼이나 불가사의한 일처럼 보입니다. 우리는 당혹스러운 나머지 대체 왜냐고 묻습니다. 하지만 이번에도 제가 지적하고 싶은 점은 우리가 잘못된 질문을 하고 있을지도 모른다는 겁니다. 종교 행동은 신경세포의 오발일지도 모릅니다. 다른 상황에서 한때 유용했던 근저의 심리적 성향이 불운한 형태로 표현된 것일지도 모릅니다.

그 심리적 성향이 무엇이었을까요? 유용한 나침판으로 사용되는 달의 평행 광선에 해당하는 것이 무엇일까요? 저는 한 가지 가설을 제안할 생각이지만, 그건 제가 이야기하는 종류의 한 가지 예일 뿐임을 강조하고 싶습니다. 저는 어떤 특정한 대답보다는, 질문을 제대로 해야 한다는 일반론에 훨씬 더 관심이 있습니다.

제가 제안하는 구체적인 가설은 어린이에 대한 것입니다. 인간은 다른 어떤 종보다 이전 세대에 축적된 경험에 기대 생존합니다. 이론적으로, 어린이는 악어가 득실대는 물에서 수영하지 말아야 한다는 것을 경험으로 배운다고 말할 수 있습니다. 하지만 다음과 같은 경험법칙이 입력된 어린이의 뇌는 자연선택에서 유리할 것입니다. 즉 어른들이 말하는 건 무엇이든 믿어라. 부모에게 복종하라. 부족 어른들에게 복종하라. 그들이 엄숙하고 위협적인 어조로 말할 때는 특히 거역하지 말라. 군말 없이 복종하라.

　자연선택은 부모와 부족 어른이 말하는 것을 무엇이든 믿는 경향이 있는 어린이의 뇌를 만듭니다. 이런 자질은 자동적으로 어린이의 뇌를 정신 바이러스에 감염되기 쉬운 상태로 만듭니다. 생존이라는 정당한 이유 때문에 어린이의 뇌는 부모를 믿고, 부모가 믿으라고 하는 어른들을 믿을 필요가 있습니다. 그러면 믿는 사람 쪽에서는 좋은 조언과 나쁜 충고를 구별할 방법이 없어지는 것이 당연한 결과입니다. "강에서 수영하면 악어에게 잡아먹힌다"는 좋은 조언이지만 "보름달이 뜰 때 염소를 제물로 바치지 않으면 흉년이 든다"는 나쁜 조언임을 어린이는 알 수 없습니다. 둘 다 똑같이 믿을 수 있는 말처럼 들립니다. 둘 다 어린이에게는 믿을 만한 소식통에게서 들은 조언이고, 둘 다 존경심을 불러일으키고 복종을 요구하는 엄숙하고 진지한 어조로 전달된 말이기 때문입니다.

　세계에 대한, 우주에 대한, 도덕과 인간 본성에 대한 판단에 대해서도 같은 말을 할 수 있습니다. 그리고 물론 어린이가 성장하여 자기 자식을 낳게 되면, 본인도 당연히 두 종류의 조언 모두를—의미가 있는 것뿐 아니라 의미가 없는 것도—똑같이 엄숙하고 진지한 목소리로 자식에게 전달합니다.

이 모델로부터 우리는 다음과 같은 일을 예상해야 합니다. 지리적으로 다른 지역들에 사실에 근거하지 않은 제멋대로인 신념이 각양각색으로 전해지고, 사람들은 비료가 작물에 도움이 된다는 신념 같은 유용한 옛 지혜를 대할 때와 똑같은 확신을 가지고 그것을 믿게 됩니다. 게다가, 사실에 근거하지 않은 이런 신념은 무작위 부동에 의해, 또는 다윈주의 선택과 비슷한 과정에 따라 세대를 거치면서 진화하고, 결국에는 공통조상으로부터 크게 이탈하는 패턴을 보일 겁니다. 언어는 충분한 시간 동안 지리적으로 분리되면 공통부모와 달라집니다. 마찬가지로, 원래는 어린이 뇌의 프로그램 가능성 덕분에 대대로 전달되어온 전통적인 신념과 금지 명령도 그렇습니다.

어린이 뇌의 프로그램 가능성에 기반을 둔 가설은 제가 말하고 싶은 종류의 한 예에 지나지 않는다는 점을 다시 한 번 강조합니다. 나방과 초의 불꽃을 통해 제가 전하고 싶은 메시지는 더 일반적인 것입니다. 지금 저는 진화론자로서 일련의 가설들을 제안하고 있는데, 이 모두는 종교의 생존가가 무엇인지 묻지 않는다는 공통점이 있습니다. 그렇게 묻는 대신 이렇게 묻습니다. "현대 문화에서 종교로 모습을 드러내는 종류의 뇌를 가지는 것에는 야생에서 살던 과거에 어떤 생존가가 있었을까?[5] 그리고 덧붙여 말하면, 이런 종류의 감염에 취약한 것이 어린이의 뇌만은 아닙니다. 어른의 뇌도 그렇습니다. 어린 시절에 일종의 도화선이 마련되면 특히 그렇습니다. 카리스마 있는 설교자들은 마치 병에 걸린 사람이 전염병을 퍼뜨리듯 자신의 말을 멀리 광범위하게 전파할 수 있습니다.

지금 단계에서 이 가설은 단지 뇌가 (특히 어린이의 뇌가) 감염에 **취약함**을 암시하고 있을 뿐입니다. 이 가설은 어떤 바이러스에 감염되는지에 대해서는 아무것도 말해주지 않습니다. 그런데 어떤 의미에서 그건 중요하지 않습니다. 어린이가 충분한 확신을 가지고 믿는 것은 무엇이든 그 자식들에게 그리고 미래 세대에도 전달될 겁니다. 이것은 유전자에 의지하지 않는, 유전의 유사물입니다. 이건 유전자가 아니라 밈이라고 말하는 사람도 있을 것입니다. 밈이라는 용어를 선전하는 자리는 아니지만, 우리가 지금 유전자에 의한 유전을 논하고 있지 않다는 점을 강조하는 건 중요합니다. 이 가설에 따르면, 유전자에 의해 유전되는 것은 들은 것을 믿는 어린이 뇌의 경향입니다. 이 경향 덕분에 어린이의 뇌는 유전자에 의지하지 않는 유전에 알맞은 운반자가 됩니다.

---

5 이런 종류의 가설을 '부산물' 가설이라고 부를 수 있다. 나방의 분신자살 행동이 유용한 빛 나침반의 부산물이듯이, 종교 행동은―내가 제안한 가설에서는―어린이의 복종 경향의 부산물인 것이다. 종교는 그 밖에 어떤 것의 부산물일 수 있을까? 내 마음에 드는 다른 제안은 '진공 감사'로, 바로 앞 에세이의 후기에서 다룬 주제였다(368쪽을 보라). 감사는 우리 뇌가 가진 호혜주의 경향의 표현이다. 진공 감사는 그 경향의 부산물이고, 종교는 진공 감사의 부산물이다.

유전자에 의지하지 않는 유전이 존재한다면, 유전자에 의지하지 않는 다윈주의도 있을 수 있지 않을까요? 그렇다면 최종적으로 어린이 뇌의 취약성을 이용하게 되는 정신 바이러스의 종류는 그저 우연히 결정될까요? 아니면 다른 것보다 잘 살아남는 바이러스가 있을까요? 제가 앞에서 궁극원인이 아니라 근접원인을 설명하는 것이라는 이유로 물리쳤던 이론들이 등장할 차례입니다. 죽음에 대한 공포가 흔하다면, 불멸 개념은 죽음이 전등을 끄듯 우리를 소멸시킨다는 경쟁 개념보다 정신 바이러스로 잘 생존할 겁니다. 반대로, 죄를 지으면 사후에 처벌받는다는 생각이 살아남을 수 있는 건 어린이들이 이 생각을 좋아해서가 아니라, 성인이 그것을 어린이를 통제하는 효과적인 방법이라고 생각하기 때문입니다. 중요한 포인트는, 여기서의 생존가가 보통의 다윈주의에서 말하는 유전자의 생존가와는 다른 의미라는 겁니다. 지금 하고 있는 이야기는 한 유전자가 유전자풀의 대립유전자들보다 잘 살아남는 이유에 대한 통상적인 다윈주의 대화는 아닙니다. 이건 어디까지나 한 아이디어가 아이디어 풀에 있는 라이벌 아이디어보다 잘 살아남는 이유에 대한 대화입니다. 아이디어 풀에서 서로 경쟁하는 라이벌 아이디어들이 살아남거나 살아남는 데 실패한다는 개념이 바로 '밈'이라는 단어가 포착하고 했던 것입니다.

최초의 원리로 돌아가 자연선택에서 정확히 무슨 일이 일어나고 있는지 떠올려봅시다. 필요조건은, 정확하게 자기 자신을 복제하는 정보가 그것과 경쟁하는 대안들 속에 존재하는 것입니다. 조지 C. 윌리엄스가《자연선택Natural Selection》에서 사용한 표현을 따라, 저는 그것을 '코덱스'라고 부르겠습니다. 전형적인 코덱스는 유전자입니다. 단, DNA의 물리적 분자가 아니라 DNA가 실어 나르는 정보를 말합니다.

생물학적 코덱스, 즉 유전자는 몸 안에 실려 몸의 형질―즉 표현형―에 영향을 미칩니다. 번식으로 또 다른 몸에 전달되지 않는 한, 몸이 죽으면 그 안에 들어 있는 모든 코덱스가 파괴됩니다. 따라서 자신이 있는 몸의 생존과 번식에 긍정적인 영향을 주는 유전자는 라이벌 유전자를 희생시켜 세계를 지배하게 됩니다.

유전자가 아닌 코덱스의 친숙한 예는 이른바 연쇄 편지(일명 '사랑의 편지'로, 수신자로 하여금 동일한 내용의 편지를 더 많은 사람들에게 보내라고 종용하는 편지 - 옮긴이)입니다. 하지만 '연쇄'는 적절한 표현이 아닙니다. 그것은 일차원적 이미지라서 폭발적이고 기하급수적인 전파라는 개념을 제대로 담지 못하기 때문입니다. 같은 이유로 잘못 붙여진 또 하나의 명칭이 이른바 원자폭탄의 연쇄 반응입니다. '연쇄 편지'를 '우편 바이러스'로 바꾸고, 이 현상을 다원주의 관점에서 살펴봅시다.

여러분이 우편으로 받은 편지에 단순히 이렇게 적혀 있다고 생각해보십시오. "이 편지의 사본을 여섯 부 만들어 여섯 명의 친구에게 보내라." 만일 여러분이 이 지시에 노예처럼 복종한다면, 그리고 여러분의 친구들과 그들의 친구들도 그렇게 한다면 편지는 기하급수적으로 퍼질 것이고, 우리는 곧 무릎까지 푹 빠지는 편지의 늪에서 허우적거리게 될 것입니다. 물론 대부분의 사람은 이런 노골적이고 단순한 지시에 복종하지 않습니다. 하지만 편지에 이렇게 적혀있다고 가정해 봅시다. "이 편지를 여섯 명의 친구에게 보내지 않는다면, 당신은 저주를 받고 주술에 걸려 고통을 받다가 요절할 것이다." 그래도 대부분의 사람들은 이 편지를 보내지 않겠지만 보내는 사람도 상당수 있을 것입니다. 보내는 사람이 아주 조금만 있어도 기하급수적 전파를 시작하기에는 충분합니다.

보상을 약속하는 것이 처벌로 협박하는 것보다 더 효과적일지도 모릅니다. 우리 모두가 이보다 좀 더 정교한 스타일의 편지를 받은 적이 있을 것입니다. 리스트에 있는 사람들에게 소액의 돈을 보내라고 하면서, 기하급수적 증식으로 참가자가 급증하면 수백만 달러를 받게 된다고 약속하지요. 누가 이런 약속에 속을지는 각자 추측할 일이지만, 많은 사람들이 속는 것이 사실입니다. 연쇄 편지가 돌아다니고 있다는 건 경험적 사실입니다. 유전자는 관여하지 않지만 우편 바이러스는 진정으로 역학적인 행동을 보입니다. 연속적인 감염의 물결이 전 세계로 퍼지고, 원 바이러스의 새로운 변이체가 진화합니다.

거듭 말하지만, 종교를 이해하기 위해 새겨두어야 할 교훈은 "종교의 생존가는 무엇인가"라는 다윈주의적 질문을 던진다고 해서 그 생존가가 반드시 유전자의 생존가를 의미할 필요는 없다는 것입니다. 그렇게 생각하면, 종래의 다윈주의적 질문은 이렇게 바뀝니다. "종교는 신앙심 깊은 개인의 생존과 번식에 어떻게 기여하고, 그로 인해 종교를 좋아하는 성향을 퍼뜨리는 데 어떻게 기여하는가?" 제가 지적하고 싶은 점은 이 계산에 유전자를 넣을 필요가 전혀 없다는 것입니다. 여기서는 적어도 다윈주의적인 어떤 일이 일어나고 있고, 역학적인 어떤 일이 일어나고 있지만, 그것은 유전자와 관계가 없습니다. 라이벌 종교의 개념과 직접 경쟁하는 가운데 살아남거나 살아남지 못하는 것은 종교라는 생각 그 자체입니다.

이 점에서 저는 몇몇 진화론자 동료들과 논쟁하고 있습니다. 순수한 진화심리학자들은 제게 이렇게 되받아칩니다. 문화 역학이 가능한 것은 오직 인간의 뇌에 진화한 특정 경향이 있기 때문이고, 진화했다는 것은 유전자에 의해 진화했음을 의미한다는 겁니다. 이에 대해 여러분은 야구모자 뒤집어쓰기의 세계적 유행이나 모방 순교의 유행, 또는 전신 침례의 유행을 그렇지 않다는 증거로 들지도 모릅니다. 하지만 유전자와 관계가 없는 이런 유행들도 인간의 모방하는 경향에 의존합니다. 그리고 인간의 모방 경향을 설명하는 데는 최종적으로 다윈주의 설명, 즉 유전에 의거한 설명이 필요합니다.

그리고 물론, 이 대목에서 제 이야기는 어린이의 잘 속는 경향에 관한 제 이론으로 돌아갑니다. 그것은 제가 제안하고 싶은 종류의 이론의 한 예일 뿐임은 이미 강조했습니다. 보통의 유전자 선택은 어린 시절의 뇌에 어른을 믿는 경향을 마련합니다. 보통의 완전한 '유전자에 의한 다윈주의 선택'은 뇌에 모방 경향을 마련하고, 그렇게 함으로써 간접적으로, 소문을 퍼트리고 도시 괴담을 퍼뜨리고 연쇄 편지의 황당무계한 이야기를 믿는 경향을 마련합니다. 하지만 유전자 선택이 이런 종류의 뇌를 만들어내면, 그 다음에 그 뇌가 새로운 종류의 '유전자에 의지하지 않는 유전'에 상당하는 것을 제공하고, 나아가 그것이 새로운 종류의 역학을 위한 토대, 어쩌면 새로운 종류의 '유전자에 의지하지 않는 다윈주의 선택'의 토대가 될지도 모릅니다. 저는 종교도 연쇄 편지, 도시 괴담과 함께, 이런 종류의 유전자와 관계없는 역학으로 설명되는 일련의 현상 중 하나이고, 거기에는 유전자에 의지하지 않는 다윈주의 선택의 요소가 들어 있을 가능성이 있다고 생각합니다. 만일 제가 옳다면 종교에는 개체를 위한 생존가도, 유전자의 이익을 위한 생존가도 없습니다. 이익이 있다면 그 이익을 누리는 것은 종교 그 자체입니다.

과학은
종교인가?[1]

∧
∧

에이즈 바이러스와 '광우병' 같은 감염병이 인류에 초래하는 위협에 대해 종말론적 예언을 하는 것이 요즘 유행입니다. 그런데 저는, 천연두 바이러스에 필적하지만 근절하기는 더 어렵다는 점에서 이런 위협들 중 최고는 신앙이라는 주장을 펼칠 수 있다고 생각합니다.

신앙은 증거에 기반을 두지 않은 신념으로, 모든 종교의 가장

---

1 1996년에 나는 미국인도주의협회가 수여하는 '올해의 휴머니스트상'을, 애틀랜타에서 열린 회의에서 수상하는 영예를 누렸다. 이 에세이는 내 수상 기념 연설을 조금 다듬어 실은 것이다.

큰 악덕입니다. 그리고 북아일랜드나 중동을 보면서 신앙이라는 뇌 바이러스가 별로 위험하지는 않다고 그 누가 확신할 수 있을까요? 젊은 이슬람교도 자살폭탄테러범에게 들려주는 이야기 중 하나가 순교는 천국으로 가는 가장 빠른 길이라는 약속입니다. 그냥 천국이 아니고, 72명의 처녀 신부라는 특별 보상을 받게 되는, 천국에서도 아주 특별한 장소입니다. 저는 이 상황에서 할 수 있는 일이라고는 일종의 '정신적 군축'을 제공하는 것밖에는 없다는 생각이 듭니다. 특수 훈련을 받은 신학자 특공대원을 파견해 젊은이가 처녀에게 거는 기대를 줄이는 겁니다.

신앙의 위험을 고려하면, 게다가 과학이라 불리는 활동에서 이성과 관찰이 거둔 성과를 고려하면, 제가 공개 강연을 할 때마다 앞으로 나와 이렇게 말하는 사람이 항상 있는 건 아이러니라고 생각합니다. "당신이 하는 과학도 따지고 보면 우리와 같은 종교일 뿐입니다. 기본적으로 과학은 신앙으로 귀결되지 않습니까?"

그렇지 않습니다. 과학은 종교가 아니고, 신앙으로 귀결되지도 않습니다. 과학은 종교가 가진 미덕들 중 많은 것을 가지고 있지만 종교의 악덕은 전혀 가지고 있지 않습니다. 과학은 검증 가능한 증거에 기반을 두고 있습니다. 종교적 신념은 증거가 없는 것에 그치지 않고, 증거에 의존하지 않는다는 사실을 온 세상 사람들이 다 듣도록 외치고 싶은 자랑이자 기쁨으로 여깁니다. 그렇지 않다면 기독교도들은 왜 의심하는 도마를 비판하나요? 그 밖의 사도들을 본받을 만한 표본으로 치켜세우는 건 그들이 다짜고짜 믿었기 때문입니다. 그런 반면 의심하는 도마는 증거를 요구했습니다. 도마는 과학자의 수호성인이 되어야 마땅합니다.

　과학이 제 종교라는 말이 왜 나왔나 했더니, 제가 진화라는 사실을 믿는 것이 문제였습니다. 그것도 열렬한 확신을 가지고 믿는 겁니다. 어떤 사람에게는 이것이 언뜻 신앙처럼 보일지도 모릅니다. 하지만 저로 하여금 진화를 믿게 만드는 그 증거는 단지 압도적으로 유력하기만 한 게 아닙니다. 그것은 수고를 마다하지 않고 조사하는 사람이라면 누구나 자유롭게 얻을 수 있는 것입니다. 제가 조사한 것과 똑같은 증거를 조사하는 사람이라면 누구나 같은 결론에 도달합니다. 하지만 어떤 사람이 오직 신앙에만 의거한 신념을 품는 경우 우리는 그 이유를 검토할 수 없습니다. 그런 사람은 신앙이라는 사적인 벽 뒤로 도망칠 수 있는데, 그곳은 우리의 손이 닿을 수 없는 곳입니다.

　물론 실제로는 과학자 개인이 신앙이라는 못된 버릇으로 슬그머니 되돌아가는 경우도 있습니다. 자신이 애착을 가지고 있는 이론을 일편단심 믿다가 이따금 증거를 날조하는 과학자도 극소수지만 있습니다. 하지만 이런 일이 가끔 일어난다고 해서 원칙이 바뀌는 건 아닙니다. 즉 그런 행위는 부끄럽게 여길 일이지 자랑스럽게 여길 일이 아닙니다. 과학의 방법은 그런 행위가 반드시 발견되도록 설계되어 있습니다.

　과학은 실제로 가장 도덕적이고 가장 정직한 학문 분야 중 하나입니다. 왜냐하면, 증거를 보고할 때 성실하고 정직한 태도로 하지 않을 경우 과학은 완전히 붕괴하기 때문입니다.[2] 제임스 랜디가 지적했듯이, 이것은 과학자들이 초능력 사기꾼에게 그렇게 자주 속는 이유이자 사기를 폭로하는 역할을 직업 마술사가 더 잘 수행하는 이유이기도 합니다. 과학자들은 고의적인 부정행위를 예상하는 데 능하지 않은 것입니다. (콕 집어 말하지 않아도 변호사라는 것을 알겠지만) 증거를 위조하지는 않아도 왜곡함으로써 돈을 벌고 칭찬을 받는 직업도 있습니다.

그런 점에서 과학은 종교의 주된 악덕인 신앙과는 무관합니다. 그러나 앞에서 지적했듯이 과학은 종교의 미덕들 중 일부를 가지고 있습니다. 종교는 신자들에게 다양한 이익을 제공하고 싶어 합니다. 그 이익으로는 특히 설명, 위로, 고양감을 들 수 있습니다. 과학도 이런 부분에서 제공할 수 있는 것이 있습니다.

인간은 설명에 대한 커다란 욕구를 가지고 있습니다. 그것은 인류 사회에 종교가 이토록 보편적으로 퍼져 있는 주된 이유 중 하나일지도 모릅니다. 종교는 어떻게든 설명하고 싶어 하니까요. 우리는 수수께끼 같은 우주 속에서 자의식을 가지게 되고, 그러자마자 우주를 이해하고 싶어 견딜 수 없게 됩니다. 대부분의 종교는 우주론, 생물학, 생명 이론, 존재의 기원과 이유에 대한 이론을 제시합니다. 종교는 그렇게 함으로써 종교가 어떤 의미에서 과학임을 표명합니다. 하지만 그것은 나쁜 과학입니다. 종교와 과학은 별개의 차원에서 작동하며 완전히 다른 종류의 질문을 다룬다는 논법에 속지 마십시오. 예로부터 종교는 항상 본래는 과학에 속하

---

2 이 책의 첫 번째 에세이 '과학의 가치관과 가치관의 과학'을 보라.

는 질문에 답하려고 시도해왔습니다. 그렇다 보니 전통적으로 싸워왔던 문제로부터 이제 와서 새삼스레 후퇴할 수가 없는 것입니다. 종교는 분명 우주론과 생물학 모두를 제공합니다. 하지만 둘 다 오류입니다.

위로는 과학이 제공하기 어려운 것입니다. 종교와 달리 과학은 유족에게 내세에서 사랑하는 사람들과 다시 만날 수 있다고 약속할 수 없습니다. 과학은 이 지구상에서 부당한 학대를 당한 사람들에게 당신들을 괴롭힌 사람은 내세에서 천벌을 받는다고 약속할 수 없습니다. 내세라는 개념이 (제가 생각하는 것처럼) 환상이라면, 그것이 제공하는 위로는 공허한 것이라고 주장할 수도 있습니다. 하지만 꼭 그렇지만은 않습니다. 믿는 사람이 그것이 가짜라는 것을 절대 모른다면 가짜 믿음도 진짜 믿음만큼 위로를 줄 수 있기 때문입니다. 하지만 위로가 그렇게 쉬운 것이라면, 과학도 진통제 같은 손쉬운 임시방편을 얼마든지 내놓을 수 있습니다. 그런 방편들이 제공하는 위로가 환상일 수도 있고 아닐 수도 있지만 효과가 있는 것은 확실합니다.

하지만 고양감이야말로 과학이 진가를 발휘하는 영역입니다. 모든 위대한 종교에는 외경의 자리, 삼라만상의 불가사의와 아름다움에 도취되는 황홀경의 자리가 있습니다. 그런데 바로 이 등골이 오싹하고 숨이 멎을 것 같은 외경의 느낌, 거의 종교적인 느낌, 계시적 경이로 가슴이 벅차오르는 느낌을 현대 과학이 불러일으킬 수 있습니다. 게다가 이 느낌은 성자와 신비주의자가 꿈도 꾸지 못할 정도로 근사합니다. 우주와 생명에 대한 과학자들의 설명과 과학자들의 이해에 초자연주의가 들어올 여지가 없다고 해서 그런 외경의 느낌이 줄어드는 것은 아닙니다. 오히려 그 반대입니다. 현미경으로 개미의 뇌를 흘깃 보는 것만으로도, 망원경으로 먼 과거의 은하를 흘깃 보는 것만으로도 찬송가가 따분하고 편협하다는 생각이 듭니다.

저는 앞에서도 말했듯이 과학 일반, 또는 진화론 같은 과학의 특정 분야가 종교에 지나지 않는다는 발언을 들으면 보통은 불같이 화를 내며 부정합니다. 그런데 어쩌면 그것이 잘못된 전술일지도 모른다는 생각이 들기 시작했습니다. 올바른 전술은 그런 트집을 너그럽게 받아들이며, 종교 수업에도 과학을 위한 시간을 평등하게 할애하라고 요구하는 것일지도 모르겠습니다. 생각하면 할수록 정말 좋은 방법이라는 생각이 듭니다. 그래서 저는 종교 교육과, 과학이 거기서 할 수 있는 역할에 대해 조금 이야기해볼까 합니다.

종교 교육이 달성할 수 있다고 생각하는 다양한 것들 중 하나는 어린이들에게 존재라는 심원한 문제에 대해 차분히 생각하도록 권하고, 일상의 평범한 집착을 초월해 '영원의 상 아래에서sub specie aeternitatis'('영원의 상 아래에서'는 스피노자가 한 말로, 인간을 미혹하는 현상이 아니라 '신 또는 자연'이라는 유일하고 영원한 본질, 가치를 지향하는 철학의 올바른 관점을 표현한 것이다. 스피노자는 《윤리학》에서, 우리가 사물이나 생각을 '영원의 상 아래에서' 바라보는 한, 자신을 불멸의 존재로 느낄 수 있다고 말했다 – 옮긴이) 생각해보도록 이끄는 것이 아닐까 합니다.

과학은 생명과 우주에 대한 전망을 제시할 수 있는데, 그 전망은 이미 말했듯이 인간을 겸허하게 만드는 시적 자극을 준다는 점에서, 상호 모순되는 신앙들, 실망스러울 정도로 최근에 생긴 전 세계 종교들을 훨씬 능가합니다.

예컨대, 종교 수업 시간에 우주의 나이에 대해 조금이라도 감을 잡을 수 있게 해준다면 어떤 아이가 자극을 받지 않을 수 있을까요? 예수가 죽는 순간 그 소식이 가능한 최고 속도로 지구를 떠나 우주 전체로 퍼지기 시작했다고 생각해볼까요? 그 비보는 지금쯤 어디까지 갔을까요? 특수상대성 이론에 따르면, 어떤 상황에서든 그 소식은 기껏해야 한 개 은하를 50분의 1 정도 횡단했을 것입니다. 약 1억 개 은하가 있는 우주에서 가장 가까운 이웃 은하까지 가는 여정의 1000분의 1밖에 진행하지 못한 것입니다. 그러므로 우주 전체는 예수에도, 그의 탄생에도, 그의 수난에도, 그의 죽음에도 관심이 없습니다. 지구에서 생명이 기원한 것 같은 중대한 소식조차 우리가 있는 은하단을 겨우 횡단했을 뿐입니다. 그럼에도 지구의 시간 척도로는 그 사건이 너무 오래된 터라, 지구의 나이를 여러분이 두 팔을 펼친 길이라고 치면, 인류 역사 전체, 인류 문화 전체는 손톱 줄을 한번 문질렀을 때 손가락 끝에서 떨어지는 먼지 속에 들어갈 정도입니다.

설계에 의거한 목적론적 논증은 종교사에서 중요한 부분이므로, 제 종교 수업 시간에도 당연히 다루어질 겁니다. 어린이들은 생물계의 매력적인 경이를 보고, 다윈주의를 창조론자들이 주장하는 대안과 함께 살펴본 다음 스스로 결정을 내릴 것입니다. 증거를 제시하면 어린이들은 큰 어려움 없이 올바른 결정을 내릴 거라고 생각합니다.

여러 창조론을 가르치는 것도 흥미로울 것입니다. 우리 문화에서 우세한 창조론은 어쩌다 보니 유대교의 창조 신화가 되었는데, 그 자체는 바빌로니아 창조 신화를 토대로 하고 있습니다. 물론 수많은 창조 신화들이 있고, 아마 이 모두에 같은 시간을 할당해야 할 것입니다(하지만 그렇게 하면 다른 것을 공부할 시간이 남지 않을 것입니다). 힌두교도는 세계가 우주의 버터 교반기에서 만들어졌다고 믿고, 나이지리아 사람들은 신이 개미 배설물에서 세계를 창조했다고 믿는 것을 저는 이해합니다. 이런 이야기들도 유대교와 기독교의 아담과 이브 신화와 똑같은 시간을 요구할 권리가 있지 않을까요?

창세기에 대해서는 이 정도로 하고, 예언자로 화제를 옮겨봅시다. 핼리 혜성은 2062년에 틀림없이 돌아옵니다. 성경이나 델포이 신탁은 이런 정확성을 추구할 생각이 조금도 없습니다. 점성술사와 노스트라다무스 신봉자들은 사실에 기반을 둔 예언을 할 생각은 하지 않고, 오히려 자신들의 사기를 애매함으로 감춥니다. 과거에 혜성의 출현은 재앙의 전조로 취급받기 일쑤였습니다. 점성술은 힌두교를 포함한 다양한 종교적 전통에서 중요한 역할을 해왔습니다. 세 동방박사는 별을 보고 예수의 요람을 찾아왔다고 알려져 있습니다. 우리는 아이들에게, 인간사에 이른바 별의 영향이 미치는 데는 어떤 물리적 경로가 개입한다고 생각하는지 물을 수 있습니다.

마침 1995년 크리스마스 즈음에 BBC 라디오에서 천문학자, 주교, 저널리스트가 출연하는 충격적인 프로그램이 방송되었습니다. 그들에게 세 동방박사의 발자취를 추적해보라는 임무가 주어졌습니다. 주교와 저널리스트(그는 우연히 종교 전문 저널리스트였습니다)가 참여한 것은 이해할 수 있습니다. 하지만 천문학자는 그 분야에서 일반적으로 존경받는 저술가로 통하는 사람이었는데도 이 여정에 동행했습니다! 동방박사가 간 길을 더듬어가면서, 그녀는 토성과 목성이 천왕성이나 다른 어떤 것의 우위에 있을 때 그것이 암시하는 전조에 대해 이야기했습니다. 그녀는 실제로는 점성술을 믿지 않았지만, 문제는 우리 문화가 점성술을 너그럽게 받아들이도록, 심지어는 아무 생각 없이 즐기도록 가르친다는 것입니다. 점성술을 믿지 않는 과학자들조차 그것을 무해한 재미로 생각할 정도입니다. 저는 점성술을 심각하게 받아들입니다. 점성술이 유해한 것은 그것이 합리성을 훼손하기 때문이라고 생각합니다. 그래서 저는 점성술에 반대하는 운동이 일어났으면 좋겠습니다.

종교 수업에서 윤리와 도덕에 대해 가르친다면 사실 과학이 할 수 있는 말은 별로 없다고 생각하기 때문에, 저라면 그 대신 합리적 도덕 철학을 가르칠 것입니다. 어린이들은 선악의 절대 기준이 있다고 생각할까요? 그렇다면 그 기준은 어디서 올까요? (각자가 무엇을 의미한다고 생각하든) "남한테 대접받고 싶은 대로 남을 대하라"와 "최대 다수의 최대 행복" 같은, 실효성 있는 선악의 지침을 만들 수 있을까요? 개인의 윤리관이 어떻든 진화론자에게

'도덕이 어디서 오는가'는 유익한 질문입니다. 인간의 뇌는 어떤 경로로 윤리와 도덕을 가지는 경향, 선악 감각을 가지는 경향을 획득했을까요?

우리는 인간의 생명을 그 밖의 다른 생명보다 존중해야 할까요? 호모 사피엔스라는 종 주위에는 고정된 벽이 세워져 있는 걸까요? 아니면, 우리의 인도적 동정심을 받을 자격이 있는 다른 종이 있는지에 대해 이야기해봐야 할까요? 예컨대, 머릿속에 온통 인간의 생명에 대한 생각밖에 없어서 생각하고 느끼는 침팬지의 생명보다 능력이 거의 없는 인간 태아의 생명을 더 중요하게 생각하는 낙태반대 로비 활동을 따라야 할까요? 우리가 호모 사피엔스—심지어는 태아 조직의 아주 작은 조각—주위에 세우는 이 울타리의 근거는 무엇인가요? (생각해보면, 진화론에 근거한 발상으로 보기에는 어쩐지 수상합니다.) 우리가 침팬지와의 공통 조상에서 유래했다면 그 과정에서 언제 그 울타리가 뿅 하고 생겼을까요?

도덕에 대해서는 이쯤 해두고, 최종 화제로 잘 어울리는 종말론으로 이동해봅시다. 우리는 열역학 제2법칙으로부터, 모든 복잡성, 모든 생명, 모든 웃음, 모든 슬픔, 그 밖에 모든 것이 필사적으로 균일해지려고 하며, 최종적으로는 차가운 무로 돌아간다고 알고 있습니다. 복잡성도, 생명도, 웃음도, 슬픔도—그리고 우리도—만물이 바닥을 알 수 없는 깊은 균일성의 구멍으로 미끌어져 떨어지고 있는 가운데 일시적이고 국소적으로 저항하고 있는 것에 지나지 않습니다. 우리가 알기로 우주는 팽창하고 있으며, 다시 수축할 가능성도 있지만 아마 영원히 팽창할 것입니다. 우리가 알기로는, 우주에 무슨 일이 일어나든 지금부터 약 6,000만 세기 후에는 태양이 지구를 집어삼킬 것입니다.

시간 그 자체도 특정 순간에 시작되었습니다. 그리고 특정 순간에 끝날지도 모릅니다. 혹은 끝나지 않을 수도 있습니다. 시간은 블랙홀이라 불리는 소규모 우주 수축으로 국소적으로 종말을 맞을지도 모릅니다. 우주의 법칙은 우주 전체에 해당하는 것처럼 보입니다. 왜 그럴까요? 그런 우주 수축이 일어나면 법칙이 바뀔까요? 아주 사변적으로 말하면, 시간은 새로운 물리법칙, 새로운 물리 상수를 토대로 다시 시작될 가능성이 있습니다. 게다가 우주는 많이 있고, 각각은 완전히 분리되어 있어서, 한 우주의 입장에서 다른 우주들은 존재하지 않는다는 설득력 있는 가설이 있습니다. 이론물리학자 리 스몰린이 제안한 대로라면, 우주들 사이에 다원주의적 선택이 일어나고 있을 가능성도 있습니다.

이렇게 과학은 종교 교육 시간에 훌륭하게 활약할 수 있습니다. 하지만 그것만으로는 충분하지 않습니다. 저는 성서의 킹제임스 판을 잘 아는 것은 영문학에 등장하는 비유를 이해하고 싶은 사람에게 중요하다고 생각합니다. 영국 국교회 기도서와 함께 성서는 《옥스퍼드 인용구 사전Oxford Dictionary of Quotations》에서 58쪽 분량을 차지하고 있습니다. 셰익스피어만 이보다 많은 분량을 차지합니다. 만일 어린이들이 영문학을 읽고 "거울에 비춰 보듯이 희미하게"(고린도 전서 13장 12절 – 옮긴이), "모든 육체는 풀 같고"(베드로 전서 1장 24절 – 옮긴이), "빠르다고 경주에서 이기는 것은 아니다"(전도서 9장 11절 – 옮긴이), "광야에서 외치는"(마태복음 3장

3절 – 옮긴이), "광풍을 거둘 것이라"(호세아 8장 7절 – 옮긴이), "타국의 보리밭에서"(키츠의 시구, 룻기에서 – 옮긴이), "가자에서 눈이 멀어"(올더스 헉슬리의 책 제목, 사사기에서 삼손이 한 말 – 옮긴이), "욥의 위안자"(위안을 준다고 큰소리치지만 실은 딱한 처지에 놓인 사람을 비난하는 사람이라는 의미의 관용구, 출처는 욥기 – 옮긴이), "과부의 헌금"(마가복음 12장 42절 – 옮긴이) 같은 표현의 유래를 이해하고 싶다면, 성서 교육을 전혀 받지 못하는 것은 불행한 일이라고 생각합니다.

이제 과학은 그저 신앙일 뿐이라는 트집으로 돌아갈까 합니다. 이 주장의 가장 극단적인 버전—그리고 과학자로서, 합리주의자로서 제가 자주 마주치는 것—은 종교인들에서 발견되는 것만큼 강한 광신과 편협이 과학자들에게서도 발견된다는 비난입니다. 이 비난에도 약간은 일리가 있을지 모릅니다. 하지만 광신과 편협이라는 게임에서 우리 과학자들은 아마추어에 불과합니다. 우리는 의견이 다른 사람들과 기쁘게 논쟁하지 그들을 죽이지 않습니다.

하지만 저는 광신이라는 말 자체가 의미하는 훨씬 가벼운 비난도 부정하고 싶습니다. 무언가에 대해 충분히 생각하고 증거를 검토했기 때문에 그것에 대해 강한 생각과 열정적 감정을 품는 것과, 자기 마음속에 계시되었다는 이유로, 혹은 역사 속의 어떤 사람에게 계시된 것을 그 후 전통이 신성시했다는 이유로 무언가에 대해 강한 생각을 품는 것 사이에는 중요한 차이가 있습니다. 증거와 논리를 인용함으로써 변호할 준비가 된 신념과, 전통, 권위, 계시 말고는 어떤 것으로도 뒷받침되지 않는 신념에는 하늘과 땅

차이가 있습니다. 과학은 합리적 신념 위에 구축되어 있습니다.
과학은 종교가 아닙니다.

예수를 지지하는
무신론자[1]

∧
∧

     일명 '예수를 지지하는 무신론자' 운동을 위한 논리를 전
개하려면, 훌륭한 레시피처럼 먼저 재료부터 모으고 단계적으로
쌓아 올려갈 필요가 있다. 언뜻 모순되는 것처럼 보이는 제목에서
부터 시작해보자. 유신론자의 대다수가 적어도 명목상으로는 기
독교도인 사회에서 '유신론자'와 '기독교도'는 거의 동의어로 취
급된다. 버틀런드 러셀의 유명한 무신론 변론서의 제목은 '왜 나
는 유신론자가 아닌가'가 되었어야 했지만, 그렇지 않고 《나는 왜

---

1 이 글 역시 미국 잡지 〈프리 인콰이어리〉의 칼럼으로, 2004년 12월
~2005년 1월호에 실렸다.

기독교도가 아닌가》였다. 모든 기도교도가 유신론자인 것은 말할 필요도 없는 일로 여겨진다.[2]

물론 예수는 유신론자였지만 그것은 예수에 관한 가장 흥미롭지 않은 점이다. 그가 유신론자였던 것은 그 시대에는 모든 사람이 유신론자였기 때문이다. 무신론은 선택지가 아니었는데, 심지어 예수 같은 급진적인 사상가조차 그랬다. 예수에 관한 가장 흥미롭고 주목할 만한 점은 그가 유대교의 신을 믿었다는 명백한 사실이 아니라, 그가 복수심으로 물든 야훼의 고약한 심보에 반발했다는 사실이다. 예수는 적어도 그가 했다고 여겨지는 가르침에서는 친절한 배려를 공개적으로 옹호했으며, 누구보다 먼저 그것을 실천했다. 레위기와 신명기의 종교 율법 같은 잔인함에 물든 사람에게는, 그리고 아브라함과 이삭이 믿은, 복수심에 불타는 아야톨

---

2 유대인들은 다르다. 많은 사람들이 스스로 유대인 무신론자라고 칭하며 축제와 축일을 축하하고 식사 규정을 지킨다. 크리스마스 캐럴을 열심히 부르는 무신론자는 나를 포함해 많지만, 스스로 기독교도 무신론자라고 칭하는 사람은 거의 없다. 적어도 영국에서는, 자식을 기독교 학교에 보내기 위해 신앙이 있는 척하면서 교회에 가는 사람들이 있다. 내가 2010년에 채널 4 텔레비전 프로그램 〈종교학교의 위협Faith School Menace〉에서 보고했듯이, 이런 사람들은 종교학교가 시험에서 좋은 성적을 거두는 경향이 있다고 믿기에 그렇게 하는 것이다. 그 신념에는 자기 충족적인 면이 있다. 그 신념 덕분에 종교학교에 들어가려는 수요가 높아지고, 결과적으로 종교학교는 입학생으로 최고의 후보자를 선택할 수 있기 때문이다.

라 같은 신을 두려워하도록 키워진 사람에게는, 관대한 용서를 옹호하는 카리스마 넘치는 젊은 설교자가 적복적일 정도로 과격하게 보였음에 틀림없다. 그들이 예수를 십자가에 못 박은 것도 놀라운 일은 아니다.

'눈은 눈으로, 이는 이로.' 하신 말씀을 너희는 들었다. 그러나 나는 이렇게 말한다. 앙갚음하지 마라. 누가 오른뺨을 치거든 왼뺨마저 돌려 대고 또 재판에 걸어 속옷을 가지려고 하거든 겉옷까지도 내주어라. 누가 억지로 오 리를 가자고 하거든 십 리를 같이 가주어라. 달라는 사람에게 주고 꾸려는 사람의 청을 물리치지 마라. '네 이웃을 사랑하고 원수를 미워하여라.' 하신 말씀을 너희는 들었다. 그러나 나는 이렇게 말한다. 원수를 사랑하고 너희를 박해하는 사람들을 위하여 기도하여라.[마태복음 5장 38~44절, 킹 제임스판(한국어 번역문은 공동번역 개정판 – 옮긴이)]

내 두 번째 재료는 또 다른 역설로, 나 자신의 연구 분야인 다윈주의에서 비롯된다. 자연선택은 심보가 몹시 고약한 과정이다. 다윈도 이렇게 말했을 정도니까. "악마의 사도가 아니면 누가 이런 서투르고, 낭비가 심하고, 부주의하고, 저열하고, 지독하게 잔혹한 자연의 소행에 대한 책을 쓸 수 있겠는가." 다윈을 동요시킨 것은 자연의 사실, 예컨대 말벌이 자기 유충을 살아 있는 애벌레의 몸속에서 양육하는 습성만이 아니었다. 자연선택 이론 그 자체가 공공의 이익을 희생시키며 이기주의를 조장하도록 계산되어 있는 것처럼 보였다. 파괴하는 힘, 고통에 대한 무정한 무관심, 장기적인 전망을 희생시키는 단기적 욕망. 만일 과학 이론에 투표권이 있다면 진화론은 분명 공화당을 찍을 것이다.[3] 내가 말하는 역설은 비다원주의적인 사실에서 온다. 그것은 누구나 자신의 지인 집단 속에서 관찰할 수 있는 것으로, 꽤 많은 사람들이 친절하고, 너그럽고, 남을 돕고, 동정심이 있고, 착하다는 사실이다. "그녀는 진짜 성인군자야"라거나 "그녀는 진정한 선한 사마리아인이야"라고 말할 수 있는 종류의 사람들이 있다.

우리 모두는 "사람들이 다 너 같기만 하면 세상의 모든 문제가 사라질 텐데"라고 진심으로 말할 수 있는 사람들을 알고 있다. 인간의 친절을 젖으로(셰익스피어의 《맥베스》에 나오는 유명한 표현인 'milk of kindness'를 가리킨다 – 옮긴이) 표현하는 것은 단순히 은유일 뿐이다. 그런데 순진하게 들릴는지는 몰라도 내 친구들 중에는, 사람을 그토록 친절하고, 그토록 이기심 없고, 그토록 비다원

---

3 빈정대기 좋아하는 사람들은 이것을, 학교에서 진화를 가르치는 것을 방해하려는 공화당 정치인들을 교육할 효과적인 방법으로 생각할지도 모른다. 나라면 오클라호마주 하원의원 토드 톰슨부터 시작할 것이다. 그는 2009년에, 내가 그 주의 주립대학에서 강의하는 것을 금지하는 법안을 주의회에 제출했다. 나의 "진화론에 관한 의견"은 "오클라호마 시민 대다수의 생각을 대표하지 않는다"는 것이 그 근거였다(아무리 좋게 말해도, 대학의 역할에 대한 요상한 해석이다).

주의적으로 만드는 뭔가가 있다면 그것을 **병에 담아두고** 싶다는 마음이 들게 하는 사람들이 남녀 불문하고 여러 명 있다.

다윈주의자는 인간의 친절을 설명할 수 있다. 혈연선택과 호혜적 행동에 관한 확립된 모델을 일반화하면 된다. 이 둘은, 어떻게 유전자 수준의 이기주의에서 동물 개체들 사이의 이타적 행동과 협력이 생길 수 있는지 설명하는 '이기적 유전자' 이론의 단골 메뉴다. 그런데 지금 내가 인간에게 있다고 말하고 있는 것 같은 지극한 친절은 너무 지나친 것이다. 그것은 신경의 오발이며, 심지어는 친절에 대한 다윈주의적 입장으로부터의 일탈이라고까지 할 만하다. 하지만 그건 일탈이라 해도 장려하고 퍼뜨릴 필요가 있는 종류의 일탈이다.

인간의 지극한 친절이 왜 다윈주의로부터의 일탈이냐 하면, 야생 집단에서는 그런 행동이 자연선택에 의해 제거되기 때문이다. 내 레시피의 세 번째 재료에 대해 자세히 기술할 공간은 없지만, 인간의 지극한 친절은, 인간 행동을 자기 이익을 최대화하기 위해 계산된 것으로 설명하는 경제학의 '합리적 선택 이론'으로부터의 명백한 일탈이기도 하다.

더 단도직입적으로 말해보자. 합리적 선택의 관점에서 보면, 혹은 다윈주의 관점에서 보면, 인간의 지극한 친절은 명백한 바보짓이다. 하지만 그것은 장려해야 할 종류의 바보짓이고, 이 에세이의 목적도 그것이다. 어떻게 하면 그것을 장려할 수 있을까? 우리가 아는 소수의 지극히 친절한 사람들을 선택해 그 수를 가능하면 인구의 과반수가 될 때까지 늘리기 위해서는 어떻게 해야 할까? 지극한 친절이 전염병처럼 퍼지도록 유도할 수 있을까? 지극한 친절을, 장기간 전파되는 전통으로 성장할 때까지 대대로 전달되는 형태로 패키지화할 수 있을까?

그런데 바보 같은 생각이 전염병처럼 퍼져나간 비슷한 사례를 우리는 알고 있지 않나? 알고 있다. 하느님께 맹세코! 그것은 **종교**다. 종교적 신념은 비합리적이다. 종교적 신념은 누가 누가 더 바보 같은지 겨루는 것 같다. 그야말로 바보짓의 결정체다. 종교는 원래는 분별 있는 사람을 금욕주의적인 수도원으로 보내고, 뉴욕 고층건물을 들이박게 만든다. 종교는 자기 등을 채찍질하게 시키고, 자신과 딸의 몸에 불을 붙이게 하고, 자신의 할머니를 마녀라고 비난하게 만든다. 그 정도로 극단적이지 않은 경우에도, 몇 주동안 엄청나게 지루한 의식이 진행되는 내내 서 있게 하거나 무릎을 꿇게 만든다. 사람들이 이런 자학적 바보짓에 감염될 수 있다면, 사람들을 친절에 감염시키는 것은 식은 죽 먹기다.

종교적 신념은 확실히 전염병처럼 퍼진다. 게다가 더 확실한 건, 대대로 전해지며 장기적인 전통을 이루며 유독 그곳만 합리성이 결여된 문화적 고립무원을 조성한다는 점이다. 왜 인간이 종교라 불리는 기이한 행동 방식을 보이는지 이해할 수는 없어도, 사람들이 그렇게 행동한다는 것은 분명한 사실이다. 종교의 존재는, 인간이 불합리한 신념을 열심히 받아들이며 그 신념을 전통을 통해 수직적으로, 복음의 전파를 통해 수평적으로 퍼뜨린다는 것을 보여주는 증거다. 이런 감염 취약성, 불합리한 것에 이토록 쉽게 감염되는 인간의 성질을 선한 힘으로 이용할 수 있지 않을까?

인간에게는 분명 추앙하는 롤 모델로부터 배우고 그것을 모방하려는 강한 경향이 있다. 조건이 갖추어지면 그것의 역학적 결과는 굉장할 수 있다. 축구 선수의 머리 모양, 가수의 옷 입는 감각, 게임쇼 프로그램 진행자의 말버릇처럼 대수롭지 않은 특이성이 감염에 취약한 연령 집단에서는 바이러스처럼 퍼질 수 있다. 광고업계는, 밈의 유행을 촉발시키고 유행을 확산하는 기술—또는 예술—에 전문적으로 매달린다. 기독교도 그 자체도 그런 테크닉에 의해 퍼졌다. 처음에는 성 바오로가, 그 다음에는 신부와 선교사들이 그런 식으로 조직적으로 개종자 수를 늘리려고 시도했고, 이로 인해 때로는 신도가 기하급수적으로 증가하기도 했다. 우리는 지극히 친절한 사람의 수를 기하급수적으로 증폭할 수 있을까?

　　나는 최근 에든버러에서, 그 아름다운 도시의 주교를 역임한 리처드 할로웨이와 공개 토론을 했다. 할로웨이 주교는 대부분의 기독교들이 여전히 자신들의 종교와 동일시하고 있는 초자연주의에서 명백히 벗어났다(그는 자신을 포스트 기독교도, 또는 '회복기에 있는 기독교도'라고 표현한다). 하지만 그는 종교 신화의 시적인 부분에 대한 외경심을 잃지 않았고 그런 외경심만으로 교회에 계속 간다. 그리고 에든버러에서 나와 토론하는 도중 내 마음 한복판에 푹 꽂힌 의견을 내놓았다. 그는 수학과 우주론의 세계에서 시적 신화를 빌려와, 인간성을 진화의 '특이점'이라고 표현했다. 표현은 달랐지만 그가 의미한 것은 정확히 내가 이 에세이에서 말하고자 하는 바였다.[6] 지극히 친절한 인간의 출현은 40억 년에 걸친 진화 역사에서 유례가 없는 것이다. 호모 사피엔스라는 특이점

이후 진화는 다시는 전과 같지 않을 것이다.

할로웨이 주교가 그러지 않았듯이 여기서 착각하지 않았으면 좋겠는데, 특이점은 맹목적인 진화 그 자체의 산물이지, 진화하지 않은 지능의 창조물이 아니다. 그것은 인간 뇌가 자연적으로 진화한 결과이고, 그 뇌는 자연선택의 맹목적인 힘 아래 예기치 않게 도를 넘어, 이기적 유전자의 관점에서 보면 비상식적인 행동을 시작하는 지점까지 발전했다. 그런 진화의 결과로 생긴 가장 명백하게 비다윈주의적인 오발은 피임이다. 피임은 성적 쾌락을 유전자 전파라는 자연의 기능에서 분리한다. 더 미묘한 형태의 도를 넘는 행동도 있는데, 이기적 유전자의 관점에서는 생존과 번식에 쏟아야 할 시간과 에너지를 낭비하는 것으로밖에는 보이지 않는 지적·예술적 추구가 그것이다. 큰 뇌는 '진정한 미래 전망'이라는 진화상 유례없는 위업을 이루어냈다. 뇌가 단기적인 이익을 초월해 장기적인 결과를 계산할 수 있게 된 것이다. 그리고 적어도 일부 개인에게서는, 도를 넘은 뇌가 지극한 친절에 탐닉하는 정도까지 도달했다. 이런 지극한 친절이 이례적 현상이라는 것이 바로 내 주장의 핵심적인 역설이다. 큰 뇌는 처음에는 이기적 유전자의 동기에 딱 맞았던 충동적인 목표 추구 메커니즘의 방향을 돌려

---

4 그가 말한 특이점은 트랜스휴머니스트 미래학자 레이 커즈와일이 사용한 의미의 특이점이 아니라, 물리학자의 관점에서 또 다른 은유적 발전을 표현한 것이었다.

(전복? 일탈?), 다원주의 목표와는 다른 길로 진행시킬 수 있었다.

나는 밈 엔지니어가 아니므로, 지극히 친절한 사람들의 수를 늘리고 그 밈을 밈 풀 내에 확산시키는 방법에 대해서는 잘 모른다. 내가 제안할 수 있는 것은 기껏해야, 바라건대 '눈길을 사로잡는' 슬로건이다. '예수를 지지하는 무신론자'를 티셔츠에 새기는 것이다. 마하트마 간디 같은 지극히 친절한 사람들 속에서 롤 모델을 가져오는 대신 특별히 예수를 아이콘으로 선택한 강력한 이유는 없다(아무리 그래도 불쾌할 정도로 독선적이고 위선적인 마더 테레사는 절대 안 된다[5]). 나는 다만, 예수가 자신의 진정으로 독창적이고 급진적인 도덕 체계를, 당대 사람으로서 불가피하게 지지했던 초자연적 넌센스와 분리한 것에 대해 우리가 경의를 표해야 한다는 생각을 했다. 그리고 '예수를 지지하는 무신론자'라는 모순어법의 임팩트야말로 포스트 기독교 사회에서 지극한 친절의 밈을 촉진하기 위해 꼭 필요한 것일지도 모른다. 우리가 잘 처신한다면, 우리 사회를 다원주의에서 기원한 지옥에서, 더 친절하고 동정심 있는 특이점 이후 계몽주의의 고지로 인도할 수 있을 것이다.

나는 예수가 살아 돌아온다면 내가 제안한 슬로건이 박힌 티셔츠를 입을 것이라고 생각한다. 이미 누구도 부인할 수 없는 평범한 사실이 되었지만, 예수가 지금 돌아온다면 그의 이름으로 기독

---

5 이 부정적 평가를 입증한 책인 크리스토퍼 히친스의《자비를 판다: 우상파괴자 히친스의 마더 테레사 비판The Missionary Position》을 참조하라.

교가 행하고 있는 일—여봐란 듯 막대한 부를 축적한 가톨릭교회에서부터, 예수가 말한 것과 명백히 모순되게 '신은 당신이 부자가 되기를 바란다'는 교의를 선언하는 근본주의 종교 우파까지—에 경악할 것이다. 또한 그 정도로 명백하지는 않지만 그럼에도 현대의 과학 지식에 비추어 타당한 추측이라고 생각되는 점이 있는데, 예수라면 초자연주의자의 일부러 의도를 애매하게 하는 표현법을 꿰뚫어 볼 것이다. 하지만 물론, 겸손한 그는 티셔츠의 슬로건을 거꾸로 뒤집어 '무신론자를 지지하는 예수'로 바꿀 것이다.

　이 에세이는 예수가 실존 인물이었다는 전제하에 쓴 것이다. 역사학자들 사이에는 예수가 실존 인물이 아니라고 생각하는 소수 학파가 있다. 그들의 의견을 지지하는 사실들은 많다. 복음서가 쓰인 것은 예수가 죽었다고 일컬어지는 시점보다 수십 년 뒤, 예수를 만난 적은 없지만 강력한 종교적 동기를 가진 이름 모를 신도들에 의해서다. 게다가 역사적 사실에 대한 이해가 우리와는 매우 달라서, 그들은 구약성서의 예언을 실현하기 위해 아무렇지도 않게 이야기를 지어냈다. 마태복음의 처녀 잉태 이야기는 실제로는, 이사야서에 나오는 예언처럼 보이는 것을 실현하기 위해 이야기를 지어내는 과정에서, '젊은 여성'을 의미하는 히브리어 단어를 '처녀'를 의미하는 그리스어 단어로 오역하면서 생겨난 것이다. 신약성서에서 가장 먼저 작성된 부분은 사도행전 속에 있는데, 예수의 생애에 대해서는 거의 아무것도 기록되어 있지 않고, 그의 신학적 중요성에 대한 지어낸 이야기들뿐이다. 성서를 빼면 어느 문서를 봐도 그에 대한 언급은 의심스러울 정도로 적다. 이 글의 목적을 달성하는 데에는 어느 쪽이든 상관없다. 만일 그가 가공의 인물 또는 신화 속 인물이라면, 우리가 본받고 싶은 미덕을 가진 사람이 가상의 인물이 되는 것뿐이다. 예수라고 불리는 인물, 또는 그를 창조한 저자에게 칭찬이 돌아갈 뿐이다. 이 에세이의 요점은 달라지지 않는다.

　하지만 그것과는 별개로, 그가 실존했는가는 흥미로운 질문이다. 예수Jesus는 여호수아(Yehoshua, Yeshua, Yeshu, Joshua, 등)의 라틴어 어형이다. 당시에는 떠돌아다니는 설교자들도 많았다. 아마 이 둘의 교집합이 있었을 것이다. 그런 의미에서, 여러 명의 예수가 있었을 가능성을 쉽게 떠올려볼 수 있다. 그중에는 십자가형을 받은 사람도 있었을지 모른다. 로마 시대에는 십자가형 역시 흔한 일이었다. 하지만 물 위를 걷고, 물을 포도주로 바꾸고, 처녀에게서 태어나고, 자신이나 그 밖의 누군가를 죽음으로부터 되살려내고, 물리 법칙을 위반하는 기적을 일으킨 자가 있었을까? 그런 사람은 없었다. 산상수훈처럼 좋은 무언가를 말한 예수가 있었을까? 무수한 예수들 중 한 명이 말했든지, 아니면 그 밖의 누군가가 지어내어 가공의 인물에게 대신 말하게 했든지 둘 중 하나이고, 이 에세이에서 중요한 건 그게 전부다. 지극한 친절은 퍼뜨릴 가치가 있고, 종교는 그것을 퍼뜨릴 방법을 제시해줄지도 모른다.

Science
in the
Soul

5부

현실 세계에 살다

윤리든 교육이든, 법이든 언어든, 세상 사람들이 관심을 가지는 쟁점에 관한 리처드 도킨스의 문장을 읽으면, 차가운 바다에 뛰어들어 수영하는 것 같은 느낌이 들지도 모른다. 처음에는 숨을 크게 들이마시지만, 점점 신이 나다가 마침내 얼얼한 행복감과 함께 떠오르게 된다. 그 이유는 사고의 명쾌함, 표현의 절묘함, 당면 문제를 다루는 진지한 자세, 그리고 객관적 이성이 해결책까지는 아니더라도 현실 세계에 적용할 수 있는 건설적인 개선책을 제시해준다는 침착한 확신이 합쳐져 일으키는 상승효과에 있다고 생각한다.

5부의 제목을 고려하면, 이상에 집착한 것으로 잘 알려져 있는 고대 그리스 사상가에게서 제목을 따온 에세이로 시작하는 것이 청개구리 심보처럼 보일지도 모른다. 하지만 바로 그것이 목적이다. 이 에세이에서 다루는 핵심 개념인 '본질주의' 또는 '불연속적인 정신의 횡포'는 세계에 대한 근본적으로 잘못된 사고방식이다. 이 에세이는 그런 사고를 물리치며, 우리가 생각하는 방식과 언어를 사용하는 방식이 주변에서 일어나는 일을 관찰하고 분석하고 이해하는 데 어떤 식으로 영향을 주는지 보여준다. 이론적 개념을 실제 경험에 결부시켜 보는 일종의 마스터클래스인 셈이다.

이 에세이가 비판하는 표적들 중 하나는, 리스크, 안전, 범죄에 관한 복잡한 질문에 '예' 또는 '아니오'로만 대답하라고 요구하면서 "검지를 가로저으며 위협하는 변호사들"이다. 두 번째 에세이 '합리적 의심이 남지 않도록'에서도 사법 제도를 비판하는데, 대부분의 변호사가 법정에서 자랑스럽게 추구하는 엄밀함을 가지고 배심원 재판 관행을 심문한다.

'하지만 그들은 고통을 느끼는가?'는 고통이라는 어려운 문제와, '우리 인간이 자기 자신과 그 밖의 생물들의 고통을 어떻게 지각하는가'라는 문제를 다룬다. 이 에세이는 인간의 경험을 다른 동물들의 경험보다 우선시하는 '종차별주의적' 전제가 널리 통용되고 있는 현실에 이의를 제기하고, 지적 능력과 고통을 느끼는 능력 사이에 어떤 상관성이 있다는 생각을 의심할 만한 훌륭한 이유를 제시한다. '나는 불꽃을 좋아하지만⋯⋯'은 수많은 쇼에 동반되는 폭발음을, 퇴역군인은 말할 것도 없고 반려동물과 야생동물이 어떻게 경험하는지 좀 더 생각해보기를 바란다고 호소하면서, 비인간 동물의 고통을 한층 더 가까운 주제로 다룬다.

다음 에세이 '누가 이성에 반대하는 집회를 여는가?'는 워싱턴 DC에서 개최된 '이성을 위한 집회'에 오라고 호소하는 초대장으로, 이성의 업적을 찬미하는 것으로 시작해, 이성을 지키기 위해 궐기하자고 다시 한 번 외치며 끝난다. 혹시 이 에세이를 읽고 우쭐한 기분이 드는 영국인이 있을지도 모르는데, 그 다음 에세이인 '자막 예찬, 더빙 비판'이 그러한 자기만족을 가시게 만들 것이다. 영국인 대다수는 유럽인이 영어를 유창하게 말하는 것을 들을 때 외경심을 갖는다. 이 에세이에서 도킨스는 국가의 단점을 한탄하는 것에 그치지 않는다. 그는 과학적 상상력으로 현실 세계를 관찰하면서 '나태함'이나 '제국으로서의 오랜 역사가 남긴 그림자' 외에 영국인의 낮은 언어 능력을 초래하는 다른 이유들을 제시하고, 그것을 개선하기 위한 매력적인 제안을 한다.

현실에는 싸워야 할 문제도 많고 그 싸움을 가로막는 장애물도 많기에 명석하고 상상력이 풍부하며 사회에 열심히 참여하는 작가가 때때로 좌절감을 느끼는 것은 전혀 이상한 일이 아니다. 5부의 마지막 에세이에서는 만일 도킨스가 세계를 지배한다면 무슨 일이 일어날지를 살짝 엿볼 수 있다.

G. S.

플라톤의
멍에[1]

∧
∧

영국 인구의 몇 퍼센트가 빈곤선 아래에 있을까? 대답할
가치도 없는 이런 어리석은 질문을 하는 건 내가 가난에 대해 냉
담해서도 무감각해서도 아니다. 나는 어린이가 굶주리거나 연금
생활자가 추위에 떨면 몹시 신경이 쓰인다. 내가 반대하는 건 '선

---

1 나는 〈뉴 스테이츠먼New Statesman〉의 2011년 크리스마스 합본호
를 위한 객원 편집자로 초빙되었다. 이 기사는 그 호에 내가 기고한 에
세이 '불연속적인 마음의 횡포'에서 대부분을 가져왔지만, 존 브록만이
편집한 책《이 생각은 사라질 것이다: 진보를 방해하는 과학 이론This
Idea Must Die: scientific theories that are blocking progress》에 내가 쓴 장 '본
질주의Essentialism'의 내용도 일부 들어가 있다.

line'이라는 개념 그 자체인데, 빈곤선은 수많은 사례 중 하나에 불과하다. '선'은 연속하는 현실에 근거 없이 만들어놓은 불연속성이다.

얼마나 가난해야 '빈곤선' 아래에 있을 만큼 가난한 것인지는 누가 결정하는가? 그 선을 움직이고 그렇게 함으로써 평가가 달라지는 것을 멈추려면 어떻게 해야 할까? 가난과 부는 연속적으로 분포하는 양으로, 이를테면 주급으로 측정할 수 있을 것이다. 왜 연속적인 변수를 두 개의 불연속적인 범주, 즉 '선'의 위와 아래로 쪼갬으로써 정보의 대부분을 날려버리는가? 우리 중 몇 명이 그 바보 같은 선 아래 놓일까? 몇 명의 플레이어가 그 엄격한 선을 넘을까? 몇 명의 옥스퍼드 학생이 1등급이라는 선 위에 놓일까?

실은 대학도 그렇게 한다. 시험 성적은 인간의 능력이나 성과를 평가하는 대부분의 척도와 마찬가지로 연속적인 변수로, 그것의 도수 분포는 종 모양을 이룬다. 그럼에도 영국의 대학들은 등급별 명부를 발표하겠다고 주장하는데, 1등급을 받는 학생은 극히 일부이고 2등급(요즘은 2등급을 다시 상위와 하위로 나눈다)을 받는 학생이 대부분이며 3등급 학생은 소수다. 성적 분포가 서너 개의 피크가 있고 그 사이에 깊은 골짜기가 있는 형태를 이룬다면 이렇게 하는 것도 일리가 있을지도 모른다. 하지만 그렇지 않다. 채점을 해본 사람이라면 누구나 알고 있겠지만, 어떤 등급의 최하위와 그 밑 등급의 최상위 사이의 차이는, 같은 등급의 최상위와 최하위 사이의 차이만큼이나 작다. 이 사실 하나만으로도 불연속적인 분류 체계의 뿌리 깊은 불공평을 알 수 있다.

채점관들은 각 시험지에 100점 만점으로 점수를 매기느라 엄청나게 고생한다. 같은 시험지를 두고 여러 명이 이중으로, 심지어는 삼중으로 채점을 한다. 그런 다음 그들은 시험지에 적힌 답이 55점에 해당하는지 52점에 해당하는지와 같은 미묘한 차이를 놓고 실랑이를 벌인다. 점수는 신중하게 가산되고, 표준화되고, 변환되고, 조정되고, 의논된다. 이렇게 해서 결정된 최종 점수와 학생들의 순위는 양심적인 채점관들이 얻어낼 수 있는 최고로 유익한 정보다. 하지만 그런 다음 그 풍부한 정보에 무슨 일이 일어날까? 채점 과정에 들어간 그 모든 수고, 미묘한 차이에 대한 신중한 검토와 조정이 모두 무모하게 무시되어 그 대부분이 버려진다. 학생들은 서너 등급으로 묶이고, 그것이 채점관실 밖으로 나가는 유일한 정보가 된다.

예상할 수 있다시피 케임브리지의 수학자들은 그 불연속의 허를 찌르고 순위를 누설한다. '제이콥 브로노스키는 그 해의 수석이었고 버틀런드 러셀은 그 해의 7등이었다'와 같은 정보가 비공식적으로 알려지게 되었다. 다른 대학들에서도 지도교수가 추천서에 '그녀는 1등급을 받았을 뿐 아니라, 시험관들은 그 대학의 1등급에 속하는 106명 중 그녀를 3등으로 매겼다'고 적는 경우가 있다. 이것이 추천서에서 진정으로 중요한 종류의 정보다. 그리고 공식적으로 발표되는 등급별 명부에서 불합리하게 버려지는 정보이기도 하다.

어쩌면 그러한 정보 낭비는 불가피한 것, 즉 필요악일지도 모른다. 나는 지나치게 확대해석하고 싶지는 않다. 더 심각한 건 '1급 정신' 또는 '알파 정신'이라고 부를 수 있는 플라톤 철학의 이상 같은 것이 있다고 스스로를 속이는 교육자들이―감히 말하는데, 특히 과학 외 학문 분야에―일부 존재한다는 사실이다. 그들은 여성이 남성과 다르고 양과 염소가 다르듯, 질적으로 다른 범주가 존재한다고 믿는다. 내가 불연속적인 정신이라고 부르는 것의 극단적 형태다. 그 기원을 더듬어 가면 플라톤의 '본질주의'로 거슬러 올라갈 수 있을 텐데, 그것은 역사상 가장 유해한 개념 중 하나다.

플라톤은 그리스 기하학자 같은 견해를 취했고, 기하학과 관계가 없는 영역에서도 그러한 견해를 밀어붙였다. 플라톤에게 원 또는 직각삼각형은 수학적으로 정의할 수 있으나 실제 세계에서는 실현할 수 없는 이상적인 형태였다. 모래에 그려진 원은 어떤 추상적 공간에 떠 있는 플라톤의 이상적인 원에 대한 불완전한 근사치였다. 이것은 원 같은 기하학 형태에 대해서는 유효한 개념이다. 하지만 본질주의는 살아 있는 것에도 적용되었고, 에른스트 마이어는 인류가 진화를 발견하는 것이 19세기까지 늦어진 이유가 그것 때문이라고 생각했다. 만일 당신이 살아 있는 모든 토끼를 플라톤의 이상적인 토끼에 대한 불완전한 근사치로 취급한다면, 토끼가 토끼 아닌 조상에게서 진화했을지도 모르고 앞으로 토끼 아닌 자손으로 진화할지도 모른다는 생각이 떠오르지 않을 것이다. 만일 당신이 본질주의의 사전적 정의에 따라 토끼다움의 **본질**이 토끼의 **존재**에 '선행한다'고 생각한다면('선행한다'가 무엇을 의미하든 이 말 자체가 의미가 없다) 진화라는 개념이 당신의 머릿속에 쉽게 떠오르지 않을 것이며, 누군가가 그 개념을 제안하면 저항할 것이다.

선거에서 누가 투표할 수 있는지 결정하는 것 같은 법률상 목적을 위해 성인과 비성인을 구분하는 선은 필요하다. 18세나 21세, 또는 16세를 기준으로 하는 것의 장점들에 대해 논쟁할 수는 있겠지만, 선이 있어야 하고 그 선이 출생일이어야 한다는 사실은 모두가 받아들인다. 40세보다 더 투표할 자격이 있는 15세도 있다는 사실을 부정하는 사람은 별로 없을 것이다. 하지만 선거권을 주기 위해 운전면허 시험 같은 테스트를 도입하는 것에는 거부감이 있고, 그래서 우리는 연령선을 필요악으로 받아들인다. 그러나 이러한 '선'을 억지로 정하는 것을 주저해야 하는 사례도 있을 것이다. 불연속적인 정신의 횡포가 실질적인 해악을 초래하는 사례, 우리가 그런 횡포에 적극적으로 저항해야 하는 사례가 있을까? 물론 있다.

본질주의는 낙태와 안락사 같은 윤리 논쟁을 혼란스럽게 만든다. 뇌사 사고의 피해자는 어느 시점에 '사망했다'고 정의할 수 있을까? 발달의 어느 순간에 태아가 '사람'이 될까? 본질주의에 감염된 마음만이 이런 질문을 한다. 배아는 단세포인 접합체에서 신생아로 점진적으로 발달하므로, '인간으로서의 존재'에 이르렀다고 볼 만한 단 하나의 순간은 존재하지 않는다. 세계는 이 사실을 이해하는 사람들과, "그래도 태아가 인간이 되는 **어떤** 순간이 있을 것 아닌가"라고 호소하는 사람들로 나뉜다. 아니다. 그런 순간은 실제로는 존재하지 않는다. 중년인 사람이 노인이 되는 날이 존재하지 않는 것과 마찬가지다. 이상적이지는 않지만, 차라리 태아는 4분의 1의 인간, 2분의 1의 인간, 4분의 3의 인간 따위의 단계들을 거친다고 말하는 편이 더 낫다. 본질주의적 마음은 이러한 표현을 기피하고, 내가 인간성의 **본질**을 부정하고 있다며 온갖 종류의 협박을 동원해 비난한다.

16개 세포로 된 태아와 아기를 구별할 수 없는 사람들도 있다. 그들은 낙태를 살인이라고 부르며, 낙태시술을 한 의사—생각하고, 느끼고, 지각하고, 그의 죽음을 슬퍼할 사랑하는 가족이 있는 성인—를 살해하는 행위를 정당하다고 느낀다. 불연속적인 마음의 눈에는 중간 단계가 보이지 않는다. 배아는 인간이거나 인간이 아니거나 둘 중 하나다. 모든 것은 이것 또는 저것, 예 또는 아니오, 검은 것 아니면 흰 것이다. 하지만 현실은 그렇지 않다.

법적으로 명확하게 하기 위해 18번째 생일을 선거권을 얻는 순간으로 정의하듯이, 태아의 발달에서 어떤 임의적 순간이 지나면 낙태를 금지하는 선이 필요할지도 모른다. 하지만 인간이라고 부를 수 있는 존재는 어느 한 순간에 갑자기 나타나지 않는다. 그것은 서서히 성숙하고, 아동기와 그 이후까지 계속해서 성숙한다.

불연속적인 정신이 보기에는 어떤 실체가 사람이거나 아니거나 둘 중 하나다. 불연속적인 정신은 2분의 1인 사람, 또는 4분의 3인 사람이 있다는 생각을 이해할 수 없다. 일부 절대주의자들은 사람이 존재하게 되는 순간—영혼이 주입되는 순간—을 수정 시점까지 소급하고, 이에 따라 모든 낙태를 정의상 살인으로 간주한다. 생명의 선물Donum Vitae이라는 제목이 붙어 있는 가톨릭교서 Catholic Doctrine of the Faith에는 다음과 같이 기술되어 있다.

> 난자가 수정되는 순간부터 아버지의 것도 아니고 어머니의 것도 아닌 새로운 생명이 시작된다. 그것은 그 자체로 성장하는 새로운 인간의 생명이다. 이미 인간이 아니라면 영영 인간이 되지 못한다. 이것이 영원히 명백한 사실임을 ……귀중하게도 현대 유전학이 뒷받침한다. 최초의 순간부터 이 생명체가 무엇이 될지에 관한 프로그램이 설치되어 있다는 것을 유전학이 증명하고 있다. 인간, 본인의 특징적인 요소를 가진 개별 인간은 이미 확고하게 결정되어 있다. 수정 순간부터 인간 생명의 모험이 시작되는 것이다. ……[2]

이러한 절대주의자들 앞에 일란성 쌍둥이(물론 일란성 쌍둥이는 수정 후 분열된다)를 데려다놓고, 쌍둥이 중 어느 쪽에 영혼이 있고 어느 쪽이 사람이 아닌 좀비인지 추궁하며 놀리면 재미있을 것이다. 유치하다고? 그럴지도 모른다. 하지만 그런 식으로 정곡을 찌를 수 있는 것은 애초에 그들의 믿음이 유치하기 때문이다. 게다가 무지하다.

---

2 몬티 파이튼의 마이클 페일린이 남긴 불멸의 명언을 인용하면, "아빠가 사정할 때부터 너는 가톨릭 신자야."

"이미 인간이 아니라면 영영 인간이 되지 못한다." 정말인가? 진심인가? 이미 무언가가 아니라면 영영 무언가가 되지 못한다고? 그러면 도토리가 떡갈나무인가? 허리케인의 씨앗이 되는 거의 감지할 수 없는 미풍이 허리케인인가? 당신은 이 교의를 진화론에도 적용하겠는가? 진화의 역사에서 인간이 아닌 동물이 최초의 인간을 탄생시킨 순간이 있었다고 생각하는가?

고생물학자들은 특정 화석이 예컨대 오스트랄로피테쿠스속 *Australopithecus*인지 호모속*Homo*인지를 놓고 열띤 논쟁을 벌인다. 하지만 진화론자라면 누구나 중간체였던 개체가 존재했다는 것을 안다. 모든 화석을 이 속 아니면 저 속에 밀어넣어야 한다고 강하게 요구하는 것은 본질주의자의 어리석은 짓이다. 호모속 자식을 낳은 오스트랄로피테쿠스속 어머니는 없었다. 태어난 자식은 모두 어머니와 같은 종에 속하기 때문이다. 종에 불연속적인 명칭을 붙이는 시스템 자체가 예컨대 '현재'처럼, 조상을 편리하게 우리 의식에서 제거하는 토막난 시간에 맞춰 설계되어 있다. 만일 어떤 기적이 일어나 모든 조상이 화석으로 보존된다면, 불연속적인 명명은 불가능할 것이다.[3] 착각에 빠진 창조론자들은 진화론자를 난처하게 한답시고 '공백'을 거론하지만, 공백은 정당한 이유로 종에 개별 명칭을 부여하고 싶어하는 분류학자에게는 생각지도 못

---

3 걸어 다니기도 어려울 것이다. 발을 내디딜 때마다 화석에 걸릴 테니까.

한 행운이다. 화석이 '실제로' 오스트랄로피테쿠스속인지 호모속인지를 놓고 싸우는 것은 조지의 키를 '크다'고 해야 하는지를 놓고 싸우는 것과 같다. 그의 키는 178센티미터이다. 알아야 하는 것은 그것으로 충분하지 않은가?

타임머신을 타고 200만대조 할아버지가 있는 곳으로 간다면, 당신은 타르타르소스와 레몬 조각을 곁들여 그를 먹을 것이다. 그는 물고기였기 때문이다. 그럼에도 당신은 중단 없이 이어지는 중간체 조상들에 의해 그와 연결되어 있고, 그 중간체들은 모두 그 부모 및 자식과 같은 종에 속했다.

"내가 함께 춤을 춘 남성은 어떤 소녀와 춤을 춘 적이 있고, 그 소녀는 왕세자와 춤을 춘 적이 있다"는 노래와 같다. 나는 어떤 여성과 성교할 수 있고, 그 여성은 어떤 남성과 성교할 수 있고, 그 남성은 어떤 여성과 성교할 수 있고……. 그렇게 충분한 단계를 거치면…… 조상 물고기와 교배해 생식력 있는 자손을 생산할 수 있다. 또한 타임머신의 예를 다시 들면, 당신은 오스트랄로피테쿠스와 교배할 수 없지만(적어도 그 교배에서 생식력 있는 자손은 생산되지 않는다), 중단 없이 이어지는 중간체들의 사슬에 의해 오스트랄로피테쿠스와 연결되어 있고, 그 모든 단계에서 중간체들은 사슬로 이어져 있는 이웃과 이종교배할 수 있다. 그리고 그 사슬은 뒤쪽으로 계속되어 데본기의 그 물고기와 그 이전까지 중단 없이 이어진다. 하지만 인간을 (공룡의 그림자 속에서 8500만 년 전까지 뒤쥐와 비슷한 모습으로 존재해왔던) 돼지와의 공통 조상과 연결하는 중간체가 절멸하지 않았다면, 그리고 같은 조상과 현대의 돼지를 연결하는 중간체가 절멸하지 않았다면, 호모 사피엔스*Homo sapiens*와 멧돼지*Sus scrofa*를 명확하게 분리하는 선은 존재하지 않았을 것이다. 당신은 X와 교배할 수 있고, 그 X는 Y와 교배할 수 있고, 그 Y는…… (수천 개의 중간체를 건너면) 멧돼지와 교배해 생식력 있는 자손을 생산할 수 있을 것이다.

어떤 종과 그 종을 생산한 조상종 사이에 엄격한 선을 그어야 한다고 강력하게 요구하는 것은 불연속적인 정신뿐이다. 진화적 변화는 점진적이다. 즉, 어떤 종과 그 종의 진화적 전신을 나누는 선은 결코 존재하지 않았다.[4]

중간체가 멸종하지 않아서 불연속적인 정신이 엄연한 현실적 문제에 직면하는 사례들도 몇 가지 있다. 재갈매기*Larus argentatus*와 검은등작은갈매기*Larus fuscus*(줄무늬노랑발갈매기라는 이름이 더 자주 쓰인다 – 옮긴이)는 서유럽의 혼합 군집에서 번식하지만 이종교배는 하지 않는다. 이 때문에 두 종류의 갈매기는 별개의 종으로 정의된다. 하지만 만일 당신이 북반구를 서쪽으로 일주하면서 가는 길에 갈매기 샘플을 채집한다면, 각 지역의 갈매기는 재갈매기의 연한 회색에서 시작해 북극 주변으로 가면서 점점 어두워지다가, 일주를 마치고 서유럽으로 돌아오면 검은등작은갈매기가 '되어' 있을 것이다. 게다가 설령 일주의 시작과 끝에 해당하는 영

---

4 예외도 있다. 특히 식물의 경우에는, 이종교배 불능이라는 기준으로 정의되는 새로운 종이 단 한 세대 만에 생길 수 있다.

국에서는 두 종이 이종교배하지 않는다 해도, 도중의 이웃하는 개체군들은 이종교배한다. 그렇다면 이 둘은 별개의 종인가 아닌가? 불연속적인 정신의 횡포에 놀아나는 사람만이 그 질문에 대답해야 한다고 느낀다. 진화의 중간체가 우연히 멸종하지 않았다면, 모든 종이 이 갈매기들처럼 이종교배하는 연쇄에 의해 서로 연결되어 있을 것이다.

본질주의는 인종에 관한 용어에서도 추한 머리를 치켜든다. '아프리카계 미국인'의 대다수는 혼혈이다. 그럼에도 본질주의적 사고방식이 너무 뿌리 깊이 박혀 있는 탓에, 미국의 공식 서류는 모든 사람에게 인종/민족의 어느 칸에 체크하도록 요구한다. 중간은 허용하지 않는다. 오늘날 미국에서는, 설령 여덟 명의 증조부모들 중 한 명만 아프리카계라도 '아프리카계 미국인'으로 불린다.

콜린 파월과 버락 오바마는 흑인으로 불린다. 그들에게는 흑인 조상들이 있지만 백인 조상들도 있다. 그렇다면 왜 우리는 그들을 백인이라고 부르지 않을까? '흑인'이라는 표현이 유전학에서 말하는 우성의 문화적 상응물처럼 작용하는 것은 이상한 관습이다. 유전학의 아버지인 그레고어 멘델이 주름진 완두콩과 매끈한 완두콩을 교배시켰을 때 그 자손은 모두 매끈했다. 매끈함이 '우성'이다. 백인이 흑인과 결혼해 자식을 낳으면, 자식은 중간체이지만 '흑인'이라는 꼬리표가 붙는다. 문화적 꼬리표는 우성 유전자처럼 대대로 전해지고, 설령 여덟 명의 증조부모 가운데 오직 한 명만 흑인이라서 피부색에서는 전혀 표시가 나지 않는 경우에도 끈질기게 남는다. 그것은 (리오넬 타이거가 내게 지적했듯이) 인종주의적인 '오염 은유', '타르솔의 터치(흑인의 피가 섞인 혈통)'다. 우리 언어에는 이것에 상응하는 '백색 도료의 터치'라는 표현이 없고, 연속적인 중간체들에 대응하는 표현이 준비되어 있지 않다. 사람들이 빈곤'선' 아래 또는 위에 있어야 하듯이, 우리는 사람들을 실제로는 중간체라 해도 '흑인'으로 분류한다. 공식 서류가 '인종' 또는 '민족' 칸에 체크하라고 요구할 때, 나는 선을 그어 칸을 지우고 '인간'이라고 쓰기를 권한다.

미국 대통령 선거에서는 모든 주(메인주와 네브래스카주는 제외)가 최종적으로 민주당 또는 공화당 라벨을 붙여야 한다. 그 주에 사는 유권자들의 의견이 얼마나 균등하게 나눠져 있는가와는 관계없다. 각 주는 주의 인구에 비례하는 수의 대의원을 선거인단에 보낸다. 여기까지는 좋다. 하지만 불연속적인 정신은 한 주에서 온 대의원들 전원이 똑같이 투표하기를 요구한다. 이 '승자독식' 제도는 플로리다주에서 접전이 벌어진 2000년 선거에서 그 어리석음을 만천하에 드러냈다. 앨 고어와 조지 부시는 같은 수의 표를 얻었고, 쟁점이 된 근소한 차이는 오차 범위 내였다. 플로리다는 25명의 대의원을 선거인단에 보낸다.[5] 대법원은 어느 후보가 25표를 모두 (이에 따라 대통령직을) 획득해야 하는지 판정해야 했다. 접전이었으므로, 13표를 한 후보에게, 12표를 다른 후보에게 배분하는 것이 이치에 맞았을지도 모른다. 13표를 부시가 얻든

---

5 2000년에 25명이었다는 말이고, 해마다 바뀐다.

고어가 얻든 결과에는 차이가 없었다. 어느 쪽이든 고어가 대통령이 되었을 것이다. 사실 고어는 부시에게 25표 중 22표를 주었어도 여전히 대통령이 될 수 있었다.

　나는 대법원이 실제로 플로리다의 대의원을 쪼갰어야 했다고 말하는 것이 아니다. 아무리 바보 같은 법이라도 법을 따라야 한다. 내 말은, 25표를 한 당에 몰아주어야 한다는 한심한 헌법이 있는 이상, 대법원은 자연적 정의에 따라, 플로리다의 대의원을 분할했다면 선거에서 이겼을 후보자, 즉 고어에게 그 25표를 배분했어야 한다는 것이다. 하지만 이것이 내가 이 글에서 주장하려는 바는 아니다. 내가 여기서 말하고 싶은 것은, 표 차이가 근소하다 해도 각주에서 모든 표를 민주당 또는 공화당에 몰아주는 선거인단의 승자독식 개념은 불연속적인 정신의 횡포가 충격적일 정도로 비민주적인 형태로 표현된 것이라는 점이다. 메인주와 네브래스카주처럼 중간체가 있다는 사실을 인정하는 것이 왜 그렇게 어려울까? 대부분의 주는 '붉거나' '푸르지' 않고, 양쪽이 복잡하게 혼합되어 있다.[6]

6　미국 선거인단을 폐지하려면 헌법 개정이 필요했는데, 그건 어려운 일이다. 연방의회의 상원과 하원 모두에서 3분의 2의 찬성을 얻어야 하고, 주의회의 4분의 3이 승인해야 한다. 어느 모로 보나 최악은 한 주씩 점진적으로, 메인주와 네브라스카주의 사례를 따라 선거인단의 표를 비례 배분하는 개정을 실시하는 것이다. 이상적이지만 실행 불가능한 대안은 애초에 구상했던 그대로의 진정한 선거인단으로 되돌리는 것이

과학자들은 정부로부터, 법원으로부터, 그리고 사회 일반으로부터 리스크에 관한 질문 같은 중요한 질문들을 받을 때 예 또는 아니오로 명확하고 확고한 대답을 내놓도록 요구받는다. 새로운 약, 새로운 제초제, 새로운 발전소, 새로운 항공기를 비롯한 그 무엇에 대해서든 과학적 '전문가'는 명령조로 요구받는다. 그것이 안전합니까? 대답하세요! 그렇습니까, 아닙니까? 과학자가 안전과 리스크는 절대적인 것이 아니라고 아무리 설명해봤자 소용없다. 다른 것보다 안전한 것이 있을 뿐 절대적으로 안전한 것은 없다. 안전과 위험 사이에는 중간과 확률로 이루어진 이동하는 척도가 있을 뿐, 확고부동한 불연속은 없다. 그것은 또 다른 이야기인데,

---

다. 그것은 새로운 교황을 뽑는 추기경회와 비슷한 형태인데, 선거인단의 구성원을 지명하지 않고 선출하는 것만 다르다. 즉, 유권자가 선출한 존경받는 일군의 시민들이 모여 (가능한 한 많은) 모든 대통령 후보를 평가한다. 추천서를 받고, 출판물을 읽고, 인터뷰를 하고, 신원보증과 건강을 심사한 다음, 최종적으로 투표하고 선택의 결과를 세계에 '한 모금의 연기 신호'(시스티나 성당 위 굴뚝에서 흰색 연기가 솟으면 세계는 새 교황을 맞게 된다 – 옮긴이)로 발표하는 것이다. "하베무스 파팜!"('새 교황이 탄생했습니다')이 아니라 '아베무스 프레지뎀habemus praesidem'('새 대통령이 탄생했습니다')이라고 해야겠지만. 미국 선거인단은 실제로 이렇게 시작했다. 상황이 악화되기 시작한 것은 선거인단에 보낸 대표가 특정 대통령 후보를 지지한다고 서약한 가치 없는 사람이 되었을 때다. 불행히도 내 의견은 실행 불가능할 것이다. 부정행위에 취약하고, 사전 서약이 슬그머니 되돌아올 것이라는 이유만으로도.

여기에는 그것을 쓸 공간이 없다.

내가 여기서 말한 것만으로도 기자, 정치인, '검지손가락을 흔들며 위협하는 변호사들'이 그토록 좋아하는 '예 또는 아니오로 확실하게 답하라'는 요구 또한 일종의 불연속적인 정신의 횡포, 플라톤의 멍에의 불합리한 표현이라는 점이 충분히 드러났기를 바란다.

'합리적 의심이
남지 않도록'?[1]

∧

법정에서, 예컨대 살인 재판에서, 배심원단은 어떤 사람이 유죄인지 무죄인지 합리적 의심이 남지 않도록 판정하라는 요구를 받는다. 미국의 34개 주를 포함한 여러 사법 관할권에서 유죄 평결은 사형 집행으로 이어질 수 있다. 그런데 DNA 증거처럼 재

---

1 법률 교육을 받은 사람들이 이 글을 읽으면 분명히 알아채겠지만 나는 법률 교육을 받지 않았다. 하지만 배심원을 맡은 경험이 세 번 있고, 그때 유죄 증명은 '합리적 의심이 남지 않도록' 입증되어야 한다고 배웠다. '합리적 의심'의 의미에 대해서는 과학자도 할 말이 있다. 이 글은 내가 2012년 1월 23일자 〈뉴 스테이츠먼〉에 기고한 것이다.

판 시점에 없던 최신 증거가 소급적으로 과거의 평결을 뒤집은 사건들이 많이 있고 그중에는 사후에 사면된 사례도 있다.

법정 드라마는 배심원단이 평결을 내리기 위해 돌아올 때 법정에 감도는 긴장된 분위기를 정확하게 재현한다. 양측 변호사와 판사를 포함한 모든 사람이 숨을 죽인 채 배심원장이 발표하는 '유죄' 또는 '무죄'라는 말을 듣기 위해 기다린다. 하지만 만일 '합리적 의심이 남지 않도록'이라는 어구가 말 그대로를 의미한다면, 배심원단과 같은 재판을 끝까지 지켜본 모든 이의 마음속에 결과에 대한 의심이 한 치도 남지 않을 것이다. 배심원단이 평결을 내리자마자 형 집행을 명령하거나 피고인의 평판을 훼손하는 일 없이 그를 석방하겠다고 생각하고 있을 판사도 그 점에서는 예외가 아닐 것이다.

그럼에도 배심원단이 돌아오기 전 판사의 마음속에는 '합리적 의심'이 충분히 있고, 그는 조마조마한 마음으로 평결을 기다린다.

둘 중 하나다. 평결이 합리적 의심이 남지 않는 경우라면 배심원단이 법정을 나가 있는 동안 긴장된 기운이 전혀 없을 것이다. 그렇지 않고 의심으로 가득한 긴장감이 실제로 감도는 경우라면 사실들이 '합리적 의심이 남지 않도록' 입증되었다고 말할 수 없다.

미국 기상예보관들은 확실한 사실이 아니라 확률을 전한다. "비올 확률 80퍼센트." 배심원단에게는 그것이 허용되지 않지만, 나는 배심원을 맡았을 때 그렇게 말하고 싶었다. "평결은 유죄입니까? 무죄입니까?" "유죄 확률 75퍼센트입니다." 판사들과 변호사들이 아주 싫어할 말이다. 회색 지대가 있어서는 안 된다. 사법제도는 확실성, 예 또는 아니오, 유죄 또는 무죄를 요구한다. 재판관은 배심원단의 분열도 받아들이지 않을 것이고, 그들을 배심원실로 돌려보내며 어떤 식으로든 전원 합의에 이를 때까지 나오지 못하게 할 것이다. 그 '합리적 의심이 남지 않도록'이란 어떤 것일까?

과학에서 어떤 실험이 진지하게 받아들여지려면 재현할 수 있어야 한다. 모든 실험이 재현되지는 않는다. 우리에게는 충분한 세계와 시간이 없다(영국의 형이상학적 시인 앤드루 마벨의 시구를 비튼 것 – 옮긴이).[2] 하지만 이론이 있는 결과는 반드시 재현할 수 있어야 하고, 재현할 수 없을 경우 우리는 그것을 믿을 필요가 없다. 물리학계가 중성미자가 빛보다 빠르게 이동할 수 있다는 주장을 받아들이기 전에 실험이 재현되기를 기다린 이유가 거기에 있다. 실제로 그 주장은 최종적으로 부정되었다.

누군가를 사형 또는 종신형에 처하는 판정이라면, 재현을 보증할 수 있어야 하는 과학 실험만큼 진지하게 취급되어야 하지 않을까? 나는 재심에 대한 이야기를 하고 있는 게 아니다. 법률상의 쟁점이나 새로운 증거가 있을 때 행해지는, 가치 있는 항소에 대한 이야기를 하는 것도 아니다. 하지만 이렇게 가정해보자. 모든 재판에 두 배심원단이 있고, 둘은 같은 법정에 있되 서로 이야기하는 것이 금지된다. 두 배심원단이 항상 같은 평결에 이르리라고 누가 장담할 수 있을까? 제2의 배심원단도 O. J. 심슨에게 무죄 판

---

2 앤드루 마블의 문맥은 달랐지만, 그의 한탄은 여기에도 해당된다.

결을 내릴 가능성이 있다고 생각하는 사람이 과연 있을까?

내 추측은 이렇다. 만일 두 배심원단을 운영하는 실험이 많은 재판에서 실시된다면, 두 집단이 평결에서 일치하는 빈도는 50퍼센트를 약간 웃돌 것이다. 하지만 몇 퍼센트든 100퍼센트가 아니라면, 누군가를 전기의자로 보낼 정도로 '합리적 의심이 남아 있지 않은' 것인지 사람들은 의문을 가질 것이다. 그리고 두 배심원단이 100퍼센트 일치할 거라고 장담할 수 있는 사람이 있을까?

이렇게 말하는 사람도 있을 것이다. 배심원단에 12명이 있으니 그것으로 충분하지 않은가? 실험이 12번 재현되는 것과 같지 않은가? 그렇지 않다. 왜냐하면 12명의 배심원은 독립적이지 않기 때문이다. 그들은 같은 방에 함께 있다.

배심원으로 참가해본 사람이라면 누구든(나는 세 번 참가했다), 고압적인 자세로 분명하게 발언하는 사람이 나머지 사람들에게 영향을 준다는 것을 안다. 〈12인의 성난 사람들twelve angry men〉은 픽션이고 확실히 과장되어 있지만, 기본적으로는 현실과 같다. 헨리 폰다가 연기하는 인물이 빠진 제2의 배심원단이 꾸려졌다면 소년에게 유죄 평결을 내렸을 것이다. 특별히 예리한 사람, 특별히 설득력 있는 사람이 우연히 배심 의무에 선택될 행운에 사형 평결이 좌우되어야 할까?

나는 이중 배심 제도를 실제로 도입해야 한다고 제안하고 있는 것이 아니다. 6명으로 구성된 두 독립적인 배심원단이 12명의 단일한 배심원단보다 더 공정한 결과를 낼 거라고 생각하지만, 두 배심원단의 의견이 일치하지 않는 많은(나는 많을 거라고 추측한

다) 재판에 대해서는 어떻게 할 것인가? 이중 배심 제도는 피고 측에 유리한 편향된 제도가 아닐까? 나로서는 현재의 배심 제도에 대해 어떤 훌륭한 대안을 제시할 수 없지만, 그렇다 해도 지금의 제도는 심하다고 생각한다.

나는 서로 이야기하는 것이 금지된 두 재판관이 의견 일치를 보일 확률은 두 배심원단의 경우보다 높을 것이고, 어쩌면 100퍼센트에 근접할 수도 있겠다는 생각이 강하게 든다. 하지만 그것도, 재판관들이 같은 사회 계급 출신이고 비슷한 연령이라서 결과적으로 같은 선입관을 공유할 가능성이 높다는 반론에 부딪히기 쉽다.

내가 최소한의 기본으로 제안하는 것은, '합리적 의심이 남지 않도록'은 공허하고 텅 빈 표현이라는 사실을 우리가 인정해야 한다는 것이다. 만일 당신이 단일 배심 제도를 '합리적 의심이 남지 않는' 평결을 내리는 것으로 정의한다면, 두 배심원단이 항상 같은 평결에 도달한다는 확고한 생각에 동조하고 있는 것이다. 그리고 당신이 그렇게 말할 때, 자리에서 벌떡 일어나 100퍼센트 일치를 장담할 사람이 과연 있을까?

만일 당신이 그렇게 장담한다면, 평결을 듣기 위해 구태여 법정에 남아 있을 이유가 없다고 말하는 것과 같다. 왜냐하면 재판관과 양측 변호사를 포함해 재판을 끝까지 지켜본 사람에게 평결은 보나마나한 것이기 때문이다. 불안은 없다. 조마조마함도 없다.

실질적인 대안이 존재하지 않을지도 모르지만, 속이지는 말자. 지금의 법정 절차는 '합리적 의심이 남지 않도록'이라는 말을 조롱하고 있다.

하지만 그들은
고통을 느끼는가?[1]

∧
∧

공리주의의 창시자인 위대한 도덕철학자 제레미 벤담은 이런 말을 했다고 알려져 있다. "질문은 '그들은 생각할 수 있는 가' 또는 '그들은 말할 수 있는가'가 아니라, '그들은 고통을 느끼는가'이다." 대부분의 사람들은 벤담이 무슨 말을 하고 싶은 것인지 알지만 그럼에도 **인간**의 고통을 특히 걱정스러운 것으로 취급한다. 왜냐하면 어떤 종이 고통을 느끼는 능력이 지적 능력과 양의 상관관계가 있음은 어느 정도 명백한 사실이라고 막연히 생각하고 있기 때문이다. 식물은 생각할 수 없고, 식물이 고통을 느낄

---

1 2011년에 boingboing.net에 처음 게재되었다.

수 있다고 믿는다면 당신은 매우 특이한 사람임이 틀림없다. 지렁이에 대해서도 같은 말을 할 수 있을 것이다. 하지만 소는 어떤가?

그리고 개는 어떤가? 특별히 잔인한 사람이었다는 평판을 가지고 있지 않았던 르네 데카르트가 마음이 있는 것은 인간뿐이라는 철학적 신념을, 살아 있는 포유동물을 판자 위에 대자로 펼쳐놓고 아무렇지도 않게 해부할 정도로 극단적인 확신을 가지고 관철했다는 것은 도저히 믿기 어렵다. 그의 철학적 추론에는 어긋날지라도 그가 의심만으로 동물을 벌하지는 않았으리라고 당신은 생각할 것이다. 하지만 그는 갈레노스와 베살리우스를 포함한 생체해부학자들의 오랜 전통을 따랐고, 윌리엄 하비 같은 많은 사람들이 그 전통을 이어갔다.

어떻게 그들이 그런 일을 할 수 있었을까? 비명을 지르며 몸부림치는 포유동물을 밧줄로 묶고 (예컨대) 살아 있는 심장을 해부하는 일을? 아마 그들은 데카르트가 분명하게 말한 것을 믿고 있었을 것이다. 인간이 아닌 동물에는 영혼이 없고, 그러므로 그들은 고통을 느끼지 않는다는 말을.

현재 대부분의 사람들은 개를 포함한 인간 외 포유동물들이 고통을 느낄 수 있다고 생각하고, 요즘 신뢰할 수 있는 과학자들 가운데 데카르트와 하비의 끔찍한 행동을 본보기 삼아 살아 있는 포유동물을 마취도 하지 않고 해부하는 사람은 없다. 그렇게 할 경우 무엇보다 (영국의 경우) 법이 그들을 엄격하게 처벌할 것이다 (하지만 무척추동물은 뇌가 큰 문어조차 법으로 보호받지 못한다). 그럼에도 대부분의 사람들은 고통을 느끼는 능력은 지적 능력—즉 추론하고 생각하고 반성하는 능력 등—과 양의 상관관계가 있다고 덮어놓고 추정하는 듯하다. 이 에세이에서 나의 목적은 그 추정에 의문을 제기하는 것이다. 왜 양의 상관관계가 있어야 하는지 나는 전혀 모르겠다. 색깔을 인식하거나 소리를 듣는 능력과 마찬가지로, 고통은 원시적인 감각이다. 감각기관을 통해 느껴지는 것이라서 경험하는 데 지적 능력은 필요 없다. 과학에서 느낌은 중요하게 취급되지 않지만, 최소한 우리가 동물을 의심만으로 벌하면 안 되지 않을까?

동물의 고통에 관한 흥미로운 문헌(예컨대 매리언 스탬프 도킨스의 《동물의 고통Animal Suffering》이라는 제목의 탁월한 책과 그 후속작 《왜 동물이 중요한가Why Animals Matter》를 보라)에 발을 들여놓지 않아도, 지능과 고통 감수성 사이에는 심지어 음의 상관관계가 있을 수도 있는 이유를 다윈주의 관점에서 생각할 수 있다. 나는 이 질문에 접근하기 위해, '다윈주의적 의미에서 고통은 무엇을 위한 것인가?'라고 묻고 싶다. 고통은 몸에 해를 유발하기 쉬운 행동을 되풀이하지 말라는 일종의 경고다. 발끝을 부딪치지 마라, 뱀을 괴롭히거나 말벌 위에 앉지 마라, 아무리 아름답게 빛나도 타다 남은 것을 집지 마라, 혀를 깨물지 않도록 조심하라. 식물은 해가 되는 행동을 되풀이하지 않도록 학습할 수 있는 신경계를 가지고 있지 않다. 이 때문에 우리가 양심의 가책 없이 살아 있는 상추를 자르는 것이다.

덧붙여, '왜 고통이 그렇게나 고통스러워야 하는가'는 흥미로운 질문이다. 뇌에 붉은 깃발 같은 것이 준비되어 있어서, 그것이 고통을 동반하지 않은 채 들어 올려져 '두 번 다시 그런 행동을 하지 말라'고 경고하면 왜 안 될까? 나는 《지상 최대의 쇼》에서, 뇌는 갈등하는 충동 사이에서 망설이는데, 때때로 쾌락을 추구하느라 개인의 유전적 적합도에 가장 득이 되는 것을 추구하라는 명령에 '반항할' 수 있고, 그럴 경우에는 고통을 느낄 정도로 채찍질을 가해 명령에 복종하게 할 필요가 있을지도 모른다고 썼다. 여기서는 이 정도로 하고, 처음의 질문으로 돌아가보자. 지적 능력과 고통을 느끼는 능력 사이에는 양 또는 음의 상관관계가 있을까? 대부분의 사람들은 생각해보지도 않고 양의 상관관계가 있다고 추정하는데, 왜 그래야 할까?

우리 같은 영리한 종이야말로 무엇이 자신을 위한 것이고 무엇이 피해야 할 해로운 사건인지 빨리 배울 수 있을 뿐 아니라 지능으로 이해할 수 있기 때문에 고통은 별로 필요치 않다고 생각할 수도 있지 않을까? 우리 같은 영리한 종은 그리 강하게 유도하지 않아도 배울 수 있는 교훈을 지적 능력이 없는 종에게 알아듣게 하려면 엄청나게 강한 고통이 필요할지도 모른다고 생각할 수도 있지 않을까?

다른 건 몰라도 인간이 아닌 동물들이 우리보다 고통을 덜 느낀다고 생각할 일반적 이유는 없고, 그러므로 어떤 경우에도 동물을 의심만으로 처벌하지 말아야 한다는 것이 내 결론이다. 소에 낙인을 찍거나, 마취 없이 거세하거나, 투우를 시키는 것 같은 관행은 같은 짓을 인간에게 하는 것과 도덕적으로 같다고 봐야 한다.

나는 불꽃을
좋아하지만……

∧
∧

1984년 10월 12일, 아일랜드의 무장 테러 단체 아일랜드 공화국군 임시파의 일원이 총리를 암살하기 위해 잉글랜드 브라이턴에 있는 그랜드 호텔에 폭탄을 장치했다. 그 목표는 실패로 돌아갔지만, 다섯 명이 죽고 많은 사람들이 다쳤다. 우리가 그 사건을 기념하기 위해 매년 10월 12일에 전국적인 축제를 열고 불꽃을 쏘아 올릴 필요가 있을까? 게다가 전국 각지에서 범인인 패트릭 맥기를 본뜬 인형을 태운다면 우리의 증오는 오히려 커지지 않을까?

'기억하라, 기억하라'고 외치며 불꽃을 쏘아 올리는 '모닥불의 밤'은 1605년의 대량 암살 시도를 기념하는 것이다.[1] 테러리스트의 폭파 계획은 비록 실패한 것이라 해도 기념하기에는 굉장히 불쾌한 일이고, 물론 그런 이유에서 나는 브라이턴 호텔 음모 사건을 끄집어낸 것이다. 하지만 가이 폭스는 400년도 더 지난 인물이다. 즉 그것을 기념하는 것은 악취미가 아니라 먼 옛날의 고풍스런 정취를 즐기는 일이라고 생각될 정도로 오랜 시간이 흘렀다.

---

1 영국인이 아닌 독자는 잘 모를지도 모르지만, 1605년 11월 5일의 '화약 음모 사건'은 가톨릭교도가 의회를 폭파하고 프로테스탄트 왕 제임스 1세를 암살하려 했던 계획이었다. 가톨릭교로 개종한 열광적인 신도 가이 폭스Guy Fawkes가 폭파 계획 전날 화약이 든 술통을 지키다가 체포되었다. 지금까지 매년 11월 5일이 되면, 영국 각지에 큰 모닥불이 붙여지고, '가이'(운두가 높은 모자를 쓰고 구레나룻을 기른 남성의 모습을 한, 천으로 만든 인형)가 그 모닥불 위에서 불태워지고, 불꽃이 쏘아 올려진다. '모닥불의 밤' 이전 몇 주 동안 아이들은 전통적으로 자신의 '가이'를 과시하며 거리를 돌아다니고, 불꽃을 살 돈을 달라고 조른다. '가이를 위해 한 푼만 주세요'(요즘에는 1페니로는 불꽃을 많이 사지 못하겠지만). 대부분의 영국 어린이들은 '기억하라, 기억하라, 11월 5일, 화약, 반역, 음모를'로 시작하는 시를 암송할 수 있다. 나는 그 시의 나머지 부분을 몰라서 찾아봤는데, '밧줄, 밧줄로 교황을 매단다', '1페니어치의 치즈로 그의 목을 막히게 하고, 1파인트의 맥주로 그것을 씻어 내리고, 쾌활하고 멋진 불로 그를 불태운다'와 같은 구절이 있다. 이 시에 나타나는 프로테스탄트의 앙심은 오늘날 북아일랜드 오렌지당원의 슬로건에서 되풀이되고 있지만, 요즘에는 '프로테스탄트'와 '가톨릭' 대신 완곡한 표현인 '통합주의자'와 '민족주의자'를 사용해야 한다. 종교가 살인 동기가 되는 것을 용납하면 안 된다. 이 논설의 조금 다른 버전이 2014년의 가이 폭스 데이 전날인 11월 4일에 〈데일리 메일〉에 발표되었다.

그러니까, 나는 즐거움에 찬물을 끼얹으려는 것이 아니다.

그리고 나는 불꽃놀이를 사랑한다. 언제나 그랬다. 내게 불꽃놀이는 귀보다 눈에 호소한다. 눈을 휘둥그레지게 하는 색이 하늘을 사이키델릭하게 물들이고, 번쩍이는 불빛이 불꽃을 휘두르는 아이들의 웃음 띤 얼굴을 환하게 밝히며, 회전 불꽃Catherine Wheel이 윙윙 돌아간다(이 경우도 아주 오랜 시간이 지난 덕분에, 순교자 성 카타리나가 바퀴에 묶여 고문을 당했다는 꽤 불쾌한 유래가 잊힌 사례다). 나는 큰 폭발음에 별 매력을 느끼지 못하지만, 아마 그것을 좋아하는 사람도 있을 것이다. 그렇지 않았다면 제조자는 그런 소리가 나지 않게 했을 것이다. 그러므로 나는 불꽃놀이는 심지어 폭발음조차 재미있음을 부정하고 싶지 않고, 어린 시절부터 오랫동안 모닥불의 밤을 매우 즐겼다.

하지만 나는 불꽃놀이가 좋지만 동물도 좋다. 동물에는 인간도 포함되지만, 지금은 인간이 아닌 동물들에 대해 이야기하고 있다. 사회를 어지럽힐 정도로 큰 불꽃 소음에 매년 놀라는 개는 우리 집에서 키우는 티코와 쿠바 외에도 전국 방방곡곡에 수백만 마리가 있다. 11월 5일만 그렇다면 참을 수도 있을 것이다. 하지만 수년 동안 '11월 5일'은 이전으로도 이후로도 가차없이 연장되고 있다.[2] 불꽃을 직접 구매한 많은 사람들이 그날 밤까지 기다리지 못

---

2 같은 '연장'이 미국에서도 7월 4일 주변으로 일어나고 있다고 들었다.

하는 듯하다. 또는 그 밤이 너무 즐거워서 그 뒤로도 수주 동안 반복하지 않을 수 없거나. 게다가 옥스퍼드에서는 불꽃놀이 기간이 한정되어 있지 않고 학기 중 대부분의 주말로 연장된다.

생활이 비참해지는 동물이 티코와 쿠바뿐이라면 나도 이 일에 대해 입을 닫겠다. 하지만 소음에 대한 염려를 트윗했을 때 개, 고양이, 말을 키우는 다른 사람들의 반응은 압도적이었다. 이 주관적 인상을 뒷받침하는 과학 연구도 있다. 수의학 논문에는 개가 불꽃놀이로 인해 고통을 받고 있음을 드러내는, 생리학적으로 측정 가능한 증상이 20가지 이상 열거되어 있다. 극단적인 경우, 불꽃이 초래하는 공포 탓에 평상시 순한 개가 주인을 물기까지 했다. 개의 약 50퍼센트와 고양이의 약 60퍼센트가 불꽃 공포증을 겪고 있다고 추정된다.

다음으로 전국의 야생 동물에 대해 생각해보라. 게다가 소, 돼지, 그 밖의 가축도 있다. 우리가 볼 수 없는 야생동물들은 우리가 볼 수 있는 반려동물만큼 공포를 느끼지 않는다고 생각할 이유는 없다. 티코와 쿠바처럼 사랑받는 반려동물에게는 달래고 위로해줄 인간 반려자가 있다는 사실을 생각하면 오히려 반대다. 야생동물은 갑자기 경고도 없이, 제1차 세계대전 때의 전투에 상응하는 소음에 자신들의 자연 환경과 평화로운 밤을 침범당한다. 내친김에 말하면, 불꽃에 관한 내 트윗에 공감한 사람들 가운데는 제1차 세계대전의 폭격 쇼크가 되살아나 괴로워하는 퇴역군인도 있었다.

어떻게 해야 할까? 나는 불꽃놀이의 전면 금지를 (분쟁 중의 북아일랜드를 포함한 일부 법적 관할권에서 강제되고 있듯이[3]) 요구하는 것이 아니다. 일반적으로 두 가지 타협안이 제시된다. 첫째는 가이 폭스의 밤이나 새해처럼 1년 중 특별한 날로 불꽃놀이를 제한하는 것이다. 큰 파티와 무도회 같은 그 밖의 특별한 날에는, 특별 행사 때 음악을 크게 틀 수 있도록 허가하는 것과 마찬가지로, 개별적인 신청을 받아 조정할 수 있을 것이다. 또 하나의 타협안은 불꽃놀이 연출을 공공기관에만 허가하고, 일반 시민이 자신의 마당에서 하는 것은 허가하지 않는 것이다. 나는 제3의 타협안을 제시하고 싶다. 이렇게 하면 다른 두 안의 필요성이 줄어들지도 모른다. 시각에 호소하는 불꽃은 허락하되 소음은 엄격하게 제한하는 것이다. 조용한 불꽃놀이도 있을 수 있다.

내 트윗에 대한 반응에는 압도적으로 찬성이 많았지만, 그렇다 해도 진지하게 받아들일 필요가 있는 두 종류의 반론이 있었다. 첫째, 불꽃에 대한 법적 규제는 개인의 자유를 침해하는 게 아닌가? 둘째, 인간의 즐거움을 '변변찮은 동물'의 감정보다 우선해야 하지 않을까?

개인의 자유 문제는 표면적으로는 설득력이 있다. 자신의 사유지에 있는 자기 집 마당에서 무엇을 하든 그것은 자기 마음이지 타인이 상관할 일이 아니며, 특히 '보모 국가'(과보호 국가)가 관여할 일은 아니라고 트윗하는 사람들도 여러 명 있었다. 하지만

---

3 불꽃 소음과 폭탄의 폭발음을 경찰이 구별할 수 없었기 때문이다.

큰 폭발이 내는 소리와 충격파는 누군가의 마당의 경계를 초월해 외부까지 멀리 퍼져나간다. 불꽃의 섬광과 색이 싫은 사람은 커튼을 쳐서 막을 수 있다. 하지만 큰 소음은 이렇게 효과적으로 차단할 수 없다. 소음 공해는 유독 피할 수 없는 형태로 사회를 혼란스럽게 하고, 그 때문에 소음 저감 협회가 필요한 것이다.

'변변찮은 동물' 운운하는 항변은 어떤가? 공포에 질린 개, 고양이, 말, 소, 토끼, 쥐, 족제비, 오소리, 새보다 인간의 즐거움이 중요하지 않을까? 인간이 여타 동물들보다 중요하다는 가정은 우리 안에 깊이 뿌리박혀 있다. 그것은 어려운 철학적 문제이고, 이 에세이는 그 문제를 깊이 다루는 자리가 아니다. 다만 두 가지 생각을 밝혀두고 싶다.

첫째로, 인간이 아닌 동물은 사고력과 지능이 우리보다 훨씬 떨어지지만, 고통을 느끼는—통증이나 공포를 느끼는—능력은 논리적 사고나 지능과는 관계가 없다.[4] 아인슈타인이 새라 페일린 같은 정치인보다 고통과 공포를 잘 느낀 건 아니다. 개나 오소리가 인간보다 고통이나 공포를 못 느낀다고 생각할 명백한 이유는 없다.

불꽃에 대한 공포의 경우, 정반대로 생각할 이유마저 있다. 인간은 불꽃이 무엇인지 안다. 인간의 아이들은 말로 설명하여 달랠 수 있다. "괜찮아 아가야, 저건 불꽃일 뿐이야. 재미있는 거란다.

---

4 앞의 글에서 주장한 대로다.

걱정할 거 없어." 당신은 인간이 아닌 동물들에게는 이렇게 할 수 없다.

흥을 깨지는 말자. 하지만 불꽃은 소리가 없어도 거의 똑같이 매력적이다. 그리고 불꽃이 무엇인지 모르지만 불꽃을 무서워하는 무수히 많은 지각할 수 있는 생물을 무시하는 지금의 우리 태도는 아무리 의도한 게 아니라 해도 철저히 이기적인 것이다.

후기

이 에세이가 영국에만 한정된 것으로 받아들여지지 않았으면 좋겠다. 가이 폭스의 밤에 대한 이야기를 한 것은 우연에 불과하다. 불꽃은 전 세계 국가들의 음파를 교란하고 있고, 그중 다수는 미국의 독립기념일 같은 특별한 날의 경축, 힌두교의 디왈리, 중국의 춘절 같은 축제를 위한 것이다. 그리고 전 세계의 동물은 이해하지 못한 채 고통을 당한다.

누가 이성에 반대하는
집회를 여는가?[1]

∧
∧

어쩌다 우리가 이성을 방어하기 위한 집회를 열어야 하는
지경까지 왔는가? 이성에 기반을 두고 산다는 건 증거와 논리에

---

1 워싱턴 DC에 있는 내셔널 몰에서 열리는 '이성 대회Reason Rally'
는 2012년 3월 24일에 처음 개최되었고, 나는 사람들에게 참가를 권하
기 위해 이 에세이의 원본을 〈워싱턴 포스트〉에 발표했다. 집회는 대성
공이었다. 약 3만 명의 사람들이 퍼붓는 빗속에 서서 강연자, 연예인, 과
학자, 음악가에게 귀를 기울였다. 4년 뒤 마찬가지로 감동적인 회장에
서 이성 대회가 다시 개최되었다. 나는 불행히도 건강 문제로 참석하지
못했지만, 〈워싱턴 포스트〉에 기고한 응원글의 수정판을 (2016년 5월
31일에 RichardDawkins.net에) 발표했고, 그 개정판을 여기에 싣는다.

기반을 두고 산다는 뜻이다. 증거는 현실 세계와 관련하여 무엇이 참인지 알아낼 수 있는 우리가 아는 유일한 방법이다. 논리는 증거에서 결론을 추정하는 방법이다. 누가 이 중 하나에 반대할 수 있을까? 슬프게도 많은 사람들이 반대하고, 이 때문에 우리에게는 '이성 대회Reason Rally'가 필요한 것이다.

과학이라 불리는 위대한 공동 사업에서 전개된 이성은 내가 호모 사피엔스임을 자랑스럽게 여기게 만든다. 사피엔스의 문자 그대로의 의미는 '현명하다'이지만, 우리가 그런 칭찬을 받을 만한 자격을 갖춘 건 원시적인 미신과 초자연에 대한 맹신이라는 늪에서 기어나와 이성, 논리, 과학, 그리고 증거에 기반을 둔 진실을 받아들였을 때부터였다.

현재 우리는 우주의 나이(130~140억 년), 지구의 나이(40~50억 년), 우리와 그 밖의 모든 사물이 무엇으로 이루어져 있는지(원자), 우리가 어디서 왔는지(다른 종에서 진화했다), 왜 모든 종이 환경에 그토록 잘 적응되어 있는지(자연선택) 알고 있다. 우리는 왜 밤과 낮이 있는지(지구가 팽이처럼 돈다), 왜 겨울과 여름이 있는지(지구가 기울어져 있다), 무언가가 이동할 수 있는 최대 속도가 무엇인지(시속 10.8억 킬로미터) 알고 있다. 우리는 태양이 무엇인지(우리 은하에 있는 수십억 개 별 가운데 하나), 우리 은하가 무엇인지(이 우주에 있는 수십억 개 은하 중 하나) 안다. 우리는 천연두의 원인(바이러스이고, 지금은 근절되었다), 소아마비의 원인(바이러스이고, 거의 근절되었다), 말라리아의 원인(원생동물이고, 아직 있지만 근절할 방법을 연구 중이다), 매독, 결핵, 괴저, 콜

레라의 원인(세균이고, 그것을 죽이는 방법이 잘 알려져 있다)을 이해하고 있다. 우리가 만든 비행기는 몇 시간 만에 대서양을 횡단할 수 있고, 우리가 만든 로켓은 인간을 달에, 로봇 차량을 화성에 무사히 착륙시켰으며, 언젠가 공룡을 멸종시킨―우리는 그렇게 알고 있다―것 같은 운석의 방향을 바꿈으로써 지구를 구할지도 모른다.[2] 증거를 바탕으로 움직이는 이성 덕분에 우리는 유령과 악마, 악령과 정령, 마법의 주문과 마녀의 저주에 대해 조상들이 품었던 공포로부터 감사하게도 자유로워졌다.

그렇다면 누가 이성에 반대할까? 다음의 진술들은 어디서 많이 들어본 말들일 것이다.

"나는 나보다 잘 아는 교양 있는 지식인이나 엘리트주의자를 신뢰하지 않는다. 대통령이 될 자격을 실제로 갖춘 사람보다는 나와 비슷한 사람에게 투표하고 싶다."

이러한 사고방식이 아니면 어떻게 도널드 트럼프, 새라 페일린, 조지 W. 부시―자신의 무지를 표를 얻을 만한 덕목으로 과시하는 정치인들―의 인기를 설명할까?[3] 당신은 자신이 타는 비행기

---

2 이 책의 서문을 참조하라.

3 2016년의 영국 국민투표에서, 'EU 탈퇴' 캠페인을 지휘한 저명한 정치가들은 '이 나라 국민은 전문가라면 신물을 느낄 것이다'라든지

의 조종사에게는 항공술과 항행술에 관한 교육을 받았기를 기대한다. 당신을 수술하는 외과의사에게는 해부학을 배웠기를 기대한다. 그런데 위대한 나라를 이끄는 대통령을 뽑을 때는 중책을 맡을 자격이 있는 사람이 아니라 무지한 데다 그것을 자랑으로 여기는 사람, 함께 술 마시면 즐거울 사람을 선택하겠다고? 만일 당신이 그러한 유권자라면 이성 대회에 참여하지 않을 것이다.

"내 아이에게 현대 과학을 배우게 하기보다는, 기원전 800년에 당시에 걸맞은 지식과 자질을 갖춘 신원미상의 저자가 쓴 책을 보게 하는 편이 더 낫다. 아이를 과학으로부터 지켜줄 것이라고 기대할 수 없다면, 학교에 맡기는 대신 내가 집에서 가르치겠다."

이러한 부모는 이성 대회가 즐겁지 않을 것이다. 2008년 조지아주 애틀랜타에서 열린 미국 과학 교육자 회의에서 어떤 교사가 보

'중요한 전문가는 단 한 사람, 바로 당신 같은 유권자다'와 같은 말을 내뱉었다. 이러한 사례를 마이클 디컨이 인용했는데(2016년 6월 10일자 〈텔레그래프〉), 그는 이어서 비꼬는 어조로 이렇게 말했다. "수학계는 2+2=4라는 개념에 매우 만족하고 있다. 감히 2+2=5라고 말했다가는 즉시 닥치라는 소리를 들을 것이다. 산수의 세계의 집단 사고 수준은 실로 매우 걱정스럽다. 솔직히 말해, 영국의 보통 학생들은 이러한 종류의 수학적 정확함에 신물을 느끼고 있다."

고한 바에 따르면, 진화를 말했을 때 학생들이 "울음을 터뜨렸다" 고 한다. 다른 교사는 수업에서 진화에 대해 이야기하기 시작하자 학생들이 "안 돼"라고 반복해서 소리쳤다고 말했다.[4] 만일 당신이 그러한 학생이라면 이성 대회는 맞지 않을 것이다. 달갑지 않은 진실의 말이 침투하지 못하도록 사전에 귀를 틀어막는 조치를 취한다면 모를까.

"나는 불가사의한 일, 이해할 수 없는 일에 직면하면 과학에서

---

4 미국의 (10~14세를 교육하는) 중학교 교사들은 특히 이러한 종류의 시비에 휘말리기 쉽다. 고등학교 교사들과 달리 그들 대부분은 과학 학위가 없으며, 진화를 뒷받침하는 압도적인 증거에 대해 거의 알지 못할 것이다. 그러다 보니 그들은 논쟁할 준비가 되어 있지 않다고 느끼고, 따라서 진화 교육을 충분히 하지 않거나 아예 피하게 된다. 내 자선 재단은 주력 사업 중 하나로, 진화학을 위한 교사 협회Teacher Institute for Evolutionary Science, TIES를 창설했다. TIES는 중학교 교사들에게 진화를 가르칠 수 있다는 자신감을 심어주기 위해 존재한다. 회장인 버사 바스케스는 뛰어난 자질을 지닌 중학교 교사다. 그녀는 동료들이 직면한 문제를 알고 있고, 진화학에 대해서도 잘 안다. 이 글을 쓰는 시점에 (2016년 12월), 그녀와 TIES 자원봉사자들은 아칸소, 노스캐롤라이나, 조지아, 텍사스, 플로리다, 오클라호마 등의 주에서 이미 중학교 교사들을 위한 워크샵을 27회 실시했고, 그 횟수는 계속 증가하고 있다. 워크샵에 참가한 사람들은 신뢰할 수 있는 지식에 대한 자신감을 얻고, 버사와 자원봉사자들이 준비한 파워포인트 프레젠테이션 같은 교재를 제공받는다.

답을 구하기보다, 이것은 초자연적인 현상임에 틀림없으므로 답이 없다는 결론으로 비약한다."

이것은 인류 역사 대부분에 걸쳐 계속된, 안타깝지만 이해할 수 있는 최초의 해결 수단이었다. 우리는 겨우 몇백 년 전에 거기서 벗어났다. 벗어나지 못한 사람도 많은데, 만일 당신이 그중 한 명이라면 이성 대회는 전혀 매력이 없을 것이다.

내가 이 에세이에서 "이성 대회는 당신에게 맞지 않다"라는 말을 한 것은 이것으로 네 번째다. 하지만 마무리는 긍정적인 어조로 하고 싶다. 설령 당신이 이성에 따라 사는 데 익숙하지 않다 해도, 설령 당신이 이성을 적극적으로 의심하는 사람이라 해도, 한번 시도해보면 어떨까? 몸에 밴 선입견과 관성을 벗어버리고 좌우간 참가해보라. 열린 귀와 열린 호기심을 가지고 온다면 배울 게 있을 것이고, 아마 즐거울 것이며, 심지어는 마음을 바꾸게 될지도 모른다. 그리고 당신을 해방시키는 신선한 경험이 될 것이다.

지금으로부터 백 년 뒤에는 이성 대회가 필요 없을 것이다. 하지만 불행히도 당분간은 필요하고, 선거가 열리는 올해에는 확실히 필요할 것이다.[5] 워싱턴에 와서 이성과 과학과 진실을 위해 궐기하라.

5　이 문장이 이렇게 잘 들어맞을지 정말 몰랐다.

자막 예찬,
더빙 비판[1]

∧
∧

출처가 불확실한 전설에 따르면, 윈스턴 처칠이 자신의 과거를 돌아보며 얻은 교훈에 대해 프랑스인 청중 앞에서 연설하다가 본의 아니게 웃음을 자아냈다고 한다. '*Quand je regarde mon derrière, je vois qu'il est divisé en deux parties égales*.'

---

1 이 에세이는 오랫동안 윙윙거리던 벌을 내 자동차 보닛에서 내보낸 것과 같다. 벌집을 쑤셔놓은 듯 내 머릿속을 어지럽히던 생각을 마침내 〈프로스펙트Prospect〉 2016년 8월호에 발표하게 되었다. 편집자들은 으레 그렇게 하듯 원고의 길이를 약간 줄였다. 여기 실린 것은 축약하지 않은 버전이다.

('과거를 되돌아보면'라는 의미로 '배후를 보면'이라고 표현한 것이, '자신의 엉덩이를 보면 둘로 갈라져 있음을 알 수 있다'는 의미가 되고 말았다.—옮긴이) 대부분의 영국인은 이 농담을 이해할 수 있을 정도로는 프랑스어를 알고 있다. 하지만 슬프게도 우리나 처칠이나 그 수준은 도긴개긴이다. 학교에서 어떤 언어를 배우든—내 경우 프랑스와 독일어를 배웠다(고전 그리스어와 라틴어도 배웠는데, 그것이 아마 내가 현대 언어를 배우는 방식에 영향을 미쳤을 것이다[2])— 읽기만 좀 할 수 있을 뿐 말하기 능력은 부끄러운 수준이다.

스칸디나비아나 네덜란드에 있는 대학들을 방문하면 말할 나위 없이 모든 사람이 영어를 유창하게 하고, 그들의 영어는 실제로 대부분의 원어민보다 낫다. 소매점 주인, 웨이터, 택시운전사, 바텐더, 길을 묻기 위해 거리에서 무작위로 불러 세운 사람들 등 대학 밖에서 만나는 거의 모든 사람들도 마찬가지다. 영국에 온 관

---

2 어제 나는 박식한 고전학자와 점심을 함께했는데, 그는 이런 말로 나의 호기심을 자아냈다. 자신은 라틴어와 그리스어를 영어만큼 빠르고 유창하게 읽을 수 있지만, 이 고전 언어 중 어느 쪽으로도 대화를 지속할 수 없다고. 그가 구어로 된 라틴어를 이해할 수 없는 것은, 종이 위에서는 띄어쓰기가 되어 있지만 구어에서는 연속되는 음소들이 단어를 구별할 수 없게 만들기 때문이다. 덧붙여 그는 프랑스어에 대해서도 같은 문제를 겪고 있으며, 그 원인은 내 생각과 같이 영국 학교가 라틴어를 가르쳐온 것과 똑같은 방식으로 우리가 현대 언어를 배우기 때문이라고 말했다.

광객이 런던의 택시 운전사에게 프랑스어 또는 독일어로 말을 거는 것을 상상할 수 있는가? 왕립학회 회원을 만난다면 모르겠지만, 그러려면 약간의 행운이 필요할 것이다.

그 이유에 대한 일반적인 설명이 있는데, 아마 일리가 있을 것이다. 영어는 널리 사용되기 때문에 우리 영국인들은 다른 언어를 배울 **필요**가 없다는 것이다. 하지만 나 같은 생물학자들은 어떤 것에 대한 설명으로 '필요'를 내세울 때 의심하는 경향이 있다. 다윈주의에 대한 대안으로 떠올랐으나 오래 전에 신뢰를 잃은 라마르크 학설은 진화의 추진력으로 '필요'를 내세웠다. 기린의 조상들은 높은 나무에 달린 잎에 닿을 **필요**가 있었고, 그렇게 하려고 열심히 노력한 결과 긴 목이 생겼다는 것이다. 하지만 '필요'가 실행으로 옮겨지기 위해서는 이 논증에 또 다른 단계가 있어야 한다. 기린의 조상은 목을 위쪽으로 열심히 늘렸고, 따라서 뼈와 근육이 길어졌고……. 마지막은 모두 알고 있는 대로다. '잘 들어봐, 얘들아'(키플링의 《그냥 그런 이야기》에 자주 나오는 어구 - 옮긴이).[3]

---

3 나의 키플링에 대한 오마주는 〈프로스펙트〉에서 삭제된 부분 중 하나였다. '보편적 다윈주의'에 관한 에세이에서 설명했듯이(197~201쪽을 보라), 획득 형질의 유전에 관한 잘못된 가설은 라마르크 학설의 핵심축이다. 나는 이따금 《그냥 그런 이야기Just So Stories》의 다윈주의 버전을 써보면 어떨까 생각해본 적이 있지만, 내가 (실제로는 키플링 외의 어느 누구도) 그것을 해낼 수 있으리라고는 생각하지 않는다. 여기서 혼동하지 말아야 할 것이 있는데, '그냥 그런 이야기'라는 표현을, 자

진정한 다윈주의 메커니즘은 물론, 그 필요를 충족시키는 데 성공한 기린 개체가 살아남아 그렇게 하는 자신의 유전적 경향을 전달했다고 설명한다.

학생이 구직을 위해 영어를 배울 필요를 인식하는 것이 교실에서 노력을 두 배로 기울이는 원인이 된다고 생각해볼 수 있다. 한편으로 우리는 모국어가 영어라는 이유로 다른 언어에는 굳이 신경 쓸 필요가 없다고 생각할 가능성도 있다. 나는 젊을 때 국제 학회에 참석하는 데 도움을 받고자 독일어 수업을 들은 적이 있는데, 한 동료가 노골적으로 이렇게 말했다. "네가 그럴 필요는 없어. 그들이 그렇게 하도록 만들면 돼." 하지만 나는 우리 대부분이 그렇게 냉소적이지는 않다고 생각한다.

나는 다음의 설명('몰입' 가설)은, '필요' 가설과 달리 현실에 대해 뭔가를 해볼 수 있는 가능성을 제공한다는 이유만으로도 진지하게 취급되어야 한다고 생각한다. 이번에도 영어가 실제로 어떤 다른 유럽 언어보다 훨씬 널리 사용된다는 전제에서 시작한다. 하지만 논증의 다음 단계는 다르다. 세계는 영어로(특히 미국 영어

연 현상에 대한 설명을 다윈주의로 소급하는 행위를 경멸하기 위해 사용한 생물학자들도 있다는 사실이다. 그런 사람들은 키플링의 설명의 다른 한 측면, 즉 그 설명이 소급적이라는 사실을 강조해왔다. 본문에서 내가 지적한 점—키플링의 설명이 라마르크설이라는 것—은 그것과 관련이 없다.

로) 된 영화, 노래, 텔레비전 쇼, 드라마의 폭격을 지속적으로 받고 있다. 모든 유럽인은 영어에 일상적으로 노출되고, 어린이가 자신의 모국어를 배우는 것과 비슷한 방식으로 영어를 습득한다. 유아는 의사소통할 '필요'를 인식하지만 그것을 충족시키려고 열심히 노력하지 않는다. 모국어가 **그곳에 있기 때문에** 아무 노력 없이 습득하는 것이다. 성인은 언어를 흡수하는 유년 시절의 능력을 어느 정도 잃었지만, 그렇다 해도 같은 방식으로 배울 수 있다.[4] 내가 하고자 하는 말은, 우리 영국인들은 영어 외의 어떤 언어에도 일상적으로 노출될 기회가 거의 없다는 것이다. 해외여행을 할 때조차 우리는 언어 능력을 개선하기 어려운데, 우리가 만나는 수많은 사람들이 영어로 말하고 싶어 하기 때문이다.

그리고 '필요' 가설과 달리 '몰입' 가설은 한 가지 언어밖에 쓰지 않는다는 우리의 불명예를 구제할 방법을 알려준다. 그것은 바로, 텔레비전 방송국의 정책을 바꾸는 것이다. 영국 텔레비전에는 매일 밤 외국의 정치인, 축구 감독, 정치 대변인, 테니스 선수, 또는 거리의 여론에 대한 뉴스 보도가 흘러나온다. 그리고 (예컨대) 프랑스어 또는 독일어를 몇 초 정도는 들을 수 있다. 하지만 그다음에 원래 목소리는 사라지고, 통역사의 목소리로 덮어씌워진다 (엄밀하게 말하면 진정한 더빙이 아니라 '내레이션'이다). 말하는

---

4 스티븐 핑커가 《언어 본능The Language Instinct》에서 말하듯이, 어린 아이들은 자신의 신발끈도 묶을 수 없는 나이에 언어 천재들이다.

사람이 위대한 연설가 또는 드골 장군 같은 정치인일 때조차 이런 일이 일어난다. 이는 통탄할 노릇인데, 그 이유는 이 에세이의 무엇보다 중요한 포인트이다. 역사적 정치인의 경우, 우리는 그 연설가 본인의 목소리를 듣고 싶다. 억양, 강조, 극적인 쉼표, 강한 열정에서 은밀한 냉정으로의 계산된 전환을 듣고 싶다. 말은 이해할 수 없어도 이런 기호들은 이해할 수 있다. 우리는 전문 통역의 무표정한 목소리를 원하지 **않는다**. 더 극적인 통역을 시도하는 해설자의 목소리는 더더욱 원치 않는다. 로렌스 올리비에 또는 리처드 버튼은 드골 장군보다 더 훌륭한 연설가였을지 모르지만, 우리가 듣고 싶은 것은 정치인의 목소리다. 그는 얼마나 진지한가? 진심인가? 아니면 그는 단지 청중을 향해 연기를 하고 있을 뿐인가? 그의 연설에 청중은 어떻게 반응하고 있는가? 그리고 그는 청중의 반응을 얼마나 잘 받아들이고 있는가? 그건 그렇다 치고 내가 가장 말하고 싶은 점으로 돌아가면, 말하는 사람이 드골 장군이 아니라 거리에서 인터뷰하는 일반 시민일 때조차, 우리도 수많은 유럽인이 날마다 텔레비전 뉴스에서 영어를 습득하는 것과 같은 방식으로 프랑스어, 독일어, 스페인어 같은 외국어를 배울 기회가 있었으면 좋겠다.

미국식 표현이 영국으로 밈에 의해 전파되는 현상이 우연히도 몰입 효과의 힘을 보여준다. 그리고 영국과 미국 젊은이들이 의문문처럼 들리도록 문장의 끝을 올려 말하는 화법은 오스트레일리아 멜로드라마의 인기에서 시작되었을 가능성이 있다. 그와 똑같은 과정이 언어 그 자체의 수준으로 확장되었다고 생각하면, 많은 유럽 나라들이 영어를 유창하게 사용하는 이유가 잘 설명된다.

영화에 관해 말하자면, 더빙을 사용하는 국가와 자막을 사용하는 국가로 나뉜다. 독일, 스페인, 이탈리아는 더빙 문화다. 무성 영화에서 발성 영화로의 이행이 국가의 언어를 장려하는 독재 치하에서 일어났기 때문이라는 가설이 있다. 반면 스칸디나비아와 네덜란드는 자막을 사용한다. 내가 들은 바에 따르면, 독일 관객은 우리가 코너리 본인의 독특한 목소리를 인식하는 것만큼이나 '독일인 숀 코너리'의 목소리를 잘 인식한다고 한다. 이런 종류의 진정한 더빙은 고도의 기술과 값비싼 비용을 수반하는 과정으로, 입의 움직임과 음성을 일치시키는 세밀한 작업을 필요로 한다.[5]

나는 언제나 자막이 좋지만 장편영화의 경우에는 더빙 옹호론도 충분히 있을 수 있다. 그러나 여기서 내가 말하는 더빙은 높은 비용을 들여 입의 움직임에 음성을 맞추는 장편영화나 텔레비전 드라마 세계의 더빙이 아니다. 내가 말하고 있는 것은 일상적인 짤막한 뉴스 방송의 더빙이다. 뉴스 방송에서는 값싼 두 가지 선택지 중 하나가 선택된다. 하나는 자막이고, 또 하나는 원래 목소리를 차츰 줄이고 더빙 목소리를 입히는 것이다. 이런 식의 더빙

---

5 독일 영화 제작자들이 이것을 매우 잘한다. 나는 내 독일어 능력을 높이기 위해 〈지브스와 우스터 Jeeves und Wooster〉와 〈라이프 오브 브라이언Das Leben des Brian〉 같은, 이미 영어판으로 잘 알고 있는 더빙된 영화를 보면서 그것을 실감했다.

방침에 대한 제대로 된 옹호론은 있을 수 없다는 것이 내 주장이다. 어떻게 생각해도, 그냥 자막이 더 낫다.

뉴스 자막을 준비할 충분한 시간이 없는 것 아니냐는 의문은 터무니없다. 우리가 보는 뉴스 보도의 거의 대부분이 생방송이 아니라 녹화 방송이고, 따라서 자막을 쓸 시간이 충분하다. 생방송이라 해도, (아직은 불완전한) 컴퓨터 번역은 제외한다 해도, 자막을 준비하는 속도는 문제가 되지 않는다. 내가 지금까지 들어본 조금이라도 진지한 유일한 더빙 옹호론은 시각장애인이 자막을 읽을 수 없다는 것이다. 하지만 청각 장애인은 더빙을 들을 수 없고, 어쨌든 현대 기술은 두 장애에 대해 실용적인 해결책을 제공한다. 만일 텔레비전 방송국 사장에게 회사 방침이 타당한 근거를 보여달라고 한다면, "항상 이렇게 해왔고, 자막을 사용한다는 생각을 한 번도 해본 적이 없다"는 말 이상의 설명을 듣지 못할 것이라고 나는 확신한다.[6]

---

6 실제로 이 문장을 쓴 뒤 나는 우연히 BBC 방송국의 높은 사람과 만날 기회가 있었는데, 그는 거의 똑같은 말을 했다. 나는 뻔뻔하게 내 제안을 설파했다. 몇 달 뒤 그를 다시 만났을 때 그는 내 제안을 진지하게 생각해보았고, 방법을 생각하고 있다고 말했다. 자막을 빨리 생산하기 위해서는 일종의 기술적 마법이 필요하다고 생각하는 듯했다. 나는 그렇다고 생각하지 않는데, 왜냐하면 본문에서 지적했듯이 대부분의 텔레비전 뉴스 영상은 반복 재생이라서 인간 번역자가 자막을 생산할 충분한 시간이 있기 때문이다.

자막보다 더빙을 '선호'한다고 말하는 사람들도 있다. 내 '드골 장군 문단'도 취지는 정반대지만 개인의 선호를 표현한 것이다. 하지만 개인의 선호는 각양각색인 데다, 대개는 어느 한쪽으로 기울기보다 고르게 균형이 잡혀 있다. 나는 변덕스러운 개인의 선호보다는, 지향하는 방향이 하나로 정해져 있는 절박한 교육적 장점이 더 중요하다고 주장하고 싶다. 나는 지속적으로 자막 정책을 시행한다면 우리의 언어 능력이 향상될 것이고, 국민적 불명예를 벗는 데에도 어느 정도 도움이 될 것이라 확신한다.

후기

이 에세이가 발표되고 나서 몇 달 뒤 나는 〈프로스펙트〉에 쓴 다른 기사에서, 내가 독일어 능력을 개선하려고 시도하고 있다고 썼다. 그러면서—반은 농담이었지만 반은 진담으로—"영국인인 게 부끄럽기 때문"이라고 이유를 제시했다. 영국인인 게 부끄러운 건 주로 브렉시트 투표를 촉진한 동기가 된 외국인 혐오 때문이었지만, 내 나라의 낮은 언어 능력 때문이기도 했다.

만일 내가
세상을 지배한다면

^
^

우리는 걸핏하면 화를 내며 이런 말을 중얼거린다. '내가 세상을 지배한다면…….' 하지만 어느 날 편집자가 느닷없이 똑같은 허무맹랑한 제안을 해오면[1] 머릿속이 하얘진다. 시시한 대답들은 술술 나온다. 껌, 야구모자, 부르카(코란의 가르침에 따라 여성의 온 몸을 가리는 베일 – 옮긴이)를 금지하고, 모든 열차에 휴대전화전파방해장치를 설치하겠다 같은. 하지만 그런 시시한 대답들은 편

---

[1] 〈프로스펙트〉 편집부는 많은 작가들에게 '만일 내가 세상을 지배한다면…….'이라는 주제에 대해 생각해보도록 의뢰하자는 아이디어를 냈다. 내 기고문은 2011년 3월에 게재되었다.

집자가 베푸는 아량에 턱없이 모자라는 것이다. 반대쪽 극단은 어떤가? 만인의 행복이라는 실현 불가능한 그림의 떡 같은 법령을 발표하겠다든지, 기아, 범죄, 가난, 질병, 종교를 없애겠다고 한다면? 너무 비현실적이다. 그래서 나는 우리가 감당할 수 있을 만큼 소박하지만 그럼에도 가치 있는 야망을 말해보려고 한다. 만일 내가 세상을 지배한다면, 규칙집은 최대한 줄이고 가능한 한 그것을 인간의 지적인 재량으로 대체하겠다.

나는 이 글을 히드로 공항의 보안검색대를 막 통과해 비행기 안에서 쓰고 있다. 나는 아까 인상 좋은 한 젊은 어머니가 어찌할 바를 모르는 것을 보았다. 어린 딸의 습진에 바를 연고 용기를 기내에 반입할 수 없었기 때문이다. 보안 요원은 정중했으나 단호했다. 더 작은 통에 덜어가는 것조차 허락되지 않았다. 그렇게 하면 왜 안 되는지 나는 이해할 수 없었지만 규칙은 규칙이었다. 보안 요원은 자신의 상사를 불러주겠다고 말했다. 도착한 상사는 마찬가지로 정중했으나 그 역시 규칙집에 철통같이 묶여 있었다.[2]

내가 할 수 있는 일은 아무것도 없었다. 객실 승무원이 연달아

---

2 나중에 나도 비슷한 경험을 했는데, 당시 나는 꿀이 담긴 작은 병을 기내에 가져가려고 했다. 불행히도, 그 젊은 어머니의 연고에 대한 내 이타적 걱정과는 반대로, 많은 사람들이 그 일에 관한 내 트윗을 자신의 소중한 꿀에 관한 이기적 불평으로 해석했다. 실제로 두 경우 모두 나는—바로 이 에세이에서 펼치려고 하는—일반적 주장, 이타적 주장을 하고 있었다. 어쨌거나 나는 꿀을 먹지 않는다.

통과시켜준 샴페인 쿨러들 안의 넉넉한 얼음을 사용해 기내 화장실에서 몇 시간 동안 두 가지 액체로 작동 가능한 폭탄을 만들기 위해서는 실제로 어떻게 해야 하는지 상세한 과정을 유쾌하고 웃기에 설명하는 화학자의 웹사이트를 추천해도 아무 소용이 없었다.

아주 소량을 제외하고는 액체나 연고를 기내에 들여오지 못하게 하는 것은 명백히 바보 같은 짓이다. 그것은 '잘 봐, 우리는 단호한 행동을 취하고 있어'라는 보여주기식 행정의 하나로 시작되었다. 일반 시민에게 아무리 큰 불편을 끼친다 해도 우리 일상을 지배하는 우둔한 '던드리지'³가 스스로 대단하게 느끼고 바쁜 척할 수 있게 하기 위해 고안된 것이다.

보안검색대에서 신발을 벗어야 하는 것도 마찬가지이고(이것은

---

3 이것은 내가—바라건대—가까운 시일 내에 《옥스퍼드 영어 사전》에 들어가도록 공들이고 있는 단어다. 톰 샤프의 소설 《경관을 해치는 것Blott on the Landscape》에서 영감을 받아 이 단어를 만들었다. 이 소설을 맬컴 브래드버리가 BBC를 위해 제럴딘 제임스, 데이비드 슈셰, 조지 콜을 주연으로 멋지게 각색했다. 등장인물들 중 한 명인 'J. 던드리지'는 유머가 없는 규칙 제일주의 관료의 전형이다. '던드리지(명사)'와 같은 신조어가 《옥스퍼드 영어 사전》에 게재되는 자격을 얻기 위해서는 정의나 출처 없이 수차례 사용되어야 한다. 내 주석은 이 요건에 위배되지만, 〈프로스펙트〉 기사는 이 요건에 위배되지 않으므로 사용 횟수로 계산되었으면 좋겠다. 이미 같은 것을 의미하는 jobsworth라는 좋은 단어가 있지만 나는 '던드리지'의 음률이 더 좋다.

관료의 바보 같음을 보여주는 또 하나의 주옥같은 사례로, 빈 라덴은 우쭐하여 남몰래 비웃었음에 틀림없다), 그 밖에 소 잃고 외양간 고치는 격인 일들이 다 마찬가지다. 하지만 일반적인 원리를 이야기해보자. 규칙집 그 자체는 인간의 판단으로 만들어진 것이다. 대개 나쁜 판단이다. 하지만 어쨌거나 그 판단을 내린 사람들은 아마 실제 세계에서 그 판단을 실행해야 하는 사람보다 더 현명한 것도, 판단을 내릴 자격을 더 갖춘 것도 아니었을 것이다.

분별 있는 사람이라면 누구라도 조금 전의 공항 장면을 보며 그 여성이 비행기 안에서 자폭을 계획하고 있다고 진지하게 생각하지 않았을 것이다. 그녀가 아이를 동반했다는 사실이 첫 번째 단서다. 그 밖에도 증거들이 여기저기서 찔끔찔끔 새어나오고 있다. 그녀가 얼굴과 머리카락을 당당히 드러냈다는 점, 코란이나 기도용 깔개를 가지고 있지도 않았고 크고 검은 수염도 없었다는 점, 그리고 마지막으로, 용기에 든 연고가 만에 하나라도 폭탄으로 바뀔 수 있다는 생각은 터무니없는 것이라는 점이 그렇다. 특히나 비행기 화장실의 비좁은 시설 안에서는 말이다. 보안요원과 그의 상사는 명백히 친절하게 행동하고 싶어 하는 사람들이었지만 그럼에도 무력했다. 그들은 규칙집에 얽매여 있었다. 규칙집은 사물에 불과하고, 인간의 유연한 뇌 조직이 아니라 종이와 변경 불가능한 잉크로 이루어져 있기 때문에 재량권도, 동정심도, 인간미도 발휘할 수 없다.

이건 단지 하나의 사례일 뿐이고 게다가 대수롭지 않은 일로 보일지도 모른다. 하지만 친애하는 독자 여러분도 분명 그동안 겪었던 비슷한 사례를 대여섯 가지는 들 수 있을 것이다.[4] 의사나 간호사와 말해보면, 그들에게 허락된 시간의 상당 비율을 서류를 채우고 네모 박스에 체크하는 데 써야 하는 현실에 좌절감을 토로할 것이다. 이것이 전문가의 귀중한 시간, 환자를 돌보는 데 쓸 수 있는 시간을 잘 사용하는 방법이라고 진심으로 생각할 사람이 누가 있을까? 아무도, 심지어는 변호사조차 그렇게 생각하지 않을 것이다. 마음이 없는 규칙집만이 그렇게 생각한다.

범죄자가 '엄밀한 법 해석'에 따라 무죄 방면 되는 일이 얼마나 많은가? 어쩌면 체포하는 경찰관이 공문서 집행에 관한 주의사항을 전달할 때 말실수를 한 것이 문제가 되었을지도 모른다. 한 사람의 인생에 중대한 영향을 미치게 될 판결에서 재판관이 재량권을 발휘할 수 없는 탓에 법정에 있는 모든 사람, 심지어는 피고인

---

4 내가 아는 8세 소년이 자신도 10킬로미터 마라톤 경기에 함께 참가하게 해달라고 부모를 졸랐다. 부모는 아들이 경기에 참가하기에는 너무 어리다는 규칙집에 동의하며 반대했다. 하지만 아이가 너무 실망하자 부모는 일단 참가하는 데 동의했다. 경기 초반에 탈락할 테니 부모 중 한 명이 따라서 탈락하면 될 거라고 생각한 것이다. 하지만 아이는 중도 탈락하지 않았고, 내내 아버지와 나란히 뛰더니 어머니를 이겼다. 어머니도 결코 뒤처지는 사람이 아니었다. 하지만 결승선에 도달했을 때 심판은 결승선을 넘는 것을 허락하지 않았다. 아이는 연령 제한에 걸렸고, 따라서 옆으로 돌아가야 했다. 출발선에서 끌어냈다면 모를까, 결승선에 도달한 승리의 순간에 아이를 끌어내는 것은 말하자면 소 잃고 외양간 고치는 격이었다.

과 그 변호사까지도 정당하다고 생각하는 결론을 내릴 수 없게 된다고 생각해보라.

물론 이렇게 간단한 문제는 아니다. 재량권은 오용될 수 있고, 규칙집은 그 오용을 막는 중요한 안전장치다. 하지만 지금의 균형추는 규칙에 지나치게 얽매이는 방향으로 너무 많이 치우쳐 있다. 지적인 재량권을 재도입하는 방법, 규칙집을 곧이곧대로 따르는 체제의 폭정을 타도하되 재량권의 오용을 막을 방법이 틀림없이 있을 것이다. 만일 내가 세상을 지배한다면 그 방법을 찾는 것을 소명으로 삼겠다.[5]

---

5 규칙집에 따라 행동하는 공무원이 얼마나 어처구니없는지는 조금만 생각해봐도 알 수 있지만, 내 삼촌 콜리어 도킨스와 옥스퍼드역의 주차 차단기에 관한 일화는 그것을 보여주는 또 하나의 사례다. 이것은 611~613쪽에 실린, 내 삼촌 빌을 위한 추도문의 후기에서 소개하고 있다.

6부

자연의 신성한 진실

6부의 제목은 이 책의 첫 에세이에 나오는 말에서 따왔다. 과학자의 가치 척도에서 보면 '자연의 진실에는 거의 신성하다고까지 말할 수 있는 것이 있다'는 말 말이다. 그 에세이에서는 진실의 신성함이라는 맥락에서 이 표현을 사용했지만, 여기서는 장엄하고 복잡한 자연계에 대한 관찰에서 실제로 표출된 진실을 찬미하는 에세이 몇 편을 소개하기 위해 이 표현을 쓴다. 그 핵심에 있는 두 편의 에세이는 생태학적으로 가장 풍부한 핫스팟이며 열렬한 다윈주의자의 궁극적인 순례지인 갈라파고스 제도에서 쓰였다.

하지만 우리가 시작하는 곳은 적도의 해변이 아니라, '시간에 대하여'라는 전시회의 개막 강연에서 이야기된, 시간의 개념이라는 매우 추상적인 주제다. 6부의 처음과 마지막 작품은 서정적인, 실은 애수를 띤 깊은 사색에 잠겨 있는 가운데 자연계의 기행과 기이함, 말도 안 되게 매혹적이고 매혹적으로 말도 안 되는 것—예컨대 생식을 위해 일제히 몸을 절단하는 태평양의 팔롤로, 날지 못하는데도 그것을 잊어버린 듯 나무에서 냅다 몸을 던져 지면에 폭삭 내려앉는 카카포—에 대한 애정 어린 환희가 곳곳에서 터져 나온다.

시간이라는 테마는 이어지는 두 편의 '이야기'에서도 계속된다. 두 에세이의 제목은 리처드의 가장 독창적이고 박학다식한 작품인 《조상 이야기》를 구성하는 부분들과 비슷한 느낌을 준다. 2005년에 갈라파고스 제도를 여행하는 중에 쓰인 이 두 편의 에세이에는 지극히 초현실적인 그 이상향에서 순례자가 느끼는 기쁨이 가득하다. 각 에세이의 제목에 등장하는 주인공인 땅거북과 바다거북을 중심으로 펼쳐지는 이야기는, 상상을 초월하는 장대한 지질학적 시간에 걸쳐 물에서 땅으로 올라가는 (그리고 때때로 다시 물로 돌아가는) 생명의 파란만장한 여행담이다.

6부를 마무리하는 에세이는 이 부서지기 쉬운 지상낙원과 더 넓은 세계의 생물다양성이 얼마나 연약한지를 세상에 알리는 경이로운 책, 더글러스 애덤스와 마크 카워다인의 《마지막 기회라니?Last Chance to See》의 개정판에 붙인 서문이다. 이 에세이에서 침울한 어조가 느껴지는 것은 별로 놀라운 일이 아니다. 그 책 자체가 멸종 직전에 놓인 사라져가는 종들에 대한 애가였을 뿐 아니라, 서문을 작성하는 시점에 도킨스는 아직 49세라는 비극적으로 젊은 나이에 세상을 떠난 더글러스 애덤스—유머 작가, 인도주의자, 과학을 칭송하는 사람—의 때 이른 죽음을 수많은 다른 사람들과 함께 슬퍼하고 있었으니까. 그 에세이는 살아 있는 지구의 소중하기 그지없는 풍요로움에 바치는 찬가인 동시에, 둘도 없이 소중한 한 인간을 그리워하는 비가이기도 하다.

G. S.

시간에
대하여[1]

^
^

시간은 상당히 불가사의한 것입니다. 의식과 거의 같은 정도로 손에 잡히지도 않고 뭐라고 규정하기도 어렵습니다. "멈추지 않고 흐르는 강처럼"이라는 노랫말처럼 시간은 흘러가고 있는 듯하지만, 흐르는 건 무엇인가요? 우리에게는 실제로 존재하는 순간

---

1 애슈몰린 박물관은 옥스퍼드에 소재한 최고의 미술 및 고고학 박물관이다. 2001년에 '시간에 대하여'라는 전시회를 열어 여러 시대의 시계를 선보였다. 나는 영광스럽게도 개막식에 초청되었고, 이 에세이는 그날 했던 연설이다. 연설 원고는 나중에 2001년의 〈옥스퍼드 매거진〉에 실렸다.

은 지금뿐이라는 감각이 있습니다. 과거는 그림자처럼 희미한 기억이고 미래는 모호한 불확실성입니다. 물리학자들은 시간을 이렇게 보지 않습니다. 그들의 방정식에서 현재는 특별한 지위를 갖지 않습니다. 몇몇 현대 물리학자들은 현재를 환영, 즉 관찰자의 마음의 산물이라고까지 묘사했습니다.

시인들에게 시간은 결코 환영이 아닙니다. 그들은 날듯이 달리는 시간의 전차가 다가오는 소리를 듣고, 시간의 모래 위에 발자국을 남기고 싶어 하며, 멈추어 서서 응시하기 위해 시간이 좀 더 있었으면 좋겠다고 생각하고, 시간의 카라반에게 하루만이라도 머물다 가라고 유혹합니다. 속담은, 꾸물대는 버릇은 시간 도둑이라고 선언합니다. 또는 터진 것을 일찍 꿰매면 나중에 몇 바늘을 절약할 수 있을지 불가능하리만치 정밀하게 계산합니다('제때의 바느질 한 땀이 아홉 땀을 꿰는 수고를 덜 수 있다'는 속담을 말한다 – 옮긴이). 고고학자들은 시간의 반만큼 오래된 장밋빛 도시(영국 시인 존 윌리엄 버곤의 시구로, 남부 요르단의 고대 도시 페트라를 말한다 – 옮긴이)를 발굴합니다. 술집 주인들은 손님에게 문 닫을 때가 되었다고 알립니다. 우리는 시간을 헛되이 보내고, 쓰고, 꾸려가고, 탕진하고, 죽입니다.

시계나 달력이 생기기 오래 전 사람들은—실은 모든 동물과 식물이—천문의 주기로 생활을 계측했습니다. 사람들이 '하늘의 거대한 시계'로 사용했던 것은 자체의 축을 중심으로 도는 지구의 회전, 태양을 중심으로 도는 지구의 회전, 그리고 지구를 중심으로 도는 달의 회전이었습니다.

그런데 지구는 겨울보다 여름에 태양에 더 가까이 있다고 생각하는 사람들이 의외로 매우 많습니다. 만일 그렇다면 오스트레일리아인들도 우리와 같은 시기에 겨울을 맞이할 것입니다. 이런 북반구 우월주의의 명백한 예가 과학 소설에 있습니다. 어느 먼 항성계로 떠난 일군의 우주여행자들이 고향 지구를 그리워하며 '지구에는 지금 봄이 왔겠지!'라고 말하는 대목입니다.

하늘에 있는 세 번째 큰 시계인 달의 회전은 주로 조석 간만을 통해 생물에 영향을 미칩니다. 많은 바다 생물들은 달의 주기에 따라 생활을 관리합니다. 태평양의 팔롤로 웜*Palolo viridis*(또는 *Eunice viridis*)는 산호초 틈바구니에 삽니다. 10월에 하현달이 뜨면 특정한 이틀의 이른 아침에 모든 벌레의 꼬리가 동시에 떨어져 번식을 위해 수면으로 헤엄칩니다. 놀라운 꼬리가 아닐 수 없습니다. 자체 눈까지 한 쌍 가지고 있으니까요.

28일 뒤, 11월에 하현달이 뜰 때도 같은 일이 일어납니다. 타이밍은 너무도 예측 가능해서, 섬사람들은 정확히 언제 카누를 타고 나가 팔롤로 웜의 꿈틀거리는 꼬리를 채집해야 하는지 압니다. 팔롤로 웜의 꼬리는 귀한 진수성찬입니다.

여기서 주의할 건, 팔롤로 웜이 하늘의 특정 신호에 동시에 반응함으로써 동기화하는 것이 아니라는 점입니다. 팔롤로 웜 각자가 달의 주기가 여러 번 반복되는 동안 몸에 각인된 주기를 **적분합니다**(쉽게 말하면, 모두 합쳐 평균을 내는 것 – 옮긴이). 그들은 모두 같은 데이터를 토대로 같은 계산을 하고, 따라서 훌륭한 과학자들처럼 모두 같은 결론에 이르러 꼬리를 동시에 잘라냅니다.

동시에 꽃을 피우는 식물들에 대해서도 비슷한 이야기를 할 수 있습니다. 식물은 매일매일 측정된 낮 길이의 변화를 적분함으로써 동시에 꽃을 피웁니다. 많은 새들도 같은 방식으로 번식 시기를 맞춥니다. 이것을 쉽게 증명할 수 있습니다. 인공조명을 타이머로 켜고 끄는 방법으로 낮의 길이를 실제와는 다른 계절인 것처럼 만들어 실험하면 됩니다.

많은 동물과 식물은, 아마 살아 있는 모든 세포가 그럴 텐데, 생화학 기제 깊숙한 곳에 체내 시계를 가지고 있습니다. 모든 종류의 생리적 주기와 행동 리듬에 이 생체 시계가 각인되어 있습니다. 그 시계를 재는 방법은 여러 가지가 있습니다. 생체 시계는 외부의 천체 시계와 연결되어 있으며, 보통은 그것과 동기화되어 있습니다. 하지만 흥미로운 점은, 생체 시계는 외부 세계와 분리되어도 계속 간다는 겁니다. 진정한 체내 시계인 셈입니다. 시차증이란, 자신이 있는 장소의 경도가 크게 바뀐 뒤 체내 시계가 외부의 차이트게버Zeitgeber[2](체내 시계의 주기에 영향을 주는 명암이나 온도 같은 외적 인자 - 옮긴이)에 의해 다시 맞추어지고 있을 때 경험하는 불쾌감입니다.

경도는 물론 시간과 긴밀한 관계가 있습니다. 18세기에 개최된

---

2 과학 문헌에서 체내 시계에 시간을 알려주거나 그것을 동기화시키는 인자를 지칭하기 위해 독일어를 사용하는 것은 이 분야의 고전적 연구 대부분이 독일에서 실시되었다는 사실을 반영한다.

경도 측정을 둘러싼 경쟁에서 존 해리슨에게 승리를 안겨준 비결은 바다에 가져가도 정확하게 가는 시계였습니다. 철새도 이와 비슷한 항행 목적을 위해 자체적인 체내 시계를 이용합니다.

체내 시계의 멋진 사례가 있습니다. 여러분도 알다시피, 일벌에게는 같은 벌집의 동료들에게 먹이를 발견한 장소를 가르쳐주기 위해 사용하는 암호가 있습니다. 그 암호는 8자형 춤으로, 벌집을 구성하는 수직으로 배치된 판 위에서 춤을 추는 겁니다. 8자형의 중간에 직선으로 이동하는 부분이 있는데, 그 방향이 먹이의 방향을 표시합니다. 춤이 수직판 위에서 실시되는 반면 먹이의 각도는 수평면에 있으므로 약속이 있어야 합니다. 그 약속은, 수직면 판에서의 위쪽 방향이 수평면에서 태양의 방향을 표시한다는 것입니다. 수직면 판 위쪽으로 직선으로 이동하는 춤은 다른 벌들에게 벌집을 떠나 태양 방향으로 곧장 날아가라는 말입니다. 수직에서 오른쪽으로 30도 방향으로 직선적으로 이동하는 춤은 다른 벌들에게, 벌집을 떠나 태양의 오른쪽으로 30도 각도로 날아가라는 명령입니다.

이 정도만으로도 너무나 놀라워서 카를 폰 프리슈가 그것을 처음 발견했을 때 믿을 수 없다고 생각한 사람들이 많았습니다. 하지만 이것은 사실입니다.[3] 게다가 춤은 이보다 훨씬 더 정교합니

---

3 이 춤이 진화상으로 어떻게 생겼는가는 흥미로운 질문이다. 폰 프리슈와 그 동료들은 이 춤을 다른 종의 벌들에서 발견되는 더 원시적인

다. 여기서 우리 이야기는 다시 시간 감각으로 돌아갑니다. 태양을 기준점으로 사용하는 것에는 문제가 있습니다. 태양은 움직입니다. 아니, 지구가 돌기 때문에, 시간이 지남에 따라 태양이 (북반구에서는 왼쪽에서 오른쪽으로) 움직이는 것처럼 보입니다. 벌은 여기에 어떻게 대처할까요?

다양한 춤과 비교했다. 어떤 벌은 옥외에 벌집을 짓고 먹이가 발견된 쪽을 향해 수평면에서 '이륙 활주'를 반복함으로써 먹이의 방향을 알린다. '이 방향으로 나를 따라와'라는 제스처를 반복함으로써 더 많은 추종자를 모집하는 행위로 볼 수 있다. 하지만 어떻게 이것이 벌집의 수직판에서 사용되는 암호로 번역될까? 벌집의 수직판에서 수직면의 '위쪽'(중력과 반대) 방향은 수평면의 '태양의 방향'을 가리킨다. 이는 딱정벌레와 개미처럼 관계가 먼 곤충들에서 나타나는, 곤충 신경계의 이상한 기벽에서 한 가지 단서를 찾을 수 있다. 우선, (기벽이 아닌) 배경 정보 하나를 말하겠다. 392~393쪽에 기술되어 있듯이, 많은 곤충은 태양을 나침반으로 사용해 태양에 대한 각도를 일정하게 유지함으로써 직선으로 비행한다. 태양을 모방하는 전깃불을 사용해 이것을 간단히 증명할 수 있다. 다음은 기벽 차례다. 실험자들은 곤충이 인공 광원에 대해 각도를 일정하게 유지하면서 수평면을 걷는 것을 관찰했다. 그런 다음 그들은 조명을 끄고, 이와 동시에 수평면을 수직으로 기울였다. 곤충은 계속 걸었지만, 수직면에 대한 각도가 불을 끄기 전의 빛에 대한 각도와 같도록 진행 방향을 바꾸었다. 내가 이것을 기벽이라고 부르는 이유는 이런 상황이 자연에서는 도저히 일어날 것 같지 않기 때문이다. 마치 곤충 신경계에 일종의 혼선이 일어났고, 마침 그것이 벌의 춤이 진화하는 데 활용된 것처럼 보인다.

폰 프리슈는 벌을 여러 시간 동안 관찰용 벌통 속에 가두는 실험을 했습니다. 벌들은 계속 춤을 추었습니다. 하지만 여기서 폰 프리슈는 너무 굉장해서 믿어지지 않는 것을 보았습니다. 시간이 지남에 따라 춤추는 벌들은 직선으로 이동하는 춤의 방향을 서서히 돌렸습니다. 태양의 위치 **변화**를 보정해 춤의 방향이 정확한 먹이의 방향을 계속해서 가리키도록 했던 겁니다. 벌들은 벌통 안에서 춤을 추기 때문에 태양을 볼 수 없는 상황인데도 이렇게 했습니다. 그들은 태양의 위치는 변한다는 사실을 '알고' 있었고 체내 시계를 이용해 그것을 보정하고 있었던 것입니다.

잘 생각해보면, 이것이 의미하는 건 춤의 직선 이동 자체가 보통의 시계 시침처럼(비록 속도는 절반이라 해도) 돌아간다는 것입니다. 하지만 해시계의 그림자처럼 (북반구에서는) 시계 반대 방향으로 움직입니다. 당신이 폰 프리슈라면, 그런 발견을 한다면 이제 죽어도 여한이 없다고 생각하지 않을까요?

시계가 발명된 뒤에도 해시계는 시계를 맞추고 시계를 하늘의 거대한 시계와 동기화시키기 위해 꼭 필요했습니다. 따라서 힐레어 벨록의 유명한 시는 다소 부당하다고 말할 수 있습니다.

> 나는 해시계. 실수를 하지
> 기계시계에는 당해낼 수 없어.

벨록이 해시계에 대한 연작시를 썼다는 사실은 잘 알려져 있지 않습니다. 웃긴 것도 있지만, 이 전시회의 주제인 '시간과의 투쟁'

과 더 잘 맞는 암울한 것도 있습니다.

> 그림자는 천천히 다가온다. 그런데 지나갈 때는
> 눈 깜짝할 새다. 빠르다! 빨라!

> 살며시 다가오라, 그림자, 살며시 다가오라. 늙어가는 나의
> 시간이 가르쳐준다.
> 나는 너를 막을 수 없으니, 살며시 다가오라.

> 소리 없는 시간은 살금살금 간다, 그리고 가만히 정지한다.
> 시시각각 너에게 상처를 주고, 마지막 순간 너를 죽인다.

> 드물게 해가 비치는 때를 제외하고
> 나는 여기서 놀 뿐이야.

> 나는 해시계, 거꾸로 돌지.
> 50파운드의 돈 낭비라네.

여러분이 전시를 둘러보며 아주 훌륭한 작은 주머니 해시계를 보면 이 마지막 시가 떠오를지도 모릅니다. 그 해시계에는 나침반이 내장되어 있는데, 그게 없다면 해시계는 무용지물일 겁니다.

앞서 이야기한 하늘의 거대한 시계들이 측정하는 시간은 1년을 넘지 않았지만, 훨씬 더 긴 시간을 가리키는 천체 시계도 있을 수

있습니다. 태양이 은하의 중심을 한 바퀴 도는 데는 약 2억 년이 걸립니다. 제가 아는 한, 이 우주 시계에 맞추어진 생물학적 과정은 없습니다.[4]

시계를 대신하는 가장 큰 규모의 자연현상으로서 생명에 영향을 미친다고 진지하게 제안된 것은 약 2,600만 년 주기로 일어나는 대멸종입니다. 그것을 증명하기 위해서는 화석 기록상의 멸종 속도에 대한 정교한 통계적 분석이 필요합니다. 이 문제는 아직 논쟁의 여지가 있고, 확실히 증명되지 않았습니다. 대멸종이 일어난다는 점에는 의문의 여지가 없고, 그중 적어도 하나는 공룡이 사라진 6,500만 년 전 운석 충돌에 의해 일어났을 가능성이 높습니다. 논쟁의 여지가 있는 것은 그런 사건이 일어날 가능성이 2,600만 년 주기로 최대가 된다는 가설입니다.[5]

1년보다 긴 천문 시계로 제안된 또 한 가지는 태양 흑점의 11년 주기입니다. 그것은 스라소니와 눈신토끼 같은 북극지방 포유류

---

4 그런 것이 발견된다면 나는 정말 놀랄 것이다.

5 개막식 강연에서는 이것을 설명하기 위해 가설상의 한 천문 시계를 언급했지만, 이 책에 다시 실으며 그 부분을 삭제했다. 현대 천문학자들은 대체로 그 시계를 믿지 않고, 그것을 뒷받침하는 직접적인 증거도 없기 때문이다. 그 시계에 대한 주장을 요약하면, 태양은 네메시스라 불리는 동반자별과 서로의 궤도를 약 2,600만 년 주기로 돈다는 것이다. 네메시스의 중력 효과가 미행성체들로 이루어진 오르트 구름을 교란해 그 미행체들 중 하나가 지구에 부딪힐 확률을 높인다고 추정되었다.

의 개체 수에 나타나는 특정한 주기성을 설명해주는 듯합니다. 옥스퍼드의 위대한 생태학자 찰스 엘튼은 허드슨 베이 회사의 털가죽용 동물 포획 기록을 보고 그 사실을 알아챘습니다. 이 이론에 대해서도 아직 논란이 있습니다.

관장님, 당신이 이 전시의 개막식 강연에 생물학자를 초청했으니, 벌과 팔롤로 웜, 눈신토끼에 대한 이야기를 들어도 뜻밖은 아닐 겁니다. 고고학자에게 부탁했다면, 지금 우리는 연륜 연대학(나이테를 비교 연구하여 과거 사상의 연대를 추정하는 편년학 – 옮긴이)이나 방사성탄소 연대측정에 관한 이야기를 듣느라 여념이 없었을 것입니다. 만일 고생물학자를 초청했다면 우리는 칼륨–아르곤 연대측정법이나, 지질학적 시간의 광대함을 인간의 머리로 이해하는 것은 거의 불가능하다는 이야기를 들었을 겁니다. 지질학자였다면, 우리가 장구한 지질학적 시간을 이해하려고 고군분투하지만 대개는 실패한다는 것을, 은유적 표현들 중 하나로 말해주었을 겁니다. 제가 가장 좋아하는 은유는 이것입니다. 서둘러 덧붙이자면 제가 생각해낸 것은 아니지만, 저의 저서 중 한 권에 사용했습니다.

여러분의 두 팔을 쫙 펼쳐 진화의 역사 전체를 표현하면, 왼쪽 손가락 끝에 생명의 기원이 있고 오른쪽 손가락 끝에 현재가 놓인다. 정중선을 가로질러 오른쪽 어깨에 이를 때까지 생명을 구성하는 것은 아직 세균뿐이다. 동물이 나타나기 시작하는 것은 오른쪽 팔꿈치 주변이다. 공룡은 오른손 손바닥

중간에서 출현하고 손가락의 마지막 관절 근처에서 멸종한다. 호모 사피엔스와 우리의 전임자인 호모 에렉투스의 시대는 잘라낸 손톱의 두께에 모두 포함된다. 기록된 역사에 대해 말하면, 바빌론, "양 우리에 나타난 늑대처럼 온 아시리아인"(바이런의 시 '산혜립의 파멸The Destruction of Sennacherib'의 첫 구절 - 옮긴이), 유대인 가부장, 로마 군대, 기독교 신부들, 파라오의 왕조, 메디아인과 페르시아인의 바뀌지 않는 법률, 트로이와 그리스 군대, 나폴레옹과 히틀러, 비틀스와 스파이스걸스, 그리고 그들을 아는 모든 사람은 손톱줄을 살짝 문지를 때 가루가 되어 날아가 버린다.

만일 제가 역사학자였다면, 민족에 따라 어떻게 시간을 다르게 인식했는지 들려주었을 것입니다. 어떤 문화는 시간이 순환한다고 생각하고 어떤 문화는 선상으로 뻗는다고 보는데, 이것이 인생을 대하는 태도에 어떤 영향을 주는지 이야기했을 것입니다. 이슬람력은 달의 주기에 기반을 두는 데 반해 우리의 달력은 1년 주기인 점을 이야기했을 것입니다. 갈릴레오가 자신의 심장을 시계로 사용해 진자의 법칙을 생각해내기 전, 그리고 기술자들이 탈진기를 완성시키기 전 시대에는 시계가 어떻게 만들어졌는지 이야기했을 것입니다. 중국인들은 10세기에 벌써 물을 동력으로 하는 탈진기 시계를 가지고 있었다는 사실도 덧붙였을 것입니다.

이집트의 물시계는 계절마다 다시 조정하지 않으면 안 되었다는 점도 언급했을 것입니다. 이집트의 한 시간은 일출부터 일몰까지 시간의 12분의 1로 정의되었기 때문입니다. 따라서 여름의 한 시간은 겨울의 한 시간보다 길었습니다. 이 색다른 사실을 제게 가르쳐준 사람인 리처드 그레고리는 "이로 인해 이집트인은 우리와는 사뭇 다른 시간 감각을 체득한 것이 틀림없다"고 조심스럽게 말합니다.

만일 제가 물리학자 또는 우주학자였다면, 시간에 대해 무엇보다 놀라운 발언을 했을 것입니다. 저는 빅뱅이 우주의 시작일 뿐 아니라 시간 그 자체의 시작이었다는 것을 설명해보려 했을 것이고, 아마 실패했을 것입니다. '빅뱅 이전에 무슨 일이 일어났는가'라는 당연한 의문에 대한 답, 혹은 물리학자들이 우리에게 믿게 하려고 시도했으나 소용없었던 답은 '그것이 비논리적인 질문'이라는 것입니다. '이전'이라는 단어를 빅뱅에 적용하는 것은 북극에서 북쪽으로 걸어갈 수 있다고 말하는 것과 같습니다.

만일 제가 물리학자였다면, 광속에 상당히 가까운 속도로 이동하는 차를 타고 있으면 시간 그 자체가—차에 타고 있는 사람의 감각이 아니라 밖에서 보고 있는 사람의 감각으로—느려진다는 사실을 설명해보려고 했을 것입니다. 만일 여러분이 그렇게 놀라운 속도로 우주를 이동한다면, 500년 후 지구로 돌아와도 거의 나이를 먹지 않을 것입니다. 이것은 고속 이동이 인체에 치료 효과를 미치기 때문이 아닙니다. 시간 그 자체에 영향이 미치는 겁니다. 뉴턴의 우주관과 달리, 시간은 절대적인 것이 아닙니다.

진짜 시간 여행, 즉 시간을 거슬러 올라가는 것을 계획하려고 마음먹은 물리학자들도 있습니다. 이것은 모든 역사학자의 꿈일 겁니다. '역설'이라는 요소를 시간 여행을 반대하는 주요 논거로 사용하는 건 어이없는 일입니다. 자신의 증조할머니를 죽였다고 가정해보라는 겁니다.[6] 과학소설 작가들은 시간 여행자들에게 엄격한 행동 규범을 부여하는 것으로 이런 문제에 대응해왔습니다. 시간여행자는 매번 역사를 마음대로 바꾸지 않겠다고 맹세해야 합니다. 하지만 저는 어쩐지, 변덕스러운 인간의 법률이나 관습보다 강한 방호책을 자연이 스스로 세워두었을 것 같은 느낌이 듭니다.

제가 만일 물리학자였다면, 시간의 대칭성 또는 비대칭성에 대해서도 생각했을 것입니다. 미래로 진행하는 과정과 과거로 되돌아가는 과정 사이에는 얼마나 깊은 차이가 있을까요? 필름 되감기와 빨리 감기의 차이는 얼마나 근본적일까요? 열역학 법칙은 비대칭성을 초래하는 듯합니다. 유명한 말이지만, 풀어버린 계란은 원래대로 되돌릴 수 없고, 깨진 유리가 저절로 붙는 일은 없습니다.

생물의 진화는 열역학의 화살에 위배되는 일일까요?(창조론자들은 열역학 법칙은 무질서도가 증가하는 법칙이므로 우주는 질서가 잡힌 상태로 창조되었어야 하고, 따라서 진화는 사실일 수 없다고 주장한다. ─

---

6 이보다 덜 과격한 방법으로도 여러분이 태어지 않도록 역사의 방향을 바꿀 수 있다. 정자 수십억 개 중 하나가 난자를 수정시키는 데 성공한다는 불가능에 가까운 확률을 고려하면, 재채기 한 번이면 충분하다.

옮긴이) 그렇지 않습니다. 왜냐하면 증가하는 엔트로피의 법칙은 닫힌계에만 적용되는데, 생명은 외부로부터 에너지를 얻어 흐름을 거슬러 나아갈 수 있는 열린계이기 때문입니다. 하지만 진화학자들에도 그들 나름의 질문이 있습니다. 시간은 방향의 화살을 가지는가? 진화는 앞으로 전진하는 것인가?

저는 물리학자가 아니라 진화생물학자이니, 제게 그런 흥미로운 질문에 대해서는 처음부터 말을 시키지 않는 편이 좋겠습니다.

시간에 관해 어떤 연사라도 할 수 있는 한마디 말은 시간이 다 되었다는 겁니다. 오늘 저녁에 중요한 일은 '시간에 대하여' 전시를 보는 겁니다. 저는 특별히 어제 둘러볼 수 있었는데, 모든 면에서 매력적이라고 말할 만합니다. 이 전시회의 개회를 선언할 수 있어서 매우 기쁩니다.

후기

이 연설을 다시 읽어보니 시간에 대한 내 과학적 묘사가 얼마나 감질나게 느껴졌을지 알겠다. 어떤 것을 제대로 설명하기에는 너무 짧았다. 변명을 하자면, 감질나게 하는 것이 내 임무였다. 관객에게 전시를 보고 즐기면서 시간에 대해 생각하도록 권하는 것 말이다.

덧붙여 말하면, 애슈몰린 박물관을 트래디스칸티언 박물관으로 불러야 한다고 말하는 사람들이 있다. 원래 존 트래디스칸트 부자가 수집한, 주로 자연사와 관련된 컬렉션을 소장하기 위해 설립되었기 때문이다. 트래디스칸트 컬렉션을 일라이어스 애슈몰Elias Ashmole(1617~1692)이 (일설에 따르면 의심스러운 방법으로) 손에 넣어 그것을 옥스퍼드 대학에 기증했고, 그런 다음 대학이 계속해서 컬렉션을 늘려나갔다. 트래디스칸트의 자연사 컬렉션은 1850년에 새로 지어진 대학 자연사 박물관University Museum of Natural History으로 이전되었고, 애슈몰린 박물관은 주로 미술관이 되었다.

자연사 박물관도 이름을 바꾸어야 한다는 또 다른 주장이 있다. 왜냐하면 옥스퍼드를 방문하는 사람들 다수가 자연사 박물관의 이름을 '피트 리버스'로 착각하기 때문이다. 피트 리버스 박물관은 자연사 박물관 본관에 병설되어 있지만 완전히 별개의 시설로, 멋진 인류학 유물 컬렉션이 관례에 따라 지역별로가 아니라 기능별로 분류되어 있다. 어망이 한곳에 모여 있고, 플루트가 한곳에 모여 있고, 시계가 한곳에 모여 있는 식이다. 피트 리버스와의 혼동을 피하기 위해, 나는 자연사 박물관을 헉슬리 박물관으로 재명명할 것을 제안해왔다. '트래디스칸티언' 박물관이라고 하면 17세기의 부당한 명명을 바로잡는 것이 되지만 새로운 혼란을 일으킬 것이다. 헉슬리 박물관이라고 하면, 새로 지어진 박물관 건물에서 열린 '대논쟁'에서 T. H. 헉슬리가 새뮤얼 윌버포스 주교에게 '승리'했다고 일컬어지는 일을 기념하게 된다. 하지만 실제로 그렇게 큰 '승리'는 아니었다고 생각할 이유가 있기에, 그 일에 대해서는 복잡한 감정을 느낀다고 말하지 않을 수 없다.

대형 땅거북 이야기:
섬 안의 섬[1]

∧
∧

나는 갈라파고스 제도를 떠나는 배 위에서 이 글을 쓰고

---

1 현재는 옌 웡과의 공저로 두 번째 판이 나와 있는《조상 이야기 The Ancestor's Tale》가 처음 출판된 것은 빅토리아 게티의 감사한 초청을 받아 갈라파고스 제도로 기억에 남을 만한 여행을 떠나기 직전이었다. 그 책의 중심 테마는 과거로의 '순례'다. 제프리 초서(영국의 시인.《캔터베리 이야기》의 저자 ─ 옮긴이)에 대한 오마주는 특정 동물들이 들려주는 '이야기'에까지 미치고, 각각의 이야기는 일반적인 생물학 메시지를 전한다. 이런 '이야기'를 해보고 싶다는 의욕은 갈라파고스 여행에서도 계속되었고, 그곳의 동물상에 감동한 나는 선상에서 이야기 세 편을 추가로 썼다. 그 이야기들은 가디언에 발표되었고, 이 글은 2005년 2월 19일에 게재되었다.

있다. 이 제도에 서식하는 가장 유명한 동물은 섬의 이름을 딴 대형 땅거북인 갈라파고스땅거북이고, 가장 유명한 방문자는 인간 지성의 거인 찰스 다윈이다. 《종의 기원》의 핵심 개념이 그의 뇌에서 명확해지기 오래전에 쓴 비글호 항해기에 다윈은 갈라파고스 제도에 대해 이렇게 썼다.

> 유기체의 대부분이 다른 곳에서는 발견되지 않는 토착 생물이다. 심지어는 섬마다 살고 있는 생물들이 다르다. 하지만 대륙과 600~700킬로미터 이상 바다로 분리되어 있음에도 모두가 남아메리카 생물과의 뚜렷한 관계를 보여준다. 이 제도는 작은 세계를 내포하고 있다. …… 섬들의 작은 크기를 고려하면, 토착 생물의 수와 그들의 한정된 서식 범위에 더욱 놀라움을 느끼게 된다. …… 우리는 미스터리 중의 미스터리, 즉 이 지구상에 새로운 생물이 처음 출현한 위대한 사실에 얼마간 가까이 다가선 듯하다.

젊은 다윈은 다윈 이전 시대의 교육에 충실하게 따라, 현재 우리가 고유종—그 섬에서 진화해 다른 곳에서는 볼 수 없는 종—이라고 부르는 것에 대해 '토착 생물'이라는 말을 사용하고 있다. 그럼에도 이미 다윈은 자신이 장년기에 세계를 일깨우게 되는 위대한 진실을 어렴풋이 눈치채는 것 이상의 단계에 와 있었다. 현재 다윈핀치로 불리는 작은 새들에 대해 그는 이렇게 썼다.

규모가 작고 서로 밀접한 관계가 있는 하나의 새 집단에 나타나는 구조의 점진적 변이와 다양성을 본다면, 이 군도에 원래 있던 소수의 새에서 하나의 종이 선택되어 각기 다른 목적에 맞게 변화되었다고 생각하고 싶어질 것이다.

그는 대형 땅거북에 대해서도 같은 이야기를 할 수 있었을 것이다. 부총독 라손 씨에게 다음과 같은 이야기를 들었기 때문이다.

땅거북은 섬마다 달랐고, 그는 땅거북을 어떤 섬에서 가져왔는지 자신 있게 말할 수 있었다. 나는 처음에는 그 이야기에 충분한 주의를 기울이지 않았고, 그래서 그 섬들 중 두 곳에서 채집한 표본을 일부 섞어버렸다. 80~90 킬로미터밖에 떨어져 있지 않으며, 대부분이 서로를 볼 수 있는 위치에 있고, 정확히 같은 암석으로 되어 있으며, 매우 비슷한 기후 조건에 있고, 거의 같은 높이로 솟아 있는 섬들에 다른 생물이 살고 있다고는 꿈에도 생각하지 못했다.

그리고 그는 바다와 육지에 사는 이구아나들과 식물에 대해서도 같은 종류의 이야기를 했다.

이제는, 다시 말해 이제 **다윈주의**가 있으니 다윈 이후의 사람들인 우리는 무슨 일이 일어났는지를 맞추어볼 수 있다. 이 사례들 모두에서, 우연의 산물이기는 하지만 매우 중요한 요소는 섬이다. 그것은 모든 장소의 종의 기원에 나타나는 전형적인 특징이다. 섬이 제공하는 격리된 환경이 없다면, 생식에 의한 유전자풀의 혼합이 종 분기의 싹을 잘라버린다. 끊임없이 밀어닥치는 오래된 종의 유전자가 새로운 종의 씨가 되려고 하는 것을 삼켜버린다. 섬은 진화의 자연 실험실이다. 다윈의 '미스터리 중의 미스터리', 즉 종의 기원을 일으키기 위한 유전자풀의 초기 분기가 실현되기 위해 필요한 것은, 생식에 의한 유전자 혼합을 가로막는 장벽이다.

하지만 섬이 반드시 물에 둘러싸인 땅일 필요는 없다. 땅거북 이야기가 주는 교훈은 두 가지인데 이것이 첫 번째다. 기본적으로 고지에서 생식하는 종인 땅거북에게, 큰 섬인 이사벨라 섬(다윈은 전통적인 영어명을 사용해 앨버말 섬이라고 불렀다)을 종단하는 다섯 개의 화산들 각각은 살기에 적합하지 않은 용암 사막으로 둘러싸인, 살기 좋은 녹색 섬이다. 갈라파고스 제도를 이루는 섬들 대부분은 각기 단일한 화산이므로, 한 공간에 두 종류의 섬이 있는 셈이다. 하지만 큰 섬인 이사벨라에는 다섯 개 화산이 목걸이처럼 연결되어 있고, 각각은 이웃하는 페르난디나 섬에 있는 단일 화산과 대략 같은 거리만큼 떨어져 있다. 따라서 페르난디나의 화산은 어떤 관점에서는 이사벨라 섬의 여섯 번째 화산이라고 볼 수 있다. 땅거북에게 아사벨라는 군도 안의 군도인 셈이다.

두 수준의 격리가 모두 땅거북의 진화에 기여했다. 모든 갈라파고스땅거북은 지금도 생존하고 있으며, 크기가 가장 작은 대륙 거북종인 차코거북*Geochelone chilensis*과 관계가 있다. 그 섬들이 존재한 수백만 년 동안의 어느 시점에, 이 대륙 거북들 가운데 한 종 또는 몇 종이 우연히 바다에 떨어져서 물에 떠 흘러갔다. 길고 험난했음이 분명한 그 항해에서 어떻게 먹이도 담수도 없이 살아남을 수 있었을까? 이와 관련해 말하자면, 옛날에 고래잡이 어부들은 갈라파고스 제도에서 수천 마리 땅거북을 식용으로 배에 실었다. 그들은 고기를 신선하게 유지하기 위해 그 땅거북을 필요할 때까지 죽이지 않았다. 하지만 잡아먹기를 기다리는 동안 먹이도 물도 주지 않았다. 그들은 거꾸로 뒤집혀 있어서 도망칠 수도 없었다. 내가 이 이야기를 하는 것은 소름끼치게 만들기 위해서가 아니라(나는 이 이야기가 소름끼쳤다), 말하고 싶은 것이 있어서다. 거북은 먹이나 담수 없이 수주 동안 살 수 있다. 몇 주는 남아메리카에서 갈라파고스 제도까지 훔볼트 해류를 타고 떠내려가기에 충분한 기간이다. 그리고 실제로 땅거북은 떠다닌다.

갈라파고스 제도에 도착한 땅거북은 많은 동물이 섬에 도착하여 실현하는 것을 했다. 더 크게 진화한 것이다. 섬 생물의 대형화는 오래전부터 알려진 현상이다.[2] 만일 땅거북 이야기가 핀치 패턴을 따랐다면, 그들은 각 섬에서 다른 종으로 진화했을 것이다. 그 뒤 우연히 이 섬에서 저 섬으로의 표류가 있었다면, 그들은 이종교배할 수 없었을 테니(이것이 종의 정의다) 새로운 섬에 사는 다른 종의 동료들과도 다르고, 다른 섬들에 사는 같은 종의 동료

---

2 헷갈리게도, 섬 생물의 소형화도 일반적인 현상이다. 지중해의 여러 섬들에는 소형 코끼리가 있었고, 인도네시아의 플로레스 섬에는 소형 호미닌, 호모 플로레시엔시스가 존재했다.

들과도 다른 생활양식을 자유롭게 진화시켰을 것이다.[3] 핀치의 경우, 다른 종들과 짝짓기 습성과 선호가 맞지 않는 것이 다른 섬에 지리적으로 격리된 것과 같은 유전적 효과를 초래한다고 말할 수 있다. 설령 지리적으로 일부 중첩된다 해도 그들은 짝짓기의 배타성이라는 개별 섬에 격리되어 있는 것이다. 따라서 핀치는 더 분기할 수 있다. 갈라파고스 제도의 대부분에는 대형, 중형, 소형의 갈라파고스핀치가 있고, 각각은 서로 다른 먹이에 특화되어 있다. 이 세 종은 처음에는 분명 각기 다른 섬에서 분기했지만, 지금은 같은 섬에 모여 서로 다른 종으로 공존하고 있다. 하지만 그들은 결코 교잡하지 않고, 각기 다른 종류의 종자만을 먹는다.

땅거북도 비슷한 과정을 거쳐[4] 섬마다 다른 등껍질 모양을 진화시켰다. 큰 섬의 땅거북은 높은 돔형이 되는 경향이 있다. 작은 섬의 땅거북은 안장형 등껍질을 가지는데, 머리를 늘일 수 있도록 앞쪽에 높이 말려 올라간 개구부가 있다. 이렇게 두 종류의 등껍

---

3 인도양의 알다브라 섬에도 대형 땅거북이 산다. 모리셔스 섬과 그 이웃하는 섬들에도 땅거북이 있었지만, 19세기에 선원들이 도도와 도도의 사촌들과 함께 땅거북을 멸종으로 내몰았다. 인도양의 땅거북은 갈라파고스땅거북과 똑같이 대형화라는 진화적 현상을 보이지만, 둘은 마다가스카르에서 떠내려온 작은 조상들로부터 각기 독립적으로 진화했다.

4 하지만 분기 후 다시 모여 같은 섬을 공유하는 두 번째 단계는 없었다.

질이 생긴 이유는, 우선 큰 섬에는 대개 풀이 자라기에 충분한 물이 있어서 거기 사는 땅거북들이 풀을 뜯어먹고 살기 때문인 듯하다. 반면 작은 섬들에는 풀이 자랄 만큼 물이 충분하지가 않아서 땅거북들이 선인장 잎을 뜯어먹어야 한다. 높이 말려 올라간 안장형 등껍질은 선인장까지 머리를 늘일 수 있게 해준다. 한편 선인장의 입장에서는, 잎을 뜯어먹는 땅거북을 막기 위한 진화적 군비 경쟁으로 점점 키가 커진다.

이미 언급했듯이 땅거북 이야기는 핀치 모델보다 더 복잡하다. 땅거북의 입장에서 화산은 섬 안의 섬인 탓이다. 저지의 건조한 용암원은 땅거북에게 적대적인 사막이고, 화산은 그 안에서 높고 시원하고 습한 녹색의 오아시스를 제공한다. 대부분의 섬에는 화산이 하나만 있고, 저마다 고유한 단일 종(혹은 아종들)의 땅거북이 산다. 큰 섬인 이사벨라 섬에는 주요 화산이 다섯 개가 있고, 각각에는 고유한 종(또는 아종)의 땅거북이 산다. 정말로 이사벨라는 군도 안의 군도인 것이다. 그리고 진화적 분기가 활발하게 일어나는 군도의 원리가 다윈이 운 좋게도 젊을 때 방문한 섬들인 이곳에서보다 더 정교하게 증명된 장소는 없다.

바다거북 이야기:
거기서 다시 돌아오다
(그리고 다시 복귀?)[1]

∧
∧

앞에서 기술한 '대형 땅거북 이야기'에서, 나는 조상 땅거북이 우연히 남아메리카에서 떠내려와 실수로 갈라파고스 제도에 정착했고, 그 뒤 각 섬에서 지역적 차이를 진화시킨 동시에 모든 섬에서 거대한 크기를 진화시켰다고 이야기했다. 하지만 왜 이 거북이 육지 거북이었다고 추정할까? 이미 바다에 살고 있던 바다거북이, 예컨대 알을 낳기 위해 섬의 해변으로 올라왔다가 그곳이 마음에 들어 건조한 육상에 머물면서 땅거북으로 진화했다고

---

1 이 글은 갈라파고스 제도에서 배에 올라 추가로 쓴 이야기들 중 두 번째로, 2005년 2월 26일 〈가디언〉에 게재되었다.

추측하는 쪽이 더 간단하지 않나? 그렇지 않다. 겨우 몇 백만 년 밖에 존재하지 않은 갈라파고스 제도에서는 그런 일이 일어나지 않았다.

그렇다 해도 훨씬 오래 전 모든 땅거북의 조상에서 매우 비슷한 일이 일어난 것은 맞다. 하지만 그것은 땅거북 이야기가 클라이막스에 이르기 전의 일이다. (그나저나 '거북turtle'이라는 단어는 '영국과 미국은 공통 언어에 의해 갈라진 두 나라'라는 버나드 쇼의 관찰을 보여주는 지긋지긋한 사례라고 말할 수 있다. 영국 용법에 따르면 물에 사는 건 turtle이고, 육상에 사는 건 tortoise이다. 미국에서는 turtle 중 육상에 사는 것이 tortoise이다.)

갈라파고스 제도, 알다브라 섬, 세이셸 제도 같은 대양도(바다에 있고, 과거에 대륙과 연결되어 있었던 적이 없는 섬 – 옮긴이)의 땅거북만이 아니라, 아메리카, 오스트레일리아, 아프리카, 유라시아 본토에 서식하는 땅거북도 포함하여, 현생하는 모든 땅거북이 공유하는 가장 최근 조상은 그 자신도 육지 거북이었다는 충분한 증거가 있다. 스티븐 호킹을 엉뚱하게 인용하면, 그 밑으로는 죽 땅거북인 것이다(호킹이《시간의 역사》맨 앞에 "무한히 쌓인 거북이 떠받치는 평평한 우주"라는 우주관을 언급한 부분 – 옮긴이). 갈라파고스 제도의 다양한 땅거북은 확실히 남아메리카 육지 거북의 자손이다.

충분히 멀리 거슬러 올라가면 모든 것은 바다, 즉 생명을 키우는 어머니alma mater 속에 살았다. 진화사의 다양한 시점에 여러 동물 집단의 진취적인 개체들이 자기만의 바닷물을 혈액과 세포액에 신고 육상으로 올라왔고, 때로는 가장 메마른 사막까지 진출

했다. 물 밖으로 나오는 데 성공한 집단으로는 우리가 주변에서 보는 파충류, 조류, 포유류, 곤충 말고도, 가재, 달팽이, 쥐며느리나 물게 같은 갑각류, 노래기류와 지네류, 거미류와 그 동류, 그리고 다양한 벌레들이 있었다. 그리고 식물을 잊어서는 안 된다. 식물이 먼저 땅을 침입하지 않았다면 나머지 이주의 어떤 것도 일어날 수 없었다.

이것은 발 내딛기 어려운 장대한 여행이었다. 지리적 거리라는 관점에서 보면 꼭 그렇지만도 않지만, 호흡에서부터 생식에 이르기까지 생명의 모든 측면에 일어난 격변이라는 관점에서는 그랬다. 척추동물들 가운데서, 오늘날의 실러캔스나 폐어(다수가 멸종한 종류로 폐로 숨을 쉬며 공기 호흡을 하는 원시 물고기 – 옮긴이)와 관련 있는 총기류(지느러미에 살집이 있는 돌기가 있어서 육상에 올라올 수 있던 최초의 어류 – 옮긴이)라는 특정 집단이 육상을 걸으면서 공기 호흡을 위한 폐를 발생시켰다. 그 자손인 파충류는, 바다의 선조 때부터 모든 척추동물 배아에 필요한 수분을 보유하기 위해 방수 껍데기로 덮인 큰 알을 발생시켰다. 이 초기 파충류의 자손으로는 포유류와 조류가 있었고, 그들은 사막에 사는 습성을 포함해 육상 환경을 이용하는 광범위한 테크닉을 진화시켰다. 그들은 생활 방식을 혁신함으로써 바다에 살던 조상들의 생활과는 거의 상상할 수도 없을 정도로 다른 생활을 하게 되었다.

육상 생물이 보이는 광범위한 특수화 중에는 청개구리 심보처럼 보이는 것이 하나 있다. 많은 수의 철두철미한 육상 동물들이 나중에 방향을 돌려, 어렵게 얻은 육상 생활용 장비를 버리고 다시 물속으로 떼 지어 돌아간 것이다. 물개와 바다사자(예컨대, 놀랍도록 순한 갈라파고스바다사자)는 돌아가는 도중일 뿐이다. 그들은 고래와 듀공 같은 극단적인 사례로 가는 도중으로, 중간체가 어떤 모습이었는지 보여주고 있는 셈이다. 고래(우리가 돌고래라고 부르는 작은 고래를 포함해)와 듀공은 그들의 가까운 사촌인 바다소와 함께, 육상 생물이기를 완전히 그만두고 먼 조상의 바다 습성으로 완전히 되돌아갔다. 번식을 위해 해변으로 올라오는 것조차 하지 않는다. 하지만 여전히 공기 호흡을 하고, 바다에 살던 때 지녔던 아가미에 해당하는 것을 끝내 발생시키지 않았다.

육상에서 물로 돌아온 동물들로는 그 밖에도 논우렁, 물거미, 물방개, 갈라파고스가마우지, 펭귄(갈라파고스는 북반구에서 유일하게 펭귄이 사는 곳이다[2]), 바다이구아나(갈라파고스 외에 다른 곳에서는 볼 수 없다), 그리고 바다거북(주변 수역에 많이 있다)이 있다.

이구아나는 유목을 타고 우연히 바다를 건너 살아남는 데 능하므로(서인도 제도 내에서 확실하게 실증되었다), 갈라파고스 바

---

2 가장 최근에 갈라파고스를 방문했을 때 한 연배 있는 에콰도르인 가이드가 재미있는 이야기를 들려주었다. 예전에 그 배에 탔던 한 손님이 풍경, 자연사, 음식, 배 등 자신이 체험한 것들에 대해 열변을 토했는데 딱 한 가지를 불평했다고 한다. 갈라파고스의 펭귄은 너무 작다는 것이었다.

다이구아나의 기원을 더듬어 가면 틀림없이 남아메리카 대륙에서 떠내려온 생물에 이를 것이다. 갈라파고스 제도의 현존하는 가장 오래된 섬은 역사가 기껏해야 약 400만 년이다. 바다이구아나는 이곳에서만 진화했으므로, 이 이구아나가 물로 돌아간 시점이 적어도 그 이후라고 여러분은 생각할지도 모른다. 하지만 이야기는 이보다 복잡하다.

갈라파고스 제도는 태평양 해저에 있는 특정한 화산성 핫스폿 위에서, 나스카 지각판이 일 년에 몇 센티미터 속도로 이동함에 따라 하나씩 차례로 형성되었다. 그 지각판이 동쪽으로 이동하는 동안, 때때로 핫스폿이 분출해 생산 라인을 따라 다른 섬을 만들었다. 이 때문에 가장 최근의 섬이 서쪽에 있고 가장 오래된 섬은 동쪽에 있는 것이다. 하지만 나스카 지각판은 동쪽으로 계속 움직이는 동시에 남아메리카 지각판 아래로 섭입되고 있다. 가장 동쪽의 섬은 1년에 약 1센티미터의 속도로 바다 밑으로 가라앉고 있다. 현존하는 가장 오래된 섬은 겨우 400만 년밖에 되지 않았지만, 이 지역에 적어도 1,700만 년 전부터 동쪽으로 움직이면서 가라앉고 있는 군도가 있다는 사실이 지금은 잘 알려져 있다. 그 시기의 어느 시점에, 지금은 가라앉은 섬들이 이구아나가 올라와 진화할 수 있도록 최초의 안식처를 제공했을 가능성이 있다. 애초의 조상 섬이 파도 밑으로 가라앉기 전에 이구아나들이 다른 섬으로 건너갈 시간이 충분히 있었을 것이다.

바다거북은 훨씬 오래 전에 바다로 돌아갔다. 그들은 어떤 의미에서 고래나 듀공만큼 물로 완전히 돌아가지는 않았다. 왜냐하면 여전히 해변에 알을 낳기 때문이다. 바다로 돌아간 모든 척추동물처럼 그들도 공기 호흡을 하지만, 이 분야에서 그들은 고래보다 한발 앞서 있다. 일부 바다거북은 혈관이 많이 분포하는 뒤꽁무니의 기관 한 쌍을 통해 물에서 추가 산소를 끌어온다. 실제로 오스트레일리아의 강에 사는 어떤 거북은, 오스트레일리아인이라면 주저함 없이 말하듯 엉덩이 호흡으로 대부분의 산소를 얻는다.

현생 바다거북은 모두 공룡보다 앞에 살았던 육생 조상의 자손이라는 증거가 있다. 현생종인 모든 바다거북과 땅거북의 조상에 가까워 보이는, 공룡 시대 초기의 중요한 화석이 두 개 있다. 각각 프로가노켈리스 켄스테디*Proganochelys quenstedti*와 팔레오케르시스 탈람파엔시스*Palaeochersis talampayensis*라 불린다. 화석 동물이 특히 파편만 발견될 경우, 육상에 살았는지 물에 살았는지 어떻게 아는지 궁금한 사람도 있을 것이다. 꽤 명백한 경우도 있다. 어룡은 공룡과 동시대에 살았던 파충류로, 아가미와 유선형 몸을 가지고 있었다. 그 화석은 돌고래와 비슷해 보이고, 분명 돌고래처럼 물에 살았을 것이다. 거북의 경우는 그 정도로 명백하지는 않다. 한 가지 적절한 구별 방법은 앞다리뼈를 측정하는 것이다.

예일 대학교의 월터 조이스Walter Joyce와 자크 고티에Jacques Gauthier는 현생 바다거북과 땅거북 71종의 앞다리뼈와 손뼈에서 세 군데 핵심 부위를 측정했다. 그리고 세 개의 측정값을 한 눈에 비교하기 위해 삼각 그래프 용지에 각 종의 데이터를 표시했다. 놀랍게도 육생 거북 종은 모두 삼각형 윗부분에 점이 밀집했고, 수생 거북 종은 모두 삼각형 아랫부분에 밀집했다. 중첩은 전혀 없었지만, 물과 땅 양쪽에서 시간을 보내는 몇몇 종을 추가했더니 양상이 변했다. 아니나 다를까, 수륙양생 종들은 삼각 그래프에서 '축축한 군집'과 '건조한 군집' 사이에 출현했다. 그러면 모두가 짐작할 수 있는 다음 단계로 넘어가보자. 앞에서 말한 그 화석들은 어디에 놓일까? P. 켄스테디와 P. 탈람파엔시스의 손은 우리에게 남은 의심을 말끔히 없애준다. 삼각 그래프상에서 그 화석들의 점은 건조한 군집 한복판에 놓인다. 두 화석은 육상에 사는 땅거북이었다. 그들은 거북이 물로 돌아오기 전 시대에 살았다.

따라서 일부가 바다로 돌아간 뒤 대부분의 포유류가 그랬듯이, 현생 땅거북이 육상시대에 들어선 이래 줄곧 땅에 머물렀을 것이라고 생각할 수 있을지도 모른다. 하지만 그런 것 같지 않다. 현생 바다거북과 땅거북 모두에 대한 계통수를 그려보면, 거의 모든 가지가 수생이다. 오늘날의 땅거북은 단 하나의 가지를 구성하고, 그 가지는 수생 거북으로 구성된 가지들 사이에 푹 파묻혀 있다. 이는 육상에 사는 현생 땅거북이 P. 켄스테디와 P. 탈람파엔시스 시대 이래로 계속해서 땅에 머물지는 않았음을 암시한다. 오히려 그들의 조상은 바다로 돌아간 거북들 사이에 있었고, 그 뒤에 (비교적) 최근 시대에 육상으로 다시 올라왔다.

그렇다면 땅거북은 놀랍게도 두 번 돌아온 것이다. 모든 포유류, 파충류, 조류와 공유하는 그들의 먼 조상은 바다의 어류였고, 그 전에는 이런저런 벌레와 비슷한 이런저런 생물들이었으며, 더 나아가면 아직까지도 바다에 있는 원시 세균까지 거슬러 올라간다. 그 뒤의 조상들은 육상에 살았고 수많은 세대 동안 육상에 머물렀다. 더 나중의 조상들은 수생 생물로 다시 진화해 바다거북이 되었다. 그리고 그들은 최종적으로 다시 땅거북이 되어 육상으로 돌아갔고, 갈라파고스땅거북은 거기에 해당하지 않지만 땅으로 돌아간 바다거북 중 일부는 현재 사막 중에서도 가장 메마른 곳에 산다.

나는 DNA를 '유전자판 사자의 서'라고 표현했다(132쪽을 보라). 자연선택이 작동하는 방식을 생각하면, 한 동물의 DNA는 어떤 의미에서 그 조상들이 자연선택을 받은 세계를 기술하는 문자다. 물고기의 경우, 유전자판 사자의 서는 조상의 바다를 기술한다. 우리 인간과 대부분의 포유류의 경우, 그 책의 앞부분 장들은 전부 바다가 무대이고, 뒷부분 장들은 전부 육상이 무대다. 고래, 듀공, 바다이구아나, 펭귄, 물개, 바다사자, 바다거북, 그리고 놀랍게도 땅거북의 경우는 이 책에, 먼 과거의 활동 무대였던 바다로의 장렬한 귀환을 이야기하는 3부가 더해진다. 그런데 땅거북의 경우는, 아마 유일한 사례일 텐데, 최후의—과연 그렇다고 단언할 수 있을까?—재상륙에 해당하는 4부가 존재한다. 유전자판 사자의 서가 진화적 유턴으로 이렇게 많이 덧씌워진 또 다른 동물이 존재할 수 있을까?

꿈꾸는 디지털 엘리트에게
작별을 고함

∧
∧

더글러스 애덤스가 대중 앞에 연사로 나선 것을 본 마지막
기회[1]는 1998년 9월에 케임브리지에서 열린 디지털 생물상 회의
였다. 어젯밤 나는 우연히 비슷한 사건에 대한 꿈을 꾸었다. 소규
모 회의에 뜻을 같이하는 사람들이 모여 있었다. 즉 더글러스 부
류의 사람들, 더글러스가 아주 좋아하는 서식지 중 하나인 동물학
과 컴퓨터 기술 사이에 위치하는 황무지, '여기 디지털 엘리트가

---

1 이 에세이가 애초에 더글러스 애덤스와 마크 카워다인의 《마지막
기회라니?Last Chance to See》의 2009년판에 대한 서문으로 발표되었기
때문에, 이 책 제목을 이용해 말장난을 한 것이다.

있다'(중세에 세계지도에서 위험하다고 생각되는 미지의 장소에 경고를 위해 표기한 '여기에 드래곤이 있다'에 빗댄 표현 - 옮긴이)라고 표시된 땅에 거주하는 사람들이. 그곳에서 그는 물론 사람들의 시선을 한 몸에 받고 있었다(하지만 익살맞은 것치고는 남 앞에 나서기를 꺼렸던 그가 듣는다면 이 표현을 비웃을 것이다). 꿈속에서는 흔히 있는 일이지만, 죽었다고 알고 있는 그가 우리와 함께 있고, 또 과학에 대해 말하면서 과학에 관한 독특한 위트로 우리를 웃기고 있는 것이 전혀 이상하지 않았다. 그는 점심을 먹으며 어떤 물고기의 경이로운 적응에 대해 열심히 이야기했고, 송어에서 그 적응이 진화하는 데는 딱 스물일곱 번의 돌연변이만 있으면 된다고 알려주었다. 그 경이로운 적응이 무엇이었는지 기억나지 않아 몹시 아쉽다. 그건 바로 더글러스가 어딘가에서 읽었을 것 같은 이야기이고, '스물일곱 번의 돌연변이'는 정확히 그가 좋아했을 종류의 디테일이기 때문이다.

케임브리지에서 코모도까지(즉 디지털엘리트의 서식지에서 왕도마뱀의 서식지까지)는 꿈속에서는 그리 멀지 않으므로, 더글러스가 말한 물고기는 아마 코모도왕도마뱀에 관한 장의 마지막 부분에서 그가 자신의 조상에 대해 생각하는 계기가 되는 말뚝망둥어였을 것이다. 말뚝망둥어와 그들의—그리고 우리 인류의—3억 5000만 년 전 조상을 이용해 왕도마뱀에 관한 장을 매듭짓는 동시에 불운한 염소를 위해 발언하지 않은 죄책감을 누그러뜨리는 것은 놀라운 문학적 기술이다. 불쌍한 닭도 은유로 재등장해 희비극적인 역할을 맡는다. 가엾게 우는 염소라는 메인 요리 전에 등장해 불안을 돋우는 전채 요리인 셈이다.

살아 있는 닭 네 마리와 함께 오랜 시간 작은 배를 타고 가는 것은 불편한 경험이다. 닭들이 무시무시할 정도로 깊은 의심의 눈초리로 당신을 쳐다보고 있는데 당신은 그 의심을 해소할 입장이 아닌 것이다.

P. G. 우드하우스 이래로 이런 문장을 쓴 사람은 없다. 또 이런 문장도 있다.

무언가에 대해 사과하는 교구 목사 같은 분위기를 풍기는 온화한 남성.

풀을 뜯는 코뿔소에 대해서는 이런 식이다.

굴착기가 조용히 야금야금 풀을 뽑고 있는 모양새였다. …… 그 동물은 어깨까지의 높이가 약 170센티미터였고, 근육으로 땅딸막한 다리까지 뒷부분으로 완만하게 기울어 있었다. 모든 부분이 실로 거대해서 무서워 죽겠는데도 눈을 뗄 수가 없었다. 코뿔소가 다리를 살짝 움직였을 뿐인데도 두꺼운 피부 아래 거대한 근육이 거뜬히 움직였다. 마치 주차하는 폭스바겐 같았다. …… 코뿔소는 잽싸게 눈치를 채고, 뒤로 돌아 날렵한 소형 전차처럼 맹렬한 속도로 평원을 가로질러 달아났다.

마지막 구절은 완전히 우드하우스풍이지만, 더글러스에게는 유머에 과학적 차원을 더하는 강점이 있었다. 우드하우스는 절대 이렇게 할 수 없었을 것이다.

마치 물리의 삼체 문제에 나오는 물체가 되어 코뿔소의 인력에 휘둘리고 있는 기분이었다.

다음은 필리핀의 원숭이 먹는 독수리에 관한 이야기다.

도무지 있을 수 없는 날아다니는 기계처럼 보여서, 나무 위에 둥지를 트는 것보다 항공모함에 착륙하는 모습을 떠올리는 편이 더 쉽다.

1장의 '막대기 기술'에 대한 공상은 엄청나게 참신해서 과학자라면 진지하게 생각하지 않을 수 없을 것 같다. 코뿔소는 시각이 아니라 후각이 지배하는 세계의 동물이라는 더글러스의 고찰도 마찬가지다. 더글러스는 단지 과학에 박식한 것만이 아니었다. 과학에 대해 농담하는 것에만 그치지도 않았다. 그에게는 과학자의 마음이 있었다. 그는 과학을 깊이 파고 그것을 표면으로 발굴해…… 유머와 일련의 위트에 버무렸다. 그것은 문학적인 동시에 과학적이었고, 그만의 독특한 것이었다.

나는 이 책을 그의 소설보다 훨씬 더 자주 읽는데, 읽을 때마다 큰 소리로 웃지 않는 페이지가 없다. 위트 넘치는 표현에 더하여, 상하이에서 (양쯔강돌고래 소리를 듣기 위한 수중 마이크를 감싸려고) 콘돔을 찾아 돌아다니는 영웅적인 장면처럼, 한 편의 정통 소극笑劇을 보는 듯한 경이로운 대목도 있다. 손으로 클러치를 조작하기 위해 대시보드 아래로 뻔질나게 들어가는 다리 없는 택시 운전사는 또 어떤가. 모부토 치하 자이르의 관료들에 관한 빈정거리는 투의 웃긴 이야기도 있다. 그들의 지독한 부패로 인해 더글러스와 그의 동료 마크 카워다인의 우직한 선량함이 드러나게 되는데, 그 대목은 냉엄하고 냉정한 세상을 이해할 수 없는 카카포를 연상시킨다.

카카포는 시대에 뒤떨어진 새다. 그 크고 둥글고 초록빛이 감도는 갈색 얼굴을 가만 들여다보면, 아무것도 모른다는 듯 순진한 표정을 짓고 있어서 그만 그 새를 포옹하며 다 괜찮을 거라고 말해주고 싶어진다. 괜찮지 않을 것임을 알지만.

카카포는 터무니없이 뚱뚱한 새다. 제법 큰 성체는 체중이 3킬로그램은 족히 나가고, 그 날개는 뭔가에 걸려 넘어질 것 같을 때 약간 버둥거리는 정도로만 쓸모가 있다. 하지만 슬프게도, 카카포는 나는 방법을 잊었을 뿐 아니라 나는 방법을 잊었다는 사실도 잊어버렸다. 아무래도 걱정이 되어 때때로 나무 위로 올라가 뛰어내리지만, 그 결과는 벽돌처럼 꼴사납게 쿵 하고 바닥에 떨어지는 것이다.

카카포는 섬 고유종 가운데 하나다. 여기서 말하는 섬 고유종이란, 대륙의 가혹한 생태 환경에서 유전자풀을 연마해온 포식자와 경쟁자에게 대항할 준비가 되어 있지 않은 종이라는 뜻이다.

따라서 대륙의 종을 섬에 도입하면 무슨 일이 일어날지 상상할 수 있다. 그것은 알 카포네, 칭기즈칸, 루퍼트 머독을 와이트 섬에 데려오는 것과 같다. 토착민은 배겨낼 재간이 없다.

더글러스 애덤스와 마크 카워다인이 보려고 나선 멸종위기종 동물들 중 하나는, 그로부터 20년 동안 완전히 사라져버린 듯하다. 우리는 이제 양쯔강돌고래를 볼 마지막 기회를 잃었다. 아니 더 정확하게 말하면, 그 돌고래의 소리를 들을 기회를 잃었다. 그 돌고래는 보는 것이 사실상 불가능한 장소에 살았기 때문이다. 불투명한 흙투성이 강 속에서 돌고래의 음파 탐지 능력은 멋지게 본령을 발휘했다. 배의 엔진이 초래하는 막대한 소음 공해가 생기기 전까지는.

양쯔강돌고래의 절멸은 비극이고, 이 책에 등장하는 다른 경이로운 동물들 가운데 일부는 곧 그 뒤를 따를 위험이 있다. 마크 카워다인은 맺음말에서, 종이라는 동식물의 주요 집단이 통째로 절멸하는 일에 대해 우리가 신경 써야 할 이유를 고찰하면서 다음과 같은 일반론을 펼친다.

모든 동식물은 환경을 이루는 필수불가결한 요소다. 코모도

왕도마뱀조차 그들이 사는 민감한 섬 생태계의 안정을 유지하는 데 큰 역할을 맡고 있다. 만일 그들이 사라진다면 다른 많은 종도 사라질 수 있다. 그리고 동식물 보존은 우리 자신의 생존과도 맞물려 있다. 동식물은 우리에게 생명을 구하는 약과 음식을 제공하고, 농작물의 꽃가루받이를 매개하며, 여러 산업 과정의 중요한 재료를 제공한다.

옳소, 옳소. 우리 과학자는 이런 말을 하지 않으면 안 되고, 이것이 우리에게 기대되는 역할이기도 하다. 하지만 이런 식으로 심하게 인간중심적이고 공리주의적인 근거로 보존을 정당화할 **필요**가 있다는 건 참으로 유감스러운 일이다. 내가 다른 문맥에서 사용한 은유를 빌리면, 그것은 바이올린 연주자의 오른팔에 좋다는 이유로 음악을 정당화하는 것과 비슷하다. 이 멋진 생물을 구해야 하는 진짜 이유는 마크가 책을 마무리하면서 말한 것으로, 마크도 분명 이쪽을 선호할 것이다.

마지막으로, 떠올릴 수 있는 이유가 또 하나 있는데 나는 그밖에 다른 이유는 필요치 않다고 생각한다. 그렇게 많은 사람들이 코뿔소, 앵무새, 카카포, 돌고래 같은 동물을 보호하는 데 인생을 바쳐온 것은 바로 이것 때문임이 분명하다. 그건 단순히, 그들이 없다면 세상이 더 빈약하고 어둡고 외로운 장소가 될 것이기 때문이다.

옳소!

더글러스 애덤스가 없는 세상은 전보다 빈약하고 어둡고 외로운 장소가 되었다. 그래도 우리는 그가 쓴 책을 읽고, 녹음된 그의 목소리를 듣고, 그에 대한 추억을 떠올리고, 웃긴 이야기와 애정 어린 일화를 이야기한다. 세상을 떠난 유명인 가운데, 그를 개인적으로 아는 사람에게든 모르는 사람에게든 그 사람에 대한 기억이 그토록 보편적인 애정을 불러일으키는 사람을 나는 문자 그대로 떠올릴 수 없다. 그는 특히 과학자들에게 사랑받았다. 그는 과학자들을 이해했고, 과학자의 피를 끓어오르게 하는 것을 당사자인 과학자들보다 훌륭하고 분명하게 표현할 수 있었다. 나는 '피를 끓어오르게 하다'라는 표현을 〈과학의 장벽을 깨다Break the Science Barrier〉라는 제목의 텔레비전 다큐멘터리에서 사용했다. 그때 나는 더글러스를 인터뷰하며 그에게 이렇게 물었다. "과학에서 정말로 당신의 피를 끓어오르게 하는 것이 무엇입니까?" 그가 곧바로 돌려준 대답은 액자에 넣어 이 나라의 모든 과학 교실 벽에 걸어두어야 한다.

> 이 세계는 정말이지 엄청나게 복잡하고 풍요롭고 기이해서 도무지 놀라지 않을 수 없습니다. 즉, 그 정도의 복잡함이 지극히 단순한 것에서, 나아가 무에서부터 생길 수 있다는 생각이야말로 가장 대단하고 특별한 생각입니다. 그리고 어떻게 해서 그런 일이 일어났는지 조금이라도 낌새를 챈다면 그야말로 경이로운 일입니다. 게다가…… 그런 세계에서 70년

또는 80년을 보낼 수 있다면 나로서는 시간을 잘 사용했다고 말할 수 있을 겁니다.[2]

70년 또는 80년? 그랬으면 좋았을 텐데.

이 책의 모든 페이지는 과학, 과학과 관련한 위트, 그리고 '일류 상상력'의 무지갯빛 프리즘을 통해 본 과학으로 반짝인다. 아이아이, 카카포, 북부흰코뿔소, 에코앵무, 코모도왕도마뱀에 대한 더글러스의 시선에서 신물 나는 감상주의는 찾아볼 수 없다. 더글러스는 자연선택의 맷돌이 얼마나 천천히 돌아가는지 잘 이해했다. 그는 산악고릴라, 분홍비둘기, 또는 양쯔강돌고래가 만들어지기까지는 수백만 년의 세월이 필요하다는 것을 알았다. 그는 진화가 공들여 빚은 이런 정교한 생물이 한순간에 허물어져 망각 속으로 사라질 수 있음을 자신의 눈으로 확인했다. 그리고 그는 그것에 대해 뭔가를 하려고 했다. 우리도 그래야 한다. 호모 사피엔스에 두 번 다시 없을 표본을 추억하기 위해서라도. 이번만은 호모 사피엔스라는 이름을 잘 지은 것 같다.

---

2 이 다큐멘터리는 채널 4에서 제작해 1996년에 방영되었다. 인터뷰 도중 더글러스는 19세기에는 소설이 "인생에 대한 진지한 고찰"을 추구하는 장이었지만, 요즘에는 "과학자가 그런 문제에 대해 소설가에게서 얻을 수 있는 것보다 훨씬 더 많은 것을 말해준다"고 이야기했다. 그런 다음 내가 그에게 "과학에서 정말로 당신의 피를 끓어오르게 하는 것이 무엇입니까"라고 물었고, 그의 대답은 이러했다.

Science
in the
Soul

7부

살아 있는 용을 비웃다

이 책의 한 부를 유머에 할당하는 것은 어떤 의미에서는 잘못된 분류다. 이 책을 지금까지 연속해서 읽어온 사람이라면 왜 그런지 알 것이다. 유머는 도킨스의 전 작품을 통해 반짝반짝 빛나는 광맥이다. 매우 심각한 주제에서는 블랙유머 같은 어두운 느낌을 풍기고, 더 가벼운 장면에서는 억누를 수 없게 튀어나온다. 그러면 왜 유머에 관한 꼭지가 따로 필요할까? 그동안 이런저런 인터뷰나 인물평을 읽으면서 도무지 이해하기 어려운 말을 보았기 때문이다. 실은 신경이 거슬리는 말이라고 하는 게 맞겠다. 예컨대 "리처드 도킨스는 물론 매우 똑똑한 사람이지만 유머 감각이 없다"나 "무신론자의 문제는 유머 감각이 없다는 것이다"와 같은. 이것은 명백히 틀린 말이라서 약간의 증거를 제시하는 것은 온당한 일 같고, 과학적 방법과도 잘 어우러진다고 생각한다.

7부에서 제시하는 증거물건 A~G는 리처드 도킨스 자신의 웃기는 재능만이 아니라 그가 동경하는 유머 작가들을 소개하기 위해 선택되었다. 흠잡을 데 없는 패러디에서부터 창의력이 넘치는 작품, 그리고 간결하지만 함축적인 아이러니까지 다양하다. 이 모두에 공통되는 요소가 위트와 언어 순발력인데, 그것은 이 책의 수많은 글을 통해 면면히 이어지고 있지만, 7부에서는 이 금 광맥이 표면으로 드러난다.

톨킨의 판타지 소설 《호빗The Hobbit》에서 용을 깨운 것은 물론 금은보화 찾기였고, 용감한 '보통 사람' 빌보는 "이 바보야, 다시는 살아 있는 용을 비웃지 마"라고 스스로를 일깨웠다. 하지만 리처드는 불을 뿜는 괴물을 두려워할 사람이 아니며, 오히려 그가 터무니없는 것뿐 아니라 사나운 것을 열심히 쑤석거리는 것을 보면 마법사도 놀라 눈썹을 치켜 올릴 것이다.

패러디와 풍자 둘 다 언어를 구사하는 솜씨뿐 아니라 목소리를 듣는 민감한 귀가 필요하다. 풍자로서의 패러디에 성공하려면 특히 확신 있는 필치가 필요하다. '신앙을 위한 모금운동'(영국 노동당이 1994년부터 2010년까지 사용한 선전 구호 - 옮긴이)은 마치 신노동당을 위해 일하는 열렬한 신봉자의 목소리처럼 들려서, 듣다 보면 이전에 토니 블레어 총리실에서 일했던 야심 찬 젊은이들의 붉어지는 얼굴이 떠올라 그들을 동정하지 않을 수 없게 된다. 그들은 자신들의 은어로 자신들이 깎아내려지고 있다는 것을 분명히 알아챌 것이다.

마찬가지로 확신 있는 필치로 쓰였고, 무거운 메시지―그리스도의 속죄라는 신학이론의 오류를 폭로하고 자연선택에 의한 진화 메커니즘의 요점을 설명하는―를 무겁지 않게 담아내는 우드하우스 패러디 두 편, '놀라운 버스 미스터리'와 '자비스와 계통수'에서는 계단을 오르는 숙모의 발자국 소리에 이르기까지, 리처드가 영국인다움에 통달한 달인에 대한 오마주를 순수하게 즐기고 있음을 느낄 수 있다.

풍자에는 웃기는 와중에 움찔하게 만드는 것도 있지만, 당연히 정색하고 비꼬는 것도 있을 수 있다. 다음 작품 '제린 오일'은 그것을 무엇보다 효과적으로 보여주는 증거다. 리처드가 이성의 깃발을 적지에 꽂는 대개는 보람이 없는 일에 헌신하고 있다는 사실에 비추어 보면, 이 에세이는 아이러니의 아슬아슬한 느낌을 담을 뿐 아니라 매우 냉혹한 화제일 때조차 필치의 가벼움을 잃지 않는다는 사명을 다하고 있음이 분명하다.

유쾌한 유머도 풍성하게 담겨 있다. 우리는 용 사냥꾼, 더 정확히는 용 애호가와 함께 웃을 수 있다. 세련된 말잔치의 전통은 P. G. 우드하우스에서부터 '공룡 애호가들의 현명한 원로 지도자'로 계승되고, 여기에는 언어와 언어로 할 수 있는 일을 사랑하는 사람들 간의 연대감이 있는데, 리처드는 틀림없이 그 일에 정통한 사람이다. 매시의 《공룡을 기르는 방법How to Keep Dinosaurs》에 붙이는 서문에서, 그는 먼저 유머 문학에 대한 자신의 충성심을 분명히 보여주고, 그런 다음 유쾌하고 즐겁게 평행세계로 들어가서, 유머 작가의 바통을 이어받아 한바탕 장난기를 부리고는, 본인 특유의 성대한 결말을 덧붙인다.

공룡 이야기를 마음껏 즐긴 후 마지막으로 만나게 되는 것은 신랄하고 간결한 두 편의 명쾌한 풍자다. '무토르론: 이 유행이 오래 계속되기를'은 현대 신학의 어휘와 논법을 신기에 가까운 솜씨로 고소하게 되돌려준다. 그리고 7부를 마무리하는 '도킨스의 법칙'은 씁쓸한 좌절에 철학 담론의 옷을 입히고, 정밀 조준된 위트로 중요한 진실을 폭로한다.

간달프도 감동할 것이다.

신앙을 위한
모금운동[1]

^
^

신앙이 두터운 분들에게

저는 기본적으로, 새로 만들어진 참으로 훌륭한 토니 블레어 재
단의 모금운동가로서 이 글을 씁니다. 재단의 목적은 '세계 주요
종교에 대한 존중과 이해를 촉진하고, 신앙이 현대 세계에서 선
을 위한 강력한 힘임을 보여주는 것'입니다. 저는 최근에 토니(그

---

1 토니 블레어가 인기 절정에서 바닥으로 추락한 것은 순전히 조지
W. 부시에 대한 헌신과 그들이 벌인 피해 막심한 이라크 전쟁 때문이
다. 역사가 이 두 사람에게 좀 더 친절하게 군다면, 그것은 오직 2017년

는 종교를 불문하고 누구에게나, 그리고 물론 무종교인에게도 그렇게 불리기를 바랍니다. 그것이 그의 새로운 감각이기 때문입니다!)가 〈뉴 스테이츠먼〉에 기고한 글에서 지적한 여섯 가지 요점을 여러분과 함께 하나씩 짚어보고 싶습니다.

"내게 신앙은 항상 정치의 중요한 일부였습니다."

분명히 그랬습니다. 하지만 토니는 총리일 때는 겸손하게 그 점에 대해 말하는 것을 삼갔습니다. 그가 말했듯이 자신의 신앙에

부터 4년 동안 우리가 경험하게 될 일과 비교할 때일 것이다. 내 미국인 친구가 침울한 목소리로 이렇게 말하는 것을 들은 적도 했다. "돌아와 부시, 모든 것을 용서할 테니." 게다가 토니 블레어가 브렉시트로 상처 입은 영국에서 이성의 대변인으로 재부상하고 있다. 하지만 블레어가 사임하고 곧바로 취한 행동은 종교적 신앙을 촉진하기 위한 터무니없는 자선단체를 설립한 것이었다. 어떤 신앙을 지지하냐는 중요하지 않아 보였다. 신앙 그 자체가 장려해야 할 선으로 여겨졌다. 나는 그가 세운 재단에 대한 이 풍자글을 '미디어스피크('스피크'로 끝나는 단어의 유래는 영어에 엄청난 영향을 미친 조지 오웰의《1984》에서 비롯되었다. 이 소설에서 뉴스피크Newspeak는 전체주의 국가 오세아니아의 허구적 언어다. 미디어스피크mediaspeak는 미디어에서 사용되는 종류의 언어를 말한다 – 옮긴이)'로 불리게 된 영어 스타일로 완성시켜 2009년 4월 2일자 〈뉴 스테이츠먼〉에 발표했다. 그것은 블레어 자신이 같은 지면에 쓴 기사를 조목조목 조롱하는 답변이다.

대해 만천하에 대고 떠들었다면 신앙이 없는 (따라서 당연히 도덕심도 없는) 사람들보다 도덕적으로 우월하다는 주장으로 해석되었을지도 모릅니다. 또한 자신에게만 들리는 목소리가 속삭이는 조언을 듣는 총리에게 이의를 제기하는 사람들이 있었을지도 모릅니다. 하지만 자, 보십시오. 작년에는 현실이 '계시'에 따르는 모양새를 보이지 않았습니까? 공통의 신앙이 아니라면 뭐 때문에 토니가 친구이자 전우인 조지 '임무 완료' 부시와 함께 이라크에서 인명 구조를 위한 인도적 개입을 했겠습니까?

물론 저쪽에는 아직 해결해야 할 문제가 한두 가지 남은 것이 사실입니다. 하지만 그럴수록 다른 신앙을 가진 사람들—기독교도와, 수니파와 시아파의 이슬람교도—이 공통점을 찾기 위해 의미 있는 대화로 협력해야 합니다. 예로부터 유럽에서 가톨릭과 프로테스탄트가 보여준 가슴 훈훈한 역사적 선례가 있지 않습니까. 토니 블레어 재단은 바로 신앙의 이런 커다란 이점을 홍보하는 것을 목표로 합니다.

"우선 다섯 가지 주요 프로젝트에 초점을 두고, 여섯 개 주요 종교와 협력합니다."

네, 알고 말고요. 여섯 개로 한정해야 하는 건 유감입니다. 하지만 우리는 그 밖에 인간 생활을 풍요롭게 하는 다종다양한 신앙 모두를 존중합니다.

아주 현실적인 의미에서 우리는 조로아스터교와 자이나교에서 배울 것이 많이 있습니다. 그리고 모르몬교에서도 배울 게 있습니다. 셰리(블레어)의 말처럼 우리는 일부다처제와 신성한 속옷(모르몬교 신자만 입을 수 있다는 이른바 '마법 속옷' – 옮긴이)을 너그럽게 볼 필요가 있습니다!! 또한 고대 올림포스와 북유럽의 풍요로운 신화도 잊지 말아야 합니다. 물론 기성 개념에 사로잡혀 있지 않은 현대인의 독창적 발상은 제우스의 벼락과 토르의 해머조차 무색할 정도로 '충격과 공포' 전략을 높이 끌어올렸지만 말입니다!!!('충격과 공포'는 미국의 새로운 군사 전략으로 미국이 2003년 이라크 전쟁에서 본격적으로 사용했다. 기존의 재래식 무기에 기술적 진보를 적용해 핵무기가 해낼 수 있는 전략적 효과를 대신하는 것이다 – 옮긴이) 5년 계획의 2단계에는 사이언톨로지와 드루이드교의 겨우살이 숭배도 받아들여야 한다고 생각합니다. 매우 현실적인 의미에서 우리 모두가 그것으로부터 배울 것이 있기 때문입니다. 우리는 다양성에 깊이 경도되어 있기 때문에, 3단계에는 아프리카 부족들의 수백 가지 종교와 동반자 관계를 맺고 정보와 생각을 교환할 새로운 기회를 찾을 것입니다. 염소를 희생 제물로 삼는 것은 영국동물학대방지협회에는 다소 문제가 되겠지만, 우리는 종교 감정을 적절히 고려하여 우선순위를 조정하도록 협회를 설득할 수 있다고 생각합니다.

"우리는 종교의 차이를 뛰어넘어 공동의 목표를 향해 노력합니다. 바로, 말라리아로 인한 죽음이라는 수치스러운 일을 종식시키는 것입니다."

하나 더, 에이즈로 인한 셀 수 없는 죽음도 잊지 말아야 합니다. 교황이 최근 아프리카를 방문했을 때 설명한, 그의 감동적인 비전에서 그것을 깨달을 수 있습니다. 교황은—신앙만이 가져올 수 있는 가치관의 영향으로 더욱 깊어진—과학과 의학의 축적된 지식을 바탕으로, 콘돔이 에이즈 고난을 누그러뜨리는 게 아니라 심화시킨다고 설명했습니다. 일부 의학 전문가들은 교황의 금욕 옹호에 아연실색했을지도 모릅니다(줄기세포 연구에 대한 교황의 깊고 진지한 반대에 대해서도 같은 말을 할 수 있습니다). 하지만 우리는 맹세코 확실히, 다양한 의견을 수용할 공간을 찾아야 합니다. 모든 의견은 따지고 보면 똑같이 타당하고, 앎의 방법은 여러 가지라서 사실적인 방법뿐 아니라 영적인 방법도 있습니다. 그것이 결국 이 재단의 목적입니다.

"우리는 불관용 그리고 극단주의와 싸우기 위한 이교도 간 교육 프로그램인 '페이스 투 페이스 Face to Faith**(신앙과 마주하다)'를 설립했습니다."**

토니 자신이 2002년에 말했듯이, 다양성을 육성하는 것은 좋은 일입니다. 당시, 세계가 생겨난 것은 겨우 6000년 전이라고 어린이들에게 가르치는 게이츠헤드의 학교에 관해 어느 (상당히 관용이 없는!!!) 하원의원이 토니에게 이의를 제기했을 때 토니는 그렇게 말했습니다. 물론 여러분은, 우연찮게 토니 자신도 그렇게 생각하고 있듯이 세계가 생겨난 것이 실은 46억 년 전이라고 생각할지도 모릅니다. 하지만—미안하지만—이 다문화 세계에서 우리는 모든 의견을 허용하고 나아가 적극적으로 육성할 공간을 찾아야 합니다. 의견은 다양할수록 좋습니다. 우리는 차이에 대해 생각해보는 화상회의 대화를 계획하고자 합니다. 덧붙여 말하면 그 게이츠헤드 학교는 중등교육자격시험 결과에서 많은 기준을 충족했는데, 바로 여기서 다양성의 미덕이 증명됩니다.

"한 종교와 문화의 어린이가 다른 종교와 문화의 어린이들과 교류함으로써 서로의 실제 경험을 진정으로 이해하는 기회가 생길 것입니다."

대단하지 않습니까! 가능한 한 많은 어린이를 종교학교에 분리함으로써 다른 배경 출신의 아이들과 친구가 될 수 없게 만든 토니의 정책 덕분에, 이런 교류와 상호 이해에 대한 필요가 어느 때보다 강해졌습니다. 어떻게 이런 조화가 일어났을까요? 정말 천재적입니다!

어린이는 부모의 신앙에 따라 학교에 보내져야 한다는 원리를 우리가 강력하게 지지한 덕분에 지평을 넓힐 실제 기회가 생긴 것입니다. 2단계에서는 포스트모더니즘 어린이, 리비스주의(F. R. 리비스는 영국의 문학비평가로, 대중문화를 인정하지 않고 고급문화만을 좋은 것으로 간주한 문화엘리트주의자이다 – 옮긴이) 어린이, 소쉬르 구조주의 어린이를 위한 각각의 학교를 만드는 것을 목표로 합니다. 그리고 3단계에서는 케인스주의 어린이, 통화주의 어린이, 심지어 네오마르크스주의 어린이를 위한 학교도 지을 것입니다.

"우리는 공존 재단 및 케임브리지 대학과 협력하여 '아브라함의 집' 사상을 전개하고 있습니다."

다른 아브라함교 형제자매들과의 공존이 중요하다는 것은 언제나 변함없는 제 신념입니다. 물론 우리에게는 차이가 있습니다. 기본적으로, 누구나 차이가 있지 있습니까? 하지만 우리는 서로를 존중하는 법을 배워야 합니다. 예컨대, 아내를 때리거나, 딸에게 불을 붙이거나, 딸의 음핵을 절단하는 것을 못하게 함으로써 그 사람의 전통적 신념을 모욕할 경우 그 사람이 느낄지도 모르는 깊은 상처와 모욕감을 우리는 이해하고 공감할 필요가 있습니다. (그리고 이 중요한 신앙 표현에 대한 인종차별주의적 또는 이슬람 혐오적 항의에는 귀를 기울이면 안 됩니다.) 우리는 이슬람법 재판의 도입을 지지하지만, 어디까지나 자발적 의사에 따를 것입니다. 즉 남편과 부친이 자유의사로 선택하는 경우에만 거기서 재판받게 될 것입니다.

"블레어 재단은 양립 불가능해 보이는 종교 간의 상호 존중과 이해를 촉진하기 위해 노력합니다."

결국, 이런저런 차이에도 불구하고 우리는 공통점을 하나 가지고 있습니다. 신앙 공동체에 속한 우리 모두는 증거가 전혀 없어도 확고한 믿음을 잃지 않고, 이 때문에 우리는 믿고 싶은 것을 자유롭게 믿을 수 있습니다. 그래서 우리는 적어도, 공공 정책을 책정할 때 이 모든 개인적 신앙들을 우대해달라고 요구하는 데만큼은 한목소리를 낼 수 있습니다.

여러분이 토니의 재단을 지지하는 것을 고려해볼 만한 이유 중 몇 가지를 이 편지가 잘 보여주었기를 바랍니다. 현실을 받아들여야 합니다. 종교 없는 세계에 기도는 없습니다. 이 세계의 문제들 중 이다지도 많은 것이 종교 때문에 일어나는 지금, 더 많은 기도를 장려하는 것보다 더 좋은 해결책이 있을 수 있을까요?

놀라운
버스 미스터리[1]

∧
∧

그 버스를 본 것은 크리스마스 장식에 감탄하며 리젠트가
를 걸어가고 있을 때였다. 역대 시장들이 폐차시키겠다고 계속 협

---

1 2009년에 저널리스트이자 코미디언인 아리안 셰린이 영국 버스로
무신론을 홍보하는 캠페인을 시작했다. 내 재단(영국 RDFRS)은 영국
휴머니스트협회(2017년에 '휴머니스트 UK'로 이름을 바꾸었다 – 옮긴이)와
함께 자금을 지원함으로써 캠페인을 도왔고, 캠페인 기획에도 참여했
다. 버스에 내건 슬로건의 문구는 아리안의 작품이고, 나는 그것이 탁
월하다고 생각한다. "아마 신은 없을 것이다. 그러니 걱정은 그만하고
인생을 즐겨라." '아마'라는 단어에 대해서는 비판도 있었지만, 나는 그
것이 완벽하게 효과가 있었다고 생각한다. 토론을 촉진할 정도로 흥미

박한 그 굴절 버스들 중 하나였다. 버스가 지나갈 때 고개를 들었는데, 단안경에 메시지가 정면으로 들어왔다. 정말이지 간 떨어지는 줄 알았다. 한잔 하려고 드레그즈 클럽으로 향하는데 또 다른 놈이 같은 메시지를 측면에 내걸고 있는 것을 보았을 때는 자빠질 뻔했다. 내 독자들은 알고 있듯이 드레그즈에는 사물에 대해 꽤 깊이 사색하는 사람들이 있지만, 그중 누구도 내가 던진 버스에 관한 성가신 문제를 도무지 해결할 수 없었다. 클럽의 순한 지식인 스와티 포슬스와이트조차도. 그래서 나는 더 유능한 인물에게 의지하기로 했다.

"자비스." 나는 현관 열쇠를 따고 들어가 모자를 벗고 지팡이를 내려놓으며 현자에게 상담을 청하기 위해 큰 소리로 불렀다. "어이, 자비스, 저 버스는 뭔가?"

"오셨습니까?"

"저 버스 말이네, 자비스. '저토록 시끄러운'[2] 탈 것, 굴절버스,

─────────

를 불러일으키는 한편, 부당한 확신의 책임을 피할 수 있기 때문이다. 같은 해 말, 아리안은 《무신론자를 위한 크리스마스 가이드The Atheist's Guide to Christmas》라는 사랑스러운 크리스마스 선집을 엮었다. 나는 내가 좋아하는 유머 작가의 패러디라는 형태로 그 책에 기여했고, 그럼으로써 그녀의 버스 캠페인에 경의를 표했다. 박학다식한 친구에게 저작권 문제가 있다는 조언을 받아 등장인물의 이름들을 바꾸었다.

2 학교에서 라틴어를 배운 버티(원작인 《지브스》 시리즈의 화자 버티 우스터─옮긴이)와 같은 계급에 속하는 영국인에게 호소하기 위해 고안

한가운데가 구부러지는 수송수단. 무슨 일이 벌어지고 있는 거지? 굴절 버스 캠페인에 대해 어떻게 생각하나?"

"글쎄요, 제가 이해하고 있기로 유연성은 흔히 미덕으로 간주되지만 저 합승 자동차에 모두가 만족하는 것은 아닙니다. 그래서 존슨 시장이······."

"존슨 시장은 됐네, 자비스. 보리스는 뒤로 제쳐두고 머리를 저 버스로 구부려봐. 나는 굴절버스 그 자체per se에 대해 말하고 있는 게 아니네. 이 표현(per se)이 올바르다면."

"완벽하게 옳습니다. 그 라틴어 표현을 문자 그대로 해석하면······."

"라틴어 표현에 대해서는 그걸로 됐네. 굴절은 신경 쓰지 말게. 측면의 슬로건에 집중해봐. 그 오렌지와 핑크 요괴는 뭐라는 건지 제대로 읽기도 전에 쌩 하고 지나가버리는군. '빌어먹을 신은 없다. 그러니 입 닥치고 다 같이 입이나 헹구자'와 비슷한 말이었네. 글씨가 작아서 잘못 읽었을지도 모르지만 좌우간 그게 요점이었다네."

된 라틴어 압운을 채용한 농담으로 가득한 A. D. 가들리의 유명한 시 '전기버스'의 첫 행. http://latindiscussion.com/forum/latin/a-d-godleys-motor-bus.10228/.

　'굴절 버스'는 2000년대 초에 런던에 도입되었지만 이후 논의 끝에 모리스 존슨 시장에 의해 폐지된 두 차량 연결 버스의 애칭이었다.

"아, 압니다. 그 충고는 잘 알고 있습니다. '신은 아마 없을 것이다. 그러니 걱정은 그만하고 인생을 즐겨라.'"

"그래 그거야, 자비스. '신은 아마 없을 것이다.' 무슨 소리지? 신은 없는 거야?"

"글쎄요, 어떤 사람은 그건 주인님이 뭘 가리키느냐에 달려 있다고 말할 겁니다. 신의 어떤 속성의 절대적 본성에서 생겨나는 모든 것은 항상 존재하고 무한해야 한다. 즉, 바로 이 속성에 의해 영원하며 무한하다. 스피노자."

"고맙네, 자비스. 뭐든 상관없네. 스피노자는 처음 들어보지만 자네의 셰이커에서 나오는 것은 언제나 더할 나위 없이 좋고, 몸의 구석구석에 스며들지. 다른 칵테일은 그렇지 않아. 스피노자를 더블로 부탁해. 휘젓지 말고 흔들어서."

"그게 아니고요, 주인님. 제가 말한 것은 철학자 스피노자, 범신론의 아버지입니다. 만유내재신론이라고 말하는 사람들도 있지만요."

"아, 그 스피노자. 그래, 생각났어. 자네 친구였지. 최근에 자주 만나나?"

"아뇨, 저는 17세기 사람이 아닙니다. 스피노자는 아인슈타인이 아주 좋아했던 사람이죠."

"아인슈타인? 그 이상한 머리 모양에 양말을 안 신는?"

"그렇습니다, 역사상 가장 위대한 물리학자라고 말할 수 있죠."

"맞아, 그는 최고지. 아인슈타인은 신을 믿었나?"

"인격신이라는 전통적인 의미에서는 믿지 않았습니다. 그는 그

점을 매우 강조했죠. 아인슈타인은 스피노자의 신을 믿었습니다. 존재하는 것의 조화로운 질서에서 모습을 드러낼 뿐 인간의 운명과 행동에는 관심이 없는 신이죠."

"뭐라고, 자비스? 구글리[3]처럼 헷갈리는군. 그래도 무슨 말인지는 알겠어. 신은 대자연의 다른 이름일 뿐이니, 신의 대략적인 방향을 향해 머리를 둔 채로 빌고 숭배하는 것은 시간 낭비다, 이거지?"

"말씀하신 대로입니다."

"실제로 신이 대략적인 방향을 가진다면 말이네." 나는 언짢게 덧붙였다. 나도 어느 보통 사람 못지않게 깊은 역설을 간파할 수 있기 때문이다. 드레그즈에서 아무나 붙잡고 물어보라. "하지만 자비스." 나는 머리가 복잡해져 다시 입을 열었다. "그러면 내가 학교 다닐 때 성경지식 대회에서 상을 받은 것도 시간 낭비였다는 건가? 불쾌함의 왕 오브리 업콕 목사에게 칭찬을 그렇게 많이 얻어낸 것은 그때가 유일했는데? 내 학업 경력의 하이라이트가 실은 쓸모없고, 대실패이고, 첫발부터 헛돌았다고?"

"반드시 그렇지는 않습니다. 성서의 일부는 위대한 시적 가치가

---

3 물론 크리켓 용어. '구글리google'는 투수(볼러)의 손놀림이 타자(배트맨)로 하여금 스핀의 방향을 착각하게끔 만드는, 스핀이 걸린 공이다. 기만적인 스핀볼을 던지는 선수는 이따금 더 평범한 스핀볼에 구글리를 섞기도 한다.

있습니다. 특히 킹제임스판, 1611년의 흠정역으로 불리는 영어판이 그렇습니다. 전도서와 일부 예언서의 음률보다 뛰어난 것은 좀처럼 없습니다."

"지당한 말이야, 자비스. 전도자가 이르되 헛되고 헛되도다. 그런데 그 전도자가 누구였나?"

"그건 모르지만, 그분이 현명했다는 데는 식자들의 의견이 일치합니다. 젊은이들아, 청춘을 즐겨라. 네 청춘이 가기 전에 하고 싶은 일을 하며 즐겨라. 그 전도자는 뇌리에서 떠나지 않는 우울을 표현하기도 했습니다. 머리는 파뿌리가 되고 양기가 떨어져 보약도 소용없이 되리라. 그러다가 영원한 집에 돌아가면 사람들이 거리로 쏟아져 나와 애곡하리라. 신약성서에도 팬이 없지는 않습니다. 하느님은 이 세상을 극진히 사랑하셔서 외아들을 주셨으니……."

"자네가 그 구절을 언급하다니 재미있군. 그건 내가 오브리 목사에게 말한 구절이거든. 그랬더니 목사는 크게 헛기침을 하고 안절부절못하며 발을 굴렀지."

"그렇군요. 그 교장의 불안이 정확히 무엇이었습니까?"

"우리 죄를 위해 죽었다느니, 속죄니 구원이니 하는 것들이지. '그가 맞은 상처로 인해 우리는 치유되었다' 어쩌고 하는. 나는 업콕 선생 덕분에 맞은 상처라면 잘 아는 사람으로서 솔직히 말했지. '제가 어떤 나쁜 짓을 하면…….' 그게 아니라 부정행위인가, 자비스?"

"어느 쪽이든 상관없습니다. 죄의 무게에 따르면 됩니다."

"그러면, 방금 말했듯이 내가 어떤 나쁜 짓이나 부정행위를 하다가 붙잡혔을 때 나는 신속한 벌이 공정하게 우프터의 바지 엉덩이 부분에 정확히 내려질 것이라고 각오했어. 다른 불쌍한 공부벌레의 죄 없는 엉덩이가 아니라. 무슨 말인지 이해하겠나?"

"물론입니다, 주인님. 희생양 원리는 오래전부터 윤리적으로도 법적으로도 타당성을 의심받았습니다. 현대 형법 이론은 처벌받는 것이 범죄자 본인이라 해도, 징벌이라는 개념 그 자체에 의구심을 던집니다. 따라서 결백한 대리인을 대신 처벌하는 것을 정당화하기는 더 어렵습니다. 주인님이 상응하는 벌을 받았다니 기쁘군요."

"그렇군."

"죄송합니다, 주인님. 그런 의미는 아니었는데……."

"됐네, 자비스. 화내는 거 아니네. 화 안 났어. 우리 우프터가 사람은 후딱 다음으로 넘어가야 할 때를 알지. 아직 할 말이 더 있어. 하던 얘기를 마저 해야지. 어디까지 했더라?"

"대리 처벌의 부당함을 지적하는 것까지 하셨습니다, 주인님."

"그래, 자비스. 아주 잘 말했어. 부당함이 정답이야. 부당함은 누구나 머리를 탁 하고 칠 만한 대답이지. 게다가 더 심한 게 있네. 자, 여기서부터는 퓨마처럼 잽싸게 따라와 주게. 예수는 신이었어, 그렇지?"

"초기의 교부들이 보급한 삼위일체 교의에 따르면, 예수는 삼위일체 신의 두 번째였습니다."

"생각한 대로군. 그러면 신―세계를 만든 신, 아인슈타인이 얕은 여울에서 헐떡일 정도로 깊은 지성을 갖춘 신, 전지전능하고 만물의 창조주인 신, 쇄골 위로는 모두의 귀감이요, 지혜와 힘의 원천인 신—이 우리의 죄를 용서하기 위해, 헌병대에 자수하여 마음대로 하라고 자신을 내놓는 것보다 좋은 방법을 생각해내지 못했다는 게 돼. 자비스 대답해보게. 만일 신이 우리를 용서하고 싶었다면 왜 그냥 용서하지 않았지? 왜 모진 고문을 받았지? 왜 채찍과 전갈, 못과 고뇌가 필요하지? 왜 그냥 용서하지 않지? 자네는 어떻게 생각하는지 들려주게."

"정말 잘하셨습니다, 주인님. 아주 유창한 웅변입니다. 그리고 외람되지만 한 말씀 올리면, 주인님은 더 나아갈 수도 있었습니다. 전통적인 신학 문서에 있는 높이 평가받는 문장들에 따르면, 예수가 갖고 있었던 가장 중요한 죄는 아담의 원죄였습니다."

"아뿔싸, 그렇지. 내가 열과 성을 다해 그 점을 주장했던 일이 지금도 기억나. 실제로, 그때부터 분위기가 내게 유리하게 변한 덕분에 성서지식 대회에서 일등을 할 수 있었다고 생각해. 하지만 계속해봐, 자비스. 묘하게 흥미가 당기는군. 아담의 죄는 뭐였지? 뭔가 굉장히 도발적인 게 아니었을까. 지옥의 토대를 흔들려는 계획 같은?"

"전해 내려오는 말에 의하면 그는 사과를 먹다가 붙잡혔다고 합니다."

"사과를 훔쳤다고scrumping?' 그거였나? 예수가 속죄해야 했던, 혹은 자진하여 갚아야 했던 죄가? 눈에는 눈, 이에는 이라고 들었는데, 사과를 훔친 것 때문에 십자가형이라고? 자비스, 자네가 요리용 셰리주를 마셨군. 설마 진담은 아니겠지?"

"창세기에는 훔친 음식의 정확한 종류가 특정되어 있지는 않습니다만, 사과였다고 오랫동안 전해지고 있습니다. 하지만 그 문제는 학술적인 것입니다. 현대 과학에 따르면 아담은 실존하지 않았고 그러므로 죄를 지을 입장이 아니었기 때문입니다."

"자비스, 이 이야기를 계속하기 위해서는 초콜릿 비스킷이 필요해. 반점이 있는 굴까지는 아니라도(우드하우스의 원작에는 같은 이름의 나이트클럽이 나온다─옮긴이). 예수가 수많은 타인들의 죄를 속죄하기 위해 고문을 받았다는 것만도 충분히 심했네. 그런데 그게 단 한 명의 죄 때문이었다니 생각보다 더 심하군. 그 사람의 죄가 기껏 사과를 훔친 것이었다면 더더욱 심하고. 그런데 그것도 모자라 이제는 그놈이 애당초 존재하지도 않았다니. 나는 빈말로도 머리가 잘 돌아간다고는 말할 수 없지만 그런 나도 이게 정신 나간 소리라는 건 알겠네.

"저라면 감히 그런 표현은 사용하지 않았을 테지만, 주인님이 말씀하신 것은 중요합니다. 그래도 정상 참작을 위해 말씀드려야 하겠는데요. 현대 신학자는 아담과 그의 죄에 대한 이야기를 문자 그대로가 아니라 상징적으로 받아들입니다."

"상징적이라고, 자비스? 상징적? 하지만 채찍은 상징이 아니었

---

4 아주 특수한 동사로, 미국 영어에는 없는 줄로 안다. 과수원을 습격하여 사과를 훔치는 것을 의미한다.

네. 십자가에 박힌 못도 상징이 아니었고. 내가 오브리 목사의 서재에서 의자를 잡고 허리를 굽히고 있을 때 내 나쁜 짓 또는 부정행위라고 말해도 좋은 것이 단순히 상징적인 것이었다고 항의했다면, 그가 뭐라고 말했을 거라고 생각하나?"

"그분 정도로 경험이 풍부한 교육자라면, 그런 대단히 방어적인 호소에 매우 회의적으로 대처했을 것이라고 쉽게 상상할 수 있습니다."

"그래, 그 말이 맞아. 업콕은 모진 인간이었지. 지금도 날씨가 꾸물꾸물하면 몸이 쑤셔. 하지만 상징주의 문제에 대해서는 내가 아직 포인트인지 핵심인지를 찌르지 못한 건가?"

"글쎄요, 누군가는 주인님이 판단이 좀 경솔한 사람이라고 생각할지도 모릅니다. 신학자는 아마 아담의 상징적 죄는 그렇게 하찮은 것이 아니었다고 주장할 것입니다. 그것이 상징하는 것은 인류의 모든 죄이고, 거기에는 아직 범하지 않은 죄도 포함되기 때문입니다."

"자비스, 그건 말도 안 돼. '아직 범하지 않은' 죄라고? 그 불길하기 짝이 없는, 교장 서재에서의 장면을 다시 한번 떠올려봐. 팔걸이의자를 잡고 허리를 구부린 자세로 내가 이렇게 말했다고 가정해봐. '교장선생님, 처벌 중에서 가장 센 여섯 대를 다 때리시면, 언제가 될지 모르는 미래에 제가 범하려고 결심하거나 결심하지 않을 모든 나쁜 짓과 작은 죄를 고려해, 다시 여섯 대를 정중하게 부탁드려도 될까요? 아 참, 저뿐 아니라 제 친구들이 범할 미래의 나쁜 짓 모두로 해주세요.' 이건 말이 안 돼. 이런 말에 흥미를 보이거나 솔깃할 사람은 없어."

"무례하다고 생각하지 않으시길 바라지만, 저는 주인님의 의견에 동의하고 싶은 마음이 듭니다. 그리고 이제 허락해주신다면 매년 하는 크리스마스 행사를 준비하기 위해 호랑가시나무와 겨우살이로 방을 장식하는 일을 다시 시작할까 합니다."

"굳이 하겠다면 그렇게 해, 자비스. 하지만 미리 말해두는데, 나는 그런 게 무슨 소용인지 이제는 잘 모르겠네. 다음에 자네는, 예수가 실제로는 베들레헴에서 태어나지 않았고, 마구간도 양치기도, 별을 따라간 동방박사도 없었다고 말하겠지."

"네, 그렇습니다. 19세기부터 박식한 학자들은 그것을 구약성서의 예언을 실현시키기 위해 꾸며낸 전설로 치부해왔습니다. 매력적인 전설이지만 역사적인 진실성은 없습니다."

"그럴 줄 알았네. 자, 이제 털어놔보게. 자네는 신을 믿나?"

"아뇨, 주인님. 참, 더 일찍 말씀드렸어야 했는데, 그레그스테드 부인에게 전화가 왔습니다."

햇볕에 탄 내 얼굴이 새파래졌다. "오거스타 숙모? 여기에 오는 건 아니지?"

"오시겠다는 뜻을 넌지시 내비치셨습니다. 제 짐작으로는 크리스마스에 교회에 함께 가지고 주인님을 설득하실 겁니다. 그레그스테드 부인은 그것이 주인님에게 도움이 된다고 생각하십니다. 물론 도움이 안 될 수도 있다고도 말씀하셨습니다만. 지금 계단에 그분 발소리가 나고 있는 것 같습니다. 제안을 하나 드려도 된다면……."

"뭐든 좋으니까, 자비스, 빨리 말해주게."

"이미 비상용 문의 열쇠를 따놓았습니다."

"자비스, 자네가 틀렸어. 신은 있네."

"고맙습니다. 만족하시도록 노력하겠습니다."

자비스와
계통수[1]

＾
＾

"모여! 자비스."

"네?"

"'집합'이 올바른 표현인가?"

"군대 용어로, 장교가 부하를 부를 때 사용합니다."

"알았네, 자비스. 이제 집중!"

"그것도 적절합니다. 마르쿠스 안토니우스는……."

"마르쿠스 안토니우스는 됐네. 이건 중요해."

---

1 앞의 패러디를 쓰는 것이 너무 즐거워서 다음 크리스마스에 또 하나를 썼다. 이것은 미발표작이다.

"잘 알겠습니다."

"알다시피 자비스, 칼라 단추 위의 일이라면 B. 우프터는 성적표에 좋은 성적을 받지 못해. 그럼에도 학교에서 한 가지 큰 승리를 거두었지. 그게 뭐였는지 자네는 모를 걸?"

"주인님은 여러 번 말씀하셨습니다. 중등학교 성서지식 대회에서 우승하셨다고요."

"그랬지. 그 악명 높은 마귀굴의 소유자이자 교도관이었던 오브리 업콕 목사가 놀라움을 감추지 못하더군. 아침예배와 저녁기도에서는 그다지 활약하지 못했지만 나는 그때부터 성서를 아주 좋아하게 되었지. 우리 같은 전문가는 그것을 '홀리 리트Holy Writ'라고 부른다네. 그리고 요점은 이걸세. 핵심이라고 해야 하나?"

"아주 적절합니다, 요즘에는 '본론'이라는 말도 자주 들립니다."

"요점은, 자비스, 그 책의 열광적 애호가로서 나는 오래 전부터 창세기가 특히 좋았다네. 신은 엿새 동안 세계를 만들었어. 그렇지?"

"글쎄요, 그건……."

"신은 빛을 생기게 하는 것으로 시작해 재빠르게 기어를 올려가며 식물과 땅을 기는 것, 비늘로 덮이고 지느러미가 있는 것, 나무들 사이에서 재잘재잘 지껄이는 깃털 난 친구들, 덤불에 사는 털로 덮인 형제자매들을 만들고, 마지막으로 우리 같은 놈들을 창조한 후 7일째 되는 날 당연한 보상으로 해먹에서 낮잠을 청했어. 그렇지?"

"그렇습니다. 이렇게 말씀드리면 어떠실지 모르겠는데, 우리의 위대한 창조신화 중 하나에 대한, 그 나름대로 색다른 요약이군요."

"하지만 자비스, 속편이 있다네. 어젯밤, 드레그스 클럽의 크리스마스 파티에서 어떤 녀석이 술잔을 계속 채우면서 지루한 이야기를 계속 늘어놓더라고. 다윈이라는 놈이 창세기는 죄다 헛소리라고 말하고 다니는 모양이야. 학교에서 신을 너무 팔아먹는데, 실은 그가 모든 걸 만들지 않았대. 심사evaluation라는 것이 있는데……."

"진화evolution입니다, 찰스 다윈이 1859년의 위대한 저서 《종의 기원》에서 발표한 이론이죠."

"맞아, 진화. 이 다윈이라는 놈은, 내 고조부가 털투성이에 바나나 중독이고, 발가락으로 몸을 긁고, 나뭇가지를 잡고 이 나무에서 저 나무로 이동했다는 것을 믿기를 바라는데, 자네라면 믿겠나? 자비스, 대답해주게. 만일 우리가 침팬지의 자손이라면, 왜 있어야 마땅한 것들 사이에 아직도 침팬지가 있는 거지? 지난달만 해도 동물원에서 한 마리를 봤네. 왜 모두 드레그스 클럽(취향에 따라서는 과학 아카데미)의 멤버들로 변하지 않았지? 자네는 어떻게 생각하는지 들려주게."

"외람되지만 한 말씀 올리자면, 주인님은 오해를 하고 계신 듯합니다. 다윈 씨는 우리가 침팬지의 자손이라고 말하고 있지 않습니다. 침팬지와 우리는 공통의 조상에서 갈라졌습니다. 침팬지는 현생 유인원이고, 우리와 마찬가지로 공통 조상이 있던 시대부터 줄곧 진화해왔습니다."

"음, 대충 무슨 말인지는 알 것 같네. 내 귀찮은 사촌 토머스와 나는 둘 다 같은 할아버지의 자손이지만, 우리는 둘 다 그 늙은 무뢰한과 닮지 않았고, 둘 다 그와 같은 구레나룻을 기르지 않지."

"말씀하신 대로입니다."

"하지만 잠깐만 기다리게, 자비스. 우리 성서지식 대회 단골들은 그렇게 쉽게 단념하지 않아. 내 아버지의 아버지는 털북숭이의 추한 늙은이였지도 모르지만, 자네가 침팬지라고 부르는 동물은 아니었어. 똑똑히 기억나네. 주먹을 땅에 질질 끌며 걷기는커녕, 등을 꼿꼿이 펴고 군인 같은 자세로 걸었지(적어도 노년이 되기 전까지는. 그리고 포트와인을 두세 잔 마셨을 때를 제외하면). 조상 대대로 사는 오래된 집에 있는 가족 초상화를 봐도 그렇네, 자비스. 우리 우프터가 조상들은 아쟁쿠르 전투에서 본분을 다했는데, '신이여 헨리와 영국과 성 조지를 살피소서'(셰익스피어의 《헨리 5세》에서 인용한 구절 – 옮긴이) 어쩌고 하는 함성을 지르는 동안, 유인원은 없었다네."

"주인님은 시간 척도를 너무 짧게 잡고 있다고 사료됩니다. 아쟁쿠르 전투 이래로 겨우 몇백 년이 지났을 뿐입니다. 침팬지와의 공통 조상이 살았던 때는 500만 년 이상 전이었습니다. 과감하게 상상의 여행을 떠나봐도 될까요?"

"물론, 좋다마다. 과감하게 떠나보게. 젊은 주인이 허락하노니."

"아쟁쿠르 전투에 도달하기까지의 시간을 거리로는 1마일 정도라고 가정해보십시오……."

"여기서 드레그스 클럽까지 걸어가는 거리 정도?"

"그렇습니다. 같은 척도로 계산하면, 침팬지와의 공통 조상까지 거슬러 올라가기 위해서는 런던에서 오스트레일리아까지 걸어가야 합니다."

"맙소사, 자비스, 모자에 코르크 마개를 매달고 있는 친구들의 땅까지라. 가족 초상화에 유인원이 없는 것도, 아쟁쿠르에서 '다시 한 번 돌격하는'(셰익스피어《헨리 5세》-옮긴이) 작전에서 이마가 낮고 가슴을 쿵쿵 두드리는 동물이 보이지 않았던 것도 전혀 이상하지 않군."

"말씀하신 대로입니다. 그리고 물고기와의 공통 조상으로 거슬러 올라가기 위해서는……."

"잠깐, 거기서 기다리게. 지금 내가 도마 위가 어울리는 것의 자손이라고 말하는 건가?"

"우리는 현대 물고기와 조상을 공유합니다. 만일 우리가 그 조상을 볼 수 있다면 틀림없이 물고기라고 부를 것입니다. 따라서 주인님은 물고기의 자손이라고 말해도 무방합니다."

"자비스, 자네는 가끔 말이 지나칠 때가 있어. 하지만 어류인 내 친구 거시 헤이크-워틀('거시 핑크 노틀'을 변형한 것이다. 우드하우스의 소설에 반복적으로 등장하는 인물로, 버티 우스터 평생의 친구다. 물고기처럼 생겼다고 묘사된다 - 옮긴이)을 생각하면……."

"그 비교를 제가 직접 하지는 않겠습니다. 계속해서 어슬렁어슬렁 걸어 시간을 거슬러 올라가는 상상을 해볼까요? 물고기 사촌과 공유하는 조상에 도착하려면……."

"내가 알아맞혀 보겠네. 지구를 한 바퀴 통째로 돌아 출발점으로 돌아와서 나를 뒤에서 악하고 놀래키는 건가?"

"그 정도로는 어림도 없습니다. 달까지 갔다가 되돌아오고, 그런 다음 다시 출발해 이 모든 여정을 한 번 더 반복해야 합니다."

"자비스, 잠에서 막 깬 머리로 생각하기는 무리야. 잠을 깨게 하는 술 한 잔 주면 안 되겠나? 그러기 전까지는 머리에 더 이상 들어오지 않을 것 같네."

"이미 있습니다. 어젯밤에 클럽에서 돌아오시는 시간이 늦은 것을 알고 준비해두었었습니다."

"잘했네, 자비스. 하지만 기다리게, 한 가지 더 있어. 이 다윈이라는 녀석은 모든 것이 우연히 일어났다고 말해. 르 투케의 카지노에서 룰렛을 돌리는 것처럼. 아니면 버프티 스노드그래스가 홀인원을 달성하고 나서 일주일 동안 클럽의 술을 산 것처럼."

"아뇨, 그건 틀렸습니다. 자연선택은 우연히 일어나지 않습니다. 돌연변이는 우연한 과정이지만 자연선택은 그렇지 않습니다."

"도움닫기를 해서 지금의 공을 다시 한 번 던져주게, 자비스. 그래도 괜찮다면 말일세. 이번에는 느린 볼로, 회전은 걸지 말아주게. 돌연변이가 뭐지?"

"주제넘게 앞서 나가서 죄송합니다. 라틴어로 '변화'를 의미하는 여성명사인 무타티오mutatio에서 유래한 돌연변이mutation는 유전자의 복제 오류입니다."

"책의 오식처럼?"

"그렇습니다. 그리고 책의 오식과 마찬가지로 돌연변이는 개선으로 이어지지 않습니다. 하지만 아주 가끔은 개선으로 이어질 때가 있는데, 그럴 때 결과적으로 그것이 살아남아 후대에 전해질 가능성이 높아집니다. 그것이 자연선택입니다. 개선을 편들지 않는다는 의미에서 돌연변이는 무작위적입니다. 그런 반면 선택은 무의식적으로 개선을 편드는데, 여기서 개선이란 생존 능력을 뜻합니다. 이런 표현을 만들 수 있습니다, '돌연변이는 제안을 하고 선택은 결정을 한다.' "

"절묘하군, 자비스, 자네가 생각한 건가?"

"아닙니다, 작자 불명의, 토마스 아 켐피스 패러디입니다."

"그러면 자비스, 내가 이 문제의 바지 엉덩이 부분을 꽉 잡았는지 확인해주게. 눈이나 심장과 같이 멋진 설계처럼 보이는 것을 보면 우리는 그것이 도대체 어떻게 여기까지 왔을까 궁금해져."

"그렇습니다, 주인님."

"순수한 우연으로는 여기까지 올 수 없었어. 그건 버프티가 홀인원을 해서 우리 모두가 일주일 동안 술을 얻어먹는 것과 비슷한 일이기 때문이지."

"어떤 의미에서는 스노드그래드 씨가 드라이버로 달성한, 부어라 마셔라 축하받은 위업보다 훨씬 더 일어나기 힘든 일입니다. 인간 몸의 모든 부분이 순전한 우연으로 조립되는 일은, 스노드그래드씨에게 눈가리개를 씌우고 빙글빙글 돌도록 시켜서 그로서는 티에 얹은 공이 어디쯤 있는지, 퍼팅 그린이 어느 방향인지 전혀 모르는 상태에서 홀인원을 달성하는 것만큼 일어나기 힘든 일입니다. 모든 부분이 무작위로 섞여 인간의 몸이 저절로 조립될 확률은 우드(헤드가 목제인 클럽 - 옮긴이)로 딱 한 번만 치도록 허락

받아 홀인원을 할 확률과 같습니다."

"만일 버프티가 미리 술 몇 잔을 걸쳤다면 어떻겠나, 자비스? 꽤 가능성 있는 일일세."

"어쩌다 우연히 홀인원을 달성할 확률은 굉장히 낮고 이 계산은 매우 대략적인 것이기 때문에 있을 수 있는 알코올의 영향은 무시해도 될 정도입니다. 티에서 홀에 대한 각도는……."

"이제 충분하네, 자비스. 머리가 아프다고 했잖나. 안개 속으로도 분명히 보이는 것은 우연은 쓸모없는 것이고, 대실패이며, 승산이 없다는 걸세. 그러면 실제로 어떻게 해서 인간의 몸처럼 복잡한 것이 생겨난 건가?"

"그 질문에 대답한 것이 다윈 씨의 위대한 업적이었습니다. 진화는 아주 오랜 시간에 걸쳐 서서히 일어납니다. 각 세대는 이전 세대와는 아주 근소하게만 다르고, 한 세대에 축적될 필요가 있는 '있을 수 없음'의 정도는 터무니없이 높지 않습니다. 하지만 수백만 년이라는 세대가 쌓인 후 최종적으로 생기는 산물은 실제로 매우 '있을 수 없는' 것으로, 숙련된 엔지니어에 의해 설계된 것처럼 보입니다."

"계산자를 들고, 제도판을 움켜쥐고, 볼펜을 셔츠 주머니에 꽂은 천재의 작품으로밖에는 보이지 않는?"

"그렇습니다. 설계된 것 같은 환상은 같은 방향으로 향하는 작은 개선이 수없이 많이 축적된 결과입니다. 각각의 변화는 단일한 돌연변이에서 충분히 생길 수 있을 정도로 작지만, 연달아 일어나는 변화가 충분히 긴 시간 동안 축적됨으로써, 단 한 번의 우연한 사건으로는 일어날 수 없는 최종 결과에 이르는 것입니다. 약간 극적으로 표현하면 이른바 '불가능의 산'의 완만한 경사를 천천히 오르는 것에 비유할 수 있습니다."

"자비스, 그건 일종의 생각의 두스라[2]로군. 나는 그 공의 움직임을 익히기 시작한 거 같네. 그런데 '진화' 대신 '심사'라고 말한 것이 아주 틀린 것은 아니지 않은가?"

"그렇습니다. 이 과정은 어느 정도 경주마 육종과 비슷합니다. 가장 빠른 말이 육종가의 **심사**를 통과하고, 최고의 말이 미래 세대의 선조로 선택됩니다. 다윈 씨는 자연계에서는 같은 원리가 육종가의 심사 없이 작동한다는 것을 알아챘습니다. 가장 빨리 뛰는 개체는 자동적으로 사자에게 잡히지 않을 가능성이 높습니다."

"호랑이도 있네, 자비스. 호랑이는 매우 빨라. 술 취한 브라마푸르가 지난주에 드레그스에서 이야기하더군."

"그렇습니다, 호랑이도 빠릅니다. 그분은 코끼리 등에 타서 호랑이의 속도를 관찰할 기회가 많이 있었으리라 충분히 상상할 수 있습니다. 요점, 또는 핵심은 가장 빠른 말 개체가 살아남아 번식하여 그들을 빠르게 만드는 유전자를 전달한다는 것입니다. 왜냐하

---

2 역시 크리켓 용어. 종류는 다르지만 이 역시 겉으로는 평범해 보일 수 있는 스피드가 걸린 공으로, 파키스탄의 볼러, 사클레인 무슈타크가 발명한 것이다. 이것은 어려운 문제라서, 실토하자면 구글리와 어떻게 다른지 자세한 것은 나도 모른다.

면 큰 포식자에게 잡혀 먹힐 가능성이 낮기 때문입니다."

"과연 지당한 이야기일세. 그뿐 아니라, 가장 빠른 호랑이도 번식에 성공한다고 생각하네. 먹다 남은 것 따위가 아니라 완전한 미디움 웰던 스테이크를 가장 먼저 만나기 때문에, 살아남아 호랑이 새끼를 만들고, 그 새끼 역시 성장하면 빨라지겠지."

"그렇습니다."

"하지만 이것은 놀라운 이야기일세, 자비스. 정말이지 최고일세. 게다가 같은 원리가 말과 호랑이뿐 아니라 다른 모든 것에도 작동한다고?"

"정확히 그렇습니다, 주인님."

"하지만 잠깐 기다리게. 이 공으로 창세기는 미들 스텀프가 쓰러진 셈이니 아웃이잖나. 그러면 신은 어떻게 되는 건가? 다윈이라는 친구가 하는 말을 들으면 신이 할 일이 별로 없는 것처럼 들리네. 그러니까 내 말은, 실업이 어떤 건지 내가 좀 아는데 말일세, 신의 상태는 딱 실업자처럼 보인다는 걸세."

"바로 그렇습니다."

"그렇군. 맙소사, 그러면 우리는 대체 왜 신을 믿지?"

"정말 이유가 뭘까요?"

"자비스, 놀라워. 믿을 수가 없네."

"믿을 수가 없습니다."

"그래, 믿을 수가 없어. 지금부터는 새로운 눈으로 세계를 볼 걸세. 우리 성서 박사들이 말하듯이 거울에 비춰보는 것처럼 어렴풋이 보지 않고. 조금 전에 말했던 잠깨는 술 한 잔은 잊어주게. 더 이상 필요하지 않아. 어쩐지 **해방된** 기분일세. 대신 내게 모자와 지팡이, 그리고 지난번에 다프네 숙모가 구드우드 경마장에서 준 쌍안경을 가져다주게. 공원에 나가 나무와 나비, 새와 다람쥐에 감탄하고, 자네가 가르쳐준 모든 것에 경탄해볼 참이야. 자네가 가르쳐준 모든 것에 조금 경탄해도 개의치 않겠나?"

"원하시는 대로 하십시오. 경탄하는 것은 지극히 당연한 기분입니다. 다른 신사분도 처음으로 그런 문제를 이해했을 때 똑같은 해방감을 경험했다고 말씀하셨습니다. 한 가지 더 제안해도 될까요?"

"뭐든지 제안해주게, 자비스. 어서. 항상 자네의 제안을 들을 준비가 되어 있다네."

"그러시다면 말씀드리죠. 이 문제를 더 깊이 탐구하고 싶다면 도움이 될 만한 작은 책이 한 권 있습니다. 주인님이 읽어보고 싶으시리라 생각합니다."

"작아 보이지 않는데? 어쨌든 제목이 뭔가?"

"《지상 최대의 쇼》입니다. 쓴 사람은⋯⋯."

"누가 썼는지는 중요하지 않네, 자비스. 자네 친구라면 내 친구이기도 하니까. 보내주게. 돌아오면 볼 테니. 자아, 쌍안경, 지팡이, 그리고 신사처럼 보이게 맞춤한 모자를 부탁하네. 집중적으로 경탄을 해야겠어."

제린 오일[1]

^
^

제린 오일(학명으로는 '제리니올')은 중추신경계에 직접 작용하는 강력한 약물로, 대개 반사회적이거나 자기파괴적인 다양한 증상을 일으킨다. 아이의 뇌를 영구적으로 변질시켜, 치료가

---

1 이 에세이는 2003년 12월 〈프리 인콰이어리〉에 처음 발표되었고, 그런 다음 2005년 10월 〈프로스펙트〉에 '대중의 아편'이라는 제목의 축약된 버전이 실렸다. 나는 스웨덴어로도 번역되었다고 알고 있지만, 상세한 문헌 정보는 확인할 수 없었다. '제린 오일'을 그 명칭의 본질적인 특징을 잃지 않고 어떻게 번역했는지 모르겠다. 아마 영어로 그대로 두는 방법으로 문제를 해결했을 것이다('gerin oil'은 종교를 뜻하는 religion의 철자를 바꾸어 만든 단어다 - 옮긴이).

어려운 위험한 망상을 포함한 여러 가지 성인 장애를 일으킬 우려가 있다. 2001년 9월 11일, 항공기 네 대의 자폭 비행은 일종의 제린 오일 환각 체험이었다. 즉 납치범 19인은 당시 모두 이 약물에 취해 있었다. 역사를 돌아보면, 살렘(현재의 이스라엘 - 옮긴이)의 마녀 사냥이나 정복자들의 남아메리카 원주민 대학살 같은 잔악행위도 제리니올 중독이 원인이었다. 제린 오일은 중세 유럽에서 일어난 전쟁 대부분을 부채질했고, 최근에는 인도아대륙과 아일랜드의 분할 과정에서 일어난 대학살에 불을 붙였다.

제린 오일에 중독되면, 지금까지 멀쩡했던 사람이 보통 사람으로 충실하게 살던 인생을 버리고 만성중독자들의 폐쇄적인 커뮤니티에 틀어박히게 된다. 이런 커뮤니티는 대개 하나의 성별만으로 한정되고, 단호하고 대개는 집착에 가깝게 성행위를 금한다. 사실 고행에 가까운 성행위 금지 경향은, 제린 오일의 다종다양한 증상들 속에서 붙박이처럼 반복 등장하는 요소다. 제린 오일은 리비도 그 자체를 감소시킨다기보다, 흔히 타인의 성적 쾌감을 약화시키는 것에 집착하게 만든다. 예컨대 최근에 많은 습관성 '오일 사용자'가 동성애를 '호색적 흥미'라고 비난한다.

다른 약물과 마찬가지로, 저용량의 품질 좋은 제린 오일은 대체로 무해하고, 결혼식, 장례식, 국가적 의식 같은 사회적 행사에서 윤활유 역할을 할 수 있다. 아무리 그 자체로는 무해하다 해도 이런 사회적 목적의 환각 체험이 혹시 더 강하고 중독성이 센 약물로 옮겨가게 만드는 위험 요인은 아닌지에 대해서는 전문가들의 의견이 분분하다.

중간 용량의 제린 오일은 그 자체로는 위험하지 않아도 현실 지각을 왜곡할 수 있다. 약물이 신경계에 직접 작용하는 탓에, 사실 무근의 신념이 현실 세계의 증거 앞에서도 전혀 흔들리지 않는다. 오일 상용자들이 허공에 대고 떠들거나 혼잣말로 중얼거리는 것을 흔히 볼 수 있는데, 아무래도 이런 식으로 표현된 사적인 소원은 설령 타인의 행복을 희생시키고 물리 법칙에 어느 정도 반해도 반드시 실현된다고 믿는 듯하다. 이런 자동담화증에는 흔히 기이한 경련과 손동작, 또는 벽을 향해 주기적으로 고개를 끄덕이는 것 같은 병적인 반복 행동이 동반된다. 또는 강박적 위치확인증후군(하루에 다섯 번 동쪽을 쳐다보는 것)이 나타나기도 한다.

고용량의 제린 오일은 환각을 유발한다. 뼛속 깊이 중독된 사람들은 머릿속에서 목소리가 들리거나, 현실처럼 여겨지는 환상을 보기도 한다. 그들에게 그것은 너무도 현실 같아서 진짜라고 타인들을 설득할 수 있을 정도다. 중증 환각을 설득력 있게 보고하는 사람은, 자신은 그 정도로 운이 좋지 못하다고 여기는 사람들로부터 추앙을 받고, 심지어는 어떤 종류의 지도자로 받들어 모셔지기도 한다. 이런 병적인 신봉 증상은 최초의 지도자가 죽은 뒤 시간이 꽤 지나 생기는 경우도 있고, 지도자의 '피를 마시고 살을 먹는' 식인 판타지 같은, 기이한 환각 문화로 확장될 가능성도 있다.

제리니올의 만성적 남용은 '배드 트립'(기분 나쁜 환각 체험)으로 이어질 수 있다. 이 경우 사용자는 현실 세계가 아니라 사후 판타지 세계에서 고문당하는 공포 같은 섬뜩한 망상을 겪는다. 이런 종류의 배드 트립은 병적인 징벌신화와 깊은 관계가 있는데, 그것은 앞에서 말한 성행위에 대한 강박적 불안만큼이나 이 약물의 특징적인 현상이다. 제린 오일이 조장하는 징벌 문화는 '뺨치기'에서부터 '채찍질', '돌 던지기'(특히 간통을 범한 여자와 강간피해자에게), '한 손 절단'까지 다양하고, 최종적으로는 변형징벌 또는 '책형' 같은, 타인들의 죄를 위해 한 개인을 처형하는 불길한 공상에 이른다.

이런 위험을 내포한 중독성 있는 약물이라면 사용할 경우 받는 처벌과 함께 금지 마약 목록의 맨 위에 적혀 있을 것이라고 생각할지도 모른다. 하지만 그렇지 않다. 이 약물은 세계 어디서나 쉽게 구할 수 있고 처방전조차 필요 없다. 전문 밀매인은 무수히 많고 그들은 계층적 카르텔을 형성하여 거리 모퉁이와 전용 건물에서 공개적으로 거래한다. 이런 조직 가운데 몇몇은 중독 약물을 구하는 데 필사적인 가난한 사람들에게 터무니없는 값을 부르기도 한다. '대부들'은 상층부의 유력한 지위를 점하고, 왕족, 대통령, 총리를 움직일 수 있다. 정부는 이 거래를 보고도 못 본 체하며 면세 특권을 준다. 심지어는, 아이들을 중독에 빠지게 할 특정 의도를 가지고 설립된 학교에 보조금까지 지급한다.

내가 이 글을 써야겠다고 마음먹은 것은 발리의 어느 행복한 남성의 미소 짓는 얼굴을 보았을 때였다. 그는 자신의 사형판결을 넋을 잃고 듣고 있었다. 그는 만난 적도 없고 개인적 앙심도 없는 수많은 죄 없는 관광객을 잔인하게 살해한 죄로 사형선고를 받았다. 법정에 있던 몇몇 사람들은 그가 후회하지 않는 모습에 충격을 받았다. 후회는커녕 그의 반응은 명백한 고양감이었다. 그는 주먹을 쥐고 공중에 흔들었다. 그가 속한 남용자 집단이 쓰는 용어로 말하면, '순교하는' 운명에 기뻐 어쩔 줄 몰랐다. 순수하게 기뻐하는 가운데 총살당하는 것을 고대하는 더없이 행복한 그 미소는 분명, 마약중독자의 미소다. 우리는 미정제의 희석되지 않은 초강력 중독성 제린 오일을 정맥에 투여한 전형적인 마약상습자를 보고 있는 것이다.

공룡 애호가들의
현명한 원로 지도자[1]

∧
∧

　위대한 유머 작가들은 농담을 직접 하지 않는다. 그들은 새로운 종의 농담을 심어놓고 그것이 진화하도록 돕는다. 또는 그 농담이 자기 증식하고, 성장하고, 다시 싹을 내는 것을 가만히 앉아서 구경한다. 허울뿐인 스포츠맨십을 조롱하는 스티븐 포터의

1　로버트 매시는 옥스퍼드 대학 대학원 시절의 친구다. 우리는 틴버겐 연구 집단인 '마에스트로의 동아리Maestro's Mob'에 속한 동료 멤버였다. 수년 뒤 그는 《공룡을 기르는 방법How to Keep Dinosaurs》이라는 근사한 책을 썼다. 나의 강력한 권유로 2판이 나왔을 때(2003년) 나는 이 서문을 썼다.

(이기기 위해 지저분한 일도 하는)《게임스맨십Gamesmanship》이 바로 그런 식으로 성장한 농담이다. 공들여 만든 이 하나의 농담은 (허세를 부리는)《라이프맨십Lifemanship》과 (상대를 앞지르는)《원업맨십One-Upmanship》으로 이어졌다. 이 농담은 다양하게 변이하고 진화한 탓에, 반복으로 재미가 퇴색하기는커녕 성장하면서 더 재미있어졌다. 그는 진화의 진행을 지원하는 밈을 심어놓기도 했다. '책략'과 '속임수', 학술서풍의 각주, 가공의 협력자 오도레이다Odoreida와 개틀링-펜Gatling-Fenn이 그런 것들인데, 두 사람은 어쩌면 가공의 인물이 아닐지도 모른다. 포터가 죽은 지 30년이 지난 지금, 만일 내가 예컨대 '포스트모던십Postmodernship' 또는 'GM(유전자변형)맨십GM-manship' 같은 신조어를 만들어낸다면, 이런 종류의 농담에 대한 예비지식이 있는 여러분은 한발 앞질러 준비할 수 있다. 우드하우스의 지브스 이야기의 대부분은 원형이 되는 농담의 변이체들인데, 그것 역시 반복되어 이야기될수록 재미가 감소하기는커녕 오히려 증가하게 되는, 진화하고 성숙하는 종류의 농담이다.《1066년의 일1066 and all that》(W. C. 셀러가 쓴, 영국사 해설의 패러디 – 옮긴이),《어느 아일랜드 주재판사보의 회상록The memoirs of an irish RM》(서머빌과 로스의 유머 소설 – 옮긴이), 그리고 확실히《레이디 애들의 기억Lady Addle Remembers》(영국 상류계급 여성의 회상록 형식을 취한 메리 던의 풍자소설 – 옮긴이)에 대해서도 같은 말을 할 수 있다.《공룡을 기르는 방법》은 이 위대한 전통에 속한다.

우리가 학생 시절을 함께 보낸 이래로, 로버트 매시는 그냥 유머작가가 아니라 새로운 진화적 계통의 유머를 엄청나게 번식시킨 장본인이었다. 그에게 전임자가 있다면, 우드하우스의 소설에 등장하는 P가 붙은 스미스다. "지금 들려오는 저 낮은 신음소리는 내 문 밖에서 야영하는 늑대다"라는 말은 매시가 "나는 무일푼이다"라고 말하는 방법이다. 파티에서 방금 만난 여성에 대한 매시의 진지한 반응도 스미스류였다. 여성은 그가 유명한 학교의 교장임을 알고 천진난만하게 물었다. "여자가 있나요?" 그의 "가끔은요"라는 간결한 대답은 정확히 스미스류의 지나친 고지식함으로 상대를 당황시키키 위해 계산된 것이다.

매시가 '아뿔싸Stap m'vitals'의 독창적인 변이체들을 만들어내자 그의 모든 친구들이 새로운 변이체를 부지런히 생각해냈고, 밈이 살아 숨 쉬는 하위문화 속에서 종이 진화함에 따라 그 변이체들은 점점 더 엉뚱해졌다. 펍의 이름도 마찬가지다. 옥스퍼드의 '로즈 앤 크라운'(장미와 왕관)은 우리의 단골 술집이었지만(실제로 거기서 초기 진화의 대부분이 일어났다), 실제 상호명으로 불리는 경우는 드물었다. 진화하는 도중의 어느 시점에는 '커시드럴 앤 갤블래더(대성당과 쓸개)에서 보자'로 바뀌기도 했다. 나중에 진화한 이름들은 진화적 역사의 맥락에서만 웃기게 들린다. 매시가 씨를 뿌린 또 하나의 종은 무한정 진화하는 '우리의 무슨무슨 친구'의 변이체였다. '로즈 앤 크라운'은 처음에는 '우리의 꽃의 왕자 친구'였을지도 모르지만, 나중에 이 계통의 자손은 십자말풀이의 힌트 같은 복잡하고 괴이한 암호로 진화해서, 고전에 대한 교양이 없으면 해독할 수 없는 지경까지 이르렀다. 이런 매시류 유머의 종들 모두를 최종적으로 하나로 묶는 문이 있다면, 그 문을 '짐짓 심각하게 돌려 말하기'라 부를 수 있을 것이다.

하지만 젊은 날 유머 작가로서의 로버트 매시와는 달리, 장년기의 그는 진지한 학자가 되었다. 이 책만큼 그의 진지한 면이 분명히 드러나는 장소는 없다. 공룡과 그 습성, 아플 때와 건강할 때 공룡을 관리하는 방법에 대해 평생에 걸쳐 축적한 전문 지식이 이 책에 정리되어 있다. 그의 이름은 오래전부터 공룡 애호가의 대명사였다. 품평회장부터 경매장까지, 경마장부터 익룡 사냥터까지, 공룡 애호가들의 모임은 모두 "매시가 왔다"는 속삭임이 퍼져야 비로소 시작되었다. 카르노사우루스조차 보스의 존재를 알아채고 두 발로 깡충깡충 뛰면서, 세균투성이 턱에 차가운 미소를 머금는다. 매시는 겁 많은 콤프소그나투스가 힘을 내도록 엉덩이를 톡톡 두드리거나, 기르는 사람에게 시의적절한 조언을 해줄 준비가 항상 되어 있다.

당신의 애완 공룡이 발톱을 자르지 않으면 안 되는, (불안하다고까지 말할 수는 없어도) 힘든 나이에 도달하고 있는가? 자칫 실수로(아, 절대 악의는 없다) 당신의 복부가 잘려 울고불고 하는 일이 없도록, 발톱을 잘 자르는 방법을 매시가 조언해줄 것이다. 당신의 수렵 공룡이 너무 열심히 하고 있지는 않는가? 녀석이 너무 많은 몰이꾼을 '물어오기' 전에 매시를 부르라(공룡의 입은 도와달라는 사냥 안내인의 분명치 않은 외침만큼 약할지도 모르지만, 둘 다 한계가 있다). 미크로랍토르가 자신이 있는 곳이 객실임을 깜박할 때와 같은 난감한 순간에도 매시라면 간결하고 사려 깊은 조건을 해줄 것이다. 아니면 혹시, 밭에 거름을 주기 위해 질 좋은 이구아노돈 똥을 찾고 있는가? 매시에게 맡겨라.

　요즘은 공룡 애호가들의 현명한 원로 지도자로 알려져 있지만, 로버트 매시는 실전 경험도 많다. 그를 '우러러' 보았던 사람들은 그가 '킬러'를 힘 들이지 않고 능숙하게 타는 모습을 잊지 못할 것이다. 6미터의 장애물을 차례차례 뛰어넘는 저 독보적 사냥꾼을 기른 것이 그이기 때문이다. 길들이기에 관해 말하자면, 매시가 힘차게 고삐를 잡으면 육중한 수컷 브라키오사우루스조차 잘 길들여진 오르니토미무스처럼 활기차게 뛴다. 그가 그 유명한 20쌍의 벨로키랍토르 무리에 채찍을 휘두르며 '사냥감을 추적해'라고 외치는 소리를 들으면, 어떤 사냥꾼이라도 심장 박동이 빨라지고, 숨어 있는 불운한 밤비랍토르의 원래 차가운 피도 얼어붙는다. 그는 돋을새김 무늬가 새겨진 가죽을 걸쳐도 무시당하지 않았다. 오히려 사냥을 즐기는 아랍 왕족의 고문으로 주가를 올렸다. 군살을 뺀 프테로닥틸루스를 그가 훌륭한 솜씨로 날려 보내면 녀석은 날개를 펼쳐 바람을 타고 고리를 그리면서 날아오르고, 그런 다음 날카로운 갈고리 발톱으로 시조새를 꽉 붙든 채 마침내 만족스럽게 그가 끼고 있는 가죽장갑으로 돌아온다.

　수년 동안 매시의 많은 친구들과 그를 숭배하는 공룡 동아리는 그의 일생에 걸친 경험을 책으로 정리하라고 강력하게 권했다. 그만이 할 수 있는 일이기 때문이다. 그래서 탄생한 것이 《공룡을 기르는 방법》의 초판이고, 예상대로 이 책은 아파토사우루스가 꼬리를 한 번 휘두르기도 전에 매진되었다. 그 책은 절판되었던 허전한 세월 동안 손때 묻은 해적판조차 귀중한 보물이 되었고, 보물의 주인은 누가 가져가기라도 할까 봐 사냥 주머니나 레인지 로버의 앞좌석 사물함에 그것을 몰래 감춰두었다. 새로운 판을 요구하는 목소리는 점점 높아져만 갔고, 그것을 실현하는 데 간접적으로나마 공헌할 수 있었던 것을 나는 기쁘게 생각한다("출판사를 얻는 자는 복을 얻는다" – 잠언 18장 22절). 새로운 판에는 당연히 세계 곳곳의 공룡 기르는 사람들이 매시와 주고받은 끊임없는 정보교환의 성과가 담겼다.

이 책의 뛰어난 점은 내용을 다양한 수준에서 음미할 수 있다는 것이다. 기르는 사람에게는 꼭 필요한 매뉴얼이지만, 그것만은 아니다. 유용한 조언을 담은 실용서이긴 하지만, 이론과 학식에 깊이 의지하는 전문 동물학자만이 쓸 수 있는 책이다. 이 책에 나오는 많은 사실은 정확하다. 공룡의 세계는 언제나 신기함과 경이로 가득했고, 매시의 매뉴얼은 거기에 덧붙이는 또 하나의 경이에 지나지 않는다. 여담이지만, (현재 '지적설계론자'로 신나게 이미지 쇄신을 하고 있는) 창조론자들은 이 책을, 인간과 동물은 6,500만 년이라는 지질학적 시간으로 분리되어 있다는 '황당무계한 헛소문'과 싸울 때 필요한 매우 귀중한 정보원이라고 생각할 것이다.

로버트 매시 자신이 지적하고 있듯이 공룡은 단지 크리스마스 선물이 아니라 평생의 친구다(용각류의 경우, 수명이 매우 긴 것도 있다). 그의 책에 대해서도 마찬가지 말을 할 수 있다. 그렇다 해도, 앞으로 수도 없이 돌아올 크리스마스에는 나이와 관계없이 누구에게나 기쁜 선물이 될 것이다.

무토르론:
이 유행이
오래 계속되기를[1]

∧
∧

무無토르론은 요즘 확실히 인기가 있다. 발할라 신자와 무
토르론자 사이에 생산적인 대화가 가능할까? 순진한 문자주의자
는 별도로 하고, 교양 있는 토르학자는 오래전에 토르가 들고 다
니던 큰 해머의 물질적 실체를 믿는 것을 그만두었다. 하지만 해
머성의 정신적 본질은 여전히 우렛소리처럼 울려 퍼지는 계시로

---

1 〈워싱턴 포스트〉에 샐리 퀸이 관리하는 '신앙에 대하여'라는 연재
코너가 있었는데, 나는 그 코너에 자주 기고했다. 이것은 2007년 1월
1일에, 무신론의 유행에 관한 질문에 대한 대답으로 게재된 에세이의
첫 단락이다.

남아 있고 해머학의 교의는 네오발할라주의의 종말론에서 특별한 자리를 유지하는 한편, 중복되지 않는 교도권을 전제로 과학적인 우레 이론과 생산적인 대화를 즐긴다. 호전적인 무토르론자들의 최대 적은 그들 자신이다. 토르학의 미묘한 요소들을 알지 못하는 그런 자들은 불쾌하고 무관용한 시시하기 짝이 없는 대립을 그만 두고, 토르 신앙에 경의를 표해야 한다. 토르 신앙은 지금까지 함부로 공격할 수 없는 특별한 존중을 받아왔다. 어차피 무토르론 자는 실패할 운명이다. 사람들에게는 토르가 필요하고, 무슨 일이 있어도 토르가 문화에서 사라질 일은 없다. 그를 무엇으로 대신하겠다는 것인가?(본문을 이해하기 어렵다면, '토르'를 '신'으로 바꾸어 읽어보라. 중복되지 않는 교도권은 '종교와 과학은 각자의 자리가 있어서 서로의 영역에 발을 들이지 말아야 한다'는 주장을 의미한다. – 옮긴이)

이 농담을 계속 확장해나갈 수 있다. 페미니스트 토르학자는 가부장제 사회에 흔히 있는 토르 해머의 남근 숭배적 측면을 경시하고 싶어하고, 해방토르학자는 해머와 낫이 그려진 깃발 아래 행진하는 노동자들과의 공통된 대의를 발견하는 한편, 포스트모던 토르학자에게 해머는 해체의 강력한 상징이다. 계속 생각해보라.

도킨스의
법칙[1]

∧
∧

도킨스의 난해함 보존 법칙

학문적 주제에서의 몽매주의는 그 본질적인 간결함이 만드는 공
백을 메우듯 넓어진다.

---

1 존 브록만은 온라인 살롱 〈엣지〉의 멤버들에게 해마다 질문을 던
지는데, 2004년에는 그 질문이 '당신의 법칙은 무엇입니까'였고, 본문
은 내 대답이었다. 다음 링크를 참고하라. https://www. edge.org/
annual-question/whats-your-law.

도킨스의 '신 논파 불능' 법칙

신은 질 수 없다.

보조 정리 1: 이해가 확장되면 신은 수축한다. 하지만 신은 그 후 자신을 재정의하여 현상을 회복한다.

보조 정리 2: 일이 잘 되면 신이 감사를 받는다. 일이 잘못되면, 신은 더 나빠지지 않은 것에 대해 감사를 받는다.

보조 정리 3: 내세에 대한 믿음은 옳다고만 증명될 수 있을 뿐, 결코 오류로 증명될 수 없다.

보조 정리 4: 논증할 수 없는 믿음을 변호할 때의 격렬함은 변호 가능성에 반비례한다.

도킨스의 지옥과 저주 법칙

$$H \propto 1/P$$

H는 지옥불의 온도이고, P는 지옥이 존재할 확률.

즉, '두려워하는 벌의 크기는 벌의 그럴듯함에 반비례한다.'

다음 법칙은 낯익을지도 모르는데, 내 법칙으로 취급되는 다양한 버전이 있다. 여기서는 다음과 같이 공식화하고 싶다.

적대적 논쟁의 법칙

양립 불가능한 두 신념이 같은 강도로 옹호될 때, 진실이 꼭 그 중간에 있는 것은 아니다. 단순히 한쪽이 틀렸을 가능성이 있다.

8부

인간은 섬이 아니다

뉴턴이 '거인들의 어깨 위에 선 덕분에'라고 쓴 이래, 그리고 그 전에도 과학은 항상 공동 사업이었다. 자신들의 연구가 타인의 공헌에 빚지고 있음을 충분히 인정하지 않는 과학자들도 있다는 사실을 부정한다면, 그건 매우 비다윈주의적인 초낙관주의일 것이다. 하지만 훨씬 더 많은 사람들이 이 에세이집의 첫 번째 에세이에서 주요 '과학의 가치관들' 중 하나로 꼽은 동료 의식, 협력 정신, 상호 존중의 전형이 되고 있다. 이런 가치관들은 말할 나위 없이 개인적 애착과 도덕적 감수성에 힘입어 더욱 비옥해지며, 과학자들만의 것이 아니라 문명화된 인류의 것이다. 이 짤막한 마지막 꼭지는 이런 가치관을 칭송하면서, 타인에 대한 추억과 경의를 개인적으로 회고하는 몇 편의 작품을 담고 있다.

'마에스트로에 대한 추억'은 원래, 노벨상을 수상한 생물학자 니코 틴버겐을 위한 추모회의 개회사로 쓰인 것이다. 전문적인 일들뿐 아니라 배움과 탐구를 함께 함으로써 생기는 소속감, 그냥 엘리트 조직이 아니라 가르치는 일에도 과학을 추구하는 것만큼이나 재능이 있는 사람들의 집단에 속하는 특권에 대해서도 말하고 있다. 또한 이 지식의 흐름을 미래 세대로 이어가야 한다는 강한 책임감에 대해서도 말한다. "니코가 건네준 바통을 사람들이 넘겨받아 그것을 들고 미래를 향해 달렸으면 좋겠습니다."

이어지는 두 편의 에세이 '아, 내 사랑하는 아버지'와 '삼촌 그 이상의 존재'는 과거와 현재의 가족에게 느끼는 자부심과 사랑으로 빛난다. 고지식하게 정직하지는 않은 자식이었고 좌파 리버럴 성향의 조카였던 그는 자신이 물려받은 강고한 제국의 유산을 깎아내리거나 얼버무리거나 부정하고 싶었을지도 모르지만, 리처드는 세 방향 어느 쪽으로든 회피할 사람이 아니다. "물론 아프리카에 있는 영국인에게는 나쁜 점이 상당히 많았습니다. 하지만 좋은 부분은 정말이지 너무 좋았고, 빌은 그중 최고였습니다." 이처럼 애정이 듬뿍 묻어나는 추억들은 대개 경쾌한 유머를 머금고 있다. 빌 삼촌이 소요단속법을 결연하게 낭독하는 장면("그 문서를 피스 헬멧 안감에 꿰매놓고 다녔을지도 모르지요"), 가족 농장에서 아버지가 '히스 로빈슨' 풍의 발명품을 만들던 이야기는 그것을 잘 보여준다. 그리고 그런 대목에서는, 그가 선조의 (상당히) 세속적인 업적에 대해서만큼이나 아버지와 삼촌의 솔직한 애정표현에도 자부심을 품고 있는 것이 느껴진다. "통솔자의 분위기와 군인다운 태도를 갖추는 것은 물론 대단한 일입니다. 그런데 칭찬할 만한 더 훌륭한 자질이 있습니다."

이 책의 독자는 리처드 도킨스의―과학자, 교사, 논객, 유머작가, 그리고 무엇보다 작가로서의―몰두, 열정, 재능이 얼마나 폭넓었는지 제대로 알게 될 것이다. 이 책의 마지막 작품으로 나는 이 눈부신 다재다능함이 하나의 빛나는 점에 집약되어 있는 글을 선택했다. 바로, '히친스에게 경의를 표하며'이다. 그것은 미국무신론연맹이 당시 몹시 아팠던 크리스토퍼 히친스에게 리처드의 이름이 붙은 상을 수여할 때 리처드가 했던 연설로, 그의 말 한 마디 한 마디가 "감탄과 존경과 사랑"으로 울려 퍼지고 있다. 리처드가 히친스에게 바친 찬사가 자기 자신에게도 똑같이 돌아갈 수 있다는 것은 재미있고 절묘한 아이러니다. "무신론/세속주의 운동의 선두에 서 있는 지식인이자 학자"이고 "젊은이와 내성적인 사람들에게 다정한 격려를 보내는 친구"이고, 그러면서도 "날카로운 논리적 사고"가 가능하고 "촌철살인의 위트"가 있으며 "용기 있게 틀을 파괴하는" 사람. 두 사람이 마음이 통하는 친구였다는 것이 조금도 이상하지 않다.

리처드 도킨스를 비평하는 사람들은 앞으로도 계속 있을 것이다. 그의 뜻에 공감하는 사람도 있지만, 심한 적대감을 드러내는 사람도 있을 것이다. 하지만 어떤 유형이든 정직한 독자라면 "우리 시대 영국의 저작물에는 나쁜 것이 상당히 많았다. 하지만 좋은 부분은 정말이지 너무 좋았고, 리처드 도킨스는 그중 최고였다"는 사실을 부정하기는 어렵지 않을까.

G. S.

마에스트로에 대한
추억[1]

∧
∧

옥스퍼드에 오신 것을 환영합니다. 옥스퍼드로 돌아온 것을 환영한다고 해야 할 분들도 많으시군요. 집에 돌아온 느낌이 들어 기분 좋은 분들도 계실 듯합니다. 네덜란드에서 오신 많은 친구들을 맞이하는 것 또한 큰 기쁨입니다.

---

1 1973년에 콘라트 로렌츠, 카를 폰 프리슈와 함께 노벨의학상을 수상한 니코 틴버겐(니콜라스 틴베르헌)은 1949년에 고국 네덜란드에서 옥스퍼드로 초청되었다. 니코가 그 초청에 응한 배경에는, 그가 옥스퍼드를 네덜란드와 독일의 동물행동학을 영어권 세계로 가져오는 발판으로 보았다는 이유가 있었다(하지만 한스 크루크의 매우 날카롭고 솔직한 전기에 따르면, 그것은 이유 중 하나에 지나지 않았다). 이 이동에는

지난 주 최종 준비만 빼고 모든 일이 끝났을 때, 리스 틴버겐이 돌아가셨다는 소식을 들었습니다. 말할 필요도 없이, 미리 알았다면 우리는 이 모임을 이때로 정하지 않았을 것입니다. 분명 여러분 모두가 가족에게 진심으로 애도를 표하고 싶을 것입니다. 감사하게도, 많은 가족분들이 이 자리에 참석하셨습니다. 우리는 대책을 논의했고, 이 상황에서는 계속하는 것 외에 달리 도리가 없다는 결정을 내렸습니다. 이 일을 함께 의논할 수 있었던 틴버겐의 가족분들은 여기에 흔쾌히 동의해주셨습니다. 리스가 니코에게 강력한 버팀목이었다는 사실을 모르는 분은 없겠지만, 특히 니코가 우울증을 앓던 어두운 시기에 그녀의 존재가 얼마나 큰 힘이었

상당한 개인적 희생이 수반되었다. 그는 상당한 감봉과, 레이든 대학 정교수직에서 옥스퍼드 교원 서열의 가장 낮은 지위인 '강사'로의 강등을 자진하여 받아들였다. 그의 자식들은 새로운 (수업료가 비싼) 학교에 다니기 위해 영어 단기 집중 강좌를 들어야 했다. 게다가 그는 옥스퍼드의 칼리지 제도가 성미에 맞지 않았다. 영국 생물학계로서는 그를 얻은 것이 행운이었다. 내가 그의 연구 그룹에 들어간 것은 1962년으로, 전성기의 그에게 온전한 수혜를 받기에는 좀 늦은 감이 있었지만, 그가 기초를 세우고 영향을 끼친 큰 규모의 원기왕성한 집단으로부터 간접적으로 많은 혜택을 받았다. 무엇보다 마이크 컬런에게 입은 은혜는 《리처드 도킨스 자서전 1An Appetite for Wonder》에 써두었다. 니코가 죽은 지 1년 뒤 매리언 스탬프 도킨스, 팀 할리데이와 나는 옥스퍼드에서 추모 학회를 개최했다. 본문은 내 개회사이고, 우리가 《틴버겐의 유산 The Tinbergen Legacy》이라는 책으로 묶은 회의록의 서문이 되었다.

는지 실제로 아는 사람은 별로 없다고 생각합니다.

우선 이 추모회에 대해, 그리고 이 회의가 열리게 된 경위에 대해 말씀드려려 할 것 같습니다. 사람들에게는 자기만의 애도 방법이 있습니다. 리스의 방법은 장례식도, 어떤 종류의 추모의례도 하지 않지 않았으면 좋겠다는, 니코다운 겸손한 지시를 문자 그대로 지키는 것이었습니다. 하지만 우리 중에는 종교적 의식을 원치 않는다는 그의 바람에는 깊이 공감해도, 우리가 이렇게 오랫동안 사랑하고 존경한 사람을 위해 어떤 종류든 통과의례가 필요하다고 느끼는 사람들도 있었습니다. 우리는 다양한 종류의 비종교적 의식을 제안했습니다. 예컨대 틴버겐가 사람들이 음악적 재능이 풍부하다는 사실을 알고 낭독과 추도사를 넣은 추모 실내악 콘서트를 제안한 사람들도 있었습니다. 하지만 리스는 그런 종류의 의식을 바라지 않았고 니코도 같은 생각일 것임을 분명히 했습니다.

그래서 우리는 한동안 아무것도 하지 않았습니다. 그런 다음 시간이 좀 지난 뒤, 추모회라면 장례식과는 성격이 많이 다르니까 괜찮을지도 모른다는 생각을 했습니다. 리스는 이 생각을 받아들였고, 머지않아 우리가 계획을 세우는 도중 본인도 회의에 참석하고 싶다고 전했습니다. 하지만 나중에 그녀는 마음을 바꾸었습니다. 이번에도 특유의 겸손함으로, 자신이 방해가 된다고 완전히 잘못 생각한 것입니다.

이렇게 많은 옛 친구들을 환영하는 것은 큰 기쁨입니다. 이렇게 많은 분들이, 경우에 따라서는 아주 멀리서부터 이 옥스퍼드에 모인 것은 니코의 인품과, 옛 제자들이 그에게 느끼는 애정 덕분입니다. 참석자 목록에는 기라성 같은 옛 친구들의 이름이 줄줄이 나열되어 있고, 그중에는 30년 동안 서로 만나지 못했을지도 모르는 분들도 있습니다. 저는 게스트 목록을 읽는 것만으로도 가슴이 벅찼습니다.

우리는 모두 니코에 대한 추억만이 아니라, 우연히 같은 시대를 살고 있는 그의 동료들에 대한 추억도 가지고 있습니다. 제 자신의 추억은 학부생일 때 그의 강의를 들었던 때로 거슬러 올라갑니다. 처음에는 동물행동이 아니라 연체동물에 대한 강의였습니다. 모든 강사는 옥스퍼드 동물학의 성역 중 하나인 '동물계' 강좌를 맡아야 한다는 알리스터 하디의 고풍스러운 생각 때문이었습니다. 당시 저는 니코가 얼마나 유명한 사람인지 몰랐습니다. 만일 알았다면, 그에게 연체동물에 대한 강의를 맡겼다는 사실에 경악했을 것입니다. 그가 옥스퍼드의 콧대 높은 관습에 따라 그저 평범한 '틴버겐 선생'이 되고자 레이덴 대학의 교수직을 포기한 것만 해도 충분히 심한 일이었습니다. 옛날의 그 연체동물 강의에 대해서는 기억나는 것이 별로 없지만, 그의 멋진 미소를 보는 것이 어떤 기분이었는지는 기억합니다. 지금의 저와 거의 같은 나이였음에 틀림없지만, 그때 저는 그 미소가 친구처럼 다정하고, 삼촌처럼 자애롭다고 생각했습니다.

그때 저에게 니코와 그의 지적 체계가 각인되었음이 틀림없다고 생각합니다. 왜냐하면 제 칼리지 튜터에게 니코의 개인지도를 받을 수 있는지 물었기 때문입니다. 어떻게 했는지는 모르지만 튜터가 일을 잘 처리해주었습니다. 니코가 학부생을 개인지도하는 것이 일반적인 일은 아니었으리라 생각하기 때문입니다. 제가 그에게 개인지도를 받은 마지막 학부생이었을지도 모른다는 생각이 듭니다. 그 개인지도는 제게 막대한 영향을 미쳤습니다. 니코의 개인지도 방식은 독특했습니다. 한 주제를 광범위하게 아우르는 문헌 목록을 건네는 대신, 그는 박사 논문 같은 매우 자세한 연구 한 편을 주었습니다. 첫 번째 자료는 A. C. 퍼덱의 연구논문이었던 것으로 기억합니다. 기쁘게도 그분 역시 오늘 이 자리에 와 계십니다. 니코는 학위논문 또는 연구논문을 읽고 떠오르는 것에 대해 에세이를 쓰라는 숙제를 냈습니다. 어떤 의미에서 그것은 학생에게 교수와 대등하다는 느낌을 주는―즉 한 주제에 대해 벼락치기 공부를 하는 학생이 아니라, 연구에 대한 견해를 경청할 가치가 있는 동료로 대우받고 있다는 느낌을 주는―니코의 방식이었습니다. 그때까지 이런 경험을 해지 못했던 저는 그 시간이 무척 즐거웠습니다. 그때 제가 너무 긴 에세이를 써간 데다 니코가 자주 끼어드는 바람에, 시간 내에 끝까지 읽는 일은 거의 없었습니다. 제가 에세이를 읽는 동안 그는 실내를 왔다 갔다 했고, 어쩌다 한 번씩만 당시 그에게 의자가 되어준 오래된 포장용 상자에 앉아 연거푸 담배를 말면서 제 말에 온 신경을 집중하려고 했습니다. 유감스럽게도 저는 지금 제 제자들 대부분에게 그렇게 하고 있다고는 말할 수 없습니다.

　이 경이로운 개인지도를 받고 나서 저는 무슨 일이 있어도 니코와 함께 박사논문을 쓰겠다고 마음먹었습니다. 그래서 저는 '마에스트로의 동아리'에 가입했는데, 그것은 결코 잊을 수 없는 경험

이었습니다. 금요일 저녁의 세미나가 특별히 애정 어린 기억으로
남아 있습니다. 당시 세미나를 주도했던 인물은 니코를 빼면 마이
크 컬런이었습니다. 니코는 적당히 때우는 말을 그냥 넘기는 법이
절대 없었습니다. 그래서 발표자가 자신의 용어를 충분히 엄밀하
게 정의하지 못할 경우 진행이 무기한 늦춰지기도 했습니다. 모두
가 흠뻑 빠져들어 적극적으로 발언한 논쟁들이 있었습니다. 그러
느라 두 시간 내에 세미나가 끝나지 않으면, 다음 주에 이어서 하
면 그만이었습니다. 사전에 무엇을 계획했든 상관없었습니다.

청년의 순진함이었을지도 모르지만, 저는 일주일 내내 열띤 기
대를 품고 그 세미나를 기다렸습니다. 우리가 '동물행동학의 아테
네'라는 특권 엘리트 집단의 멤버처럼 느껴졌습니다. 다른 집단,
다른 연도의 사람들도 비슷한 이야기를 하는 것을 보면, 이 기분
은 니코가 젊은 동료들 모두에게 미친 영향이었다고 생각합니다.

어떤 의미에서 니코가 그 금요일 저녁에 지키려고 했던 것은 일
종의 아주 엄격하고 논리적인 상식이었습니다. 이렇게 말하면 별
것 아닌 것처럼 들릴지도 모릅니다. 심지어는 너무 당연한 일처
럼 보일지도 모릅니다. 하지만 저는 그 후, 엄밀한 상식은 세계
대부분의 사람들에게 결코 당연하지 않다는 것을 알았습니다. 실
제로 상식을 변호하기 위해서는 부단한 경계가 필요한 경우도 있
습니다.

동물행동학 세계 전반에서 보면, 니코는 시야의 폭을 중요하게
생각했습니다. 그는 생물학의 '네 가지 질문'이라는 관점을 수립
했을 뿐 아니라, 넷 중 어느 하나라도 소홀히 다루어지고 있다고

느끼면 그것을 열심히 변호했습니다. 지금 사람들은 니코라고 하면 행동의 기능적 중요성에 대한 현지조사를 연상하기 때문에, 그가 커리어의 얼마만큼을, 예컨대 동기 연구에 바쳤는지도 생각해볼 가치가 있습니다. 그리고 이건 그냥 제 생각일 뿐이지만, 동물행동에 관한 그의 학부 강의에서 유독 기억나는 것은, 동물행동과 그 근저에 있는 기제에 대한 그의 냉혹할 정도로 기계론적인 사고방식입니다. 저는 특히 그의 두 가지 표현에 매료되었습니다. '행동 기계'와 '생존을 위한 장치'입니다. 제가 첫 번째 저서를 쓰게 되었을 때 이 두 가지를 조합해 '생존기계'라는 짧은 표현을 만들었습니다.

이 추모회를 계획할 때 우리는 니코가 두각을 드러낸 분야들에 초점을 두기로 했지만, 이야기가 회고에만 머무는 것은 바라지 않았습니다. 물론 니코의 업적을 돌아보는 데 일정 시간을 쓰고 싶었지만, 그뿐 아니라 니코가 건네준 바통을 사람들이 넘겨받아 그것을 들고 미래를 향해 달렸으면 좋겠습니다.

바통을 들고 새롭고 흥미로운 방향으로 달리는 행동은 니코의 학생들과 동료들의 행동 목록에서 매우 중요한 부분이라서, 프로그램을 계획할 때 골치가 좀 아팠습니다. 우리는 이렇게 자문했습니다. "어떻게 이걸 생략하지?" 하지만 "우리에게 허락된 강연은 여섯 개뿐"이었습니다. 니코의 직접적인 제자들—그의 과학적 자식들—만으로 제한하는 방법도 생각했지만, 그렇게 하면 제자의 제자들과 그 밖에 다른 사람들을 통해 그가 미친 막대한 영향을 제대로 평가할 수 없었습니다. 헤라르트 베렌즈, 콜린 베르, 오브리 매닝이 편집한 기념 논문집에서 다루지 않은 사람과 분야들에 집중하는 방법도 있었지만, 그것 또한 아쉬웠습니다. 결국, 니코의 지적 자손들 중 어느 6명이 나머지 우리를 대표하든 그것은 별로 중요하지 않아 보였습니다. 그리고 그것이야말로 그의 위대함을 보여주는 척도가 아닐까 합니다.

아, 내 사랑하는 아버지:
존 도킨스, 1915~2010[1]

ᐱ
ᐱ

내 아버지 클린턴 존 도킨스는 얼마 전 노령의 나이로 평화롭게 눈을 감았다. 그는 92년 생애를 최대한으로 살면서 알찬 시간을 보냈다.

아버지는 1915년에 미얀마의 만달레이에서 재능이 풍부한 삼

---

1 가족에 대한 회상록 두 편을 포함시키는 것이 방종으로 보이지 않았으면 좋겠다. 과학과 직접적인 관계는 없지만, 내가 영혼을 가지고 있다고 말할 수 있다는 취지에서 그들은 내 영혼과 연결되어 있다. 아버지와 그의 두 형제들은 모두 각기 다른 방식으로 내게 영향을 주었다. 이 에세이는 2010년 12월 11일 〈인디펜던트〉에 발표한 추도 기사다.

형제 중 장남으로 태어났다. 삼형제는 모두 그들의 부친과 조부를
따라 식민지 공무원으로 일했다. 책갈피에 꽃을 끼워 말리는 소년
시절의 취미가 저명한 생물학 교사(말버러 스쿨의 A. G. 라운즈)
의 영향으로 강화된 탓에 존은 옥스퍼드에서 식물학을 공부했고,
그 후에는 니아살랜드에 농무관으로 부임하기 위한 준비로 케임
브리지와 (트리니다드 섬의) 왕립열대농업칼리지ICTU에서 열대농
업을 공부했다. 아프리카로 떠나기 직전, 아버지는 내 어머니 진
라드너와 결혼했다. 어머니가 곧 그를 뒤따라가 두 사람은 외딴
곳에 있는 이런저런 농업 주둔지에서 목가적인 결혼 생활을 시작
했지만, 그 후 아버지는 왕립아프리카소총부대KAR의 전시 병역에
소집되었다. 아버지가 케냐까지 연대와 함께 가지 않고 단독으로
가도 좋다는 허가를 간신히 얻어낸 덕분에 어머니도 동행할 수 있
었다. 하지만 그것은 불법이었고, 나이로비에서의 내 출생이 정식
으로 인정되지 않은 것은 그 때문이 아니었나 싶다.[2]

　존은 전후에 니아살랜드의 농무관으로 되돌아왔지만, 그 생활
은 아주 먼 사촌으로부터 예기치 않은 유산을 물려받으면서 중단
되었다. 영국의 오버 노튼 파크는 1720년대 이래로 도킨스가가 소
유해왔는데, 헤리워드 도킨스는 도킨스가의 상속인을 가계도에서

2　이 여행과 그 후 케냐와 우간다의 군대에서의 생활을 적은 그녀의
일지는 흥미로운 읽을거리로, 내 첫 번째 자서전《리처드 도킨스 자서
전 1An Appetite for Wonder》에 인용되어 있다.

찾다가 만난 적도 들은 적도 없는 니아살랜드의 젊은 농무관보다 더 가까운 사람을 찾을 수 없었던 것이다.

헤리워드의 도박은 보람이 있었다. 젊은 부부는 아프리카를 떠나 오버 노튼 파크를 신사의 영지가 아니라 상업적인 농장으로 운영하기로 결정했다. 성공할 확률이 매우 희박했음에도 (그리고 가족과 가족 변호사로부터 비관적인 조언을 들었음에도) 두 사람은 성공했고, 이로써 상속받은 가문의 재산을 지켰다고 말할 수 있었다.

그들은 대지에 있던 큰 집을, 휴가를 얻어 고향으로 돌아오는 식민지 공무원들을 위한 아파트로 바꾸었다. 그 시절에는 트랙터에 운전실이 없었고, 그래서 오래된 KAR 모자를 쓴 존이(오스트레일리아의 산림개간자를 떠올려보라) 소형 퍼거슨 트랙터(소형이어서 오히려 다행이었는데, 어쩌다 그 트랙터에 치인 적이 있었기 때문이다)에 올라 목청껏 시편을 ("모압은 내 발 씻는 대야였으니") 노래하는 소리가 저 앞의 밭에서도 들렸다.

오버 노턴 파크를 수놓은 저지Jergey 소들도 똑같이 소형이었다. 그 소의 (지금은 시대에 뒤떨어진) 진한 젖에서 분리된 크림은 옥스퍼드의 거의 모든 칼리지뿐 아니라 많은 상점과 레스토랑에 공급되었다. 존이 '음악과 기계장치'라고 부른 교묘한 장치로 처리한 나머지 무지방 우유는 오버 노튼에서 기르는 큰 무리의 돼지를 살찌웠다. 크림을 분리하는 과정에도 존다운 히스 로빈슨풍[3] 발명의 재주가 발휘된, 명인의 솜씨라고 할 만한 장치가 관여했다. 노끈을 이용해 임시변통으로 만든 장치였는데, 그곳에서 오래

일한 돼지 돌보는 사람은 그 장치에서 영감을 받아 다음과 같은 멋진 시를 짓기도 했다. '김이 모락모락, 빛이 번쩍번쩍/ 기계 장치는 어마어마한 거인/ 나일론 밧줄에 매달려 날아오르는 교유기는/ 팬터마임을 하는 요정 같으니.'

노끈을 이용한 존의 발명하는 재주는 농업 활동에만 국한되지 않았다. 그는 평생에 걸쳐 온갖 종류의 창작하는 취미를 차례로 섭렵했고, 그 모두에는 붉은 끈과 때 묻은 고철 조각을 다루는 그의 재능이 활용되었다. 그는 매년 크리스마스가 되면 집에서 만든 새로운 선물들을 선보였는데, 아프리카에서 나와 여동생을 위해 만든 장난감을 시작으로 해서, 나중에는 손자 손녀를 위한 똑같이 매력적인 선물로 옮겨갔다.

아버지는 왕립사진협회 회원으로 선출되었다. 그의 특수한 예술형식은 교묘하게 연결되는 영상이 차례차례 나타나도록 두 대의 영사기를 사용해 사진을 '디졸브'시키는 것이었다. 영상 각각에는 테마가 있었고, 그의 테마는 단풍잎에서부터 그가 사랑한 아일랜드, 그리고 컷글라스제 디캔터 마개의 깊숙한 곳에 숨어 있는 스펙트럼 패턴을 촬영하여 만든 추상화까지, 실로 광범위했다. 그는 디졸브 과정을 자동화했는데, 자신만의 독자적인 '홍채 조리

---

3 히스 로빈슨에 상응하는 미국인으로는 루브 골드버그가 있다(두 사람 모두 만화가로, 간단하게 할 수 있는 일을 복잡하게 만드는 엉뚱한 기계를 그렸다 – 옮긴이).

개'를 만들어 두 조리개를 고무밴드로 묶는 방법으로 영사기를 교대로 작동시켰다. 저렴하고 매우 효과적인 방법이었다.[4]

  90세를 넘기면서 존은 활력이 감소하고 기억이 점점 사라져갔다. 하지만 그는 활동적이었던 시기에 보여준 것과 다름없는 넓은 도량으로 노년을 받아들였다. 존과 그보다 오래 살아남은 진은 작년에 70회 결혼기념일을 성대한 가족 파티로 축하했다. 아홉 명의 증손주를 포함하는 많은 수의 확대가족은, 자신의 쇠약함을 넉넉한 품으로 밝게 웃어넘기는 법을 배운 내 아버지를 깊이 사랑했다. 대가족이 사는 네 채의 독립된 집은—그가 진[5]과 함께 지켜낸, 조상 때부터 살던 곳으로—오버 노튼 파크를 둘러싸는 코츠월즈 돌담 안쪽에 있다.

---

4 요즘은 물론 컴퓨터로 한다.

5 어머니는 내가 이 주석을 쓰기 며칠 전 100번째 생일을 맞았다.

삼촌 그 이상의 존재:
A. F. '빌' 도킨스, 1916~2009[1]

∧
∧

    1972년, 영국 정부는 당시 로디지아 문제의 해결책을 모색하고 있었습니다. 외무장관, 알렉 더글러스-흄 경은 여론을 자세히 조사하고자, 로디지아의 마을과 골목을 돌아다니는 일을 하는 왕립 위원회를 피어스 경 밑에 설치했습니다. 위원들은 그 일

---

1 아버지의 큰 남동생인 빌은 아버지보다 1년 일찍 세상을 떠났다. 나는 사랑하는 삼촌(그리고 대부)에게 바치는 이 찬가를 2009년 11월 11일 수요일, 데번주 스톡랜드의 세인트 마이클 앤 올앤젤스 교회에서 거행된 장례식에서 낭독했다. 가족장이었으므로 당연히 가족들을 지칭할 때는 설명 없이 (성을 빼고) 이름만으로 불렀다.

에 필요한 경험을 가지고 있었음에 틀림없는 옛날 식민지 주민들로 뽑았습니다. 빌 도킨스는 피어스 위원회에 딱 맞는 사람으로, 은퇴 생활을 그만두고 정식으로 불려 나갔습니다.

당시 옥스퍼드의 제가 다닌 칼리지에는 크리스토퍼 경이라는 나이 많고 수다스러운 고전학 튜터가 있었는데, 그는 인생의 대부분을 식민지 행정과 밀접한 관련을 맺으며 보냈습니다. 크리스토퍼 경은 피어스 위원회, 특히 빌에게 사로잡히게 되었습니다. 그것은 아마 BBC가 매일 밤 뉴스에서 그 일의 아이콘으로 빌의 잘생긴 외모를 즐겨 사용했기 때문일 것입니다. 랄라가 말했듯이, 빌은 그 역할에 딱 맞는 사람이었습니다. 크리스토퍼 경은 빌을 한 번도 만난 적이 없었지만 마치 빌을 알고 있다는 느낌이 들었고, 빌이 식민지 지배의 강직함과 기골을 보여주는 전형 같은 인물이라고 생각했던 것이 분명합니다. 그것은 "도킨스의 삼촌이 곧 저것을 멈출 것이다" 또는 "도킨스의 삼촌을 감쪽같이 속이려고 하는 사람이 있다면 누군지 꼭 보고 싶다"와 같은 말에서 드러납니다.

피어스 위원회의 위원들은 2인 1조로 수행원 한 명을 동반하고 시찰을 떠났습니다. 빌은 버킨쇼라는 또 다른 옛 식민지 주민과 한 조가 되었습니다. 빌이 그 일의 아이콘이었기에 BBC의 보도 카메라가 이 실태조사 임무에서 도킨스-버킨쇼 팀과 동행하기로 했고, 크리스토퍼 경은 두근거리는 마음으로 텔레비전 앞에 앉았습니다. 다음 날 그가 특징적인 달변가의 목소리로 이렇게 요약한 것을 저는 생생하게 기억합니다. "버킨쇼에 대해서는 할 말이 없다. 그런데 **도킨스**는 확실히 **사람들을 통솔하는** 데 익숙하다."

데이비드 애튼버러도 빌에게 정확히 똑같은 인상을 받았다고 제게 말했고, 그 점을 설명하기 위해 가슴을 펴고 일어서서 어떻게든 오만한 얼굴을 해 보였습니다. 그는 1954년에 시에라리온으로 촬영 여행을 떠난 동안 빌과 다이애나와 함께 머물렀고, 그들은 그때부터 죽 친구로 지냈습니다.

A. F.는 그에게 썩 잘 어울리는 이름 표기이지만, 누군가 빌을 아서 또는 프랜시스로 부르는 것은 상상도 할 수 없습니다(A. F는 아서 프랜시스의 약자다 – 옮긴이). 일생 동안 그는 빌 외의 이름으로 불린 적이 없었고, 아기 때 《이상한 나라의 앨리스》에 나오는 도마뱀 빌과 닮았다는 말을 들은 때부터 죽 그랬습니다. 저는 처음 만난 그날부터 그를 존경했습니다. 그것은 1946년이었습니다. 다섯 살 때였고, 뮬리언에 있던 가족 집에서 목욕통 안에 들어가 있었지요. 빌은 아프리카에서 막 돌아온 것이 틀림없었고, 아버지가 저를 보여주기 위해 자신의 동생을 데려온 것이었습니다. 검은 머리카락과 코밑수염, 푸른 눈, 그리고 강한 군인다운 태도를 지닌 이 훤칠하고 잘생긴 사람에게 저는 외경심을 느꼈습니다. 저는 아프리카에 있는 영국인의 좋은 부분을 모두 모아놓은 훌륭한 본보기로 그를 평생 우러러봤습니다. 물론 아프리카에 있는 영국인에게는 나쁜 것이 상당히 많았습니다. 하지만 좋은 부분은 정말이지 너무 좋았고, 빌은 그중 최고였습니다.

빌은 스포츠에도 탁월했습니다. 그가 졸업하고 나서 약 25년 뒤 저는 그가 다녔던 사립초등학교를 다녔는데, 공로자 명단에 100야드(약 91미터 - 옮긴이) 달리기 학교 기록 보유자로 빌의 이름이 올라 있는 것을 보고 우리 가족이 자랑스러워했던 기억이 납니다. 이런 빠른 발은 그에게 확실히 큰 도움이 되었습니다. 훗날 전쟁이 시작되고 얼마 지나지 않아 그는 육군팀 럭비선수로 뛰었습니다. 저는 1940년 4월 22일의 기사를 찾아낼 수 있었습니다. 〈타임스〉 럭비 담당 기자가 육군팀 대 그레이트브리튼 연합팀의 시합을 기록한 기사입니다. 흥미진진한 시합이었음에 틀림없습니다. 결과는 육군팀의 승리. 게임 후반에 이런 일이 일어났습니다.

육군팀의 패스는 여전히 실수투성이였지만, 무시무시한 돌진과 달리면서 캐치하는 것에 능한 도킨스와 울러 덕분에, 그레이트브리튼 연합팀은 상대팀의 이 두 선수만큼은 조금이라도 기회가 있으면 계속 역습해온다는 것을 뼈저리게 깨달았다. 먼저 도킨스가 골라인을 향해 달리는 울러에게 맹렬한 속도로 패스했고, 울러는 인골(골라인과 데드볼 라인 사이의, 트라이가 가능한 지역. 트라이는 상대편의 골라인 안에 공을 찍어 득점을 올리는 것 - 옮긴이)로 굉장한 기세로 뛰어들었다. 그런 다음 울러가 도킨스에게 패스했다.

100야드 달리기로 학교 기록을 세운 빠른 발은 여전히 건재했음이 확실하고, '돌진'은 여전히 딱 맞는 단어임이 분명했습니다. '엄청난 속도', '무시무시한 돌진', '명백히 사람을 통솔하는 데 익숙한'······. 그런데 이런 표현들은 비록 인상적이기는 하지만 우리가 오늘 떠올리는 자질 중에서 가장 보잘것없는 것일지도 모릅니다. 자상하고 애정이 넘치는 아버지가 여섯 살 난 페니(빌의 의붓딸 - 옮긴이)에게 보낸 편지가 있습니다.

> 집 밖에 핀 나팔꽃을 기억할 거야. 이따금 아빠가 일하러 가는 길에 꽃의 개수를 세곤 했잖아. 가장 많았을 때가 54개였지. 그런데 오늘은 91개였단다. 그것도 한쪽에서만. 이 편지를 누구의 도움도 없이 읽었구나. 그건 '성공회폐지조례반대론' 같은 긴 단어를 아빠가 하나도 사용하지 않았기 때문이지. 안 그래? …… 많이 많이 × 무한대만큼 사랑해, 아빠가.

이런 아버지를 얻을 수 있다면 사람들은 무슨 짓이든 할 것입니다. 계부라면 더 말할 나위도 없겠지요.

빌은 1916년에 버마에서 태어났습니다. 그의 부모가 여전히 그곳에 있는 동안 그와 그의 형 존은 잉글랜드의 기숙학교로 보내졌고, 이곳 데번에서 조부모와 함께 휴가를 보냈습니다. 아마 그때 그는 이 아름다운 지방을 사랑하게 되었을 것입니다.

우연히도 그는 나중에 전쟁으로 인해 버마로 돌아가 시에라리온 연대의 장교로서 일본군과 싸우게 되었습니다. 열대 지방의 전장에서는 열대 지방의 병사들을 사용하는 것이 영국의 관습이었기 때문입니다. 그는 소령으로 승진했고, 수훈 보고서에 이름을 올렸습니다.[2]

그는 전쟁 중 시에라리온 사람들을 지휘한 덕분에 그 사람들을 좋아하게 되었고, 전후에 카키색 반바지를 입고 식민지 행정에 종사하는 가족 전통을 따르게 되었을 때 시에라리온으로 가겠다고 지원했습니다. 그리고 1950년에 그 지구의 장관으로 승진했습니다.

그것은 힘든 일이었고 때때로 소요와 폭동을 진압해야 했지만, 그에게 무기라고는 "사람들을 통솔하는 데 익숙한" 타고난 분위기뿐이었습니다. 폭동은 식민지 정부에 대한 것이 아니었고, 라이벌 부족들 간의 싸움과 관계가 있었습니다. 지구 장관이었던 빌은 성큼성큼 걸어와 소요단속법을 소리 높여 읽었습니다. 경고한다는 **비유적** 의미에서가 아니라, **문자 그대로** 소요단속법을 한마디도 빠뜨리지 않고 읽어주었습니다(그 문서를 피스 헬멧 안감에 꿰매 놓고 다녔을지도 모르지요). 한번은 소요가 일어났을 때 빌이 부상당한 남자를 번쩍 들어 안전한 장소로 데려갔습니다. 폭도들은 그 남자를 내려놓으라고 그를 설득했습니다. 그래야 그를 계속 때릴 수 있었으니까요. 빌은 자신이 남자를 데리고 있는 한은 폭도들이 그를 해치지 못한다는 것을 알고 거부했습니다. 소요에 대한 이 묘하게 초현실적인 대처 방법은 어떤 소요 중에 극에 달했습니

---

2 시동생과 (두 형제가 두 자매와 결혼했기 때문에 두 가지 의미에서) 가까웠던 내 어머니는 최근에 내게, 빌은 전시 경험을 절대 이야기하지 않는다고 말했다. 그가 그 시절을 어디서 어떻게 보냈는지 생각하면 이상한 일도 아니다.

다. 누군가가 '지구 장관이 피곤하다'라고 소리쳤을 때 갑자기 주위가 조용해졌고, 탁자와 의자가 밧줄에 묶인 채 위층 창문에서 내려왔습니다. 이 이야기를 해준 페니에 따르면, 맥주 한 병이 탁자 위에 엄숙하게 올려져 있었다고 합니다. 그들은 빌에게 의자에 앉아 맥주를 마시라고 권했습니다. 그는 그렇게 했지요. 테이블과 의자가 위층으로 다시 올려졌을 때 마치 아무 일도 없었던 것처럼 폭동이 재개되었습니다.

또 다른 소요 때는 아프리카인 한 명이 사람들을 안심시키기 위해 그 와중에도 들을 수 있는 모든 사람을 향해 이렇게 외치는 소리가 들려오기도 했습니다. "괜찮습니다, 여러분. 모든 것이 곧 괜찮아질 겁니다. 돈킨스 소령이 왔답니다." 아마 이 말을 한 사람은 버마 시절에 부하였던 병사였을 것입니다. 빌은 평화시에는 군대 계급을 절대 사용하지 않았기 때문입니다. 시에라리온에서 그의 이름은 돈킨스로 잘못 발음되는 일이 많았습니다. 그리고 나중에도 '프리타운, 식민자 돈키' 앞으로 온 편지가 무사히 배달되었습니다.

이 시기, 구체적으로는 1954년 11월 22일자로 빌에게 온 또 다른 편지를 소개하겠습니다. 폭동과는 관계가 없고, 감사를 표하는 (그리고 의도가 있는) 아프리카인의 작별 편지입니다.

친애하는 도킨스 경에게

충실한 친구여 안녕. 당신과 함께 맛본 기쁨과 즐거움에 이

제 작별을 고해야만 합니다. 우리는 마음의 유대를 맺고 함께 고생했지만 이제 그것을 끝내고 곧 이별하지 않으면 안 됩니다. 당신에게 작별을 고하려니 내 마음이 울적해졌습니다. 몸은 떨어져 있어도, 나는 기도 안에서 당신과 함께 있습니다. 어딘가에서 어떤 식으로든 당신을 만나 당신 밑에서 일하게 해달라고 기도하고 있습니다.

인류의 가장 친애하는 친구인 예수가 제자들에게 징표와 기념으로 자신의 피와 살을 주었듯이, 당신도 내게 징표를 주었으면 좋겠습니다. 그것은 단열 산탄총을 살 수 있는 허가입니다.

새로운 지인을 얻는 것은 언제나 어려운 일입니다. 따라서 만일 내가 이 문제를 해결하지 않고 둔다면 몇 년이 걸리겠지요. 어쨌든 이 문제는 이번 기회에 해결하는 것이 적절합니다. 왜냐하면 기념이 되기 때문입니다. 나는 총을 통해 당신을 기억할 것입니다.

모든 존경과 영광을 담아
1954년 11월 22일
당신의 충실한 하인으로부터

이 편지는 이기적일지도 모르지만 애정과 존경의 마음이 뚜렷이 나타나는데, 적어도 그 부분은 진심이었다고 확신해도 좋을 것입니다.

1956년에 빌은 지구 장관으로서의 성공을 인정받아 예상치 않게 크게 승진했습니다. 서인도 제도 몬트세랫 섬의 총독으로 파견된 것입니다. 가족 전부가 이 작은 섬의 총독관저로 이사했습니다. 그 섬에서 빌은 문자 그대로는 아니라 해도, 눈에 들어오는 모든 것의 군왕이었습니다. 그곳은 당시에는 천국이었지만, 그 뒤 허리케인 휴고가 불러온 대참사와 끔찍한 화산 분출이 섬을 황폐화시켰습니다. 토머스(빌의 아들 — 옮긴이)와 주디스는 아직도 그곳에서 충성을 다하고 있습니다. 빌은 여왕의 공식적인 대리인이었기 때문에 차에는 보통의 번호판이 아니라 왕관이 붙어 있었고, 엔진 덮개에는 깃발이 꽂혀 있었는데 그 깃발은 '각하'가 실제로 차 안에 있을 때만 펴졌습니다. 다이애나는 배우자의 임무를 수행했습니다. 우리가 짐작할 수 있다시피 그녀는 그 임무에 온 힘을 다했습니다. 걸 가이드의 후원자가 되었고, 축제와 파티를 열었고, 그 밖에도 많은 것을 했습니다. 시에라리온의 정글과는 사정이 몹시 달랐음에 틀림없습니다. 그런데도 생활의 다른 모든 면에서 그랬듯이 다이애나는 그 임무에도 뛰어났을 것입니다. 빌은 다른 서인도 제도 섬들과의 크리켓 대항전에 몬트세랫 대표로 출전했는데, 삼주문을 지키다가 정말로 심한 부상을 입었습니다.

몬트세랫에서의 파견 근무가 끝났을 때 서인도 제도의 다른 섬 그레나다에서의 임무를 제안받았지만, 그는 그답게 아프리카로 돌아가는 것을 선택했습니다. 그쪽이 일이 더 고되고 그를 더 필요로 했기 때문입니다. 그는 시에라리온으로 돌아갔지만, 이제 지방장관으로 승진했습니다. 이 임기 말에 시에라리온이 독립을 획득했을 때, 그는 다시 서인도 제도의 세인트빈센트 섬 총독의 보직을 제안받았습니다. 하지만 그의 아버지, 즉 제 조부가 점점 나이 들어가고 있었고, 케임브리지 대학교에 다니는 페니와 말버러 스쿨에 다니는 토머스를 위해서는 영국에 생활 거점이 필요하다고 생각한 그는 다이애나와 상의하여 식민지 행정에서 은퇴하고 교장 일을 맡기로 결정했습니다.

그는 베일리얼 칼리지에서 수학을 배운 적이 있었기 때문에, 수학을 가르칠 능력이 있었습니다. 그리고 실제로 브렌트우드 학교에서 그렇게 하여 대성공을 거두었습니다. 그의 거무스름하고 잘생긴 얼굴은 그 무렵 성숙하여 더욱 외경심을 불러일으키게 되었음에 틀림없습니다. 왜냐하면 브렌트우드에서 그의 별명이 드라큘라였기 때문입니다. 아니면 그 별명은 단지 수업 시간에 질서를 유지하는 그의 능력을 가리켰던 것일지도 모릅니다. 그것은 교장들이 잘 가지고 있지 않은 자질이기 때문입니다. 여기서도 그는 '사람을 통솔하는 것에 익숙'했던 것입니다.

통솔자의 분위기와 군인다운 태도를 갖추는 것은 물론 대단한 일입니다. 그런데 칭찬할 더 훌륭한 자질이 있습니다. 빌은 애정이 깊은 남편이었고, 형제였고, 아버지였고, 조부였으며, 그리고…… 숙부였습니다. 빌 삼촌은 제게 삼촌 이상의 존재였고 저의 대부였습니다. 나이를 먹은 그는 웃으면서 **실패한** 대부라고 말했지만, 돌이켜 보면 그는 제 행복에 단지 삼촌으로서의 관심 이상을 가지고 있었다는 생각이 듭니다. 아니면 그는 단지 누구에게나 엄청나게 친절했을지도 모릅니다. 지금 생각해보면 그랬습니다.

말년에 그는 제게 대부로서 한 가지 조언을 했습니다. 아마 다른 사람에게도 이 말을 했을 테지만, 제게 말할 때 그는 지혜와 경험이 가득 담긴 푸른 눈으로 저를 꿰뚫어 보는 듯한 표정이었습니다. 그 표정에서 그것이 대자에게도 해당되는 진지한 경고의 말임을 알 수 있었습니다. "너도 알지? 나이를 먹는 건 빌어먹을 일이야."

그는 이제 거기서 해방되어 평화롭게 잠들었습니다. 그는 사람들을 통솔하는 데 익숙했다고 하지만, 그들에게 사랑받기도 했습니다. 그를 아는 모든 사람이 그를 사랑했습니다. 그는 자신이 왔을 때보다 좋은 세상을 만들어놓고 떠났습니다. 그것도 세계 여러 장소에서 말입니다. 그의 죽음은 슬프지만, 그와 그가 남긴 것은 우리와 함께 있습니다.

내 아버지의 막내 동생 콜리어는 삼 형제 중 가장 공부를 잘 했다. 그의 부고를 쓸 기회는 없었지만,《에덴의 강River Out of Eden》을, '옥스퍼드 세인트 존스 칼리지 펠로였고 사물을 해명하는 능력이 탁월했던 헨리 콜리어 도킨스(1921~1992)'를 추억하며 그에게 바쳤다. 그의 성격을 밝히기 위해 덧붙일 가치가 있는 일화가 두 개 있다. 하나는 그의 산림학자 동료 로버트 플럼프터가 쓴 부고 기사에 적혀 있는 이야기다. 전쟁 중 군대 수송선을 타고 갈 때 인도양 어딘가에서 콜리어는 자신들의 위치를 알기 위해 육분의를 손수 만들었다(보안상의 이유로 병사들은 자신의 위치를 알 수 없었다). 그 도구는 몰수당했고 그는 잠시 스파이로 의심받았다.

두 번째도 마찬가지로, 이 책의 앞에서 심하게 비난한[1] 관료의 던드리지 기질을 떠올리게 하는 일화다. 나는《리처드 도킨스 자서전 2Brief Candle in the Dark》에서 다음을 인용했다.

옥스퍼드 기차역의 주차장 입구는 기계 팔이 지키고 있었다. 운전자가 구멍에 주차요금 토큰을 넣으면 팔이 올라가 출차할 수 있다. 어느 날 밤 콜리어는 런던에서 막차를 타

---

1 '만일 내가 세상을 지배한다면'을 보라(482쪽).

고 옥스퍼드로 돌아왔다. 그런데 기계 팔에 무슨 문제가 생겼는지 내려간 채로 꼼짝을 하지 않았다. 역무관들은 모두 퇴근했고, 주차장에 갇힌 자동차의 차주들은 주차장을 빠져나갈 방법을 찾지 못해 어쩔 줄 모르고 있었다. 자전거를 세워둔 콜리어는 개인적으로는 그 일과 상관이 없었지만, 그럼에도 모범적인 이타 정신으로 기계 팔을 잡아떼어 역장 사무실로 가져간 다음 문 앞에 내팽개치고는, 자신의 이름과 주소, 그리고 그가 이렇게 한 이유를 적은 쪽지를 남겨두었다. 하지만 훈장을 받아도 시원찮을 판에 그는 이 일로 법원에 기소되어 벌금을 물었다. 이래서야 누가 공익 정신을 발휘하겠는가. 이것은 규칙에 사로잡히고 관료적 형식주의에 얽매인 옹졸한 영국 던드리지의 현주소였다.

그리고 이 이야기에는 짤막한 속편이 있다. 콜리어가 세상을 떠나고 나서 몇 년 뒤 나는 저명한 헝가리인 과학자 니콜라스 쿠르티(물리학자이지만, 어쩌다 보니 고기에 피하 주사기로 온갖 것들을 주입하는 과학적 요리법의 개척자가 되었다)를 우연히 만났다. 내가 이름을 말하자 그의 눈이 반짝였다.

"도킨스라고요? 지금 도킨스라고 말했어요? 혹시 옥스퍼드 기차역 주차장의 기계 팔을 부러뜨린 그 도킨스의 친척이에요?"

"어, 맞아요. 제가 그 분 조카예요."

"이런, 악수 한번 합시다. 당신 삼촌은 영웅이었어요."

만일 콜리어에게 벌금을 부과한 치안판사가 이 글을 읽는
다면 정말 부끄러운 줄 알기를. 임무를 수행하고 법을 지켰
을 뿐이라고? 그러시겠지.

히친스에게
경의를 표하며[1]

∧
∧

 오늘 저는 한 특별한 분에게 경의를 표하기기 위해 이 자리에 불려 나왔습니다. 그의 이름은 우리 활동의 역사에서 버틀런드 러셀, 로버트 잉거솔, 토머스 페인, 데이비드 흄의 이름과 나란히 놓일 것입니다.

---

1 크리스토퍼 히친스는 2011년 12월에 암으로 사망했다. 그가 세상을 떠나기 두 달 전 나는 텍사스주 휴스턴에 가서 〈뉴 스테이츠먼〉에 실을 예정으로 그와 긴 인터뷰를 진행했다. 그것이 그가 한 마지막 인터뷰였다고 생각된다. 나는 그 잡지의 크리스마스 특집호를 편집하기 위해 초대받은 객원 편집인이었고, 그 인터뷰는 '내'가 참여한 호의 주요 기사들 중 하나였다(또 하나는 '불연속적인 마음의 횡포'였다.

그는 독보적인 스타일을 보유한 작가이자 연설가로, 제가 아는 어떤 사람보다 폭넓은 어휘, 문학과 역사의 비유를 자유롭게 구사합니다. 참고로 저는 옥스퍼드에 살고 있는데, 그곳은 그와 저의 모교가 있는 장소입니다.

그는 독서가입니다. 그의 독서는 폭넓은 동시에 깊어서, 다소 고루한 표현인 '박식하다'는 말이 딱 어울립니다. 하지만 크리스토퍼는 여러분이 만나는 박식한 사람들 중 가장 고루하지 않은 사람입니다.

433쪽을 보라). 인터뷰 다음 날 그는 휴스턴에서 열린 텍사스 자유사상대회에 참석했다. 2003년에 미국무신론연맹은 무신론에 대한 대중의 의식을 고취시킨 사람을 기리기 위해 일 년에 한 번 수여하는 리처드 도킨스상을 도입했다. 나는 매년 하는 수상자 선정에는 관여하지 않지만, 대개는 직접 또는 화상으로 회장에 초대받아 상을 수여한다. 지금은 14명쯤 되는 수상자 목록에 오른 빛나는 이름들을 보면 나로서는 영광스럽기 그지없다. 2011년에 그 상은 크리스토퍼 히친스에게 돌아갔고, 텍사스 자유사상대회에서 수여되었다. 그는 너무 허약해져서 학회에는 대체로 참석할 수 없었지만, 그날은 축하연 막바지에 들어와 사람들로부터 가슴에서 우러난, 우레와 같은 기립박수를 받았다. 그때 내가 했던 연설을 여기에 싣는다. 연설이 끝날 무렵 그가 연단에 올라왔고 우리는 포옹했다. 그런 다음 그가 연설을 했다. 그의 목소리는 약했고 기침 발작으로 몇 번이나 중단되었지만, 그 연설은 용맹한 전사, 내가 지금까지 만나본 가장 훌륭한 연설가의 역작이었다. 그는 심지어 연설 끝에 많은 질문을 받는 체력까지 발휘했다. 그를 알았던 것은 복이다. 좀 더 잘 알았다면 얼마나 좋았을까.

그는 논객입니다. 토론장에서 불운한 희생자를 끽소리 못 하게 해치우지만, 그 방법은 우아해서 상대의 적의를 누그러뜨리는 가운데 기개를 꺾어놓습니다. 그는 가장 목소리 큰 자가 논쟁의 승자라고 생각하는 (우리가 흔히 보는) 부류가 결단코 아닙니다. 그의 적수들은 악을 쓰거나 쳇소리를 낼지도 모릅니다. 실제로 그렇게 합니다. 하지만 히친스는 소리칠 필요가 없습니다. 그에게는 단어가 있고, 사실과 비유를 축적한 학식의 창고가 있고, 토론장을 장악하는 능력이 있고, 여러 갈래로 갈라지며 치는 번개처럼 번득이는 위트가 있으니까요……. 저는 영국 일간지 〈타임스〉에 기고한 《신은 위대하지 않다》에 대한 서평에서 그의 논쟁가적 면모를 요약해보았습니다.

> 망상에 사로잡힌 사람들의 평화로운 마을에 동요가 일어나고 있는데 여기에 책임이 있는 사람 중 한 명이 크리스토퍼 히친스다. 또 한 명은 철학자 A. C. 그레일링이다. 최근에 나는 두 사람과 같은 편으로 토론에 나선 일이 있었다. 우리 상대팀 세 명은 알고 보니 미온적인 종교 옹호자들이었다(그들은 "물론 흰 턱수염을 길게 기른 신을 믿지는 않지만……"이라고 말했다). 나는 전에 히친스를 만난 적이 없었지만, 그레일링이 작전을 의논하기 위해 내게 이메일을 보냈을 때 그가 어떤 사람인지 대강 감을 잡았다. 그레일링은 자신과 나의 대사를 몇 줄 제안한 뒤 이렇게 결론 내렸다. "그런 다음 히친스가 특유의 스타일로 적에게 AK47 자동소총을 연달아

퍼붓는 겁니다."

그레일링에 의해 희화화된 히친스의 인물상은 재미있기는 하지만, 자신의 호전적인 면을 옛날식 예의범절로 누그러뜨리는 히친스의 능력까지는 잡아내지 못했습니다. 또한 '난사'라고 말하면 닥치는 대로 일제 사격을 가하는 모습이 연상되는데, 이는 그의 사격술의 치명적인 정확성에는 어울리지 않습니다. 만일 여러분이 종교 옹호자로 크리스토퍼 히친스와의 공개 토론에 초대받는다면, 거절하십시오. 그의 재치 있는 응답, 언제든 꺼내 쓸 수 있는 역사적 비유의 창고, 독서를 좋아하는 사람만이 가질 수 있는 유창한 말솜씨, 잘 다듬어져 멋지게 말해지는 단어들의 물 흘러가듯 매끄러운 흐름은, 설령 여러분에게 펼쳐야 할 타당한 주장이 있다 해도 그것을 위협할 것입니다. 히친스가 미국을 돌며 저서를 선전하는 동안, 목사와 '신학자'들이 차례차례 그것을 뼈저리게 깨닫고 후회했습니다.

그는 정말이지 그다운 뻔뻔함으로, 기독교 신앙이 두터운 바이블벨트 주들—그에게는 식은 죽 먹기인 북부와 양쪽 해안에 걸쳐 있는 '대뇌피질' 지역이 아니라, 남부와 중부 아메리카라는 '파충류 뇌' 지역—을 돌았습니다.

크리스토퍼 히친스는 좌파로 알려져 있습니다. 하지만 그는 일차원적으로 좌나 우에 놓기에는 너무나 복잡한 사상가입니다. 여담이지만, 저는 좌우라는 단순한 정치 스펙트럼으로 모든 것을 표현할 수 있다는 생각이 아직도 통용되는 것이 정말 신기하다고 생각해왔습니다. 심리학자는 사람의 성격을 분류하기 위해 다양한 수학적 차원을 필요로 하는데, 정치적 견해라고 다를 이유가 있을까요? 대부분의 사람들에 대해, 얼마나 많은 차이가 우리가 좌우라고 부르는 것에 따라 일차원적으로 설명되는지를 보면 놀라울 따름입니다. 그것은 누군가의 사형에 관한 의견을 알면, 탈세나 공공 보건에 관한 의견을 추측할 수 있다고 말하는 것과 같습니다.

하지만 크리스토퍼는 독보적인 존재입니다. 그는 분류가 불가능한 사람입니다. 그는 반골 지식인이라고 말할 수 있을지도 모르지만, 본인은 확실하게 이 호칭을 부정했습니다. 맞습니다. 그는 자신만의 독자적인 다차원 공간에 위치하고 있습니다. 무엇에 대해서든 그가 무엇을 말할지는 그의 말을 들을 때까지 알 수 없습니다. 그리고 그는 무슨 말이든 일단 시작하면 아주 잘하고 자신이 한 말을 완벽하게 뒷받침합니다. 그렇기 때문에 그에게 반대하고 싶다면 경계를 늦추지 않는 편이 좋습니다.

그는 전 세계 어느 곳에서든 뛰어난 유명 지식인으로 알려져 있습니다. 그는 여러 권의 책과 수없이 많은 기사를 썼습니다. 그는 두려움을 모르는 여행자이며 귀한 용기를 지닌 종군기자입니다.

하지만 말할 나위 없이, 여기 모인 우리 마음속에서 그는 특별한 자리를 차지하고 있습니다. 그는 우리가 하고 있는 무신론/세속주의 운동의 선두에 서 있는 지식인이자 학자입니다. 그는 우쭐대는 사람, 헛된 생각에 빠진 사람, 지적으로 정직하지 못한 사람들에게는 만만찮은 적이지만, 젊은이, 내성적인 사람, 또는 자유사상가의 삶을 향해 더듬더듬 나아가고 있으나 그 길이 어디에 이를

지 확신하지 못하는 사람들에게는 다정한 격려를 보내는 친구입니다.

우리는 그의 재치 있는 말들을 마음속에 소중하게 간직하고 있는데, 이 자리에서 제가 좋아하는 말을 몇 가지만 인용해보겠습니다.

날카롭고 논리적인 것부터 시작하겠습니다.

증거 없이 우길 수 있는 것은 증거 없이 무시해도 된다.

다음은 촌철살인의 위트입니다.

모든 사람이 자기 머릿속에 한 권의 책을 품고 있지만, 대부분의 경우 그 책은 그곳에 머무르는 게 가장 좋다.

다음은 용기 있게 틀을 파괴하는 말입니다.

[마더 테레사는] 가난한 사람들의 친구가 아니었다. 가난의 친구였다. 그녀는 고통이 신의 선물이라고 말했다. 그녀는 가난을 해결할 수 있는 우리가 아는 유일한 방법을 반대하며 평생을 보냈다. 그 방법은 여성의 지위를 높이는 것과 가축처럼 강요받는 생식으로부터 여성을 해방하는 것이다.

다음은 '빈티지'라고 불러야 마땅한 히친스의 말입니다.

지금껏 내가 종교를 지독히 싫어했던 한 가지 이유는 우주가 '당신'을 염두에 두고 설계되었다는 생각, 또는 신의 계획이 존재하며 당신이 알든 모르든 당신은 그 계획에 맞추어져 있다는 더 나쁜 생각을 은근히 주입하는 교활한 경향 때문이다. 이런 종류의 겸손이야말로 내게는 오만하기 짝이 없어 보인다.

그리고 이런 말은 어떤가요.

조직된 종교는 폭력적이고, 비합리적이고, 관용이 없고, 인종주의와 부족주의, 그리고 편협함과 한패이고, 무지를 조장하고, 자유로운 탐구에 적대적이며, 여성을 모욕하고 아동에게는 고압적이다.

그리고 이런 말도 있습니다.

기독교의 모든 것은 '양 떼'라는 애처로운 이미지 안에 응축되어 있다.

다음과 같은 구절에는 여성과 여성의 권리에 대한 존중이 반짝입니다.

현실 세계에서 당신이 좋아하는 여성 영웅은 누구인가? 사악한 신정정치에 반대하기 위해 자신의 인생과 아름다움을 거는 아프가니스탄, 이라크, 이란의 여성들이다.

그는 과학자가 아니고 그 방향으로 아는 척하지도 않지만, 인류의 진보에, 그리고 종교와 미신을 파괴하는 데 과학이 얼마나 중요한지 알고 있습니다.

솔직하게 말해야 한다. 종교는 아무도―심지어는 모든 물질이 원자로 만들어져 있다는 결론에 이른 위대한 데모크리토스조차―세상에 무슨 일이 일어나고 있는지 알지 못했던 선사시대의 유물이다. 종교는 인류라는 종이 울고불며 두려움에 빠져 허우적거리던 유아기 때 생겼고, 앎에 대한 우리 종의 억누를 수 없는 욕구를 (위안, 안심, 그 밖의 유아적 욕구와 함께) 충족하려는 유아적 시도다. 하지만 지금은 내 아이들 중 교육을 가장 덜 받은 녀석이 종교 창시자들 중 어느 누구보다 자연 질서에 대해 잘 안다.

그는 지금까지 우리를 자극하고, 격려하고, 우리에게 에너지를 불어넣었습니다. 그는 우리가 거의 날마다 그를 격려하게 만듭니다. 그는 심지어 '히치슬랩'(상대의 주장 전체를, 촌철살인의 한마디로 제압하는 것 - 옮긴이)이라는 새로운 단어까지 생기게 했습니다. 우리는 단지 그의 지성에만 찬사를 보내는 것이 아닙니다. 우리는 그의 호전적인 기질, 그의 정신, 야비한 타협을 용인하지 않는 태도, 솔직함, 불굴의 정신, 용서 없는 정직함에 감탄합니다.

그리고 그는 자신의 병을 직시하는 방식 그 자체를 통해 본인이 펼친 종교 반론의 중요한 한 부분을 몸소 보여주고 있습니다. 죽음의 공포 앞에서 상상의 신 발밑에 무릎을 꿇고 처량하게 훌쩍거리며 우는 것은 종교인들에게 맡기십시오. 현실을 부정하며 사는 것은 그들에게 맡기십시오. 히친스는 현실을 똑바로 쳐다봅니다. 부정하지도, 굴복하지도 않고 정면으로 성실하게 그것을 직시합니다. 그 용기는 우리 모두에게 용기를 불어넣습니다.

병이 나기 전 이 용기 있는 무신론의 기사는 박식한 저자이자 에세이스트로서, 그리고 활기 넘치고 신랄한 연설가로서 종교의 어리석음과 거짓말에 대한 공격을 이끌었습니다. 병이 나고부터 그는 자신과 우리의 무기고에 또 다른 무기―아마 가장 무섭고 강력한 무기인 것―를 추가했습니다. 그 무기란 바로 그의 인격 그 자체로, 그것은 무신론의 정직함과 위엄을 나타내는 걸출하고 확실한 상징이 되었습니다. 또한 종교의 어린애 같은 헛소리 따위에 스스로를 낮추지 않는 인간의 가치와 존엄을 나타내는 상징이 되었습니다.

그는 기독교도가 하는 가장 치사한 거짓말의 거짓됨을 날마다 증명하고 있습니다. 그 거짓말은, 힘들 때 신에게 빌지 않는 사람은 없다는 것입니다. 히친스는 힘든 상황이지만 신에게 빌지 않고, 누구라도 그럴 수 있다면 자랑으로 삼을 것이고 또 자랑으로 삼아야 마땅한 용기, 정직함, 위엄으로 그것을 대하고 있습니다.

그리고 그 과정에서 그는 자신이 우리의 감탄과 존경과 사랑을 받을 자격이 있는 사람임을 더 여실히 보여주고 있습니다.

저는 오늘 크리스토퍼 히친스에게 상을 수여하기 위해 이 자리에 왔습니다. 말할 필요도 없지만, 그가 제 이름이 붙은 이 상을 수락해주는 것은 제게 크나큰 영광입니다. 신사숙녀 여러분, 그리고 동지 여러분, 크리스토퍼 히친스를 소개합니다.

마지막말

진실을 위해 싸우는 두려움을 모르는 전사, 교양 있고 예의 바른 세계 시민, 거짓말과 위선의 말을 번득이는 재치로 깔아뭉개는 적. 그렇다 해도 이 사람에게 불멸의 영혼은 아마 없을 것이다. 그것은 우리 중 누구에게도 없다. 하지만 크리스토퍼 히친스의 영혼은 영원히 기억될 수 있다는 의미에서만큼은 죽지 않을 것이다.

━ 옮긴이의 말

이 책은 리처드 도킨스가 《악마의 사도》(2003년) 이후 두 번째
로 펴내는 에세이집이다. 《만들어진 신》을 작업한 편집자 질리언
소머스케일즈와 함께 고른 41편의 짧고 긴 글들을 8부로 나누어
묶었다. 집필 시기는 30년에 걸쳐 있는데, 대부분이 1995년부터
2009년까지 옥스퍼드 대학교에서 '대중의 과학 이해를 위한 찰스
시모니 교수'를 맡고 있을 당시 쓰인 글들이다. 집필 시기뿐 아니
라, 각각의 원고가 발표된 장소도 강연회, 행사 개막식, 각종 매체,
장례식과 추모회까지 다양하다. 다루는 내용 역시 복잡한 진화론
에서부터 과학자의 가치관, 종교, 미래 예측, 개인적인 삶까지 폭
넓다. 결과적으로 다른 저서에서는 볼 수 없는, 도킨스라는 작가
에 대한 흥미로운 초상이 완성되었다. 이미 출간된 두 권짜리 자
서전이 있지만, 이 글 모음집은 어떤 의미에서 또 하나의 전기로
읽힌다. 이 초상에서 어떤 면을 보는지는 독자 개개인에게 달렸지
만, 이 책을 가장 먼저 읽은 독자로서 여덟 개 섹션의 키워드를 하
나씩 골라 그를 소개해보겠다.

리처드 도킨스는 다재다능한 과학 커뮤니케이터이다. 그는 편
집자 질리언이 지적했듯이 사람들이 난해하고 복잡한 과학을 접

할 수 있게 할 뿐 아니라 그 내용을 알아들을 수 있게 하는 '평등
주의 엘리트'이다. 하지만 그는 과학을 쉽고 재미있는 일로 선전
하는 데 관심이 있는 사람이 아니다. 오히려 '고의로 수준을 낮추
는 시도'는 상대를 깔보고 마치 은혜라도 베푸는 듯한 태도라고
주장한다. 그에게 "진정한 과학은 어려울 수 있지만 고전문학과
바이올린 연주처럼 노력할 가치가 있는 일"이다.

도킨스는 진화론자이다. 그는 유전자 관점의 진화, 선택 수준을
둘러싼 논쟁, 혈연선택과 집단선택을 둘러싼 오해 등, 진화론의
핵심 쟁점들에 대한 '수준을 낮추지 않는' 논의를 펼쳐 보인다. 역
시 그의 말처럼 과학은 어렵지만 노력할 가치가 있는 일이다.

도킨스는 이성의 예언자이다. 과학과 정보를 기반으로 대담한
추측을 하는 사람이라는 뜻이다. 인터넷의 급성장으로 개인들 사
이의 의사소통이 점점 더 빨라지면 우리 사회에 어떤 일이 일어
날까? 먼 우주에 생명체가 있을까? 있다면 우리와 접촉할 가능성
은? 과학에 아직 존재하는 수수께끼들을 풀기 위해서는 이런 이
성의 예언자가 필요할지 않을까.

도킨스는 세계에서 가장 유명한 무신론자이다. 그는 사나운 논
객이 되어 종교의 해악을 질타하고, 종교가 어떻게 진화했는지 다
원주의적 관점에서 냉정하게 분석하고, 과학도 일종의 종교라는
주장을 단호하게 반박한다. '이기적이지 않은 밈'을 퍼뜨리자는
재미있는 제안도 내놓는다.

도킨스는 자연의 신성한 진리를 찾는 순례자이다. 그의 순례길
에는 자연계의 아름다움과 기이함에 대한 환희, 풍요로운 자연에

대한 찬미, 사라져가는 생물종에 대한 안타까움, 장대한 시간에 걸친 진화의 여정을 밟는 순례자의 기쁨이 가득하다.

도킨스는 이성을 예찬하는 데 그치는 이상주의자가 아니라, 그것을 이 세계에 적용하며 사회에 열심히 참여하는 열정적인 지식인이다. "객관적 이성이 해결책까지는 아니더라도 현실 세계에 적용할 수 있는 건설적인 개선책을 제시해 준다"고 믿는 그는 동물의 고통, 사법 제도의 문제점, 규칙 제일주의 관료 등, 우리 주변의 문제를 과학의 도구인 이성을 가지고 법의학자처럼 해부한다.

도킨스는 유머 작가이다. 생명체는 유전자의 이기적 명령을 따른다는《이기적 유전자》의 한 줄 요약과, 종교에 대한 인정사정없는 비판으로만 그를 알고 있는 사람이라면 긴장을 내려놓아도 될 것 같다. 그의 팬들이라면 전작들을 통해 이미 잘 알고 있을 테고 이 책 곳곳에도 위트가 포진되어 있지만, 특별히 마련된 하나의 장은 패러디와 풍자, 뼈 있는 농담과, 정색한 유머까지 유머 작가로서의 그의 진면목을 보여준다.

도킨스는 누군가의 아들이고, 친구이고, 제자이다. 그가 스승과 동료, 가족에 대해 쓴 따뜻하고 유쾌한 글들은 협력 정신으로 운영되는 과학이라는 공동 사업에 대한 자부심, "인간 애정의 온기", 그를 있게 한 영혼들에 대한 그리움으로 아름답게 빛난다.

이 책은 2011년에 작고한 크리스토퍼 히친스에게 바치는 책으로, 마지막 에세이가 '히친스에게 경의를 표하며'이다. 그리고 나의 짤막한 도킨스 소개는 그 에세이를 모방해서 쓴 것이다. 두 사람의 영혼이 꼭 닮았다고 생각했기 때문이고, 마지막 작품의 선택이 너무나도 절묘하고 감동적이었기 때문이며, 각 장별로 붙어 있는 편집자의 멋진 서문 뒤에 사족처럼 느껴지는 역자의 글을 붙이기 위해서는 뭔가 제스처가 필요할 것 같았기 때문이다.

도킨스는 이 책을 엮으며 새로 쓴 서문에서 "과학은 위대한 문학 작품에 영감을 주는 것을 넘어, 그 자체로 최고의 작가들에게 가치 있는 주제가 아닐까? 그리고 과학을 그렇게 만드는 성질이야말로 '영혼'의 의미에 가장 근접한 것이 아닐까?"라고 말하면서 과학자가 노벨문학상을 받을 때가 되었다고 썼다. 그럴 만한 과학자들로 그가 언급한 사람들은 아쉽게도 이미 세상을 떠났지만, 노벨 문학상 자격이 있는 과학자로 도킨스를 첫손에 꼽은 〈스켑틱〉 편집장 마이클 셔머의 의견처럼 도킨스라면 가능하지 않을까? 그는 과학책에 정보와 재미뿐 아니라 감동과 아름다움, 심지어 '영혼'까지 담을 수 있는 몇 안 되는 작가일 것이다.

영혼? 이 책의 제목에도 등장하는 '영혼'이라는 말이 언뜻 도킨스와는 어울리지 않는 조합이라고 생각한 사람들도 있을 것이다. 여기서 영혼은 몸이 죽은 뒤에도 살아남는 유령을 의미하는 게 아니라 시적 용법으로 쓰인 것으로, 과학의 미적인 힘, 아름다움 앞에서 느끼는 거의 종교적인 느낌에 가까운 고양감, 외경심, 경이감을 나타낸다. 도킨스가 과학 분야에서 이 의미의 영혼을 상징하는 인물로 꼽은 아인슈타인은 자신이 종교적 믿음을 가지고 있다는 항간의 소문을 이렇게 반박했다. "만일 내 안에 종교적이라 부를 수 있는 것이 있다면 그것은 과학이 밝힐 수 있는 한도 내의 세계 구조에 대한 무한한 감탄"이고 그 자신은 "매우 종교적인 무신앙인"이라고. 도킨스도 같은 의미에서 자신이 종교적인 사람이라고 밝힌다.

이 책에 묶인 글들은 집필 시점이 30년에 걸쳐 있는 과거의 글들이지만 전혀 낡은 것처럼 느껴지지 않는다. 오히려 사실을 적대시하는 비이성적 사고가 팽배한 탈진실 시대, 새로운 유행병과 기후변화 같은 긴급한 과제에 대처하기 위해 지금 우리에게는 도킨스 같은 이성의 변호인이 어느 때보다 필요하지 않을까?

도킨스의 팬부터 도킨스의 책을 무엇부터 읽어야 할지 모르는 사람까지, '수준을 낮추지 않는' 그의 과학을 만날 준비가 된 사람이라면, 그리고 불편하고 달갑지 않은 진실을 기꺼이 감내할 각오가 된 사람이라면 누구나 이 책에서 과학의 영혼을 만날 수 있을 것이다.

2021년 3월, 김명주

━ 출전과 감사의 말

저자, 편집자, 출판사는 이 책에 원고를 수록하는 것을 허락해준
저작권자에게 깊은 감사를 표한다.

1부. 과학의 가치관(들)

- 과학의 가치관과 가치관의 과학: 1997년 1월 30일, 옥스퍼드
  의 셸도니언 극장에서 발표했고, 나중에 Wes Williams, ed.,
  The Values of Science: Oxford Amnesty Lectures 1997
  (Boulder, Colo., Westview Press, 1998)의 제2장으로 출판
  된 앰네스티 강연의 편집 버전. 웨스트뷰 출판사의 허락을 받
  아 다시 실었다.
- 과학을 변호하며: 찰스 왕세자께 보내는 공개서한: 존 브록만
  의 온라인 살롱 〈엣지The Edge〉(www.edge.org)와 2000년
  5월 21일자 〈옵저버The Observer〉에 처음 발표되었다.
- 과학과 감수성: 원래는 1998년 3월 24일 런던의 퀸 엘리자베
  스 홀에서 했던 강연으로, 〈이번 세기를 타진하다—20세기
  는 후계자에게 무엇을 남길 것인가?〉라는 시리즈물의 일부로
  BBC 제3라디오에서 방송되었다.

- 두리틀과 다윈: 존 브록만이 엮은 *When We Were Kids: how a child becomes a scientist* (London, Cape, 2004)(미국판은 *Curious Minds: how a child becomes a scientist*이고, 우리말 번역본은《우리는 어떻게 과학자가 되었는가》이다)에 처음 발표된 텍스트의 축약 버전.

2부. 무자비의 극치

- "다윈보다 더 다윈주의적인": 다윈과 월리스의 논문: 2001년 11월 26일 런던 왕립미술원에서 강연했고 *The Linnean*, vol. 18, 2002, pp. 17-24에 게재된 연설을 약간 요약한 것.
- 보편적 다윈주의: 1982년에 케임브리지에서 열린 다윈 100년 기념 회의에서 강연했고, 나중에 같은 제목으로 D. S. Bendall, ed., *Evolution from Molecules to Men* (Cambridge, Cambridge University Press, 1986)의 1장으로 출판된 연설을 약간 요약한 것. 허락을 받아 다시 싣는다.
- 자기복제자의 생태계: 에른스트 마이어의 100번째 생일을 축하하는 *Ludus Vitalis*의 특별호, S Francisco J. Ayala, ed., *Ludus Vitalis: Journal of Philosophy of Life Sciences*, vol. 12, no. 21, 2004, pp. 43-52에 처음 발표된 에세이를 조금 줄인 것.
- 혈연선택에 관한 열두 가지 오해: *Zeitschrift für Tierpsychologie: Journal of Comparative Ethology*, vol. 51, 1979, pp. 184-200 (Verlag Paul Parey, Berlin und

Hamburg)에 처음 발표된 논문의 축약판.

3부. 가정법 미래

- 순이익: John Brockman, ed., *Is the Internet Changing the Way You Think? The net's impact on our minds and future*, Edge Question series (New York, Harper Perennial, 2011)에 처음 발표.

- 지적인 외계인: John Brockman, ed., *Intelligent Thought: science versus the Intelligent Design movement* (New York, Vintage, 2006), pp. 92-106에 처음 발표.

- 가로등 밑 살피기: 2011년 12월 26일, 이성과 과학을 위한 리처드 도킨스 재단의 웹사이트에 처음 발표.

- 50년 뒤: 영혼을 죽이다?: Mike Wallace, ed., *The Way We Will Be Fifty Years from Today* (Nashville, Tenn., Thomas Nelson, 2008), pp. 206-10에 'The future of the soul'로 처음 발표. Copyright © 2008 by Mike Wallace and Bill Adler. 토머스 넬슨Thomas Nelson의 허락을 받아 사용함. www.thomasnelson.com.

4부. 정신 지배, 화근, 그리고 혼란

- '앨라배마의 끼워 넣은 문서': *Journal of the Alabama Academy of Science*, vol. 68, no. 1, 1997, pp. 1-19에 처음 발표. 개정판이 James Bradley and Jay Lamar, eds., *Charles*

Darwin: a celebration of his life and legacy (Montgomery, Ala., NewSouth Books, 2013) 속에 'The "Alabama Insert" by Richard Dawkins'로 수록되어 있다.

- 9/11의 유도 미사일: *Guardian*, 15 September 2001에 처음 발표.
- 지진해일의 신학: *Free Inquiry*, April/May 2005에 처음 발표.
- 메리 크리스마스, 총리님!: *New Statesman*, 19 December 2011-1 January 2012에 'Do you get it now, Prime Minister?'로 처음 발표.
- 종교의 과학: 2003년에 하버드 대학에서 〈인간의 가치에 대한 태너 강의〉 시리즈로 했던 두 개의 강연 중 하나의 축약판. 원본은 G. B. Peterson, ed., *The Tanner Lectures on Human Values* (Salt Lake City, University of Utah Press, 2005)에 수록되어 있다.
- 과학은 종교인가?: 1996년, 조지아주 애틀랜타에서 미국인도주의협회가 주는 올해의 휴머니스트 상을 수상할 때 했던 연설을 편집한 것. 원본은 *The Humanist*, 1 Jan. 1997에 수록되어 있다.
- 예수를 지지하는 무신론자: *Free Inquiry*, December 2004-January 2005에 처음 발표.

5부. 현실 세계에 살다

- 플라톤의 멍에: 이 작품은 주로 *New Statesman*, Christmas

double issue, 2011의 'The tyranny of the discontinuous mind'를 바탕으로, John Brockman, ed., *This Idea Must Die: scientific theories that are blocking progress*, Edge Question series (New York, HarperCollins, 2015)의 'Essentialism'의 일부를 합친 것이다.

- '합리적 의심이 남지 않도록'?: *New Statesman*, 23 January 2012에 'O J Simpson wouldn't be so lucky again'으로 처음 발표.
- 하지만 그들은 고통을 느끼는가?: boingboing.net, 30 June 2011에 처음 발표.
- 나는 불꽃을 좋아하지만……: *Daily Mail*, 4 November 2014에 이 기사의 다른 버전이 발표되었다.
- 누가 이성에 반대하는 집회를 여는가?: *Washington Post*, 21 March 2012에 처음 발표. 약간 변경한 버전을 2016년 5월 31일에 〈이성과 과학을 위한 리처드 도킨스 재단〉의 웹사이트에 다시 올림. https://richarddawkins.net/2016/05/who-would-rally-against-reason/.
- 자막 예찬, 더빙 비판: 약간 요약한 버전으로 *Prospect*, August 2016에 처음 발표됨.
- 만일 내가 세상을 지배한다면: *Prospect*, March 2011에 처음 발표.

6부. 자연의 신성한 진실

- 시간에 대하여 : 2001년 옥스퍼드의 애슈몰린 박물관에서 개최된 같은 제목의 전시회의 개막 연설. *Oxford Magazine*, 2001에 발표되었다.
- 대형 땅거북 이야기: 섬 안의 섬: *Guardian*, 19 February 2005에 처음 발표.
- 바다거북 이야기: 거기서 다시 돌아오다(그리고 다시 복귀?): *Guardian*, 26 February 2005에 처음 발표.
- 꿈꾸는 디지털 엘리트에게 작별을 고함: Douglas Adams and Mark Carwardine, *Last Chance to See*, new edn (London, Arrow, 2009)의 서문으로 처음 발표.

7부. 살아 있는 용을 비웃다

- 신앙을 위한 모금운동: *New Statesman*, 2 April 2009에 처음 발표.
- 놀라운 버스 미스터리: Ariane Sherine, ed., *The Atheist's Guide to Christmas* (London, HarperCollins, 2009)에 처음 발표. HarperCollins Publishers Ltd. 의 허락을 받아 다시 수록. © author 2009.
- 자비스와 계통수: 2010에 집필. 이제까지 발표되지 않았던 작품.
- 제린 오일: *Free Inquiry*, December 2003에 처음 발표되었고, 그 후 요약판이 *Prospect*, October 2005에 'Opiate of the

masses'로 실림.

- 공룡 애호가들의 현명한 원로 지도자: Robert Mash, *How to Keep Dinosaurs*, 2nd edn (London, Weidenfeld & Nicolson, 2003)의 서문으로 처음 발표. The Orion Publishing Group, London의 허락을 받아 다시 수록. Foreword © Richard Dawkins, 2003.

- 무토르론: 이 유행이 오래 계속되기를: *Washington Post*, 1 January 2007에 처음 발표.

- 도킨스의 법칙: 〈엣지〉가 매년 내는 질문의 2004년판 '당신의 법칙은 무엇입니까'에 대한 대답. https://www.edge.org/annual-question/whats-your-law.

8부. 인간은 섬이 아니다

- 마에스트로에 대한 추억: 1990년 3월 20일, 니코 틴버겐을 추모하는 회의의 개회 연설. 그 후 M. S. Dawkins, T. R. Halliday and R. Dawkins, eds, *The Tinbergen Legacy* (London, Chapman & Hall, 1991)의 서문으로 발표되었다.

- 아, 내 사랑하는 아버지: 존 도킨스, 1915-2010: *Independent*, 11 December 2010에 'Lives remembered: John Dawkins.'으로 처음 발표. © &&The Independent&&, www.independent.co.uk.

- 삼촌 그 이상의 존재: A. F. '빌' 도킨스, 1916-2009: 2009년 11월 11일, 데번주 스톡랜드의 세인트 마이클 앤 올 앤젤스 교

회에서 낭독된 추도연설.

- 히친스에게 경의를 표하며: 2011년 10월 8일, 텍사스 자유사
  상대회에서 크리스토퍼 히친스에게 미국무신론연맹의 리처드
  도킨스 상을 수여하는 의식에서 했던 연설.

─ 인용된 참고문헌

본문과 주석에 언급된 저작의 자세한 서지 사항은 아래와 같다.

Adams, Douglas, *The Restaurant at the End of the Universe* (London, Pan, 1980) (〈우주의 끝에 있는 레스토랑〉, 《은하수를 여행하는 히치하이커를 위한 안내서》, 책세상)

Adams, Douglas, and Carwardine, Mark, *Last Chance to See*, new edn (London, Arrow, 2009) (《마지막 기회라니?》, 홍시)

Axelrod, Robert, *The Evolution of Cooperation*, new edn (London Penguin, 2006) (《협력의 진화》, 시스테마)

Barker, Dan, *God: the most unpleasant character in all fiction* (New York, Sterling, 2016)

Barkow, J. H., Cosmides, L., and Tooby, J., eds, *The Adapted Mind* (Oxford, Oxford University Press, 1992)

Cartmill, Matt, 'Oppressed by evolution', *Discover*, March 1998.

Cronin, Helena, *The Ant and the Peacock: altruism and sexual selection from Darwin to today* (Cambridge, Cambridge University Press, 1991) (《개미와 공작》, 사이언스북스)

Dawkins, Marian Stamp, *Animal Suffering* (London, Chapman & Hall, 1980)

Dawkins, Marian Stamp, *Why Animals Matter: animal consciousness, animal welfare, and human well-being* (Oxford, Oxford University Press, 2012)

Dawkins, Richard, *The Ancestor's Tale: a pilgrimage to the dawn of life* (London, Weidenfeld & Nicolson, 2004; 2nd edn with Yan Wong, 2016) (《조상 이야기》, 까치)

Dawkins, Richard, *An Appetite for Wonder: the making of a scientist*

(London, Bantam, 2013) 《리처드 도킨스 자서전》 1권, 김영사)

Dawkins, Richard, *The Blind Watchmaker* (London, Longman, 1986) 《눈 먼 시계공》, 사이언스북스)

Dawkins, Richard, *Brief Candle in the Dark: my life in science* (London, Bantam, 2015) 《리처드 도킨스 자서전》 2권, 김영사)

Dawkins, Richard, *Climbing Mount Improbable* (London, Viking, 1996) 《리처드 도킨스의 진화론 강의: 생명의 역사, 그 모든 의문에 답하다》, 옥 당)

Dawkins, Richard, *A Devil's Chaplain* (London, Weidenfeld & Nicolson, 2003) 《악마의 사도》, 바다출판사)

Dawkins, Richard, *The Extended Phenotype* (London, Oxford University Press, 1982) 《확장된 표현형》, 을유문화사)

Dawkins, Richard, *The God Delusion* (London, Bantam, 2006; 10th anniversary edn, London, Black Swan, 2016) 《만들어진 신》, 김영사)

Dawkins, Richard, *The Greatest Show on Earth: the evidence for evolution* (London, Bantam, 2009) 《지상최대의 쇼》, 김영사)

Dawkins, Richard, *River Out of Eden* (London, Weidenfeld & Nicolson, 1994) 《에덴의 강》, 사이언스북스)

Dawkins, Richard, *The Selfish Gene* (Oxford, Oxford University Press, 1976) 《이기적 유전자》, 을유문화사)

Dawkins, Richard, *Unweaving the Rainbow* (London, Allen Lane, 1998; pb Penguin, 1999) 《무지개를 풀며》, 바다출판사)

Dennett, Daniel C., *Elbow Room: the varieties of free will worth wanting* (Oxford, Oxford University Press, 1984)

Dennett, Daniel C., *Freedom Evolves* (New York, Viking, 2003) 《자유는 진 화한다》, 동녘사이언스)

Dennett, Daniel C., *From Bacteria to Bach and Back* (London, Allen Lane, 2017)

Edwards, A. W. F., 'Human genetic diversity: Lewontin's fallacy', *BioEssays*, vol. 25, no. 8, 2003, pp. 798-801

Glover, Jonathan, *Causing Death and Saving Lives* (London, Penguin, 1977)

Glover, Jonathan, *Choosing Children: genes, disability and design* (Oxford,

Oxford University Press, 2006).

Glover, Jonathan, *Humanity: a moral history of the twentieth century* (London, Cape, 1999) (《휴머니티》, 문예출판사)

Gould, Stephen J., *Full House* (New York, Harmony, 1996) (《풀하우스》, 사이언스북스)

Gould, Stephen J., *Hen's Teeth and Horse's Toes* (New York, Norton, 1994)

Gross, Paul R., and Levitt, Norman, *Higher Superstition: the academic left and its quarrels with science* (Baltimore, Johns Hopkins University Press, 1994)

Haldane, J. B. S., 'A defence of beanbag genetics', *Perspectives in Biology and Medicine*, vol. 7, no. 3, Spring 1964, pp. 343-60

Harris, Sam, *The Moral Landscape: how science can determine human values* (London, Bantam, 2010) (《신이 절대로 답할 수 없는 몇 가지》, 시공사)

Hitchens, Christopher, The Missionary Position: Mother Teresa in theory and practice (London, Verso, 1995) (《자비를 팔다》, 모멘토)

Hoyle, Fred, *The Black Cloud* (London, Penguin, 2010; first publ. Heinemann, 1957)

Hughes, David P., Brodeur, Jacques, and Thomas, Frédéric, *Host Manipulation by Parasites* (Oxford, Oxford University Press, 2012)

Huxley, Julian, *Essays of a Biologist* (London, Chatto & Windus, 1926)

Huxley, T. H., and Huxley, J. S., *Touchstone for Ethics* (New York, Harper, 1947)

Kimura, Motoo, *The Neutral Theory of Molecular Evolution* (Cambridge, Cambridge University Press, 1983)

Langton, C., ed., *Artificial Life* (Reading, Mass., Addison-Wesley, 1989)

Mayr, Ernst, *Animal Species and Evolution* (Cambridge, Mass., Harvard University Press, 1963)

Mayr, Ernst, *The Growth of Biological Thought: diversity, evolution and inheritance* (Cambridge, Mass., Harvard University Press, 1982)

Orians, G., and Heerwagen, J. H., 'Evolved responses to landscapes', in Barkow et al., eds, *The Adapted Mind*, ch. 15.

Pinker, Steven, *The Better Angels of our Nature: why violence has declined

(London, Viking, 2009; pb, subtitled A history of violence and humanity, London, Penguin, 2012) 《우리 본성의 선한 천사》, 사이언스 북스)

Pinker, Steven, *How the Mind Works* (London, Allen Lane, 1998) 《마음은 어떻게 작동하는가》, 동녘사이언스)

Pinker, Steven, *The Language Instinct* (London, Viking, 1994) 《언어본능》, 동녘사이언스)

Rees, Martin, *Before the Beginning* (London, Simon & Schuster, 1997) 《태초 그 이전》, 해나무)

Ridley, Mark, *Mendel's Demon: gene justice and the complexity of life* (London, Weidenfeld & Nicolson, 2000; published in US as The Cooperative Gene, New York, Free Press, 2001)

Ridley, Matt, *The Origins of Virtue: human instincts and the evolution of cooperation* (London, Penguin, 1996) 《이타적 유전자》, 사이언스북스)

Rose, S., Kamin, L. J., and Lewontin, R. C., *Not in our Genes* (London, Penguin, 1984) 《우리 유전자 안에 없다》, 한울)

Sagan, Carl, *The Demon-Haunted World* (London, Headline, 1996) 《악령 이 출몰하는 세상》, 김영사)

Sagan, Carl, *Pale Blue Dot* (New York, Ballantine, 1996) 《창백한 푸른 점》, 사이언스북스)

Sahlins, Marshall, *The Use and Abuse of Biology: an anthropological critique of sociobiology* (Ann Arbor, Mich., University of Michigan Press, 1977)

Shermer, Michael, *The Moral Arc: how science and reason lead humanity toward truth, justice and freedom* (New York, Holt, 2015) 《도덕의 궤 적》, 바다출판사)

Singer, Charles, *A Short History of Biology* (Oxford, Oxford University Press, 1931) Wallace, Alfred Russel, *The Wonderful Century: its successes and failures* (New Jersey, Dodd, Mead & Co, 1898)

Washburn, S. L. 'Human behavior and the behavior of other animals', *American Psychologist*, vol. 33, 1978, pp. 405-18

Weinberg, Steven, *Dreams of a Final Theory: the search for the fundamental laws of nature* (London, Hutchinson, 1993) 《최종 이론

의 꿈》, 사이언스북스)

Weiner, Jonathan, *The Beak of the Finch: a story of evolution in our time* (pb New York, Vintage, 2000) (《핀치의 부리》, 동아시아)

Wells, H. G., *Anticipations of the Reaction of Mechanical and Scientific Progress upon Human Life and Thought* (London, Chapman & Hall, 1902)

Williams, George, *Adaptation and Natural Selection: a critique of some current evolutionary thought* (Princeton, 1966)

Williams, George C., *Natural Selection: domains, levels and challenges* (Oxford, Oxford University Press, 1992)

Wilson, Edward O., *On Human Nature* (Cambridge, Mass., Harvard University Press, 1978) (《인간 본성에 대하여》, 사이언스북스)

Wilson, Edward O., *The Social Conquest of Earth* (New York, Liveright, 2012) (《지구의 정복자》, 사이언스북스)

Wilson, Edward O., *Sociobiology* (Cambridge, Mass., Harvard University Press, 1975) (《사회생물학1》, 민음사)

Winston, Robert, *The Story of God: a personal journey into the world of science and religion* (London, Bantam, 2005)

━ 찾아보기

Science
in the
Soul